近代中國
海防史新論

麥勁生 編

責任編輯　李　斌
書籍設計　孫素玲

書　　名　近代中國海防史新論
編　　者　麥勁生
出　　版　三聯書店（香港）有限公司
　　　　　香港北角英皇道 499 號北角工業大廈 20 樓

　　　　　香港浸會大學當代中國研究所
　　　　　香港九龍塘浸會大學道 15 號
　　　　　教學及行政大樓 13 樓 AAB1301 室

香港發行　香港聯合書刊物流有限公司
　　　　　香港新界大埔汀麗路 36 號 3 字樓

印　　刷　美雅印刷製本有限公司
　　　　　香港九龍觀塘榮業街 6 號 4 樓 A 室

版　　次　2017 年 1 月香港第一版第一次印刷
規　　格　16 開（170 × 230 mm）528 面
國際書號　ISBN 978-962-04-4047-2

© 2017 Joint Publishing (H.K.) Co., Ltd.

Published & Printed in Hong Kong

目錄

序言

序言

　　「西方在哪個時代超越了中國？」這個問題一直以來受到中外學者的關注。第一次鴉片戰爭，表面上仍在盛世的清帝國被來自遠方的島國打敗，之後國勢急轉直下。對外屢戰屢敗，經濟權益被侵佔，誘發國內民變四起，最終導致革命，結束長久的帝制，同時開始了數十載的亂局。傳統的歷史研究已證明，中國早於唐代已建立成熟的管治和教育體制，帝國版圖更覆蓋大片亞洲大陸。歷史家今天也普遍承認，宋朝時代的中國，無論在科技、物質文明和對外貿易，都堪稱領導全球。明代海洋貿易的壯旺，令歐洲的新興海洋民族聞風而來，開啟繁盛的歐亞貿易。然而，我們越瞭解中國在十九世紀之前的輝煌歷史，便越發對於它在短短幾十年的急轉直下難以明白。乾隆時期盛極轉衰是有跡可尋，但西方的快速冒升才是「大分流」（Great Divergence）原因所在。

　　美國社會學家亨廷頓（Samuel Huntington）令「大分流」一詞廣為人知，在他眼中，地理大發現、科學革命、啟蒙時代和工業革命一連串歷史運動，累積成十九世紀從歐洲至美洲的驚人發展，一度是全球經濟和文化核心地帶的東亞不但瞠乎其後，而且在西方資本和帝國主義擴張的過程中處於被動。[1]芝加哥大學的彭慕蘭（Kenneth Pomeranz）亦以「大分流」為主題，解釋西歐北歐和東亞兩地區，同樣在 1750 年時處於人口上升，消費市場發達和製造業興旺的局面，但西北歐受惠於得天獨厚的豐富煤礦，日漸蓬勃的遠洋貿易和新近開拓的新世界資源，得以一度主導全球發展。[2]

西歐國家的實力，不但體現在經濟發展，也逐步顯示在其軍事霸業。事實上，十六世紀葡萄牙人、西班牙人和荷蘭人先後成為海上強國，商船和戰艦走遍各大海域，但是在東亞一帶卻難以稱雄。葡萄牙人和荷蘭人與中國人在中國東南沿海的最早交鋒，更完全討不了好。但到鴉片戰爭，遠道而來的英軍，憑不足兩萬的兵力和三十餘艘艦隻，卻在中國的南北洋所向披靡，令佔盡天時、地利、人和的清軍無法招架。之後半世紀，中西方軍力更見懸殊。戰場上的連番敗績，最後將大清王朝帶向覆沒。

美國歷史家歐陽泰（Tonio Andrade）在其最新作品《火藥時代：世界史中的中國，軍事創新及西方冒升》（*The Gunpowder Age: China, Military Innovation, and the Rise of the West in World History*）中同樣用上了「大分流」的概念，解釋中、西方軍力差距拉闊的原因。書中指出歐洲軍力的增進是數世紀的持續戰爭、經驗積累、科學探索和發明的連鎖反應。在戰爭中不斷成長，歐洲人持續改良器械、兵種、訓練和軍事領導。文藝復興以來的工藝發展和科學革命帶來的新知識全都應用於軍事科技。以彈導學（Ballistics）為例，這門新式的科學能精密計算炮彈的落點，令攻城殺敵更為準確。[3] 另外，新式的火藥衍生了現代的高爆彈（Shell），大大增強火炮的殺傷力。在第二次穿鼻之戰時，英國艦隻「皇后號」和「復仇女神號」（Nemesis）就憑著火炮射出的高爆彈，以摧枯拉朽之勢炸毀中國沿岸的防禦工事。[4]

西方來勢洶洶，國人也得奮起迎戰。西方敵人從海上而來，中國的軍事領導者亦迎難而上，趕緊籌建艦隊，鞏固海防。海軍是高科技兵種，兼有運送和掩護登陸部隊，長距離攻擊敵人的軍事目標，運送軍需品，[5] 圍堵敵人港口等功效。十九世紀已進入鋼甲和蒸汽艦隻時代，艦隻作價

驚人，指揮和操作複雜。反過來看，要與來襲艦隊周旋，守方不但要有夠實力的艦隊與之抗衡，還要有海陸軍組成的反登陸佈置。十九世紀的中國，無論海軍知識、人才、技術和資源俱不足，海防建設說不上有太多風光之處，不少人更以甲午戰敗論斷數十年經營一事無成。公平地說，鴉片戰爭前中國擁有的水師，對付本國海盜尚且力有未逮。防衛方面，有限兵力無法有效固守漫長的海岸線，也談不上有多少具有現代海戰思維和眼光的將領。但面對空前威脅，有志之士仍努力認識和學習海軍知識，招攬外國教官顧問，籌建艦隊和海防設施。期間走的冤枉路不少，白花的金錢只能算是買到教訓。和敵人戰力有相當距離，種種憂患到二十世紀還未離開中國，艱苦的歷程更為艱苦。本書收錄的文章，訴說了近代中國海軍建設的經歷、困難和奮鬥。

麥勁生

九龍塘，香港

2016 年 11 月 11 日

注釋

1   Samuel Huntington 在 *The Clash of Civilizations and the Remaking of World Order* (New York: Simon and Shuster. 1996) 的首四章，解釋了西方冒起的前因後果。

2   Kenneth Pomeranz, *The Great Divergence: China, Europe, and the Making of the Modern World Economy* (Princeton:Princeton University Press, 2000).

3   Tonio Andrade，*The Gunpowder Age: China, Military Innovation, and the Rise of the West in World History* (Princeton: Princeton University Press, 2016), pp.245-251.

4   同上，頁 252。

5   Hubert Moineville, *Naval Warfare Today and Tomorrow* (Oxford: B. Blackwell, 1983), p.13.

第一編

晚清海防建設的幾個關鍵人物

導言

　　在漫長的歷史中，任何國家的發展策略都會隨著領導人的更替，現實利益的改變和地緣政治的實況而相應調整。所以，簡單地將不同國家二分為「陸權國」和「海權國」意義並不大。就以明清時代的中國為例，傳統的說法以鄭和七下西洋無以為繼，明政府國防佈置側重西北邊疆，明中葉至清初屢行海禁等等為理據，強調中國明清時代放棄發展海洋，連帶喪失長期雄霸亞洲海域的大好機遇。但另一方面，這幾個世紀的中國海洋貿易空前繁盛，中國人的足跡無處不在，貨物、人力和資金源源進出中國。可以說，兩朝政府未必有全力去為人民建立開拓海洋的條件，但中國商人和冒險家乘風破浪的熱情，又豈會亞於歐洲的海洋民族呢？

　　十八世紀以後，中國和歐洲步入了不同的發展軌跡。工業革命的威力才剛剛顯現，資本的長臂卻已悄然伸向世界每個角落。蒸汽船打破了天氣和季節的限制，長驅直進不同的海域。在中國，旨在控制洋船進出的「廣州貿易制度」受到前所未有的挑戰。利益和體制之間的矛盾最終導致中、英兩國兵戎相見。第一次鴉片戰爭之後的幾十年，中國的管治階層逐步了解到中國面對的不單是新的敵人，更是一個新的時代和新的存活鬥爭。威脅一大部分從海上而來，中國要屹立不倒，海防建設勢在必行。

　　高瞻遠矚是領袖的重要條件，當時統領籌備中國海防的沈葆楨和李鴻章出身讀書人，但仍迎難而上，分管南北海防。1885 至 1886 年的中法越南戰爭和 1894 至 1895 年的中日甲午戰爭之中，南北洋艦隊先後失

利，後人難免責難兩人領導無方，並且歸咎兩支艦隊未有互相支援。事實上，中國近代的海防建設，受資金、技術、人才和經驗等各種因素限制，並非兩人主觀意願所能扭轉。前人著作頗著眼南、北海軍的互相猜疑，陳悅先生的論文：〈沈葆楨、李鴻章交誼對中國近代海防建設之影響〉卻道出了兩大統帥之間的惺惺相惜和互相支持，也慨歎了兩人未能共創宏圖大計的遺憾。

時間永不停留，看十九世紀西方工商科技的快速發展，更令人驚異世變之急。外力威脅愈來愈烈，一向以天下為己任的中國士大夫眼界有何增長？自我認知有否充實？林啟彥和李金強兩位的兩篇作品，〈鄭觀應的海防觀——從《易言》到《盛世危言》〉和〈海防、江防之籌議——姚錫光及其《江鄂日記》〉分別討論鄭觀應和姚錫光兩位改革派人士的海防思想，從中我們可以評估中國的改革先驅如何回應時代的新要求。

要受傳統教育的中國士大夫，一力承擔起建立現代海防和艦隊的重任並不現實。1860 年代開始，中國加緊派員出洋學習相關的西方知識，同時僱用外國顧問來華，參與海防建設工作和培訓新一代中國海軍生員，洋顧問一下子吃香起來。他們的技能和品性各異，來華原因不一。當中有人作出極大貢獻，亦有人毀譽參半，更有人寂寂無聞。馬格祿（John McClure）和漢納根（Constantin von Hanneken）兩人與北洋海軍以至甲午戰爭關係密切，但至近年才稍多見有關他們的研究。周政緯的〈拖船提督：北洋海軍幫辦提督馬格祿生平補白〉正可補充我們對這位在 1887 至 1895 年間任職北洋海軍的洋員的認知。近年對漢納根的研究大有增加，華文材料對他不乏美言。麥勁生的論文探究了漢納根留下的幾個黃海大戰報告，雖不能解開歷史學家一直希望打開的謎團，卻能側視漢納根的為人，在華經歷和功過，以至北洋艦隊的各種內在問題。

第一章
沈葆楨、李鴻章交誼對中國近代海防建設之影響

陳悅

一、平行而進的早期宦途

清季道光二十七年（1847），清政府丁未科科舉擇士，在全國上千應試的舉人中共考選出了 231 名進士，其中有大量後來在中國近代史上名噪一時的風雲人物，該科二甲進士中排列第 36 名的李鴻章與緊隨其後排列第 39 名的沈葆楨便是一雙極具代表性的佼佼者，[1] 二人聯手對後來中國近代海軍的建設起了極為重要的推動作用。

李鴻章，字漸甫，號少荃，1823 年 2 月 15 日出生於安徽合肥東鄉磨店的一戶耕讀傳家的人家。[2] 李鴻章出生時，乃父李文安還在苦苦攻求科舉功名，到了 1838 年終於考中戊戌科進士，後來任職刑部郎中。受父親的言傳身教，李鴻章同樣沿循科舉之途，抱著「一萬年來誰著史，三千里外欲封侯」的雄心大志，[3] 入都依附父親，並拜在父親的同年、大儒曾國藩門下學習經世致用之學。[4]

相隔千里之外，1820 年 3 月 20 日沈葆楨（字翰宇，又字幼丹）出生於八閩之都福建福州的一個著名士紳家庭，舅舅林則徐是當時中國著名的清流人物，對沈葆楨影響至大，林則徐認為沈葆楨品質不俗，於是親

上加親，將次女林普晴許配給沈葆楨為妻。沈葆楨背後依附的這種家世背景，要比李鴻章顯赫得多。[5]

同年考中進士後，李鴻章和沈葆楨踏入一條一樣的宦途。二人同時被授翰林院庶吉士，在翰林院庶常館進修了 3 年，再經考試選拔，同於 1850 年被授予翰林院編修一職。[6] 目前尚無證據證明，作為同年進士、又是翰林院同學和同僚的沈葆楨與李鴻章在此時期是否有交友的情形。

任職翰林院編修不久，1851 年沈葆楨升調武英殿纂修，後於 1852 年派任順天鄉試考官，1853 年授記名御史，1854 年正式任江南道監察御史，以幾乎一年進一階的步伐，沿著言官御史的任職路線順利升進。[7]

與沈葆楨相較，李鴻章初期的仕途則沒有如此通暢，而是長期在翰林院編修職上徘徊。直到 1853 年，太平天國起義蔓延入皖，仕途不算得志的李鴻章受老師曾國藩棄筆從戎回籍辦團練的事跡啟發，協從時任工部左侍郎呂賢基回安徽原籍舉辦團練，做起了「翰林變作綠林」的全新事業。[8]

經歷數年的磨礪，投入曾國藩幕下的李鴻章藉著舉辦淮軍馳援上海而聲名鵲起，展現出過人的政治和軍事才能，於 1862 年實授江蘇巡撫，成了掌控一省的封疆大吏和統率江淮勁旅的風雲人物。此一時段裏，沈葆楨也已外放出京多年，先後擔任過江西九江知府、廣信知府，因為江西屬於曾國藩湘軍與太平軍交戰的重點地區，沈葆楨由此和曾國藩及其很多重要幕僚建立了聯繫。沈在地方任上守土有功，且協助湘軍辦理錢糧十分得力，受到湘軍大帥曾國藩的賞識，經其推薦、保舉，在 1861 年擢升江西巡撫。此時曾國藩擔任兩江總督，節制江蘇、安徽、江西、浙江四省，同年背景、曾為翰林院編修同僚的李鴻章、沈葆楨經歷近十年後，又做起了新的同僚，成為曾國藩麾下重要的幹將。

沈、李在這段同僚期內，初時的通信並不很多，李鴻章在與他人的

書信中提及沈葆楨時，採用的大多是較為生疏的語調。[9]此種情形，一方面固然因為沈葆楨巡撫江西在軍政事務上與巡撫江蘇省的李鴻章交集不多；另一方面則側面說明，這兩位籍貫、家庭出身背景不同的官員，直到此時還並沒有特別的交情。

沈葆楨擔任江西巡撫不久，和總督曾國藩圍繞江西省對湘軍的軍餉支持供應問題發生了嚴重的意見衝突，沈氏認為太平軍軍勢日衰，應將江西省以前供應曾國藩大軍的費用進行縮減，以彌補本省在行政、軍餉開支方面的不足以及減輕地方負擔。對沈的這一措置，曾國藩表現得非常不滿，二人關係急速惡化。[10]恰當這一時段，沈葆楨的摯友、姻親、湘軍將領李元度因失陷徽州等案遭曾國藩、左宗棠糾查，並被刑部判處充軍的嚴懲。

顯得頗不尋常的是，時為曾國藩忠實弟子、與沈葆楨並無多少交情的李鴻章，突然致信沈葆楨商量共同設法挽救李元度。對李鴻章的這番示好，沈葆楨「猥以古義相期許」，二人進行了難得的單獨籌謀議事。最終李鴻章和沈葆楨及漕運總督彭玉麟、浙江提督鮑超聯銜會奏，共同施援，免去了李元度的充軍之災。

讓人感到意味深長的是，李元度案是因曾國藩參劾而起，李鴻章在做出聯沈施援舉措前卻曾向曾國藩通過聲息，甚至還遊說曾國藩共同參與援助。而當上奏挽救李元度後，李鴻章突又借與沈葆楨關係接近之機，直接勸說沈不應和曾國藩為仇，恍若是借營救李元度一事為契機，當起了調解曾、沈矛盾的說客。[11]

不過沒有等到曾、沈矛盾緩和的局面出現，1865 年 4 月沈葆楨因母親林氏去世，申請回籍守制，離開了江西巡撫職任。沈葆楨、李鴻章在曾國藩轄下的這段同僚關係草草結束。李鴻章的說和雖然沒有收到最終

的效果，但李、沈二人卻通過這一事件而建立起了獨特的交情，而且開了沈、李二人通過私人謀議而影響政府行政的先河。[12]

二、船政引生的友誼

太平天國和捻軍敗亡後，李鴻章統率的淮軍成了當時中國國防上實際的主力軍，李本人則於 1868 年升任湖廣總督，此後 1870 年發生天津教案，李鴻章受命北上處理教案，旋於當年改任直隸總督兼北洋大臣，又在 1872 年被加授武英殿大學士，開始登上人生勳業的巔峰。

李鴻章早在擔任江蘇巡撫時，為置辦攻剿太平軍所需的西式軍火武備，曾僱用西人幫助設廠製造軍火，後經逐漸發展，於 1865 年在部下丁日昌協力下合併擴建成江南機器製造總局。[13] 其時，李鴻章還曾不同程度地或見證、或親身參與了 1862 年上海紳商委託亨利·華爾（Henry Gamaliel Ward）赴美國代購蒸汽化軍艦事件和 1863 年海關總稅務司英國人李泰國（Horatio Nelson Lay）在英代購軍艦的阿思本艦隊事件，[14] 對近代化的軍隊、武備乃至海軍都較同代大多數官員有著更為深刻的認識。

亨利·華爾代購艦和阿思本艦隊最終夭折，給當時已感覺到需要用近代化的軍艦來武裝中國海防的清政府官員以極大的挫折，外購的努力相繼失敗，通過自行建造來獲取近代化軍艦的呼聲便應時而生。在福州故鄉閒居才一年的沈葆楨，這時被歷史推到了中國近代化海防建設的前臺。對這一領域，李鴻章也充滿著興趣。

1866 年，太平天國戰爭時代曾經和李鴻章、沈葆楨為曾國藩兩江總督屬下同僚的閩浙總督左宗棠經奏請清廷批准，在福州城郊的馬尾開始興辦融造艦、育人、艦船調派管理等職能於一體的國家艦船建造、管理

機構——船政。正當船政建設方興未艾時，左宗棠被調任陝甘總督，受命平定西北回亂，臨行前左宗棠以正在福州守制的沈葆楨「在官在籍久負清望，為中外所仰」，舉薦其為船政接班人，經奏請清廷派其接任總理船政大臣。[15]

　　雖是傳統文人出身，且此前在政見方面流露出傾向傳統的清議，但沈葆楨一經被派任為船政大臣，便以特有的勤勉和務實作風，在陌生的洋務領域很快做出一番作為。沈氏接任後，勤於船政廠房設施的營建和各種技術人員的僱募，於 1869 年成功建成了第一艘蒸汽化軍艦「萬年清」，其後五年時間內，力克種種困難，又相繼造成了「湄雲」、「福星」、「鎮海」、「靖遠」、「振威」、「揚武」、「伏波」、「安瀾」、「飛雲」、「濟安」、「永保」、「海鏡」、「琛航」、「大雅」等十四艘軍艦。[16]

　　值得注意的是，在沈葆楨出山主持船政事務的第一時間，李鴻章就曾以書信向其表示過對船政的關注，二人圍繞共同感興趣的海防話題開始建立起更密切的聯繫：

　　　　鐵廠機器是否購齊。即船中需用百物亦應由彼國定購。人慮成船之難，弟尤慮將來駕駛得用之難也；中土創始之難，更慮守成推廣之難也。捻氛少靖，願受一船埠頭，信今而待後，其許之否？[17]

　　時至 1871 年，戶部對船政有關經費不足的請求要求詳細查核，沈葆楨上奏力陳船政經費支絀和辦理之艱難。當時沈葆楨曾致函李鴻章談論此事，李的覆信不僅表示了對沈的支援，而且言辭間頗為動情。

　　　　京朝士大夫不顧念中外大局，訟言船政之非，總署心知其理而怵

於成效之難，亦遂淟涊依違，若非我公大聲疾呼，挺身獨任，鮮不隳中道而貽笑柄者。鴻章涉歷洋務已十餘年，嘗苦有倡無和，今季帥與執事業有成局，敢不借事直陳，稍佐遠略。[18]

同函中，李鴻章還提醒沈葆楨不應僅僅自限於掌管船政，期望沈氏成為封疆大吏，以便二人能進行更廣泛的配合，此信已經足顯二人當時關係之非凡。沈葆楨在船政建設中流露出的務實、幹練，以及對洋務、海防事業的熱情，使得李鴻章對之產生了引為戰友、知己之感。在當時中國寥若晨星的關心洋務事業的高層官員中，李鴻章對找到一位既是熟悉的故人，又對洋務建設有共同信念的戰友，其心情的激動是可以想見的：

　　……人皆視官如傳舍，一有司事耳。而令長才鳳望久羈於此，且時憂度支之告匱，將若之何。司農豈知國計，即奏撥恐亦空文，似宜預為從長計議。俟造船期滿，付托結實可靠之人，以善其後，而垂天之翼，經緯六合，仍左右主持之，斯經國之大計也。近世非疆吏不能治軍辦事，惟所欲為，弟雖為畿省貧瘠所困，仍日盼我公兼圻東南，宏斯遠謨，一振頹綱。[19]

仍是在這封信裏，還涉及到了沈、李正在謀劃商議的一件事情。

左宗棠創設船政時，擔心未來會遇到造艦和養艦經費不足的滯礙，而預先設定了建造所謂兵商兩用軍艦的計劃，即在福建船政的軍艦上都附加貨艙等載貨設施。如此有事時可以當作軍艦差遣，無事時又能當成商船攬活掙錢貼補船政經費。然而實踐中發現，軍艦和商船是完全不同的兩類設計，亦兵亦商的船隻和純粹的軍艦或商船的性能都無法比擬，沈

葆楨遂果斷改換成建造純粹的軍艦。而出租攬貨自籌資金的目標，沈葆楨則計劃建造專門的商船來實現，對此李鴻章也大表贊成。[20]

李鴻章給沈葆楨的信中，詢問及當時胡光鏞預備租賃船政建造的純粹商船——第十二號輪船「永保號」一事，旋後又致信沈葆楨，詢問船政接續建造的商船——第十三、十四、十五號的工期，有意讓麾下官督商辦的輪船招商局幫助解決船政造商船的歸宿問題。對此，沈葆楨頗為感激，對招商局做出了不要任何租賃費用、只要負擔人員和船隻養護就可以將船領去使用的極優厚待遇，將「第十三、十四、十五」號輪船悉數讓予招商局（後因遇到日本侵臺事件，海上運輸、通信用船吃緊，僅有「第十三號」輪船「海鏡號」一艘給了招商局）。此事一度引起外國船商的嫉妒，「福州當局把三隻福建船政建造的最大輪船免費轉交給招商局，這樣就可以不付備金。這項饋贈當然大有助於招商局，使他們可以用比已經減低到最低限度運價的外國對手還要低的運價運營，而且這樣還有利潤。」[21]

船政將商船撥給招商局使用一事，成為沈葆楨、李鴻章的個人交誼以及私人的商議，轉化為實際的行政作為的又一範例。

三、處理日本侵臺事件，交誼日篤

1874 年 5 月 6 日，藉口為上一年在臺灣被土著殺害的琉球國船民報仇，日本臺灣番地事務都督西鄉從道中將率領艦隊開抵臺灣，並於第二天悍然派兵登陸，屠戮臺灣土著，挑起了著名的侵臺事件。[22]

5 月 14 日，清廷下旨，派沈葆楨帶領福建船政水師的軍艦前往臺灣調查情況，「不動聲色，相機籌辦」。[23] 因發現事態嚴重，5 月 29 日清廷正式授予沈葆楨欽差辦理臺灣等處海防兼理各國事務大臣一職，全權負

責對日本侵臺的反制活動。[24]

臺灣在清末屬福建省治下，因而侵臺事件發生後，與清廷中樞就該事件進行報告、討論的主要是福州將軍、閩浙總督、福建巡撫乃至南洋大臣等守土有責的官員，清廷多次諭令發佈處置方策時的對象，也是這些官員。然而從侵臺事件事發開始，遠在津門的直隸總督李鴻章即因和沈葆楨的私交，在私下裏也參與到了對該事件如何處置的商議中。

得悉沈葆楨被派赴臺處置事變，6月2日李鴻章向沈致送了一份長函，逐細分析日本侵臺事件，並向沈提出了關於應對之策的建議：

> 彼既興師登岸，其辦法亦不外「諭以情理、示以兵威」二語。上元日來示謂，人只知禦戎之要在水，不知至要仍在陸，最為中肯。粵東、江蘇各輪船似均未經大敵，只可巡查游奕、虛張聲勢、運載軍需，仍賴陸軍槍炮得勁。如事不可已，應求良將勁兵以為助。日本人多用後門槍，華兵尚不知有此物，敝處雖有之，亦尚未及多操，良以為憾。再，臺地民氣可用，康、乾中歷經助義殺賊，今豈無人。大纛一呼萬應，略除重斂暴征，鼓舞以作其氣，彼見不得逞志，或漸思撤退耳。[25]

6月10日，李鴻章的這封書信由船政的「濟安號」軍艦送到了臺灣，沈葆楨為李鴻章設身處地的分析、建議所感動，覆信中除和李鴻章交流處置日本侵臺案的意見外，還向李鴻章提出了關於派陸軍和軍火援應的商議：

> 捧誦十八日教言，所以誘掖之者，無微不至，推公忠愛國之念，下及故人，感何似矣……日意格謂新練之洋槍隊急切難用，惟臺轅有

慣戰之洋槍隊二萬餘，如能調一萬南來，則陸路可保無慮矣。渠又請於津營撥法蘭西小銅炮五十尊（即四磅炮），每尊三百子，並炮手管弁前來。滬局自製里明東彈子，津局火藥，並請咨撥……[26]

實際上，沈葆楨此信中這些提議，完全超出他的職權範圍。直至此時為止，清廷授予他的軍隊調動權力只是可以調動福建的駐防陸軍，以及徵調福建、江蘇、廣東的近代化艦船，沈葆楨並沒有調用直隸總督、北洋大臣李鴻章轄下北方淮軍的權力。足以令人稱奇的是，沈葆楨這份求援信尚未遞送到李鴻章手中時，李鴻章竟已經主動提出可以派出淮軍唐定奎部的十三營軍隊前往臺灣供沈驅使，而此時清廷並沒有任何關於調用淮軍前往臺灣的諭旨：

竊念執事單騎赴臺，若事機稍有齟齬，徒恃數隻輪船，豈能徒手嚇賊……日意格前亦面稱，須多調洋槍隊。海內習洋槍者，以敝部淮軍最早最多，近年分防各省，固形散漫，而規制猶存，各營皆用英法兵槍、來福槍（按：即來復槍）兩種。弟雖略購後膛槍，因無大敵，未肯給發，猶之尊論，操演宜用前膛，臨敵莫便於後膛也。臺事如可片言卻敵，自勿庸議，否則擬為籌調若干。查現駐徐州之記名提督唐定奎，樸幹能戰，所部有銘軍武毅馬步十六營，均係槍隊，從劉省三歷剿粵、撚，號稱勁旅。雨亭同年雖倚為保障，似可移緩就急，酌調唐提督統帶步隊十三營，由徐移至瓜洲，派輪船徑駛該口，分批航海前去……再折內擬購各種利器、水雷、後膛槍愧無多助，火龍、火箭敝處金陵機器局久能仿製，近用英式鐵架施放，無須高架木尾，甚為靈捷。頃飭段道喆趕備十二磅、二十四磅火龍二千枝，並鐵架若干具，解交吳桐雲處，

專船或附便輪送船政局查收轉撥。津局洋火藥略有存儲，如有急需，並可酌數咨調。[27]

這份信件發送出不久，沈葆楨之前那份商請李鴻章能否調動一萬淮軍赴臺的信才到了李鴻章手中。針對沈葆楨提出的具體需求，李鴻章又補發了一封回信，對沈的要求一一予以完全滿足：

敝軍本擬漸次裁遣，以節餉需，聞臺灣消息乃中止，除津郡萬餘留衛畿輔，陝防萬人相距較遠，惟唐俊侯定奎駐防徐州閒地，尚算大支槍隊，雖不敢云慣戰，尚可略助聲援。倭退則此軍似敷佈置臺防，否則續調劉子務廉訪盛藻駐陝銘軍槍炮隊十九營以為後勁。劉、唐皆省三軍門得力大將，轉戰南北，素稱勁旅。或唐營不足，再由子務處分調數營以益之，以符一萬之數，亦無不合……又法國小銅炮係寧局仿製，敝軍步隊多用之，津局現存二十尊，即可撥解；寧局存者尚多，盡可陸續應調……滬局自製林明敦彈子（即來示所云里明東也），聞甫設廠開制，秋後乃有成數。尊購林明敦槍，其彈系中針抑旁針？須俟彈子到時，發一式樣，寄令照造……津局火藥實較外洋粗藥尤精，尊需十萬斤以內亦可酌付……[28]

李鴻章這兩次信件經船政「琛航」、「萬年清」兩艘軍艦先後於 7 月 7 日、11 日在福州領到，因為颱風阻隔，二艦延遲到 7 月 13 日才一起抵達臺灣，由此兩封信同日到了沈葆楨的案頭上。沈葆楨同時讀了上述李鴻章寫於个同時間的信件，為李鴻章對自己的強力支持所感動，回信中出現了極為動情的文字：

　　　　捧讀之餘，大喜過望，時雨之師，於今見之……蒙賜銅炮、火
　　龍、火藥，貧兒暴富，陸路可恃無恐……[29]

　　與李鴻章事實上已經商定好調兵遣將的細節之後，沈葆楨於 7 月 21
日正式上奏申請清廷飭南北洋大臣調得力軍隊赴臺灣協防。上諭准奏，
要求李鴻章等迅速籌辦。私下裏早已和沈葆楨達成默契的李鴻章，於 25
日向清廷奏稱決定調派唐定奎部赴臺，從官面程式上完成了和沈葆楨擬
定已妥的派兵計劃。一俟朝廷批准李鴻章奏請的上諭下發，在徐州早就
「束裝已待」的唐定奎部淮軍便起程開赴臺灣了。[30]

　　在尚無朝廷命令的情況下，身處南北、相隔遙遠且互不統屬的兩位高
級官員僅僅憑著私人的交誼和一致的政見，竟私下達成了一次宏大的增
兵臺灣抗衡日軍的計劃。而後二人再分別以官場上的正式身分，依循正
式的程式，來使他們箭在弦上的計劃獲得國家批准。這宗以私交而影響
到國家決策的例子，標誌著沈、李隨著身分、官職的變化，其私交影響
政治的活動發生升級，足以證明沈李二人當時在政見上之融洽、友誼之
篤厚。

　　可以設想，倘若當時沈李之間不存在多少私交關係，那麼 1874 年侵
臺事件中清軍陸軍大舉入臺可能就不會來得如此順暢，駐臺欽差大臣在
指揮屬於外來軍隊的淮軍時，也不會有如臂使指之效。可以說，1874 年
處理侵臺事件的實踐，是沈李關係在中國近代海防事業上發揮影響力的
真正開始。

四、海防大籌議中的配合

經中方大兵壓境相抗衡，再加以外交折沖，中日兩國簽訂《北京專條》，侵入臺灣的日軍最後被調撤離，1874 年日本侵臺事件在當年敉平。苦於「以一小國之不馴，防禦已苦無策」[31]，侵臺事件後，清政府立即發起了一場後世稱作第一次海防大籌議的高層海防政策討論活動。

圍繞總理衙門大臣恭親王奕訢上奏的海防建設意見，清廷下諭要求沿江海督撫據此各抒己見具摺上奏。恰值廣東巡撫張兆棟又轉呈了在籍守制的前江蘇巡撫丁日昌擬寫的《海洋水師章程》，清廷隨後下旨將丁日昌的《海洋水師章程》一併發交各相關督撫大員，作為海防大討論的追加討論內容。

這次海防大討論所涉及的官員由北而南，包括盛京將軍都興阿、直隸總督李鴻章、兩江總督李宗羲、江西巡撫劉坤一、湖廣總督李瀚章、湖南巡撫王文韶、閩浙總督李鶴年、浙江巡撫楊昌濬、船政大臣沈葆楨、兩廣總督英翰等。圍繞一項國政，召喚如此多的封疆大吏在各地於短時期內集思廣益，此種規模的國策討論活動可謂空前。

現代的中國海軍史學者姜鳴先生在所著《龍旗飄揚的艦隊 —— 中國近代海軍興衰史》書中敘及一次海防大籌議時，注意到在清廷下達討論的命令後，李鴻章與其兄湖廣總督李瀚章私下就如何「答題」有過交流，姜鳴先生在書中曾寫下對此情況的感慨：「如此嚴肅的海防討論背後，忽然讀到李氏兄弟這番坦率體己的私房話，我們不難體會到，古往今來，廟堂上許多重大的歷史決策，在幕後就是這樣討論的。」[32] 實際在一次海防大籌議中，督撫間的私下交流商議並不罕見，而其中互相配合更直接、對國策產生影響最大的，其實應推李鴻章與沈葆楨二人的「私房話」。

　　1874 年 11 月 5 日，清廷向相關督撫大臣下發要求就總理衙門提交的海防建設意見進行海防討論的上諭，很快沈葆楨、李鴻章的書信往來中就出現了十分有趣的內容。首先是沈葆楨致信李鴻章，談及朝廷命令的海防籌議時稱「總署一奏，創巨痛深，搜索枯腸，愈不知對。我公成竹在胸，可以賜示否？」[33] 直接詢問李鴻章對於議覆朝廷的意見，顯然的目的是想二人先互相討論，提前統一意見，以便互為配合。

　　可能書信往來中沈葆楨強調了要借海防大討論的機會將沈、李都十分感興趣的購買鐵甲艦一事提起，1874 年 11 月 30 日李鴻章在給沈葆楨的信中提出，對沈論及的購買鐵甲艦的計劃十分贊同，告訴沈自己會在海防籌議中也提出這一問題，和沈互相配合。又可能是為了使在籌議中的意見配合更為緊密，李鴻章信中甚至向沈葆楨索要其籌議海防的擬稿，以便參考。

> ……派員往英廠定制鐵甲，隨帶生徒、工匠學習造駛，正與拙見相符，復議籌備海防疏內當互為印證……尊處議覆如已脫稿，祈賜讀為盼。[34]

　　對李鴻章的這一要求，沈葆楨的回應十分爽利，將自己擬定議復的奏摺首先寄送給了李鴻章觀覽：

> 諭旨飭議六條，既不敢徒托空言，胸中又茫無定見，躊躇久之，而期限瞬屆，不得不草草完卷，撫衷循省，愧懼交縈，謹並臺灣善後請巡撫移駐辦理疏稿錄呈，祇乞指其疵謬而進誨之。[35]

　　1874 年年底，各省督撫關於海防建設的籌議奏章陸續上呈清廷，李
鴻章在其著名的籌議海防摺中，以很大篇幅論述購買鐵甲艦的必要性。
同時根據丁日昌所擬《海洋水師章程》中提出的三洋水師戰略，竭力推薦
起用沈葆楨、丁日昌一起負責海防建設，「若因創設鐵甲兵船等項，須責
成大員督籌經理，如前江西巡撫沈葆楨、前江蘇巡撫丁日昌，皆究心此
事，熟悉洋情，似堪勝任。」[36]

　　十分可惜的是，沈葆楨參與籌議海防的奏摺原文至今未被尋獲，長期
以來研究界採用的只是一份沈葆楨針對丁日昌所擬《海洋水師章程》而追
加上奏的奏片。奏片中提及的「鐵甲船終不能不辦」的觀點與李鴻章籌議
海防摺的內容互為呼應，可以側面證明沈李此前私下通信中約定了在籌
議海防時各自提出購買鐵甲艦之議，以便「互為印證」。但因為缺乏沈葆
楨籌議海防奏稿的全文，沒有辦法就沈、李二人上奏內容的相似度和配
合度進行更廣泛和全面的比對。

　　不過在李鴻章的書信中還是可以略窺一絲沈葆楨籌議海防摺的面貌。
在各督撫大臣的籌議海防奏稿集中到總理衙門後，當年末進京面聖的李
鴻章先睹為快，給哥哥李瀚章和好友丁日昌的信中，李鴻章分別透露了
一個同樣的資訊：「總署諸公面讚幼丹及鄙疏較精實」、「總署以各省復議
到齊，惟幼丹與鄙人兩議切實，餘多對空策。」[37] 從總理衙門大臣們的這
些態度，可以得出沈葆楨的海防籌議奏摺必定也是篇幅浩大、多論及海
防建設的細節實務，和李鴻章籌議海防摺的情況十分相似。而在看到各
大臣奏議後李鴻章給沈葆楨的信中，字裏行間流露出沈的奏稿中含有推
戴李鴻章領導全國海防建設的內容。從信中看，李鴻章不僅對沈的這一
做法早已知曉，而且同時還告訴沈葆楨自己在奏稿中也推戴了沈出山領
導海防建設，二人分別在奏摺中推薦對方領導海防建設，顯然是在擬稿

階段就已達成的共同謀劃。後來中國海防出現的南北洋大臣分掌海軍建設的格局，在此時已經躍然紙上：

> 覆陳海防疏，條條實對，兵船一節尤探討入微，自道甘苦，非躁心人所能領會，欽伏莫名。統帥乃推及不才，皇悚萬狀。公自謂於船政一無所知，撝謙過分，弟於海防則真一無所知矣。冬月初，曾掇拾上陳，毫無是處，久思錄呈，苦無確便，茲謹抄奉教正，其推戴執事，實出至誠，非敢互為標榜也……南洋數省，提綱挈領，捨我公其誰與歸。[38]

1875 年 1 月 12 日，同治皇帝駕崩，光緒帝繼位。起自上一年的海防大籌議於當年 5 月 30 日塵埃落定，當天清廷頒佈上諭，結合海防大籌議的情況，對海防建設政策做了詳細規劃。丁日昌《海洋水師章程》中提出的三洋水師計劃被調整為南北洋海軍並立的格局，並諭令李鴻章、沈葆楨分別督辦北洋、南洋海防建設，「所有分洋分任練軍設局及招致海島華人諸議，統歸該大臣等則要籌辦」，同時對購買鐵甲艦作出了「著李鴻章、沈葆楨酌度情形，如實利於用，即先購買一兩隻，再行續辦」的決策。[39]

清廷在第一次海防大籌議後作出的這兩項結論性佈署，恰恰都是沈葆楨、李鴻章在籌議海防建設期間私下洽商，並在各自的籌議海防建策中著重提及的方案，可稱得上是沈、李二人私下定議、聯手影響海防建設戰略的又一大戰果。在日本侵臺的陣痛尚未過去，清政府有意重振海防之際，沈、李二人互相配合，於籌議海防的大討論中猶如一雙明星冉冉升起。

五、新的同僚關係：南、北洋大臣

1875 年 5 月 30 日清政府上諭命令李鴻章、沈葆楨分別督辦北洋、南洋海防，為此提擢沈葆楨擔任兩江總督、南洋大臣，形成了清末數十年間持續的南北洋大臣分別辦理海防的建設格局。

近傍北京的李鴻章得到這一消息的時間顯然比沈葆楨早，聞訊後於 6 月 2 日便向沈致信祝賀，興奮之情躍然紙上。早在日本侵臺事件前，李鴻章就曾勸說沈葆楨不應自限於船政大臣一職，言語間就已渴望沈氏能位居封疆，和自己互為聲援，共同推動兩人都充滿興趣的海防、洋務事業。後來李鴻章曾多與同僚推薦沈葆楨在海防建設方面獨具才能，因而沈葆楨成功晉升兩江總督、南洋大臣，箇中或許還有著李鴻章的暗中助推。[40]

> 適奉二十六日寄諭，知執事晉擢兩江，籌防六省，遺大投艱，非過人才力，老成德望，不足以副之。命下之日，朝野慶忭，豈惟桑梓蒙庇，舟楫同心已也耳。而鄙人諸務得有咨商，不至孤立無助，冀幸或免隕越，鼓舞歡躍，尤倍群情。[41]

海防討論結束時，總理衙門的結論報告中曾有「先就北洋創設水師軍」的謀略，清廷後來的上諭對此則不置可否，而在寫完對沈葆楨上任兩江的祝賀詞後，李鴻章開門見山就如何在北洋「創設水師一軍」向沈葆楨問計，「究竟一軍應設兵輪若干隻，何人堪為統領，敬求酌示。所有一切機宜，幸隨時教督其不逮」[42]，表露出了要先在北洋建設一支艦隊的雄心大志。

有點出乎李鴻章意料的是，沈葆楨對兩江總督、南洋大臣這一任命並

沒有立刻表現出興趣，反而一再請求朝廷收回成命。這一與沈李此前謀略顯然不合的情況之所以出現，固然有中國文人對任官推就再三的慣習（左宗棠請沈氏出任船政大臣時，也出現了三顧茅廬方才出山的往復），沈氏長期以來健康不佳也可視作原因，而更為重要的實際是沈氏對自己萬一調離後，其留下的船政事業將走向何方充滿了不放心。

　　經李鴻章推薦並協商，當時身體健康同樣不佳的丁日昌最終答應往福州接掌船政，「船政不得已而求助雨帥，弟再三勸駕，渠感知己推轂之雅，亦覺誼不容辭」。[43]丁日昌，字雨生，是和李鴻章、沈葆楨在海防建設方略上意見相合的同道，同時与二人的私交均甚好，這一接班人選令沈葆楨滿意，「雨帥扶病而來，銘之刻骨」，[44]終於啟程赴兩江上任，又專門在上海与南下赴任的丁日昌深談，「經將一切船政事宜略談大概」[45]。而自李鴻章推薦丁日昌接掌船政開始，與李鴻章與沈葆楨執政南北洋的時間相伴始終，其後的兩任福建船政大臣一律出於沈、李的商議，且都原是李鴻章幕府中人，因為沈李的私人交誼，遠處八閩的船政也居於沈李海防政策的影響下。[46]

　　此時，在中國東南萬里海疆上出現了李鴻章居北洋、沈葆楨居南洋、丁日昌掌管船政的三位好友共擔海防建設大局的有趣局面。如果再考慮到在中央負責海防事務的總理衙門大臣奕訢與李鴻章的交情也甚好，此時可謂是海防建設的黃金時代。

　　1875 年 11 月 22 日，沈葆楨在金陵接過兩江總督印信，正式上任。就任伊始，沈葆楨便寄信通報李鴻章自己已經到任，同時主動提出可以用清廷確定的南洋海防經費來支援北洋先建水師一軍。

　　　　十一日抵金陵⋯⋯念一日受篆。四望茫如，不知所措手處，務乞

憐其愚憨，隨時示以津梁，庶幾造孽較淺耳。總署所籌鉅款，本有分解
南北洋之說，竊思此舉為創立外海水師而起，分之則為數愈少，必兩無
所成，不如肇基於北洋，將來得有續款，固不難於推廣，萬一有急，一
日千里，亦召而立至。[47]

得知沈葆楨終於上任兩江，且將南洋海防經費盡先讓與北洋使用，李
鴻章對沈的支援異常感激，致信稱「從此江皖士民皈依得所，鄙人借助鄰
光，諸叨教益，歡躍尤倍尋常」[48]。沈李二人從此又成為了在同一層面上
的同僚，此時中國的海防建設，已經是沈李二人盡情施展的舞臺。

扼要論之，從沈葆楨總理南洋海防至其因病辭世為止，沈李二人在南
北洋大臣職位上通過私交合作而推動和促進的海防建設事業，大致有議
購鐵甲艦、培育海軍人才等幾大端，在其中沈葆楨已經主動自居於輔助
李鴻章先建北洋的地位，二人名為南洋、北洋，實則私下討論海防政策
時已難見到多少畛域界限。

在購買鐵甲艦一事上，最先是沈葆楨受日本侵臺的刺激而提起，認為
這種軍艦是中國海防必不可少的艦種，李鴻章對此開始也較為認同。沈
氏上任兩江後，在就如何先建北洋一支的話題向李鴻章建策時，也提起
必須購買兩艘鐵甲艦。[49] 然而鐵甲艦造價昂貴，驟難辦理，李鴻章的興趣
一度移向海關總稅務司赫德（Robert Hart）推薦的號稱能防範或擊敗鐵甲
艦的廉價小軍艦（蚊子船、撞擊巡洋艦）。因擔心李對鐵甲艦失去興趣，
沈葆楨不斷遊說提醒，李氏則保證自己會留意購買鐵甲艦。[50]

李鴻章此時對鐵甲艦購買之所以拖拖拉拉，其根源實際是「人、財、
物」三方面條件的不具備，缺乏經費、可供鐵甲艦保養維護的乾船塢以及
駕馭鐵甲艦的人員，箇中又以人才最為難得。

　　當時的中國，僅福建船政內設有海軍軍官學校，是近代化海軍人才的搖籃。沈葆楨早在 1873 年就十分有前瞻性地上奏清廷，提出派遣福建船政學堂「天姿聰穎、學有根柢」的學生前往歐洲留學深造的設想。[51] 在圍繞留學模式、留學經費的籌措等問題進行協商，以便讓海軍學生出洋深造儘快實施時，李鴻章贊成沈葆楨提出的將留洋海軍學生作為未來鐵甲艦艦長人選的意見，另外向沈建議應該把人才培育和購買鐵甲艦二事關聯處理：

　　　　鐵甲船必不可少，惟目前無管帶可靠之員，又無修船合式之塢，鉅款難湊又其後焉。昨已據日意格稟咨商冰案，並密屬李丹崖，明年到英國後，悉心訪求新制，再為訂購。俟船成而生徒之學亦成，管駕回華，以免中外浮言，謂中土有其具而無其人，卓裁以為何如？[52]

　　作為二人討論結果的表現，旋後李鴻章、沈葆楨等聯銜會奏船政學生出洋留學時，明確提出學習目的之一在於學會鐵甲艦駕駛。而作為留學生監督的李鳳苞（字丹崖），也加快了在歐洲尋訪鐵甲艦出售和建造資訊的工作。

　　值得注意的是，沈、李圍繞與鐵甲艦購買而起的討論中，還實際上涉及到了後來北洋水師提督及管帶人員的選擇模式問題。

　　1879 年 8 月 11 日李鴻章在與沈葆楨的書信中，感慨「將來即購有鐵甲、鋼甲，管帶已難其人，統領更無其選」。羨慕日本的海軍將領都「通西法」，而中國的老將如彭玉麟等「雖有閱歷，西法茫然不知，又未肯虛心求益」，而新進的福建船政學堂科班畢業的優秀學生，如張成（生卒年不詳）等年輕軍官則「雖尚可造，而戰事未經，雖難遽大用」。「弟所以

徘徊四顧，未敢力倡鐵甲之議，一無鉅款一無真材也。」[53]

對李鴻章表露出的苦惱，當時已經重病纏身的沈葆楨做了長篇回覆，對中國海軍的用人之道直抒胸臆：

> 鐵甲鋼甲竣事，管駕必取諸出洋諸生，統領則仍宜曾經百戰忠勇之大將。小者取其才，大者資其望，切劘久之，自有才望並美者出焉。若枯坐以待，才無可試，望則老矣，求其相輔而行，亦萬不可得，「自強」在何日乎？一舉便握完全之券，以資談柄則可，若指為實事，恐曠古所無。[54]

此信中沈葆楨略涉批評地指責李鴻章不應期待「一舉便握完全之券」，言下之意對李設想的萬事俱備後再購辦鐵甲艦的策略表示存在異議。其他所述的兼用老將與學生的做法，後來實際對李鴻章產生了重大影響，此後選擇淮軍老將丁汝昌至北洋學習海軍乃至擔任督操，而挑揀林泰曾、劉步蟾等船政學堂科班出身的青年軍官擔任軍艦管帶的模式，幾乎就是沈葆楨這一建議的實施。

在沈、李擔任南北洋大臣時代，圍繞著購買鐵甲艦之議，二人呈現出一急一緩的態勢，後人有據此認為李鴻章是在阻撓購買鐵甲艦，乃至與沈產生了嚴重的矛盾。實則從上可見，沈李二人對是否要購買鐵甲艦並無分歧，所不同的只是李鴻章所論較為保守。另外當時李鴻章對近代軍艦的知識不如具體主管過近代化造船企業的沈葆楨，也是原因之一。因而一度被總稅務司赫德引導去購辦對經費、人才要求較低的蚊子船、撞擊巡洋艦，但是應當看到，無論蚊子船還是撞擊巡洋艦，李鴻章之所以決策購買，也都是因為赫德稱其威力可以與鐵甲艦抗衡。由此可知，鐵

甲艦的重要性在李鴻章海防建設意識中的地位實際從未動搖過。

　　1879 年，總稅務司赫德向總理衙門上呈海防建設條陳，稱南北洋只要同時擁有巡洋艦和蚊子船就可以成軍，完全無需購買鐵甲艦。總理衙門徵詢沈葆楨的意見，沈一面表示反對，一面致信李鴻章力指赫德之非。[55] 李鴻章雖然初期對赫德的提議表露出興趣，但最終也致信總理衙門，力反赫德之議，壓制了反對鐵甲艦之聲，李鴻章還十分得意地告知在歐洲考察鐵甲艦的李鳳苞：「赫德欲以師丹炮船制鐵甲船，總署頗為所惑，弟與幼帥（沈葆楨）極力辯爭，而赫德總海防司始作罷論……」[56] 二人在迴護購買鐵甲艦的政策上，又實施了一次以私議推動公政的活動。

六、附論：南洋蚊子船事件

　　論及沈、李關係，發生於 1879 年的北洋海防用舊蚊子船調換南洋新購蚊子船一事，向來被認為是李鴻章欺壓南洋的例子，以及證明沈、李之間此時存在很深的矛盾。實則，這種觀點是對南北洋蚊子船換船事件的過度解讀，主要是由於論者不明了沈李二人的交誼情況，以及沈氏南洋支持北洋先建一支的歷史背景，乃至蚊子船這種兵器的技術特徵。

　　蚊子船，是清代中國對英國 Armstrong 公司創製的倫道爾式炮艇的獨特稱呼。這種炮艇以小船裝備巨炮聞名，一度被認為是港口防禦的利器，因為小船安裝大炮導致適航性極差，實質上屬於水上機動炮臺。[57]

　　第一次海防大籌議後，海關總稅務司赫德便向總理衙門推介這種軍艦，其主要的賣點是以低廉的代價可以獲得裝備足以威脅鐵甲艦的巨炮的軍艦。總理衙門又將此議轉交李鴻章處理，最終李鴻章委託赫德在英國購買了二型共 4 艘蚊子船，分別命名「龍驤」、「虎威」、「飛霆」、「策

電」。訂購之初，李鴻章即私信向沈葆楨做過通報，只不過當時沈葆楨的主要興趣在購買鐵甲艦方面，對這種陌生的炮艇沈氏並沒有表露出過多的熱心。

當首批 4 艘蚊子船順利建成歸國後，以其火炮口徑之巨，而且又是自阿思本艦隊事件後，中國首次成功從國外購得軍艦，立即引起國內轟動。沈葆楨也對這種小軍艦發生興趣，在給李鴻章的信中「檢討」自己此前只顧想要購買鐵甲艦，而忽視了其他軍艦的添置，以致南洋海防空虛，「前以鐵甲船橫亙胸中，海防、江防，一無措置，萬一風濤起於意外，悔何可追！」轉而請李鴻章分調一些蚊子船到南洋，或者幫從海防經費中提款替南洋購買，「尊處所購 38 噸蚊炮船，務懇分賜數號，俾可暫顧藩籬，以補初見之謬戾，想我公必憐而許之也。倘所購各船，僅敷天津之用，可否於海防經費內提款為購兩號」？至於南洋對蚊子船的使用方法，沈葆楨告知計劃佈防於長江口。[58]

1877 年 12 月 29 日李鴻章答覆沈葆楨，由於當時「龍驤」、「虎威」兩艘蚊子船已經被暫留在臺灣海峽防務，所以無法再分撥蚊子船給南洋，但對於另外購買蚊子船給南洋的要求，李鴻章表示「承屬提款另購兩號，亦不敢辭」。得信後，沈葆楨回復「承許購炮船兩號，謝謝！」[59]

1878 年 8 月，中國購買的第二批 4 艘蚊子船在英國簽訂合同，超出沈葆楨的預期，李鴻章計劃藉此分撥 4 艘蚊子船給南洋海防。因為李鴻章計劃分撥給南洋，所以這批蚊子船的艦名均轉由沈葆楨命名，稱為「鎮東」、「鎮西」、「鎮南」、「鎮北」。[60]1879 年末，4 艦建成返華，沈葆楨鑒於第一批 4 艘蚊子船都是在福建驗收交接的前例，認為此次 4 艘也會在福建交接，於是商請船政幫助在福建代南洋接收。李鴻章則告知 4 艦訂約時就說明在天津交接，得到此訊，沈葆楨致信李鴻章進行解釋，大致意

思是以防李鴻章產生南洋要奪船的誤會：

> 承代購之蚊子船，聞前次在閩交割，故令管駕在羅星塔守候。比
> 獲咨示，飭令徑赴津、沽，俟親驗其美善畢臻，乃付南洋。知大君子之
> 用心，突出尋常萬萬也。[61]

李鴻章後來覆信告知沈葆楨不必介意，另外則通知沈，自己已經決定
把第一批購買的 4 艘蚊子船撥給南洋，而將新到的 4 艘留用於北洋，並詳
細陳明理由：

> 新購蚊船四隻，早與總稅司約定，來津交收。執事未詢原委，遽
> 檄閩局接替，非鄙人所能反詰。且六月間即咨請春帆派員來津接管，尊
> 意或慮其無意予璧，前言具在，豈遂失信耶。今擬令龍、虎、霆、電四
> 船赴麾下調遣。一、該船在北洋兩年，咸水浸漬，底有雜物黏連，必須
> 赴滬修洗，藉省往返；二、尊處奏明，分防江陰、吳淞二處，風浪少
> 平，龍、虎形制尤宜。敝處四船，來年擬令常往大連灣巡泊，取其船
> （舟皮）加高，可破巨浪。非敢擇利以自衛也。[62]

李鴻章換舊船留新船的舉動，是被後世研究者詬病以及判斷沈、李存
在矛盾的重要依據，然而客觀而言，李鴻章信中所述的留用「鎮東」等新
艦的原因從技術角度看並無問題，「鎮東」型蚊子船的幹舷較第一批購買
的蚊子船更高，且艦尾頂部安裝有防浪擋板，總體上抗風浪能力更強，
更適宜在中國北方海域航行。

而這種改造其實並不是李鴻章在訂造之初就刻意安排的，而是該批蚊

子船建造過程中英方人員的無心插柳之舉。當時具體在英國負責照料蚊子船建造的中國海關倫敦辦事處主任金登幹（James Duncan Campbell）在與海關總稅務司赫德的通信中提到過此事，說是曾幫助駕駛首批中國蚊子船至中國交付的英國海軍軍官琅威理（William M. Lang）根據自己此前駕駛蚊子船的經驗，向金登幹建議對在建的第二批中國蚊子船做加高舷牆、尾部加設天棚頂蓋等增加適航性的改造。金登幹則自作主張對這些建議全部採納，要求船廠照樣改造。[63] 由此可知，「鎮東」蚊子船的適航性高於第一批蚊子船，並不是李鴻章訂造時的有意為之。倘若據此說李鴻章從訂購開始時就故意要將這批蚊子船留用於北洋，顯然也是缺乏依據的。

另外還需注意，購買這批蚊子船的經費並不是由南洋支付的，而是由李鴻章從海防經費中代為騰挪的，至於有論者說李鴻章以南洋的資金而自肥北洋，也嫌偏頗。

圍繞南北洋更換船隻而生的現代評論，實則都是不自覺地將古人想像為軍閥，對其行事的考察，習慣用是否是在加強本集團實力或削弱他集團的尺度去衡量，進行扭曲思考。在沈、李交換蚊子船事件的分析上，倘若去回溯一下當初李鴻章將屬下的十三營淮軍無條件地撥至沈氏麾下，可能對更好地理解沈、李行事的價值觀會有所助益。

對李鴻章將適航性更好的「鎮東」型蚊子船留用在北洋一事，沈葆楨並未向李表示反對意見，還致函推薦劉步蟾、林泰曾等優秀軍官給李鴻章。李鴻章覆信與沈討論對劉步蟾、林泰曾、魏瀚、陳兆翱等四名船政留洋的優秀學生如何褒獎。李鴻章又約沈葆楨對此採取聯合行動，「筱宋已將會銜奏獎摺擬送，複請由閩主政。頃又將四生請保花翎一節，咨商添入，將來若奉部駁，仍應頂奏。」[64]

這封信的末尾，李鴻章還流露了對沈葆楨當時日益加重的病情的擔心，以及對外交紛爭不絕的憂愁，「環顧時艱，能無惴悚？」言下之意是與沈葆楨就共濟時艱互相期勉。然而這封信發出未久，沈葆楨病逝的噩耗傳來，此信可能就成為了沈、李二人交誼聯繫的終曲。[65]

七、結語

沈葆楨、李鴻章是清末同光新政時代兩位對中國海防建設起到了積極影響的重要高級官員。以二人的私下通信作為研究切入點，可以看到一個隱藏在官面奏章、朝議之下的官員個人交誼世界。由此可見在以諭旨、奏章為史料基礎構成的官面歷史下，還有十分值得深入挖掘、分析的官員間個人關係影響政治的情況。很多時候透過對這種私人層面交往的分析，能夠更好地了解一些官面政治行為發生的原因和目的，就這一意義而言，沈、李交誼關係是一個具有典型性的研究斷面。

在近代中國海防建設中，沈葆楨與李鴻章的交誼影響所涉十分廣泛，而沈葆楨因病去世，使得李鴻章在海防建設舞臺上損失了一位可以倚為知己、互相應援的戰友。沈氏去世後，李鴻章與此後的南洋大臣再難建立默契的配合關係，而在高層官場上也未再遇到於海軍建設有如此共同見識的戰友。

沈葆楨臨終前，曾口授了一篇議論奇警的遺疏，對這篇遺疏心有戚戚的人群中，李鴻章應該在列。沈葆楨至死不忘的鐵甲艦，幾年後終於由李鴻章辦理成功，在德國訂造了被譽為亞洲第一巨艦的頭等鐵甲艦「定遠」、「鎮遠」，成為中國第一支現代意義海軍——北洋海軍的實力基礎。

　　竊以天下之弊，在於因循，矯其弊者，一變而為鹵莽，其禍較因循尤烈，倭人夷我屬國，虎視眈眈，凡有血氣者，咸思滅此朝食，臣以為兵家知彼知己之論，二者缺一不可，未有一無豫備，而可冒昧嘗試者也。臣所每飯不忘者，在購辦鐵甲船一事，今無及矣，而懇懇之愚，總以為鐵甲船不可不辦，倭人萬不可輕視，倘船械未備，稍涉好大喜功之見，謂其國空虛已甚，機有可乘，兵勢一交，必成不可收拾之勢。目下若節省浮費，專注鐵甲船，未始不可集事，而徘徊瞻顧，執咎無人，伏望皇太后聖斷施行，早日定計，事機呼吸，遲則噬臍……[66]

注釋

1　　江慶柏：《清朝進士題名錄》（北京：中華書局，2007 年），頁 958。

2　　馬昌華：《淮系人物列傳》（合肥：黃山書社，1995 年），頁 3。

3　　李鴻章〈入都〉詩，見顧廷龍、戴逸主編：《李鴻章全集》第三十七冊（合肥：安徽教育出版社，2008 年），頁 69。

4　　李鴻章入都依附乃父溫習待考階段的評述，可參見 [美] 劉廣京、朱昌峻編，陳絳譯：《李鴻章評傳 —— 中國近代化的起始》（上海：上海古籍出版社，1995 年），頁 21-22。

5　　李元度：〈沈文肅公事略〉，見林海權點校：《沈文肅公牘》（福州：福建人民出版社，2008 年），頁 829。[美] 龐百騰著，陳俱譯：《沈葆楨評傳 —— 中國近代化的嘗試》（上海：上海古籍出版社，2000 年），頁 30-36。

6　　王鐘翰點校：《清史列傳》（北京：中華書局，1987 年），頁 4210、4445。

7　　王鍾翰點校：《清史列傳》，頁 4210。

8　　同上，頁 4445。

9　　較明顯的例子見〈同治二年正月二十三日，覆曾沅帥〉，〈同治二年正月二十六日，覆李黼堂方伯〉，信函裏提及沈氏時用語多顯生硬。顧廷龍、戴逸主編：《李鴻章全集》第二十九冊，頁 203、204。

10　　沈葆楨、曾國藩因軍費供應而關係齟齬一事，以龐百騰：《沈葆楨評傳》論說較詳，見該書頁 86-97。

11　　李鴻章在給多人的信中提及了自己和沈葆楨商議挽救李元度的事情。見：〈同治四年二月二十八日，致彭漕臺〉、〈同治四年三月初四日，致曾中堂〉、〈同治四年三月初七日，覆前浙江臬臺李〉、〈同治四年三月初七日，覆沈中丞〉，顧廷龍、戴逸主編：《李鴻章全集》第二十九冊，頁 369、371、372、373。據李鴻章同治四年三月初七日給沈葆楨的書信內容看，請求赦免李元度的信件是由李鴻章直接擬稿的（奏摺見《李鴻章全集》第二冊，頁 31-32。），擬稿之事李鴻章則曾以書信向曾國藩通氣。上摺挽救李元度後，李鴻章在上述三月初七日給沈葆楨的信中出現了「聞揆帥與尊處久不通問，截厘諸事閣下不無過激之談，揆帥覆疏負氣亦甚，公事意見，古人常有，何至因

此絕交……仍望一再先施全君子之交，循後進之禮，大局幸甚」等明顯試圖調解曾、沈矛盾的內容。總體令人感覺李鴻章主動聯絡沈葆楨援救李元度一事的背景和目的都不單純。

12　在沈葆楨當時的家書中，曾有向家人介紹「少荃」幫助挽救李元度案的內容，「得少荃信，次青發軍臺，囑聯疏乞恩」。見沈呂寧、沈丹昆：《沈葆楨家書考》（福州：福建省音像出版社，2008 年），頁 136。

13　〈同治四年李鴻章會同曾國藩奏開辦情形〉，《江南製造局記》（光緒三十一年上海文寶書局石印版），卷 2，頁 25-30。

14　此事的詳情參見馬幼垣：〈亨利・華爾代滬所購美製艦考〉。該文收錄於馬幼垣：《靖海澄疆——中國近代海軍史事新詮》（臺北：聯經出版事業公司，2009 年）。

15　〈請派重臣總理船政摺〉，張作興主編：《船政文化研究——船政奏議彙編點校輯》（福州：海潮攝影藝術出版社，2006 年），頁 8。

16　此一時期船政建造軍艦的情況及各艦的技術特徵，參見陳悅：《近代國造艦船誌》（濟南：山東畫報出版社，2011 年）。

17　〈同治七年四月十七日，覆沈幼丹船政〉，顧廷龍、戴逸主編：《李鴻章全集》第二十九冊，頁 616-617。船政後來推行鼓勵各省調撥所造艦船，以解決船政缺乏養船經費之苦，李鴻章出任直隸總督、北洋大臣後，在其管理下的各通商口岸相繼駐紮了從船政調用的「萬年清」、「湄雲」、「飛雲」、「泰安」等艦船。

18　〈同治十二年二月十八日，覆沈中丞〉，顧廷龍、戴逸主編：《李鴻章全集》第三十冊，頁 505-506。

19　同上注。

20　左宗棠對此表示反對，曾寫信向總理衙門提出自己的意見。見《左宗棠全集》第十一冊（長沙：岳麓書社，1996 年），頁 417。

21　聶寶璋編：《中國近代航運史資料》第一輯（上海：上海人民出版社，1983 年），下冊，頁 817。

22　《海軍》卷 2（東京：誠文圖書株式會社，1981 年），頁 76-79。

23　〈諭軍機大臣等〉，《同治甲戌日兵侵臺始末》（臺北：文海出版社有限公司，1983 年），頁 4。

24　同上，頁 8。

25　〈同治十三年四月十八日，覆沈節帥〉，顧廷龍、戴逸主編：《李鴻章全集》第三十一

冊，頁 41。

26　〈致李少荃中堂〉，林海權點校：《沈文肅公牘》，頁 7。

27　〈同治十三年五月初二日，致沈幼丹節帥〉，顧廷龍、戴逸主編：《李鴻章全集》第三十一冊，頁 49。

28　同上，頁 58。

29　〈致李少荃中堂〉，林海權點校：《沈文肅公牘》，頁 21-22。

30　清廷於李鴻章上奏當天頒發上諭准奏，見中國第一歷史檔案館編：《咸豐同治兩朝上諭檔》第二十四冊（桂林：廣西師範大學出版社，1998 年），頁 180-181。唐定奎部淮軍啟程日期為 8 月 2 日，見〈同治十三年七月初五日，覆沈節帥〉，顧廷龍、戴逸主編：《李鴻章全集》第三十一冊，頁 80。

31　〈奕訢等奏海防亟宜切籌將緊要應辦事宜撮敘數條請飭詳議摺〉，《籌辦夷務始末》（同治朝）第十冊（北京：中華書局，1964 年），頁 3951。

32　姜鳴：《龍旗飄揚的艦隊——中國近代海軍興衰史》（北京：生活·讀書·新知三聯書店，2002 年），頁 79。

33　〈致李少翁中堂〉，林海權點校：《沈文肅公牘》，頁 118。

34　〈同治十三年十月二十二日，覆沈節帥〉，顧廷龍、戴逸主編：《李鴻章全集》第三十一冊，頁 132-133。

35　〈致李少翁伯相〉，林海權點校：《沈文肅公牘》，頁 124。

36　中國近代史資料叢刊《洋務運動》第一冊（上海：上海人民出版社，1961 年），頁 52。

37　〈光緒元年正月初六日，致李瀚章〉、〈光緒元年正月十四日，覆丁雨生中丞〉，顧廷龍、戴逸主編：《李鴻章全集》第三十一冊，頁 172、176。

38　〈光緒元年正月初六日，覆沈節帥〉，顧廷龍、戴逸主編：《李鴻章全集》第三十一冊，頁 171。

39　中國第一歷史檔案館編：《光緒朝上諭檔》第一冊（桂林：廣西師範大學出版社，1996 年），頁 107-109。

40　姜鳴先生已注意到這一問題，認為李鴻章的推薦對沈葆楨出任兩江總督起到了作用。見姜鳴：《龍旗飄揚的艦隊——中國近代海軍興衰史》，頁 89。

41　〈光緒元年四月二十九日，覆沈制軍〉，顧廷龍、戴逸主編：《李鴻章全集》第三十一冊，頁 231。

42　同上注。

43　同上，頁 315。

44　〈李少荃中堂〉，林海權點校：《沈文肅公牘》，頁 232。

45　〈茈工任事叩謝天恩摺〉，《丁日昌集》（上海：上海古籍出版社，2010 年），頁 101。

46　在丁日昌之後，至沈葆楨去世之前的幾任船政大臣吳贊誠、黎兆棠等均是李鴻章幕府中人。

47　〈李少荃中堂〉，林海權點校：《沈文肅公牘》（福州：福建人民出版社，2008 年），頁 245。

48　〈光緒元年十月二十三日，覆沈幼丹制軍〉，顧廷龍、戴逸主編：《李鴻章全集》第三十一冊，頁 321。

49　〈李少荃中堂〉，林海權點校：《沈文肅公牘》，頁 245。

50　沈、李圍繞是否要購買鐵甲艦問題的爭論，充斥在二人後期的通信中，需注意的是二人對鐵甲艦的價值都不反對，主要的認識差異在於急辦和緩辦。沈勸說李的書信見林海權點校：《沈文肅公牘》，頁 274-276。李的代表性意見見顧廷龍、戴逸主編：《李鴻章全集》第三十一冊，頁 356。

51　〈同治十二年十月十八日，船工將竣謹籌善後事宜摺〉，《沈文肅公政書》，頁 830-831。

52　〈光緒二年八月二十七日，覆沈幼丹制軍〉，顧廷龍、戴逸主編：《李鴻章全集》第三十一冊，頁 490-491。

53　〈光緒五年六月二十四日，覆沈幼丹制軍〉，顧廷龍、戴逸主編：《李鴻章全集》第三十二冊，頁 463。

54　〈覆李少荃中堂〉，林海權點校：《沈文肅公牘》，頁 791。

55　同上，頁 798-800。

56　〈光緒五年九月初四日，覆李丹崖星使〉，顧廷龍、戴逸主編：《李鴻章全集》第三十二冊，頁 487。

57　有關蚊子船的技術情況參見：[英]Peter Brook，*Warships for Export Armstrong Warships 1867-1927*，(Gravesend，Wold Ship Society，1999)，pp.22-23. 陳悅：《北洋海軍艦船誌》，頁 5-8。

58　〈覆李少荃中堂〉，林海權點校：《沈文肅公牘》，頁 484。

59　〈光緒三年十一月二十五日，覆兩江沈幼丹制軍〉，顧廷龍、戴逸主編：《李鴻章全集》

第三十二冊，頁 178。〈覆李少荃中堂〉，林海權點校：《沈文肅公牘》，頁 502。

60　中國近代史資料叢刊《洋務運動》第二冊，頁 419。

61　〈覆李少荃中堂〉，林海權點校：《沈文肅公牘》，頁 823。

62　〈光緒五年十月十七日，覆兩江沈幼丹制軍〉，顧廷龍、戴逸主編：《李鴻章全集》第三十二冊，頁 493。

63　《中國海關密檔》第二冊（北京：中華書局，1994 年），頁 181-182。

64　〈光緒五年十月二十四日，覆兩江制軍沈〉，顧廷龍、戴逸主編：《李鴻章全集》第三十二冊，頁 496-497。

65　同上注。

66　沈瑜慶：《濤園集》（臺北：文海出版社有限公司，1967 年），頁 173-174。

第二章
鄭觀應的海防觀 —— 從《易言》到《盛世危言》

林啟彥

一、引言

　　鄭觀應（1842－1922），是近代中國重要的改良派思想家之一，亦是晚清洋務建設的積極參與者。對內，他主張推行議會政治，發展以工商業為中心的資本主義經濟，以工商立國，達致富國的目標；對外，他主張積極參與國際事務，維護公法，拓展外交，加強國防的建設，以抵抗列強的入侵，並與列強進行商戰，達致強國的目標。

　　鄭觀應的海防建設思想，作為他的強國策略的一環，頗有探討的必要與價值。

二、鄭觀應早年的海防考慮

　　鄭觀應的海防思想是十九世紀中葉以還中國經歷西方國家多次的海上入侵，海防危機日趨嚴峻的背景下產生的。尤其自十九世紀七十年代中開始，日本迅速冒起，對中國的東南東北海疆發動了連串的侵略行動，包括 1871 至 1874 年的侵擾臺灣，1879 年的吞滅琉球，1882 至 1884

年對朝鮮武力入侵和干預內政等。此後，日本加強對中國沿海地區的滲透活動，鄭觀應對此深感憂慮，於是撰寫了多篇文章，呼籲清廷要積極回應，籌建海防，保護海疆，否則外患必然紛至沓來，後果不堪設想。他說：

> 年來日本研究水師，頻添戰艦，多置軍械，及遣人分住各口，設貿易館，習方言，托名學賈實則交結匪人，時入內地暗察形勢，繪圖貼說，其志叵測，恐終為中國邊患。俄、英、法三國屬地，鐵路皆將築至中土，托名商務，意在併吞。倘俄、法合力侵犯，水陸並進，南北夾攻，恐西人之大欲將不在賠費，而在得地矣！俄、法有事，英、德、美、日必以屯兵保護商人、教士為名，亦分佔通商各口，後患之來，不堪設想！[1]

日本在中國東面海疆打開了缺口後，列強勢必乘機進行敲詐鯨吞，鄭觀應認為，中國若不及早籌辦水師，建設海防，「中國將無可守之區，更無藉守之具」。[2]

為此，鄭觀應從 1870 年代後期開始，便積極思考如何展開海防建設的工作。他先後發表了《論邊防》、《論水師》（《易言》三十六篇本 [1880]）、《水師》（《易言》二十篇本 [1882]），初步提出了全盤建設海防的構想。

他著重指出，中國當前最大的邊患是日俄兩國，因此中國的邊防策略應以防禦日俄兩國的擴張為首要之務。對付日本，尤其不能不優先籌劃海防。《論邊防》一文，對此有作詳細的分析，提出要政有三：即一、廣造水雷，多製鐵艦，訓練水師，以資戰守；二、劃清疆界，載諸和約，

以免侵佔；三、遣使屬國，代為整頓，以資鎮撫。其中第一項，即為海防的建設。其具體內容如下：

> 中國沿海疆圉……務期因地制宜，分據要害。如防敵船之深入，則秘設水雷；防敵人之攻衝，則先籌鐵艦。二者既備，尤須得水師勁旅以濟之，然後相需為用。……至練習水師之法，英為最，普次之。今中國宜請諳練洋人，挑選精壯弁兵，歸其教習……務使如臨大敵，習慣自然，一旦用兵，自收其效。[3]

概言之，要防禦海疆，佈置水雷，購造鐵甲艦與訓練海軍，是刻不容緩的。而海軍更需依照洋法操練，應師法的國家是英國或普魯士。

在《論水師》和《水師》兩文中，鄭觀應的海防思想更可歸納為四要點。

首先，他提出炮臺與外海水師相為表裏，並特別重視鐵甲艦的作用。有關炮臺的設置，他建議說：

> 今宜於沿海要隘，多築炮臺，悉如西式，環之以水雷，護之以水中衝櫃，海岸斷續之區，補之以浮鐵炮臺，使與外洋之水師戰船相表裏。[4]

又謂：「築臺必照西式之堅，製炮必如西法之精，守臺必求其人，演炮必求其準，使與外洋之水師輪船，表裏相資，奇正互用。」[5]希望藉此使海濱有長城之固，而敵人可泯覬覦之心。

有關戰艦的配置方面，他劃分出水師戰船有四類：一是鐵衝船，利

於水戰；二是鐵甲船，利於攻堅；三是轉輪炮船，利於肆擊；四是蚊子船，利於環攻。他建議：

> 為今之計，宜合直、奉、東三省之力，以鐵甲船四艘為帥，以蚊子船四艘，〔轉〕輪船十艘為輔，與炮臺相表裏，立營於威海衛之中，使敵先不敢屯兵於登郡各島。而我則北連津郡，東接牛莊，水程易通，首尾相應。彼不能赴此而北，又不便捨此而東。就令一朝變起，水陸夾攻，先以陸兵挫其前鋒，後以舟師擣其歸路。即幸而勝我，彼亦不敢久留；敗則隻輪片帆不返，則北洋之防固矣。[6]

鄭氏認為應先以北洋之力，籌建一鎮的水師。以威海衛為海軍基地，再配置四類戰船巡弋外海，與炮臺表裏相資，攻守兼備，再以陸軍輔翼作戰，則外敵斷難由海路入侵東海之疆，而北洋之防便可穩固。

其次，他提出水師應編分四鎮，分區守禦綿長的海岸線，並應互相支援作戰抗敵，尤須簡派一水師大臣統領四鎮。他主張說：

> 綜計天下海防，莫如分設重鎮，勢成犄角，以靜待動，以逸待勞。擬合直、奉、東三省為一鎮，江、浙、長江為一鎮，福建、臺灣為一鎮，粵省為一鎮。編分四鎮，各設水師，處常則聲勢相聯，緝私捕盜；遇變則指臂相助，扼險環攻。[7]

上述四鎮水師，宜各設一水師提督，統領一洋的守禦。更應設一海防水師大臣，以總責海防大權，下領四鎮，鄭氏謂：

四鎮水師提督外，另派一諳練水戰陣勢者，為統理海防水師大
臣，專一事權，遙為節制，時其黜陟，察其材能，事不兼攝乎地方，權
不牽制於督撫。優其爵賞，重其責成。取西法之所長，補營規之所短。
除弊宜急，立志宜堅，用賢期專，收功期緩，行之以漸，持之以恆。十
年之後，有不能爭雄於域外者，無是理也。[8]

再者，鄭氏批判魏源以來一貫以守為攻的海防戰略觀，而提出外洋與
海口及內河均不可偏廢之說，力主以戰為守的海防戰略觀。他論證說：

世之論者因持守外洋不如守海口，守海口不如守內河之說，輒謂
船廠可停，水勇可廢。不知水陸形勢，彼此既有短長，則趨避之術亦頃
刻而萬變。墨西哥為美利加洲強大之國，惟未於沿海設備。西班牙遂屢
以兵舶擾其海濱各口岸，待其師勞力竭，財耗民訌，一舉而殲之。今若
置外洋海口於不問，則設有師其故智，疲撓我師者，既難節節設防，人
將處處抵隙。前明倭寇，殷鑒不遠，固未容偏執一說耳。[9]

因此，他強調說：「前代但言海防，在今日當言海戰。」[10] 必須有大隊水
師，在外海發揮衝突控馭的作用。如若不然，則「是能守而不能戰，不能
戰即不能守矣」。[11]

最後，鄭觀應指出，水師之設不同於陸軍營勇之制，必須講求西法訓
練，西法管理，以致佈陣作戰亦不離西法的標準，務使成為一支專業的
精兵。他特別指出：「至輪船管駕將官，必須洞悉測風防颶，量星探石，
辨認各國兵船，識別各口沙礁者，方膺是任。兵弁亦須選年富力強，及
沿海熟識水性之人，配入輪船，隨時操演，拾級而升。槍炮務求其準

的，不事虛機；駕駛務極其精明，不求速效。更採西國水師操練之法，輪船戰守之方，炮位施放之宜，號令嚴齊之訣。截敵人之奔岸，練水面之陣圖，察益加察，精益求精。庶幾將盡知兵，士皆用命。振亞夫之旗鼓，豈徒破敵於寰中，麾允文之艨艟，亦且爭雄於域外哉！」[12]

以上四項海防建設的主張，在北洋海軍未成軍以前，以與李鴻章和丁日昌等洋務大僚有關海防籌議所提出的海防方案相比，自見其卓越獨到之處。例如他主張要設一水師大臣統領三洋四鎮的海防事宜，四鎮的海軍必須在統一指揮下聯合作戰，就是極為關鍵的至理。甲午喪師的原因之一，不就是各洋各自為戰，缺乏統一指揮所導致的嗎？又如海軍的組成，必須徹底以西法為標準，嚴格選用兵將，不求速效，惟求精專，亦是不易的真理。甲午之敗，不也就是敗在一批缺乏海軍專業素養的將弁之手中？

三、回應日本的威脅

甲午戰敗，《馬關條約》簽訂，鄭觀應看到了中國面臨更大的國防危機。他指出當時的中國，正是「屏藩盡撤，俄瞰於北，英眈於西，法瞵於南，日眈於東」。[13] 日本一國以其兵力相脅，割地賠款通商，魚肉中土，尚且可以予取予攜，假若俄、英、法、德等國，一致合謀，蠢然思動，則瓜分之禍，必然立至，中國如何能夠抵禦？受這樣強烈的亡國危機感的促使，鄭觀應把《盛世危言》五卷本（1894）修訂為《盛世危言》十四卷本，於 1895 年秋冬間刊行。他增訂本書的主要動機，是要發表一系列因應新局勢的富強救國的主張，尤其視抵禦外侮的策略，為重中之重。

他在書中增寫了《海防》上、中、下，《邊防》（一）至（九），《練

兵》上、下,《練將》、《炮臺》、《江防》、《間諜》,又增訂了《水師》、《重商》、《商戰》等多篇文章。綜合各篇的主旨是要在軍事上如何加強抵禦外侮的能力,外交上如何做好合縱連橫以孤立主要敵人保存自我的效果,經濟上如何加強商戰的實力以支援軍事的建設。而當中最迫切的要務,是趕緊重建海軍,整頓海防,以有效地抵禦今後必然來自海上的列強入侵。

甲午戰爭的挫敗,清廷經營十多年的海軍幾被徹底摧毀。一時之間,全國茫然不知所措,在統治集團內,出現了兩種說法:一種是認為過去花了大量的金錢來建立海軍,不但未能抵禦外敵和戰勝外敵,反而招來外侮,「今既片艘無存,不如自安孱弱,靜以待時,若再剜肉補瘡,造船購炮,將見國用日至於不支,而軍事未必有起色。欲禦侮而適以召侮,殊非萬全之計」。[14] 直指建立海軍為不智之舉。另一種是認為抵禦外敵,毋須與之爭雄於海上,所謂「戰於大洋不如戰於沿海,守外港不如守內河,敵國之師長於水,我國之兵長於陸,以空海上之地為甌脫,誘之深入,聚而殲之」。[15] 亦指無必要再建海軍。針對這兩種不必重建海軍的論調,鄭觀應痛加駁斥。

首先,鄭觀應指出,昔日有海軍之時,尚不足以禦外侮,若今日並此而無之,那有不啟盜賊狼子之野心?他說:「海軍為陸軍之佐,表裏相扶不能偏廢,閉關自守患在內憂,海禁宏開患在外侮。內憂之起,陸軍足以靖之,外侮之來,非海軍不足以禦之。」[16] 今日中國的大患,來自外侮,若「不亟講求兵備,力圖自強,即欲求為貧弱而不可得,又安望能洗喪師之恥,復失地之仇」。[17]

再者,那種誘敵深入,決戰於陸的策略,雖未必無用,但「不知海疆一失,如人之血脈不通」。[18]「若不守外洋,則為敵人封口,水路不通;

若不守海口，為敵人所據，施放桅炮，四鄉遭毀。彼必得步進步，大勢危矣。」[19] 最終必陷國家於被動挨打的處境。所以，最佳的策略，是要能做到拒敵於國門之外。或者至少可以做到既可與敵決戰於海上，又可誘敵深入，聚而殲之。絕不能因為陸戰有把握取勝便廢棄海軍，這是因噎廢食、捨本取末的想法，對國防的建設有害無益。必須海陸並重，才可確保國家免於危亡。

鄭觀應更進一步指出，甲午之敗最根本的原因是器不良和用器之人的技術不精，但終究是人的質素問題，所謂「器者，末也；人者，本也」。甲午之役的致命傷是「事權不一，且統帥、管駕均未得人」。[20]

鄭觀應於是提出了重建海軍、整頓海防的新構思。

四、海防建設的建議

鑒於甲午戰敗，暴露出清廷海防建設上種種的弊端與漏洞，鄭觀應於是提出了重建海軍和重整海防幾點重要主張，希望清廷當政者採納，奮起改革，除弊興利，化弱為強。

第一，鄭氏認為要建設一支強大有組織作戰能力的海軍，必須要做海陸軍政令上的統一。他說：

> 西國軍制，海軍可以節制陸路，陸路不能節制海軍。蓋洋面遼闊，軍情瞬息邊變，必非陸路所能知也。今中國海軍提督無事則歸疆臣節制，有事則聽督帥指揮。疆臣與督帥均非水師學堂、武備院出身，不知水戰之法，素為各管駕所輕視。……是宜就海軍衙門王大臣中選一水師學堂出身之大臣為巡海經略，總統南、北、中三洋海軍，但聽樞府

之號令，不受疆臣之節制。兩國既下戰書，即許以便宜行事，有事則聯為一氣，無事則分道巡遊。[21]

三洋由一巡海經略海防大臣統一調度，統一指揮。三洋各設一提督。每督下設左、右二總鎮以分統一洋之師。提督居大鐵甲船，總鎮駐中等輪艦，其餘將弁各居所帶之船，構成一個上令下行緊密的組織編制。

第二，鄭氏主張要行精兵之法，既要強化官兵嚴格的專業知識技能的教育與培訓，亦要精選將領管駕以作有效的管理與指揮，還需經常進行實戰的演練，使兵將不致臨陣畏戰。鄭氏批評清廷過去仿西法練兵不得其法，他說：

> 雖中國亦仿西法練兵，計已十餘年，而仍不能強者，因將帥非武備學堂出身，未諳韜略，又無膽識，惟延西人教習口號，步伐整齊，槍炮命中而已。[22]

故此，今後中國海軍練兵選將，必須由水師學堂出身，嫻熟海戰韜略為準則，他說：

> 於南、北洋設水師學堂及練船，一切舟楫、檣帆、測風、防颶、量星、探石、槍炮命中，凡行船佈陣一切諸大端，必須悉如泰西水師事事精能，庶他日敵船犯境，與其交仗，指揮操縱悉合機宜，不致臨時手足無措。……
>
> 泰西水、陸諸軍將帥非由武備院、韜略館及水師學堂出身，並久歷戰陣、資格極深者，不得任其職。所以當水、陸軍提督者皆老

成謀略優長之選。猶備有參佐數員，常與運籌決策，以資歷練而審機宜。……以故戰勝攻取如響應聲，豈今日有勇無謀、不知天時地利之將……所能勝任乎？嗚呼！全軍之性命繫於將帥，將帥之存亡關於國家，可不慎歟？[23]

並且，還須經常加強對士兵的實戰訓練，鄭氏說：

> 未經戰陣之兵，雖訓練嫻熟，器械精利，一旦猝臨大敵，鮮不目駭心驚，手足無措。……外國練兵……於操練之時，必設假敵與正軍對列，互相攻擊，出奇設伏，因地制宜，一如交戰狀，俾習慣於平時。不如是，則臨事倉皇，而欲戰必勝，攻必克也難矣。中日之戰我軍無一勝仗，職是故也。[24]

所以，鄭氏精兵、慎選、嚴練的主張，正是整治之前晚清海軍弊病的良策。

第三，鄭觀應注意到中國海岸線由東北至海南，綿延萬餘里，其間口岸林立，要全面設防，對清政府來說是無法做到的。因此，他設計出一套分區防禦、同時又能協同作戰的海防策略。

其分區防禦的構想是，「為今之計，宜先分險易，權輕重，定沿邊海勢為北、中、南三洋」。[25] 北洋起自東三省，包括牛莊、旅順、大沽、煙臺為一截，其中以旅順、威海為重鎮，以「拱衛京畿」、「安元首」為首務；中洋起自海州，包括崇明、吳淞、乍浦、定海、玉環、馬江為一截，其中以崇明、舟山為重鎮，以「策應吳淞、馬江各要口」、「固腹心」為首務；南洋起自廈門，包括汕頭、臺灣、潮陽、甲子門、四澳、虎

門、老萬山、七洲洋、直抵雷瓊為一截，其中以南澳、臺灣、瓊州為重鎮，以「控扼南服」、「舒肢體」為首務。他更提出由海軍衙門派出一名大臣為「巡海經略」，總統北、中、南三洋海軍。而三洋各設提督一名以統率，下設左、右二總鎮以為分統。提督居於大鐵甲艦，總鎮駐於中等輪艦，其餘將弁則各管所帶之船。每歲三洋兵船須交巡互哨，並要抽出一船參加遠航訓練，可遠至紅海、地中海、大西洋、太平洋等地。若遇到外敵，三洋水師的回應要如常山之蛇，「擊首則尾應，擊尾則首應，擊腰則首尾皆應」。[26]

關於三洋協同作戰方面，鄭氏提出的具體設計如下：

屬於一洋之內的戰事，他這樣說：

> 如北洋有事，除大沽、旅順、威海等處防守外，宜分船兩隊：一防守海口，一出洋游弋。防守者以兩鐵艦、兩雷船、一蚊子船為正軍，一駐山東之成山角，一駐高麗之鴨綠江口，東西對峙，見敵至即擊之。游弋者以四快船、八雷船為奇軍，梭巡不絕，往來於成山、鴨綠之間，一遇敵船則一面與之交仗，一面發電通傳，東、西兩營同出圍擊。如此佈置則渤海為雷池，而威海、旅順成堂奧矣。[27]

屬於三洋範圍的戰事，他這樣說：

> 一旦海上有事，則調南洋各海船以扼新加坡及蘇門答臘之海峽，迎擊於海中；次調中洋、臺灣、南澳之舟師，為接應、包抄之舉；再次則調北洋堅艦，除留守大沽口及旅、威二口外，餘船亦可徐進中洋，彌縫其闕，坐鎮而遙為聲援。此寇自南來之說也。若自混同、黑龍江北

下，則反其道而應之。如由太平洋直抵中洋，則南、北皆應之。[28]

鄭氏認為，這是中國當日海防大勢所最宜取法的攻守戰略。

第四，鄭觀應視整頓海防為一個整體的規劃建設，必須做到戰船巡弋外洋與堅守海口二者兼顧；炮臺與戰艦要配合防禦，以建立沿海的防禦帶。前者方面，鄭氏提出應以鐵甲艦、魚雷艇、蚊子船為防守海口的正軍，而快碰船（鐵衝船）、轉輪炮船、魚雷艇等宜於肆擊水戰，為游弋外洋的奇軍。[29] 關於後者，鄭氏認為炮臺與戰艦在海戰中分別起著不同作用，二者都不可偏廢，炮臺為體，而兵船為用，「有兵船而無炮臺，則能戰而不能守，外強而有餘，而內固恆患不足」。[30] 至於炮臺的設置，更要講求採用最新式英國製的地阱炮，既可升降自如，又可旋轉自如，發炮時則升上地面，停炮時則埋入地中，既善於隱藏又優於惑敵。除有守口巨炮外，更應構築炮臺陣地，其前後各方均應有小炮臺為之屏蔽、救應，使不為敵所乘。炮臺之外水域，要佈置水雷，護之以水中衝櫃，補之以浮鐵炮臺。臨陣作戰之時，戰艦與炮臺用炮，排列須長短相間，敵遠則用長炮，敵近則用短炮，隨機應變，操縱自如。[31] 另外要在各洋的海岸險要之地，擇最善者以建立軍港（水營），如北洋的旅順與威海衞、中洋的浙江舟山、南洋的廣東南澳，均為適當之選。軍港而外，還需要建有船塢、機器局、船政局等，使輪船修繕，軍火供應，無時或缺。[32] 除此以外，仍應兼籌江防。由於甲午戰敗，中國長江沿岸已門戶洞開，江防的重要性與日俱增。昔日的長江水師為了對付太平軍，今後是「防外寇更甚於防土匪」，因此鄭氏主張長江水師亟宜整頓裁減，添置淺水輪，淘汰陳舊船艇，建立適應於新形勢的長江水師，再於長江要塞之地如江陰等處增設新炮臺，庶幾可以弭患於無形。[33] 鄭氏更提到戰爭的勝負實繫於間

諜工作之有無，日本在甲午戰爭中，著著佔有先機，乃因其在戰前戰中的間諜工作做得好所致。今後中國亦應吸取戰敗的教訓，做好情報的工作，才能知敵人之虛實，知敵人之虛實，才能「出正兵以擊之，運奇謀以制之」，才能「著著爭先，能制人而不為人所制」，做到「運籌帷幄之中，決勝千里之外」。[34]

最後，鄭觀應對《馬關條約》規定，日本擁有可在中國內地通商、設廠的權利，視為對中國進一步經濟侵略的威脅。他說：「將來日本在內地通商，勢必廣製機器，華人所不知為而不能為，所欲為而未及為者，恐日人先我而為之。則外洋之利權既為歐西所奪，而內地之利權，將為日本所奪矣。……日本創之，各國效之，華商必至坐困，無利可圖，可不慎哉！」[35]對此關乎國家安危的嚴重威脅，鄭觀應認為必須極迅速地發展商務，一定要學習西方國家「以商為戰，士農工為商助」的辦法。國家的一切措施，要像西方國家一樣，都必須有利於商業的發展。正如他指出的「公使為商遣也，領事為商立也，兵船為商置也。……彼既以商來，我亦當以商往。」[36]昔日既如此，今後宜更甚。在新的國際形勢下，講求海防上、軍事上戰勝入侵的帝國主義列強已不足夠，必須以商戰配合兵戰，以確保中國在世界的競爭中，在列強的環伺下，可立於不敗之地。

五、結語

鄭觀應的海防思想是他經歷了近代中國對外多次戰敗的刺激，國家民族面臨空前嚴峻的存亡危機形勢下產生的。特別因為東鄰日本，自十九世紀七十年代開始迅速崛起，緊隨西方列強之後，對包括中國在內的東亞地區，進行軍事侵略，經濟擴張。中日戰爭威脅與日俱增，鄭氏不得

不謀求一套嶄新而有實效的國防策略，來加以對應。在 1875 至 1882 年間，鄭氏出版的《易言》三十六篇本與《易言》二十篇本兩書中，發表有關海防建設的篇章，提出了早期建海軍、固海防的初步構思。

甲午戰敗，清廷多年艱苦經營的北洋海軍近於全軍覆沒，而海防建設復亦毀於一旦。清廷遭此敗戰之辱，一時之間，茫然失措。面對此一危局，鄭觀應更進而刊佈了《盛世危言》五卷本（1894）、《盛世危言》十四卷本（1895）與《盛世危言》八卷本（1900），全面總結甲午戰爭失敗的原因與教訓，指出重建海軍與改革海防建設的必要性和迫切性。針對甲午戰爭中中國海防暴露出來的多種弊端、弱點，鄭觀應提出根本救治之法，主要有：一、海軍陸軍並舉，海防陸防並重；二、嚴選海軍將帥，達致政令統一；三、加強海軍人才培訓，走精兵之路；四、外洋與海口同時兼顧，攻防結合，炮臺與炮艦互為表裏，配合作戰；五、重整三洋海軍佈局，平時注重實戰訓練，交巡互哨，戰時必須互相支援，首尾呼應；六、強兵的基礎在重商，以商戰助兵戰。

鄭氏如上一系列比較進步的海防觀，對晚清民國時期，國家需要重建海防，設海軍，無疑有其不可忽略的參考價值。

注釋

1　〈海防中〉，見夏東元編：《鄭觀應集》上冊（上海：上海人民出版社，1982 年），頁
　　760。

2　〈論水師〉，《鄭觀應集》上冊，頁 127。

3　〈論邊防〉，《鄭觀應集》上冊，頁 115。

4　〈水師〉，《鄭觀應集》上冊，頁 214。

5　〈論水師〉，《鄭觀應集》上冊，頁 128。

6　同上，頁 129。

7　同上注。

8　〈水師〉，《鄭觀應集》上冊，頁 216。

9　同上，頁 215。

10　〈論水師〉，《鄭觀應集》上冊，頁 128。

11　〈水師〉，《鄭觀應集》上冊，頁 215。

12　〈論水師〉，《鄭觀應集》上冊，頁 130-131。

13　〈邊防六——甲午後續〉，《鄭觀應集》上冊，頁 801。

14　〈海防下〉，《鄭觀應集》上冊，頁 762。

15　同上，頁 763。

16　同上，頁 762。

17　同上，頁 763。

18　同上注。

19　〈海防中〉，《鄭觀應集》上冊，頁 759。

20　〈海防下〉，《鄭觀應集》上冊，頁 763。

21　〈海防上〉，《鄭觀應集》上冊，頁 755。

22　〈練兵下〉，《鄭觀應集》上冊，頁 870。

23　〈練將〉，《鄭觀應集》上冊，頁 842。

24　〈練兵下〉，《鄭觀應集》上冊，頁 870。

25　〈海防上〉，《鄭觀應集》上冊，頁 755。

26　同上，頁 755-756。

27　〈海防中〉，《鄭觀應集》上冊，頁 757。

28　〈海防上〉，《鄭觀應集》上冊，頁 756。

29　〈水師〉，《鄭觀應集》上冊，頁 874；又參〈海防中〉，《鄭觀應集》上冊，頁 757。

30　〈炮臺〉，《鄭觀應集》上冊，頁 836。

31　同上，頁 836-837。

32　〈水師〉，《鄭觀應集》上冊，頁 876-877。

33　〈江防〉，《鄭觀應集》上冊，頁 834-835。

34　〈間諜〉，《鄭觀應集》上冊，頁 918。

35　〈商務五〉，《鄭觀應集》上冊，頁 627-628。

36　〈商戰下〉，《鄭觀應集》上冊，頁 595-596。

第三章
海防、江防之籌議 —— 姚錫光及其《江鄂日記》

李金強

一、前言

　　我國治海軍史者，對於姚錫光一名，毫不陌生。蓋因姚氏於甲午戰爭（1894－1895）前後，出任直隸總督李鴻章（1823－1901）及山東巡撫李秉衡之幕僚，目睹甲午戰敗此一時局巨變，並於戰後，憤而成書，是為《東方兵事紀略》一書。該書為中日甲午戰爭詳盡之作，分析戰敗，尤為深刻，早為史家所關注。[1] 及至晚清十年（1901－1911），清廷推行新政，計劃重建海軍，時姚氏出任練兵處提調，於 1907 年受命撰寫規復海軍之方案，翌年成書，是為《籌海軍芻議》。姚氏於書中發皇「海權」思想，指出「方今天下，　海權爭競劇烈之場耳……不能長驅遠海，即無能控制近洋」，故提出分期購艦，組成巡洋、巡江艦隊，修建軍港、廠、塢，發展海軍學術與教育等建言。實為清季中樞興復海軍最具卓識的方案。[2] 於此可見，姚氏實為清季對海軍具有識見之專才，宜其著述得以傳世。近日內地中華書局出版《中國近代人物日記叢書》，得見姚氏《江鄂日記》一書，[3] 為姚氏甲午戰後，於兩江、湖廣任事時之日記，其中記述受命署任兩江總督張之洞，陪同德國武官來春石泰（Baron Von Reitzenstein）、

駱克伯（或譯作駱博凱）及雷諾，兩次勘察長江下游南洋各要塞之炮臺，籌設江防，尤具意義。故本文即以姚氏之《江鄂日記》為本，探索姚氏知兵經歷及甲午戰後我國重建海防、江防之籌議，藉此說明清季海防、江防建設之方向。

二、生平與知兵經歷

姚錫光（1853-？）[4]，江蘇丹徒人，地近鎮江要塞。字石泉，又作石荃，出生於官宦之家，至其父則「家貧績學，日課生徒，七十之年，猶手不釋卷」，並有詩文遺稿，稱其父「小題文清剛俊上，非現在時賢所能及」。[5] 少從其父總角之交周伯義（1823-1895）研習經史、天文地理、軍事等科，據姚氏所說，謂其於弱冠時受教三年，並稱其師「著作甚富」。[6] 由是積學。

就其生平出仕而言，據說其於 1878 年始為駐日公使何如璋（1838-1891）之隨員，駐節東京。何氏在日四年（1878-1882），適值日本明治維新，併吞琉球，謀奪朝鮮之時，[7] 姚氏自有所感聞，並漸悉東北亞日本之崛興及危局的湧現。回國後於 1885 年拔貢，1888 年中舉。[8] 翌年考取內閣中書，其間為直隸總督李鴻章所賞識，成為李氏幕僚，出任北洋武備學堂教習，為防日侵略朝鮮向李氏獻策，並經李氏保薦為俟補直隸州用。及至中日甲午戰爭爆發，應山東巡撫李秉衡之邀，出任幕僚。至山東萊州，任前敵行營文案，兼幫辦營務處，由是參與中日甲午一役，此其日後得以成《東方兵事紀略》一書之由來。戰後受知於署任兩江總督及湖廣總督張之洞（1837-1909），先後受命協助德國教官，視察長江下游炮臺，並至湖北出任武備學堂提調及自強學堂總稽查。至 1898 年張氏派

其赴日，考察文武教育。任內先後完成《江鄂日記》、《長江炮臺芻議》、《東瀛學校舉概》等書。[9] 由是成為清季維新及新政時期具備西學素養兼及知兵之專才。

1899 年後，獲朝廷補授安徽省石埭縣知縣，署懷寧縣事，和州直隸州知府，並兼任安徽武備學堂提調，皖軍營務處總辦。任內整頓吏治，處理民教衝突，設勸農局，發展農業生產，以德國兵制改良當地團練，強化地方武力，賑濟長江洪災，捐資創設藏書樓，為安徽創立公共圖書館之濫觴。姚氏之於安徽，顯然建樹良多。繼而於兩淮昭信股票捐輸案內報捐道員，於 1904 年轉仕中央，任大學堂副總辦、北洋大學總辦並任練兵處軍政副使，賞給副都統銜。1905 年日俄戰後，蒙藏危機日深，受命至內、外蒙考察，遂成《籌蒙芻議》一書。關注邊事，力主更改前此蒙古盟旗制度之分封體制，代之以建立行省，分設府廳州縣；投資蒙古，發展工業；興辦學堂，開啟民智；並建議設立川滇邊防大臣，強化對西藏之管治，從而成為蒙藏「專家」。[10] 繼而升遷至練兵處提調，參與海軍事務，奉命草擬重建海軍計劃，而成《籌海軍芻議》二卷，為晚清新政時期，中樞規復新式海軍之重要方案。及至練兵處於 1907 年併入陸軍部，姚氏先後出任陸軍部左丞之職，1910 年出任陸軍部右侍郎，1911 年出任弼德院顧問大臣，為其一生最高之官階。[11] 及至清室告終，進入民國，歷任蒙藏局副總裁、北口（張家口）宣撫使等，後因病告老還鄉，住焦山定慧寺休養，回家病故。[12]

就其知兵經歷而言，其文人知兵之特長，早為同儕所認同。[13] 此乃早年師事周伯義，受其任俠知兵之影響，及至隨何如璋出使日本，何氏在日期間，已見日本野心，「其勢且將及我，主張練兵，修武備防日，並指朝鮮若亡，失去藩籬，後患無窮」。[14] 駐節東京之姚錫光對日本之野心擴

張，影響東北亞局勢丕變，自有所體認，而漸具戰略眼光。此其於 1887
年出任李鴻章幕僚時，先後密陳規劃朝鮮以防日本之野心，提出「以東
三省為根本，北洋為聲援」之主張，建議由東北修鐵路至朝鮮，練邊軍於
中朝邊界，發展北洋海軍，得以海路援朝，實行陸海協同防衛的戰略構
思。進而建議以宗主國地位經營朝鮮，未雨綢繆，藉以制日之野心。可
惜，姚氏於東北亞對日戰略構思，未為當道所用，至有七年後甲午一戰
之大敗。[15] 與此同時，姚氏任職天津武備學堂，自然不能不習識兵學。

　　及至甲午戰爭，姚氏面對日軍侵朝，先後向李鴻章建議，進兵朝
鮮，爭取朝鮮戰場的主動權。主張海陸進擊，「以陸路為戰兵，海道為游
兵」，用海軍「截日、朝海道往來之路」；注意後勤，以運輸糧草、彈藥
為急務，並「宜持久以老其師」，使其內潰，取得最後勝利。惜李氏謀以
外交制日，至使對日作戰漸失先機。故姚氏建議未為當局所用。[16] 繼而遼
東失守，時任山東巡撫李秉衡四次電召姚氏前赴山東，加入戎幕，姚氏
遂向李秉衡上帖言練兵，提出應求將才，選軍鋒，習利器，操散隊，練
捷足，練工隊六條。提及重視火器，宜用後膛槍，習坐、跪、伏射擊、
練散隊，培訓散兵協同作戰，並重視行軍溝壘之工事設防，可見姚氏熟
諳新式陸軍武器及作戰訓練，[17] 由是參與及目睹戰事之進行，「自甲午夏
迄乙未春，往來遼碣，南歷登萊，於前敵勝負之數，粗有見聞」。[18] 此為
其日後得以撰著《東方兵事紀略》之由來。

　　甲午戰後出任張之洞幕僚，至南京籌防局任事，受令陪同德籍武官兩
次巡視長江炮臺，從而得悉長江下游要塞炮臺的實況，繼而撰寫相關報
告，上呈張之洞，為其《長江炮臺芻議》一書之由來。姚氏謂「自吳淞歷
崇明，循江陰，抵鎮江，凡山川形勢新舊各臺，得評審周視」。對於長江
下游之海口及沿江要塞炮臺提出防務改良之建言，由是成為「江防」之專

才，並獲張之洞採納其意見。[19] 張氏繼而出任湖廣總督，姚氏隨之出任湖北自強學堂總稽查，參與軍事教育，期間日夕研讀兵學要籍，其軍事素養，益見積漸。就其《江鄂日記》所述以證之。（參下表）

閱讀兵學書目表（1896 年）

	閱讀書目	閱讀日期（1896 年）	閱讀時間
(1)	《淮軍平捻記》	1 月 10 日（寫作 1.10）	1 天
(2)	《岳忠武文集》	1.21	1 天
(3)	《湘軍記》❶	3.26，3 月 29 至 30 日（寫作 3.29-30），4.1	4 天
(4)	《長江圖說》	4.3-4	2 天
(5)	卡長勝：a.《德國步操》，b.《德國陣圖》，c.《中國陣圖》	讀 a, b, c 三書：4.17；讀 a 書：4.18-19, 8.25-31, 9.1, 4-5, 8-22；讀 b 書：4.20-22❷	17 天
(6)	沈敦和譯：《德國軍制述要》	4.22	1 天
(7)	瑞乃爾譯：a.《德國炮法管理章程》，b.《德國新軍練法》	讀 a, b 二書：4.24	1 天
(8)	許景澄：《帕米爾圖敘例》	5.6, 7.8-9	3 天
(9)	《陸操新義》	5.8-10, 16, 19, 21, 27, 6.25-27, 29, 7.1-2	13 天
(10)	《甲申、乙未間中日海戰事略》	5.19	1 天
(11)	林樂知、蔡爾康輯：《中日戰記本末》	5.22	1 天
(12)	雷諾：《揚子江籌防芻議》	7.6	1 天
(13)	《日本地理兵略》	8.20	1 天

閱讀書目		閱讀日期（1896 年）	閱讀時間
(14)	a.《孫子》，b.《吳子》，c.《司馬法》	讀 a, b, c 三書：9.6-7；讀 a, b 二書：9.11-12；讀 b, c 二書：9.8-10；讀 a 書：9.13, 21-23, 27-28, 30, 10.3-4, 17-19, 21-22, 25-26；讀 b 書：9.14, 17-19, 25, 10.8, 12-15	33 天
(15)	《海國海岸炮管理法》	9.13	1 天
(16)	《德國守口克鹿炮管理法》	9.15-16, 20, 22, 25	5 天
(17)	《德國管理守口炮法》	9.19, 21	2 天
(18)	a.《德國行軍隊法》，b.《克虜伯新炮圖說》	讀 a, b 二書：9.23-24, 26-30, 10.3-4, 15；讀 a 書：9.25, 10.5-10, 12-14, 16-26	31 天
(19)	《臨陣管見》	9.29, 10.17	2 天
(20)	《毛瑟槍圖說》	10.5-7, 10, 12-14, 16-22, 24-26	17 天
(21)	《德國營壘學》	10.8	1 天
(22)	蔣玉書：《海軍日記》	9.20	1 天
(23)	《中日戰跡圖考》	9.12	1 天

資料來源：姚錫江：《江鄂日記》，頁 42-172。

❶ 姚錫江：《江鄂日記》，頁 70。2 月 26 日於金陵書局購《三國志》、《曾文正文集》、《湘軍志》、《王船山年譜》、《長江水師章程》、《蠶桑輯要》。

❷ 同上，頁 92，勾出卡長勝：《德操圖說》中之錯誤，將為其修改。

　　上表為姚氏所讀兵書，合計 29 種，包括中國兵法 3 種，中國陣法 1 種，軍史 2 種，中日戰史 2 種，兵操兵略 2 種，海軍日記 1 種，德國軍事學 13 種，德國軍官雷諾之長江籌防 1 種，文集 1 種，地理圖說 3 種。其中德國軍事書籍所讀最多，此乃張之洞於甲午戰後成立自強軍，以德國

為師所由致。此外,尚須注意者為姚氏開始關注甲午中日戰史,期間已著手撰寫,是為稍後出版之《東方兵事紀略》。其中甲午中日海戰為勝敗之關鍵,亦為時人所矚目,從上述姚氏所讀之書目,所讀《甲申、乙未間中日海戰事略》,此乃好友黎宋卿所送,姚氏謂該書「頗詳盡,可喜」。繼讀出身天津水師學堂蔣玉堂所著之《海軍日記》,謂該書「乃記甲午夏秋以來海軍戰事也」。[20] 於此可見姚氏對海軍之關注,甲午戰後又陪同德籍軍官來春石泰、駱克伯及雷諾,兩次勘查長江海口及下游要塞炮臺,洞悉海防、江防之虛實,此其日後得於 1907 年提出《籌海軍芻議》之其來有自。

三、長江下游要塞之由來

長江下游之防務,自明清以降,已為朝野所關注。此乃明太祖建都南京及南直隸,成為明室祖宗根本所在,江南財賦之所自出,且為倭寇、海寇、江盜、湖盜出沒之地。故於該區採行海防、江防及江海聯防之軍事建構與備禦,至清室開國亦然。[21] 及至晚清鴉片戰爭英軍進侵,以至太平天國起亂,建都南京,長江下游之海防、江防,深為朝野所重視,整建炮臺,強化防務,即由此而起。稍後更有曾國藩籌建新式艦隊巡防,惜因江海關稅務司李泰國(Horatio Nelson Lay, 1832-1898)的野心而告吹,是為著名之「李泰國、阿思本兵輪案」。[22]

及至中日甲午戰爭,北洋艦隊熸師黃海,中國海防洞開,戰後督撫重臣相繼起而關注海防,籌議重建海軍。其中尤以署任兩江總督(1895-1896, 1904-1907 任)張之洞,最為用心。提出「亟治海軍」之主張,而以注意長江防務為其起始,時任江督之張氏,鑒於「長江南洋門戶,江蘇

形勢，雄踞物力殷富」，首起關注，始悉當地文武官員對於防務「全不通曉」，「一味模糊」，尤有甚者為炮臺乖謬，江防至為窳劣。[23] 遂委派姚錫光陪同德國教官來春石泰、駱克伯及雷諾，兩次勘察長江下游之南洋炮臺要塞，籌議設防。[24] 來春石泰、雷諾及姚錫光相繼提交報告，依次為〈查閱沿江炮臺覆稟〉、〈揚子江籌防芻議〉及〈長江炮臺芻議〉，為長江之海防、江防，提出防務整固之建言，早已引起學者注意。[25] 然上列文件，皆屬勘察後重新整理之報告，惟獨姚氏之《江鄂日記》，逐日記載兩次陪同德國洋員，勘察過程之「流水帳」，除對長江下游之炮臺要塞實況，作出詳細記錄外，並發表其個人對長江江防整建之具體意見，殊具價值，以下將就《江鄂日記》所記，探究姚氏對長江江防之籌議。

我國地兼海陸，國防上需具塞防、海防、江防、湖防等多元防務。有清一代，沿邊、海岸、海口及沿江皆設炮臺要塞，保障國家安全。自鴉片戰爭以降，由於外力入侵，於籌建新式海軍之同時，並對沿海、沿江的炮臺要塞，不斷整建，強化江、海防務。其發展特點即由前此「舊式水師與岸防碉壘、舊式炮臺相結合的海防體系」，逐漸改進為「新式海軍艦隊與要塞炮臺群，海口水雷相結合的海防體系」，此類新式炮臺要塞，隨著新式線膛槍枹，後裝炮，管退炮及實心炮彈、榴霰彈等新式火器的出現，使作戰時得以連射速而火力增猛，殺傷威力亦隨之增強，炮臺建構，遂不得不變。[26]

炮臺的修築，因應新式火器之出現，遂由高出地面的護牆建置，逐漸改為由地面向地下掘進，以及火炮疏散配置之野戰陣地。[27] 其時的新設炮臺，乃從縱深地域中構築數座炮臺，作為骨幹。炮臺建置分別具有露天明炮臺，及利用山險修築之暗炮臺，並具地下壕溝工事，三合土結構及火炮疏散配置之佈局。並設有防護、指揮觀察、戰鬥、訓練、居住、糧

儲、軍火等設施。又設有障礙物，駐防部隊等。其配置之火炮，主要來
自外購及仿製的英式阿姆斯特朗（Armstrong，簡稱阿式）前、後裝炮，
英製瓦斯前裝炮，德製克虜伯（Krupp，簡稱克式）後裝炮等，從而形成
一個具有防禦作戰的要塞。其中兩江總督之南洋轄區，即包括有海口炮
臺要塞之吳淞、江防炮臺要塞之江陰，鎮江及江寧（附圖一），[28] 而姚錫
光於 1895 至 1896 年間先後陪同洋員勘察上述長江下游之炮臺，共分兩
次，首為光緒廿一年十月十二日至十一月初七日（1895 年 11 月 28 日至
12 月 22 日），陪同自強軍總教習來春石泰及工程都司駱克伯兩人進行勘
察。次為光緒廿一年十二月十七日至二十六日（1896 年 1 月 31 日至 2 月
9 日），陪同德國克虜伯炮廠售炮之游擊雷諾及上海禮和洋行行東斯美德
兩人再行勘察。其中第二次勘察，據姚氏所說，與其首次勘察的情況「同
者十之七八」。[29] 故現就首次勘察，進行探究。

四、長江下游要塞之勘察（1895 年 11 月 28 日至 12 月 22 日）

姚錫光於 1895 年入時署兩江總督張之洞幕，11 月中旬至南京，入籌
防局，即被委派陪同洋員來春石泰、駱克伯二人勘察長江下游之炮臺要
塞，首至長江口之吳淞要塞。

（一）吳淞要塞（1895 年 11 月 28 日至 12 月 4 日）

其勘察項目，包括吳淞要塞、江口沙洲及崇明島三方面。

首先勘察吳淞要塞。吳淞要塞，共有 3 座炮臺，分別為吳淞口炮臺，
南石塘炮臺及獅子林炮臺（附圖二）。[30] 1895 年 11 月 29 日姚氏與洋員於
上海，乘江清輪啟航，抵吳淞口，該炮臺地近海口，由原吳長慶（1834 －

1884）所統淮系慶軍之舊部駐防 [31]，是為松防中營。吳淞口炮臺共有 17 座炮臺，其配置由東南延向西北，計明臺 2 座，皆阿式炮，中間暗臺 11 座，乃阿式炮，克式炮雜置，延至西北有明臺 4 座，皆瓦斯炮。大小炮共 17 尊。此外，尚有護臺、護墻炮 12 尊，合計 29 尊。

繼至西北之南石塘炮臺，共有明炮臺 11 座，配備阿式炮、克式炮 8 尊，並有護臺炮 3 尊，合共 11 尊。

11 月 30 日，抵獅子林炮臺，炮臺配置亦自東而西，共有炮 6 尊，護臺炮 3 尊。其炮臺形式較新，6 尊配炮皆後膛炮，可 360 度射擊，為「吳淞口（要塞）三處炮臺之冠」，並將有快炮 4 尊購到。[32]

姚氏勘察後，指出三處炮臺「以獅子林臺式為最新……吳淞口，南石塘兩處，則南石塘差勝，而吳淞口最差」。[33] 又謂吳淞口之暗炮臺 11 座，為前江蘇巡撫淮系張樹聲（1824－1884）所建。至今二十年，東、西之明炮臺，雖十年前添造，亦屬老舊，而所配炮皆前膛老式炮，極須改良。而吳淞要塞各炮臺，均須添置快炮。而所屬之彈藥房，管理未得其法，易著潮氣。此外，吳淞中營，每營勇丁俱不足數，缺額千人，空額薪餉為統領所吞沒。[34]

其次，巡視江口沙洲。長江下游出海口，沙洲遍佈，目的在於勘察石頭、崇寶兩沙洲，能否興建炮臺。就此而論，吳淞口乃長江門戶，而黃浦江外，則中橫崇寶沙，東北向分別為石頭沙、黃沙及大石赤山等。而崇寶沙洲為長江戶限，最為扼要，因長江至此屬分流入海，崇寶沙洲以南曰南洋口，以北曰北洋口。[35] 姚氏指出吳淞口、南石塘、獅子林之炮臺為扼守南洋口入長江之水道，兼顧黃浦江外口，而吳淞口及南石塘兩處，為拱衛首邑都會上海的第一重門戶。若此兩臺不守，必使長江以內「全局震驚」。[36] 故於 12 月 2 至 3 日，開輪觀察江口之沙洲形勢，周行一

遍，並冒雨乘舢舨登東南盡頭之沙頭，目的是考察能否於江口之沙洲，興建炮臺，強化防守。經勘察後，姚氏認為崇寶、石頭兩沙洲，地形「迫狹」，且「土性浮鬆」不宜興建炮臺，反而兩沙洲之間之石頭沙灣，能夠「屏蔽西北風雨，水深數丈，可駐泊鐵甲，隱藏魚雷」，為南洋兵艦絕好屯駐之地，認為南洋開辦海軍，可以兩沙為「歸宿之所」。[37]

其三，崇明島北岸考察。12 月 3 至 10 日至崇明島，該島南六漵，由湘系霆軍三營駐防之地。時霆軍統領王衍泰及洋員來春石泰，均認為崇明島北岸為衝要之地，建議於島北四漵及島南六漵之間築炮臺，藉此扼守北洋口要衝。姚氏並謂洋員來春石泰此次勘察，原望可於石頭、崇寶兩沙洲興建炮臺。藉此包攬工程，代購槍炮謀利，可惜此二沙洲因地質不宜興建炮臺，頗為沮喪，今見至崇明島，並獲統領王衍泰支持，於六漵興建炮臺與石頭沙成犄角之勢，遂力主崇明島興建炮臺及購買新炮，而姚氏則憂心接受洋員建議「江南膏血自此竭矣」。[38]

最後，尚須注意者，姚氏得識淞防中營炮臺教習趙炫景，並對趙氏整頓吳淞要塞之建議，表示認同，共有三點：[39]

其一、應於浦東東南角之浦東咀，此一南洋輪船來路之處，設「大地阱炮十尊，用水機升降」，藉此作為吳淞口炮臺之外輔，此種要塞地阱炮，乃將火炮隱藏於地阱中，利用升降裝置，將炮身升起，既可避免被敵炮摧毀，又可升起與胸墙等高，射擊敵艦。[40]（參附圖三）

其二，吳淞口及南石塘之炮臺式樣太舊，而配炮之上落架，齒輪均大半鏽濕，均需維修、整建，又各臺之後護墙太高，阻礙發炮反擊之路，宜撤低。

其二，吳淞口及南石塘兩口，應如獅子林炮臺專設炮勇，使「專心一志，以精其業」。[41]

（二）江陰要塞（1895 年 12 月 5 日至 10 日）

江陰要塞，乃由吳淞口溯江而上的咽喉地帶，江面較窄，只有 1.25 公里，水深 13 至 20 米。呈現水深流急，素有「江海門戶」之稱，兩江總督李宗羲謂「長江之關鍵，江陰為先」。江陰要塞乃於南、北兩岸建築炮臺，成為對長江鎖航之要塞。南岸之高處有黃山（又稱東山），西山（包括小角山、鵝山），及江陰城北之君山，於此修築鵝山、西山山頂、東山山頂、黃山、仙人橋（黃山咀窩）及大小石灣等處炮臺。北岸則於天興港、十圩港等處設炮臺，互為犄角。並設障礙物水雷於江面，藉此增強防守。[42]（附圖四）

12 月 5 日，姚氏陪同洋員自黃浦口西上，經獅子林，至白茅沙，姚氏認為此乃「吳淞以內第一險地」，因「江面寥闊，而江有暗沙」，可藉暗沙為天險，故建議於此修建炮臺，成為要衝，翌日抵達江陰。[43]

12 月 7 日起視察江陰要塞。先從南岸開始，看西山炮臺之大石灣炮臺（排列 12 尊老炮的明炮臺），西山中臺（阿式炮 2 尊，格林炮 2 尊），西山咀低臺，山頂炮臺（有舊炮 5 尊，阿式後膛炮，可打全周），小石灣暗炮臺（7 門炮），鵝鼻咀（鵝山）炮臺（舊炮 3 尊）。12 月 8 日，與洋員一同前往西南面之君山，察看地勢，洋員建議於君山之西北及東北修築炮臺，前者防江陰上游西下之敵船；後者可俯射江陰城，防禦西山炮臺後路。12 月 9 日，至東面，看黃山、東山各炮臺，如仙人橋炮臺（舊炮 3 尊）等。12 月 10 日，又至對岸江北之十圩港暗炮臺（前、後膛 7 尊老炮）及天興（生）港（前、後膛炮 10 尊）兩明炮臺。洋員建議於十圩港之西面九圩港建炮臺，與南岸君山炮臺成犄角之勢，又建議於天興港東岸起炮臺。然姚氏認為應續向東至岸咀處，才宜建炮臺。[44]

綜觀江陰要塞，可分為四部分。包括南岸之東、西山炮臺群，北岸十

圩港及天興港炮臺，合計 15 座炮臺。姚氏並提出宜注意改良者有三：

其一，指小角山頂、黃山頂、黃山三支峰合共 5 座炮臺，臺式及炮位皆新，宜加善用。而小角山頂、黃山咀兩炮臺，各有大炮兩尊，皆前膛炮，「負此絕好地勢，此必易炮位者也」[45]。而小角山咀、大石灣、小石灣及江北之十圩等 5 座，地勢均佳，然炮臺式、炮位皆舊，必須更新。北岸天興港炮臺，受沙咀村阻隔，不能擊下游來敵，故必須移建。最後則為南岸之鵝鼻咀、仙人橋、黃山港，皆非建炮臺之地，可拆除。而小角山之演武廳，及鵝鼻咀山岡等處，宜增建炮臺。

其二，東西炮臺兩彈藥庫，皆潮濕不堪。西山彈藥庫在山邊，明白顯露，易遭敵攻。且各炮臺無管理彈藥之知識，又江陰要塞之炮臺上多民房，目標明顯，易被攻擊，皆需改變。

其三，江陰要塞，凡 250 磅子之火炮，皆由洋弁管理，180 磅子以下各炮，由中國哨弁管理。洋弁所管火炮，其所聘之炮目、炮勇薪餉定例尚厚。而華哨所管之炮，其炮目、炮勇之薪餉不如，與散勇相同，或由散勇兼充。且統領及營官肆行扣餉，殊多不公，姚氏感慨地說：「中國武官，既愚而貪，而欲之整軍經武，舊亦難矣。」[46]

（三）鎮江要塞（1895 年 12 月 11 日至 20 日）

鎮江位於長江南岸，地處長江與南北運河之樞紐。鎮江要塞，共設二道防線。第一道防線為上山關，東生洲所設炮臺；第二道防線為南岸象山，北岸都天廟及江中焦山所構築三座炮臺。上述兩道防線 5 座炮臺之要塞，以交叉火力，鎮守鎮江段之航道。[47]

12 月 11 日，姚氏一行乘江清輪沿江而上至鎮江外圍——圌山之五峰山，此處大磯頭、二磯頭二峰，共設新、舊炮臺 4 座，配置前後膛炮 15

尊。然炮臺地處兩峰之麓，「形如釜底，面江負山，最為兵家忌地」。[48]
惟稍前之龜山頭，為形勝之地，卻未置炮位。午後，至對岸天洑（福）
州，看東生洲舊炮臺，配前膛炮 6 尊、三江營炮臺，配前膛炮 3 尊，雜炮
9 尊。後者可迎擊由太平洲上駛之敵船。姚氏認為三江營夾江，「內達揚
州，西通沙頭口，岸闊水深，淺船兵船可以駛入……」。[49]且可繞出圌山
關之險，直逼都天廟炮臺，形勢險要，而現時三江營炮臺至為簡陋，故
宜加強。又此地離姚氏家鄉丹徒鎮甚近，是夜回家。翌日，計劃前往象
山炮臺，因「大風揚沙」，未啟航。

12 月 13 日，始起視察第二道防線之東山、焦山及都天廟三處炮臺。
與洋員先行視察象山東炮臺，並有面北之新炮臺，及面東之舊炮臺 2 座，
舊炮臺面北，乃與焦山炮臺，對來敵起夾擊作用。

12 月 14 日，至象山西炮臺，有舊、明 2 座炮臺，共配置炮 7 尊。上
述象山之東、西炮臺，所配置之火炮，據姚氏所見，均見炮身鏽黃，零
件遺落，機括膠齧。此外，尚見子彈之潮濕、用藥用信之舛錯。並發現
炮廠內，存儲新運到快炮 10 尊，均未見開箱裝配。但部分箱縫見裂，發
現炮身出現黃鏽，故姚氏連稱「可惜，可恨」。[50]

姚氏又認為東山、西山兩處炮臺「皆不甚得力」，認為應於象山西南
之合山建築炮臺，最能得地勢。

12 月 16 日，乘江清輪至焦山看兩暗臺、明臺，兩炮臺配置前、後膛
炮，合共 12 尊，皆見「黃鏽、膠齧、炮閂、鋼底、鋼圈表尺之舛午錯落
損傷」，此外彈藥庫亦顯密在外，不能密藏，致使彈藥多潮濕。繼而北航
至都天廟，看其新炮臺，配置阿式後膛炮 2 尊，炮盤圓式，能旋擊四面，
打至 360 度。乃由洋弁管理，次看其舊明臺，配置前後膛炮 7 尊，其炮臺
牆「矗立柔脆」，炮位櫛比排列，易為敵炮所毀，缺點與各舊炮臺相同。

姚氏又指出，都天廟炮臺，亦嫌稍偏西，不能迎擊由丹徒上駛之敵船。[51]

姚氏於勘察鎮江要塞後，進而提出三點建言：

其一，對洋員來春石泰提出當地炮臺不能打後路，建議多設炮臺迎擊上游東下之船。然姚氏反對，認為當地炮臺以「擊下游來船為主」，洋員倡建，志在「慫恿中國多購炮位，彼得於中攘利」。[52]

其二，指江陰及鎮江之新炮臺，起用洋弁，但質素不佳，「有水手，有兵丁，有游民，不明炮理，不知測量」，然卻高薪厚祿，「大率來騙中國薪水」。[53]

其三，就鎮江要塞防務而言，姚氏則建議選點於象山西南之合山及象山山頂增建新炮臺，「皆能旋擊上下游」，增強防守。並主張將焦山炮臺移向東北面的東沙尾，使炮臺向東南，望丹徒迎擊敵船。[54]

姚氏對鎮江要塞之炮臺設防建議，獲得張之洞之採納，並上奏朝廷，結果於 1898 年批准於象山、焦山之顛建炮臺，並於合山興建炮臺，後者至今仍然保存。[55]

(四) 江寧要塞（1895 年 12 月 20 日至 22 日）

江寧（今南京）位於長江三角洲上端，為水陸交通之樞紐，明初朱元璋建都於此，至清代為江蘇省會，並為兩江總督衙署之所在，時張之洞駐紥於此。[56] 府城四周為山地，堪稱龍蟠虎踞，故成江防重地。就此而言，江寧要塞乃由烏龍山、幕府山、下關、獅子山、富貴山、清涼山、雨花臺七組炮臺構成。後四者為建於江寧府城城郭之城防炮臺。烏龍山炮臺為鎮江以西第一要衝，距南京二十餘公里，分設 5 臺，有前後膛炮 12 尊。幕府山炮臺在城北江岸，俯瞰江面，置炮 11 尊。下關炮臺，在城西北角，依托城牆，封鎖江面，東岸置地藏（阱）炮 2 尊。西岸置炮 10

尊。獅子山炮臺在城西北儀鳳門內，置炮 8 尊。富貴山炮臺在太平門內，鍾山之尾麓，置炮 6 尊。清涼山在城西南隅，依城設臺，置炮 2 尊。雨花臺在聚寶門外。[57]

12 月 20 日，姚氏等人乘「江清輪」沿江上駛，至江寧外圍，姚氏於船行中，觀察得沿江北岸之青山營及南岸之三江口，前者「低阜傍江岸，為絕好炮臺基址」，後者「江面甚狹，實為金陵外戶」，認為宜於兩岸設炮臺控扼。船行至烏龍山，為「金陵內戶」。同治年間，吳長慶於江之南北岸築炮臺，至今廢弛，認為宜於此重建炮臺，設置快炮，「以迎擊下游來路」，藉此鎖江面、衛省城。[58]

12 月 21 日，由烏龍山起碇，到江寧，並見附郭所構築之獅子山、老虎山、清涼山諸炮臺。姚氏認為江寧防守重點，在於烏龍山，而非城防炮臺，此即「不扼險而守近戶，實為非計」，遂抵南京寓居，翌日訂房於「文武升棧」，並至練兵公所，結束長江下游要塞勘察 25 日之歷程。[59]

姚氏寓江寧期間，自 12 月 24 日起著手撰寫勘察報告——〈長江炮臺手摺稟〉，上報張之洞，至 27 日脫稿，共 33 條，約近萬字。姚氏還囑其天津武備學堂學生王雅東，繪畫長江要塞圖五幅，包括「吳淞至江寧省城長江總圖」、「吳淞至白茅沙截段圖」、「江陰口截段圖」、「鎮江圖山關截段圖」、「象山焦山都天廟截段圖」。[60] 期間會晤朋輩、上司，對於陪同洋員至長江下游要塞之勘察，將其所見所聞及其勘察後之意見，相繼記述，殊具意義，分述如次。

其一，12 月 23 日，就同年好友陳善餘詢及長江要塞此一「兵事之大端」，作了四點總結：

1. 圖山、象山、焦山諸臺，不得地勢，臺上所用洋弁不足恃；

2. 自吳淞以上各臺之新、舊炮，毀傷不可用；

3. 同閱炮臺洋員來春石泰居心叵測；

4. 各臺駐軍之統領、營官剋扣勇丁，勇丁恨入骨髓。[61]

其二、1869 年 1 月 11 日，與張之洞親信、湖北候補道蔡錫勇會晤時，蒙其告知張氏對其所上之〈長江炮臺手摺察〉「深以為是」，接納其意見。姚氏繼而建議設立炮學學堂，培養「知炮之人」，以應炮臺所需之人才，認為「較之借重洋人，實為事半功倍」。[62]

其三，1896 年 1 月 12 日，與練軍提調錢念劬會晤，除言及炮臺情況，並言及洋員來春石泰，姚氏明指出該洋員「居心甚壞，其在中國居心在經手軍火，包攬工程，安插洋員，實非中國之利」。錢氏答以張之洞頗信來春石泰，然「現已知其為人不可靠」。[63]

五、結論

有清一代，自鴉片戰爭以降，由於西方列強自海而至，交相侵迫，海防、江防由是成為國防之關鍵。甲午戰爭前後，日本以明治維新而崛興，漸見借武力擴展之野心。時朝野有識之士，已然覺察。江蘇丹徒姚錫光，即為此一時勢下謂謂之士，起而倡論海防、江防，由使日隨員，以至為李鴻章、李秉衡、張之洞之幕客，參與南北洋之軍事活動。於甲午一戰，親歷其事，建議海、陸入朝，抗擊日本之野心，並提海軍出海，控制日朝間之海道，藉此牽制日本，已具近世「海權」觀念。日後又成書《東方兵事紀略》，由是知聞於世。此外，參加南、北洋軍事教育，勤讀兵書，本文以其《江鄂日記》中 1896 年所讀書目，計共 29 種，證明其軍事素養之其來有自。我國自宋明以降，「文人知兵」此一傳統軍事風習，出身科舉之姚錫光，無疑為一典型案例。

　　其間受張之洞之令，陪同德籍武官來春石泰、駱克伯，勘察長江下游南洋各要塞炮臺，以其「知兵」之專業，提出江防整建之芻議。就此而論，來春石泰於勘察後之報告——《查閱沿江炮臺覆稟》，已首先說明「德國炮臺及防守地方，十分嚴密，不準外人窺探」，繼而明確指出長江下游炮臺各種弊端，切中時弊，並進而提出對吳淞、江陰、鎮江等三處要塞之規劃，主張大事興建炮臺，購買新炮，[64] 然姚錫光於《江鄂日記》一書，除逐日記錄至長江下游各炮臺之勘察詳情，並提出異議。其一，對江防炮臺選點另有看法，如主張於吳淞口之浦東咀建地阱炮十尊，可以升降；石頭沙灣建南洋艦隊之屯駐所，隱藏魚雷以守口。至於白茅沙，此乃吳淞以內第一險地，可藉暗沙為天險，宜修炮臺於此。而鎮江要塞，宜於象山、合山、焦山修建炮臺等。其二，對於德人建議多建炮臺，多購新炮，認為其目的在於謀利，居心叵測；對於僱用洋弁管理炮臺，批評尤嚴，認為洋弁品流複雜，並非炮兵專才；進而提出設立學堂，自行培訓炮兵員弁，防務始能事半功倍。其三，對於各要塞之新舊炮臺，配炮混雜，鏽黃零件遺落，炮器維修不善，彈藥庫潮濕等流弊，均一一指出。而更重要則謂，華官克扣中飽，以「散勇」作「炮勇」，忽略炮兵此一技術兵種之專業，均為具有識見之論。姚氏之軍事長才，於此可見。此後姚氏出任安徽之知縣、知府，參與安徽軍事教育及團練之培訓；繼而出仕中央，先後任職練兵處及陸軍部，參與海軍規復之籌議，而成《籌海軍芻議》一書，倡論海權。惜因清室覆亡，芻議成為畫餅，然姚錫光之為清季海防、江防之專才，於近代中國海軍史上，應居一席之地位，當無疑義。

附圖：

一、長江下游炮臺要塞圖（原圖出處：施元龍主編，《中國築城史》，頁280。）

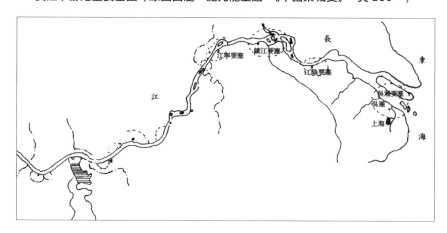

二、吳淞炮臺圖（原圖出處：施元龍主編，《中國築城史》，頁281。）

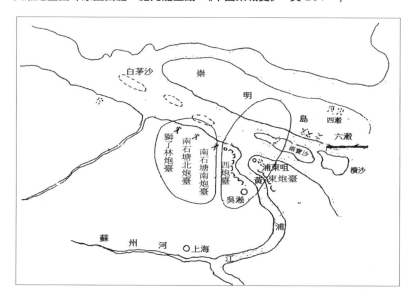

三、地阱炮的隱顯炮架（原圖出處：王兆春，《中國火器史》，頁 416。）

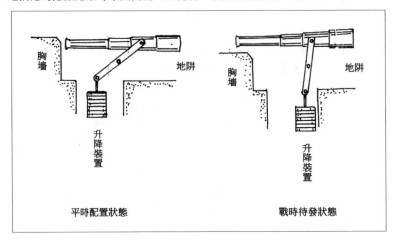

胸墻　　地阱　　升降裝置　　平時配置狀態

胸墻　　地阱　　升降裝置　　戰時待發狀態

四、江陰要塞圖（原圖出處：施元龍主編，《中國築城史》，頁 282。）

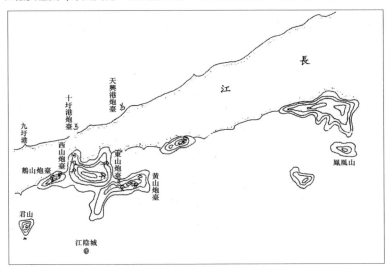

長江　天興港炮臺　十圩港炮臺　九圩港　西山炮臺　東山炮臺　鵝山炮臺　黃山炮臺　鳳凰山　君山　江陰城

五、鎮江要塞圖（原圖出處：施元龍主編，《中國築城史》，頁 282。）

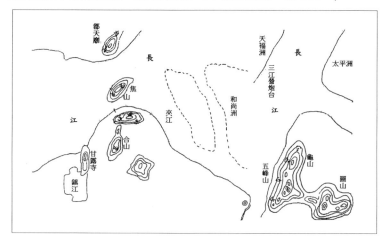

注釋

1　《東方兵事紀略》一書，被視為甲午戰爭「有用的參考書」，見陳恭祿：《中國近代史資料概述》（北京：中華書局，1982年），頁248；坂野正高則謂姚氏此書乃其時對甲午戰爭最具客觀及批判性的著述，參坂野正高、田中正俊、衛藤瀋吉編：《近代中國研究入門》（東京：東京大學出版會，1974年），頁170-171；該書先後為史家所收錄，見左舜生選輯：《中國近百年史資料續編》（1933）（臺北：中華書局，1958年，重刊），頁133-242；中國史學會主編：《中日戰爭》（上海：新知識出版社，1956年），第1冊，頁1-108。又近人對《東方兵事紀略》之成書及其中記述，提出質疑，參廖宗麟：〈試評姚錫光「東方兵事紀略」〉，《文獻》，第4期（1986），頁110-119。

2　姚錫光：《籌海軍芻議》，刊於張俠等編：《清末海軍史料》（北京：海洋出版社，1982年），頁797-846；並參李金強：〈清季十年關於海軍重建之籌議〉，《書生報國——中國近代變革思想之源起》（福州：福建教育出版社，2001年），頁135-137。

3　〈前言〉，姚錫光：《姚錫光江鄂日記（外二種）》（北京：中華書局，2010年，重刊），頁2，謂日記稿本原藏於北京圖書館，分四卷，共四冊，始於光緒二十一年十月十二日（1895年11月28日），止於光緒二十九年九月二十日（1896年10月26日）。

4　〈姚錫光〉，《丹徒縣志》（上海：江蘇科學技術出版社，1993年），頁893；記姚氏生卒為1857至1921年，恐誤。姚錫光：《江鄂日記》，頁77。就生年而言，姚氏曾謂於光緒十二年（1886）「赴都考時三十三歲；今歲在丙申（1896）蓋十一年矣」。並記二月初一日為其生日，故上推其應於咸豐三年（1853）出生。關於卒年，現時未可考知，據近人舒習龍所述，謂姚氏於1923年尚健在，並為曹錕賄選總統獻策。見舒習龍：〈姚錫光述論〉，《史林》，第5期（2006），頁52，注2。

5　引文見姚錫光：《江鄂日記》，頁75-76，姚氏稱其曾祖妣、祖妣及先妣為宜人，故推測其為官宦之家，又其父善詩文。

6　姚錫光：《江鄂日記》，頁75；周伯義生平，見《續丹徒縣志》，重刊於《中國地方志集成——江蘇府縣志輯30》（上海：上海古籍出版社，1991年），卷13，〈儒林〉，頁653，謂周氏「少喜豪俠，稍長，折節讀書……其學以植品為基，躬行為本，課門

弟子，先器識，後文藝，成就者眾，……曾參戎幕」。

7　何如璋：〈使東述略〉，《梅州文史》，第 6 輯（1992），頁 47、58-59、61-66；又參
　　戴東陽：《晚清駐日使團與甲午戰前的中日關係》（北京：社會科學文獻出版社，2012
　　年），頁 11-53、405-407，然何如璋使節團並未見其姓名。

8　《續丹徒縣志》卷 11，頁 618、622，列姚氏於拔貢，並記其為光緒 14 年戊子科舉人。

9　姚錫光：〈東瀛學校舉概自序〉，王寶平主編：《晚清中國人日本考察記集成》（杭州：
　　杭州大學出版社，1999 年），上冊，頁 4；舒習龍：〈姚錫光生平及成就初探〉，《長
　　江論壇》，第 1 輯（2007），頁 76-78；〈姚錫光的考察及教育思想芻論〉，《西華大學》
　　（哲社版），30 卷第 3 期（2011），頁 97-101。1898 年姚氏受張之洞委派至東京，
　　率隊赴日聯絡學生入學及考察，停留兩月，先後參觀日本陸軍省、文部省各學校，步
　　騎炮工輜重隊各操，旁及議院、銀行，工廠並各公會凡六十餘所。

10　舒習龍：〈姚錫光與晚清邊疆治理〉，《成都理工大學學報》（社科版），14 卷 3 期
　　（2006），頁 30-32。

11　姚錫光：《籌海軍芻議》，張俠等編：《清末海軍史料》，頁 797-845；錢實甫：《清季
　　新設職官表》（北京：中華書局，1961 年），頁 34、39-41、51、82。

12　〈姚錫光〉，《丹徒縣志》，頁 894。

13　姚錫光：〈江鄂日記〉，頁 80、138，乾隆名將威信公岳鍾琪後人嗣佺、嗣儀兄弟，世
　　襲輕騎都尉，皆稱讚姚氏知兵。又姚氏亦謂：「余一介書生，不過粗知兵事門徑，而當
　　道謬相引重，慚恧何極。」並參馬駿傑：〈姚錫光的軍事思想及活動〉，《軍事歷史研
　　究》，第 1 期（2007），頁 149-156。

14　何如璋對日侵琉球、朝鮮言論，見《梅州文史》，第 6 輯，頁 78、81-88、94。

15　姚錫光：〈密陳經劃朝鮮說帖〉（1887）、〈再密陳經劃朝鮮說帖〉（1887），中國史學
　　會主編：《中日戰爭》，第 2 冊，頁 355-358。

16　姚錫光：〈陳進兵朝鮮大略情形說帖〉，中國史學會主編：《中日戰爭》（上海：新知識
　　出版社，1956 年），第 5 冊，頁 233-236；馬駿傑：〈姚錫光在甲午戰爭前的軍事思
　　想及活動〉，頁 150-152。

17　姚錫光：〈山東練兵事宜說帖〉，《中日戰爭》，第 5 冊，頁 246-250。

18　姚錫光：〈自序〉，《東方兵事紀略》（1897），重刊於沈雲龍主編：《近代中國史料叢刊》
　　（臺北：文海出版社，1967 年），第 5 輯第 44 冊，頁 6。

19　引文見姚錫光：《長江炮臺芻議自記》（安徽：皖城官會印，1900 年），頁 2；參王

宏斌：《晚清海防地理學發展史》（北京：中國社會科學出版社，2012 年），頁 241-248，論述姚氏此書之內容。

20　引文見姚錫光：《江鄂日記》，頁 105-106、161。

21　林為楷：《明代的江防體制》（臺北：明史研究小組，2003 年）、《明代的江海聯防──長江江海交會水域防衛的建構與備禦》（臺北：明史研究小組，2006 年）二書；王宏斌：《清代前期海防：思想與制度》（北京：社會科學文獻出版社，2002 年），頁 211-215。

22　呂實強：《中國早期的輪船經營》（臺北：中央研究院近代史研究所，1962 年），頁 43-120。

23　〈張之洞奏整頓南洋炮臺兵輪片〉（1985.2.28），張俠等編：《清末海軍史料》（北京：海洋出版社，1982 年），頁 285-286；張之洞推動海軍重建，參朱文瑜：〈張之洞與清末海軍重建〉，《科學文化評論》，7 卷 6 期（2012），頁 3-43。

24　黎仁凱等：《張之洞幕府》（北京：中國廣播電視出版社，2004 年），頁 31-32、77-80、109、128、162-163；記姚錫光於 1896 至 1899 年入幕；甲午戰後，張氏在江南籌建自強軍，電請駐德使臣許景澄（1845－1900）僱請精通炮臺工程及武官洋員 3 人，最終得聘來春石泰為首的 35 名德國軍官來華，為全軍統帶，工程師駱克伯，及游擊雷諾亦於其時來華，皆高職厚薪，日後自強軍練成，張之洞並奏請賞給來春石泰二等第三寶星。

25　來春石泰、駱克伯原稿，鄭宗蔭譯述：〈查閱沿江炮臺覆稟〉，雷諾原稿，張永燡譯述：〈揚子江籌防芻議〉，《時務報》（北京：中華書局，1991 年重刊），第 21 冊（光緒二十三年），頁 1443－1450，第 22 冊（光緒二十三年），頁 1511－1518，第 24 冊（光緒二十三年），頁 1649－1650，第 25 冊（光緒二十三年），頁 1721，第 26 冊（光緒二十三年），頁 1785－1792，第 28 冊（光緒二十三年），頁 1923－1929，第 29 冊（光緒二十三年），頁 1991－1996，第 30 冊（光緒二十三年），頁 2061－2064；姚錫光：〈長江炮臺芻議〉，乃由〈查長江炮臺稟摺〉、〈再查長江炮臺稟摺〉及〈長江下游炮臺炮位編目〉組成，又三份報告之論述，見王宏斌：《晚清海防地理學發展史》，頁 225-248。

26　王兆春：《中國火器史》（北京：軍事科學出版社，1991 年），引文見 416-417；近代新式槍、炮、炮彈之改良，見頁 388-397。

27　中國軍事史編寫組編：《中國軍事史》（北京：解放軍出版社，1991 年），卷六，兵

壘，頁 393。

28 施元龍主編：《中國築城史》（北京：軍事誼文出版社，1999 年），頁 230-232。

29 姚錫光：《江鄂日記》，前言，頁 63。

30 吳淞要塞之炮臺沿革，可參海軍司令部：《近代中國海軍》（北京：海潮出版社，1994年），頁 424-425；吳淞炮臺現存遺址，參王朝彬：《中國海疆炮臺圖誌》（濟南：山東畫報出版社，2008 年），頁 77-79。

31 吳長慶，見馬昌華主編：《淮系人物列傳——李鴻章家族成員武職》（合肥：黃山書社出版，1995 年），頁 213-218。吳氏，安徽盧江人，繼其父吳廷香辦團練，對抗太平天國，曾國藩將吳氏所部收編，成立「慶字營」，為慶軍的發端。日後由李鴻章派其回鄉募勇，成為淮軍中堅。其後參與平捻，1882 年中日朝鮮發生壬午事變，吳氏奉命率袁世凱赴朝平亂，1884 年中法越南事起，奉令回駐北洋，因辛勞病逝。

32 姚錫光：《江鄂日記》，頁 3-5。

33 同上，頁 7。

34 同上，頁 9-10，姚氏指稱前松防營統領，擁家貲百萬可證。

35 同上，頁 6。

36 同上，頁 8。

37 同上，頁 11。

38 同上，頁 12-13。

39 同上，頁 14-15。

40 王兆春：《中國火器史》，頁 416。

41 姚錫光：《江鄂日記》，頁 14。

42 趙爾巽：《清史稿》（北京：中華書局，1977 年），14 冊，卷 138，頁 4105；施元龍主編：《中國築城史》，頁 248；王朝彬：《中國海疆炮臺圖誌》，頁 71-72。現存黃山、小石灣及鵝山等炮臺遺址。

43 引文見姚錫光：《江鄂日記》，頁 15。

44 同上，頁 19-20，詳記江陰南北兩岸各炮臺所配置之炮位。

45 同上，頁 24。

46 同上，頁 25。

47 施元龍主編：《中國築城史》，頁 285，現存只有焦山炮臺，參王朝彬：《中國海疆炮臺圖誌》，頁 68-70。

48　姚錫光:《江鄂日記》,頁 25。

49　同上,頁 25。

50　同上,頁 28。

51　上列引文均見姚錫光:《江鄂日記》,12 月 11 日至 16 日勘察歷程,頁 25-30。

52　同上,頁 30-31。

53　同上,頁 30。

54　同上注。

55　戴志恭:〈姚錫光與鎮江江防快炮臺〉,《中國歷史博物館館刊》,第 25 期（1995）, 頁 69-71。

56　張之洞於兩江總督任內先後修建西式炮臺,編練江南自強軍,設武備、農工商、鐵路、方言、軍醫諸學堂、籌款造船、開建江寧馬路等活動之圖像,參劉剛文編:《清兩江總督與總督署》（廣州:廣東人民出版社,2003 年）,頁 140-148。

57　《中國軍事史》,卷 6,頁 411。

58　姚錫光:《江鄂日記》,頁 31-32。

59　同上,頁 32-33。

60　同上,頁 35-37。

61　同上,頁 33-34。

62　同上,頁 43。

63　同上,頁 44。

64　引文見來春石泰、駱克伯原稿、鄭宗蔭譯述:〈查閱沿江炮臺覆稟〉,頁 1923;王宏斌:《晚清地理學發展史》,頁 225-232。

第四章
拖船提督 —— 北洋海軍幫辦提督馬格祿生平補白

周政緯

一、前言

　　翻查有關北洋海軍資料，在甲午戰爭戰敗以前，在艦隊之中出現了一位外籍「提督」[1] 名叫馬格祿（John McClure, 1837-1920），其官位之高，只在北洋海軍提督丁汝昌（字禹廷，1836－1895）之下，在所有艦長之上；而且很多書籍資料均有其記載。可是對於馬格祿本身的研究卻非常缺乏。[2] 馬格祿本人由一位在英國外流過來中國謀生的普通海員，十幾年時間後卻搖身一變成為中國海軍「提督」，其經歷正好反映出北洋艦隊對於外籍僱員（本文以下均稱為「洋員」）的僱用取態；另外，馬格祿憑什麼條件可以使從無海軍經驗的他能夠步步高升至如此殊榮，也是一個有趣的題目。本文希望就馬格祿的生平盡力進行補白。當然，本文所能指出有限，加上資料瑣碎非常，還望北洋海軍史研究的同仁多加修補。

幫辦北洋海軍提督馬格祿像 [3]

CAPTAIN MCCLURE
Vice-Admiral of the Chinese Fleet

二、生平補白

　　馬格祿出生在英國蘇格蘭西南海邊小鎮 Kirkcudbright，其父為出生地附近 Galloway 伯爵的專用建築師，亦曾參與興建當地 Kirkcudbright 大教堂等工程。可是馬格祿卻沒有繼承父業，反而從事了航海事業。根據不同資料顯示，他很早就投身航海界，直到 24 歲的時候才做到大副的位置。經推算當時約為 1861 年。[4] 馬格祿此後在英國的航海界摸爬滾打了二十多年後才做上了艦長，相信事業上也不太順利。由於資料缺乏，只知道馬格祿後來在怡和洋行的 Indo China Steam Navigation Co.（怡和輪船公司）旗下工作，[5] 1883 年以艦長身分從英國將下水的「高陞號」（S.S Kowshing）[6] 駕駛來華，翻開了馬格祿人生傳奇的一頁。

馬格祿很可能是蘇格蘭馬格祿家族的成員，圖為其家族之徽章，此事可以在後來戴樂爾（William Ferdinand Tyler, 1865-1938）的傳記可見。[7]

三、馬格祿與「高陞號」來華始末

「高陞號」為怡和輪船公司自行設計的客運渡輪，長 250 呎，寬 39 呎，排水量為 1355 噸。[8] 在英國利物浦以北，坎布里亞郡內海濱小鎮 Barrow-in-Furness 之中的 Barrow Ship Building Company 建造。在當時，怡和輪船公司在中國航線擁有的 11 艘跟「高陞號」噸位相若的渡輪。[9]「高陞號」的設計特點在於汲取了怡和輪船公司多年以來在中國沿海航運經驗，專門應付中國沿海口岸淺水問題。此問題尤其以天津港口為甚：天津港口位置是在白河之內，平常潮汐漲退已經對大型輪船的航行構成障礙，加上港口位處河口而淤泥堆積，中大型船隻往往需要拖船的協助才

能進出。[10] 因此「高陞號」被特意設計成吃水淺、盡量平底（在 12 呎水深即可航行）[11]、以及特高船舷，以彌補吃水淺而導致的承載運力減少的問題。當然，特高船舷的設計還因為「高陞號」的兩層客艙均在吃水線以上，而客艙下可載約 1,000 噸的貨物；並且建造的時候亦考慮了增強航速及減低航行成本，這些使得「高陞號」成為上海最先進的客輪。當年上海的《字林西報》（North China Daily News）[12] 收錄了「高陞號」抵達上海的情況，並介紹了該艦的性能，在此就不再多加論述。[13]

作為「高陞號」的首任艦長，馬格祿在只用一個引擎的情況下，仍以平均時速約 11 海里的速度，[14] 穿越蘇伊士運河（Suez Canal），經新加坡、香港，[15] 最後到達上海，一路平安，顯示了其艦優良的性能。相信怡和公司對於馬格祿是頗為信任的，而順理成章，馬格祿帶領「高陞號」出航來回上海、天津，經停煙臺的航線。由於高陞號首航過於矚目，當時的報紙甚至有特別的篇幅去報導高陞號的航行情況。這些零碎倖存的資料，亦可反映馬格祿的工作表現：

The following is the meagre report of the *Kowshing* as supplied to us – "Left Tientsin on the 31th July. Vessel in port Haeting. Crossed the Bar at 11: 30am. On Tuesday, and met *Haean & Chungking*. Passed Shaweishan at 2 p.m. on Thursday and arrived at Shanghai at 8 p.m. Moderate easterly winds in the Gulf, and fresh southerly winds during the rest of the passage," As this is the first trip of the steamer, we think the report might have been fuller.[16]

當然，這也不完全能證明馬格祿做事馬虎，其實「高陞號」已經不是第一次航行此航線了。在 1883 年 7 月下旬，馬格祿已經開始試航上海天津航

線。這有碼頭的在港輪船登記的資料可以證明。[17] 而且「高陞號」來回之快，更曾創下當時航運界的最快紀錄：

> The Indo-China S.S. Co.'s new steamer *Kowshing* arrived at Chefoo at 6.30 p.m. on Sunday, the 29th July, after a splendid run of thirty-eight hours from Shanghai, which she left on Saturday morning at 4.30 a.m. the 28th July. This is the fastest passage between Shanghai and Chefoo on record. The *Kowshing* crossed the Taku Bar at 1 p.m. on the 31st ult.[18]

不過，馬格祿並非如一些在甲午戰爭報導他的資料所說，長期擔任剛剛來華的「高陞號」船長一職。[19] 根據資料顯示，從「高陞號」1883 年 6 月自英國來華開始計算，馬格祿只做了不到四個月艦長，到了同年 9 月初，「高陞號」船長便換了人。[20] 10 月 3 日，馬格祿乘坐怡和公司另外一艘客輪 S.S.*Glencoe* 取道福州返回倫敦。[21]

　　既然馬格祿並未長期擔任「高陞號」的艦長，他又是如何回到中國去工作的，的確是一個疑問。不過，從後來一份英國駐華使節的外交檔案來看，馬格祿在 1883 年之後的日子應該並不好過。原因是他被怡和輪船公司開除，理由是他有酗酒問題，而且應該非常嚴重。[22] 至於他是什麼時候被開除，有兩個可能性：第一個可能在馬格祿於「高陞號」做艦長的時候，即約在 1883 年 9 月初被撤職。其原因在「高陞號」新船正式投入服務後兩個月突然更換船長，並非正常。從往後怡和公司所接收的兩艘新客輪的例子可見：「太生」（S.S. *Tai Sang*）和「永生」（S. S. *Wing Sang*）[23] 分別在 1883 年尾和 1884 年初均從英國來華，船長在短時期並未遭撤換。而且出乎意料地，「高陞號」是在從天津回程時才被撤換船長，並非在公

司的根據地上海更換。這會否意味著馬格祿到了天津發生了一些嚴重到必須解除他職務的行為——例如醉酒誤點或無出現開船之類的行徑，導致「高陞號」必須突然更換船長？實在是一大可疑。同時查考怡和公司在1883年後所接收的新客船，也否定了馬格祿只是作為怡和公司送新船來華的人士，因為後來的新船長均不是馬格祿。[24]

第二個可能則從馬格祿到天津活動的情況考量，估計在1888年初左右。馬格祿回到天津活動的最早紀錄，能追溯到1888年6月底。[25]如果馬格祿真的在1883年就被怡和公司開除且回老家去，很難想像在1888年馬格祿為什麼會突然出現在天津。馬格祿在1883年是乘坐怡和公司的客輪返回英國的，若是被公司開除，應該不會選擇乘坐原公司的客輪回去。不過，在缺乏資料的情況下，這兩個時間均有可能。

四、甲午戰爭前馬格祿在天津活動概況

無論如何，馬格祿在被怡和輪船公司撤職後，後來又回到中國謀生。這次回流他去了天津，在當時天津的惟一一間拖船駁船服務公司——Taku Tug and Lighter Company（大沽駁船有限公司[26]）擔任重要職位。有資料指出他是擔任外部經理（Outside Manager）一職，[27]此職務估計是在大沽口駁船上擔任指揮，負責協調在港內駁船拖船的運作。後來大沽駁船有限公司也有設立 BAR SUPERINTENDENT 等類似職務。[28]另外有資料則顯示馬格祿在1889年左右已經是公司的主要股東，常出現在股東周年大會、公司重組成立有限公司特別會議等場合。[29]馬格祿本人為什麼會加入、在什麼時候加入大沽駁船公司，現存的資料還不是很充足，不過，比較肯定的是馬格祿大概在1888年下旬開始任職的可能性比較高。

因為 1888 年 11 月，報紙記載馬格祿擔任大沽駁船公司的 S.S. *Heron* 拖船船長前往牛莊；[30] 另外在 1890 年的天津英文報紙，開始看到馬格祿本人在社交活動上出現，成為舞會的負責人，[31] 那時候馬格祿已經 53 歲了。

欲繼續探討馬格祿本人的生平，必須首先了解大沽駁船公司的背景。由於英法聯軍之役，天津開放通商，一些外國人士看準了大沽口至天津的水道狹窄而曲折，在 1874 年 5 月成立了大沽駁船公司。由於當時是獨市生意（其實直至 1900 以前的絕大部分時間，大沽駁船公司都是壟斷了天津港的駁船服務），公司盈利非常可觀，導致船公司不斷擴展。1881 年，招商局也加入天津的駁船服務。由於 1884 年中法戰爭，招商局為免船隻被法軍俘虜，被迫出售全部共約 12 艘的艦隊。輾轉之下最終大沽駁船公司將全部船隻收歸旗下。如是者不斷的兼併底下，到 1887 年大沽駁船公司已經擁有 8 艘拖船、18 艘駁船，[32] 公司資產約值 30 萬銀兩，並且在年初公佈 1886 年賺 19,500 銀元，且算是少賺的了。[33] 馬格祿在 1888 年加入大沽駁船公司且成為股東，對於他來說實際上是不太差的工作。

五、馬格祿投身北洋艦隊的經過

在甲午戰爭正式爆發之前，清朝跟日本的軍事「互動」早就已經開始：雙方各自派遣軍隊到朝鮮半島去鎮壓地方暴亂。[34] 及後戰局越來越緊張，明顯地中國方面缺乏通訊的管道，而且往來中韓之間僅有的陸路電報線路也開始被日本方面干擾切斷，[35] 身處天津的李鴻章需要另外找其他方法去與韓國的部隊聯繫。可是，北洋海軍專門負責通訊的船艦看來不足，而使用大型海軍艦艇或者利用小型軍艦如魚雷艇、炮艦等往來渤海朝鮮等地又並非李鴻章的意願。[36] 最後負責傳遞消息的任務就落在壟斷

天津港口駁船拖船生意的大沽駁船有限公司的頭上。公司方面先派出了拖船「北河」（*T.G. Peiho*）、後來加入了拖船「金龍」（*T.G. Chinlung*）協助北洋艦隊通風報信。當然，除了負責派船作為輔助艦以外，北洋海軍的裝煤、換船上岸服務都歸大沽駁船公司；[37] 而且明顯這些服務的地點不局限於天津地區。從以下資料可見，大沽駁船公司的服務範圍更遠至旅順、威海衛、朝鮮等地：

> 東溝有紅色船巡探，是否輪船抑雷艇，「金龍」當能確探，回時詢明電知。運路只此一線，關係重要，已電禹廷帶船往巡海洋、大鹿各島，遇敵即擊。汝應飭「金龍」、「遇順」等探路，妥慎駛行。鴻。[38]

北河拖船是一艘 1877 年德國製造的舊木船，但是在 1891 年左右更換了新的鍋爐後重生；[39] 約在 1894 年 7 月下旬——即馬格祿所指揮來華的怡和客輪「高陞號」被日本海軍擊沉之前約一周，「北河」駁船即為清帝國政府，直接來說是為李鴻章轄下的北洋海軍，承擔一些軍事輔助服務；[40] 船長正是馬格祿本人。第一次出發即已被派往仁川港，負責傳遞消息，同時據聞另外有一中國海關外籍僱員協助。[41] 這次通風報信成為了馬格祿能夠成功得到李鴻章關注的關鍵。從以下資料可以看到是次馬格祿任務的收穫：

> 前僱英商「北河」輪船往仁川密探，頃回煙臺電稱：該船於朔子刻到煙。仁川英領事致裴稅司函，西曆七月二十七八號，即六月二十五六日，葉軍屢勝，倭死二千多人，葉兵死二百餘人。葉軍現離漢城八十餘里，漢城倭兵皆往敵，只留守王宮之兵。請稅司速電中堂，催北路

速進兵等語。又據「北河」船主面告裴稅司云，已在仁川德兵船面見漢
納根，係逃在山上，先僱高麗漁船送信。德國兵船前往救回「高陞」弁兵
一百五十四名，現皆在德兵船等語。唐紹儀來信，已到英兵船云。已電
催衛、馬、左統將 [42] 相機速進兵接應。鴻。[43]

而幸運地在報紙上也刊登了這些電報的英文版撮要：

31st July, 1894.

11.55 p.m.– Detring. "Peiho" (tug) just arrived and proceeds tomorrow Taku as her
shaft is broken. McClure, reports engagement near Ya Shan on Sunday, in which
Chinese were victorious.

All Japanese troops except Legation Guard withdrawn from Söul, Osborn and
Brown confirm this news by letter and ask you inform Viceroy.

Signed BREDON. (S.P. Read).[44]

除了得知在漢華軍戰勝之外（實際上中國軍隊放棄牙山，改守成歡，後
亦被日軍打敗退走平壤是也，葉志超謊報軍情誤導英國駐仁川領事 [45]），
另外也令李鴻章得悉跟隨被日木擊沉的高陞號前往朝鮮，負責拖運船上
中國自德國購入軍火的德國洋員漢納根人身安全；[46] 再者，得知救回部分
「高陞號」的運送華兵以及中國駐韓代表唐紹儀（字少川，1862－1938）
安全更是令李鴻章安心不少。以下可見當時李鴻章的心態：

　　「北河」帶來捷報，慰甚。已電催衛、馬、左由平壤速進。惜營、
　　沈電中斷，葉似已移水原府。倭兵復往若何。唐紹儀如尚在仁川英兵

船，可囑「北河」或稍攬貨與人，再赴仁向各處密探回報，祈與稅司商辦即覆。鴻。[47]

看來李鴻章大喜之外，也希望馬格祿再接再厲，努力通傳。不過李鴻章利用外商拖船、駁船等小輪打探軍事消息，對小輪是非常危險的。最初「北河」拖船赴朝打探消息，謂中日雙方尚未宣戰，及後不久日本藉故中國海軍攻擊日本船艦，擊沉怡和公司英船「高陞號」。當時已經有謠言說「北河」也被日本俘虜，船長馬格祿等不知所蹤云云。[48] 雖然後來證實謠言實由於「北河」引擎推進器損毀航速減慢而引起，[49] 但如日本方面得悉「北河」航行的目的是作為中國「公務船」的話，後果可想而知。

　　馬格祿也明白此風險，但是仍然堅持為北洋海軍提供哨戒工作。當然資料缺乏，未有確實證據說明此段時間馬格祿所帶的「北河」曾參與任何任務。但值得注意的是，不久同屬大沽駁船公司的「金龍」拖船也加入中國「公務船」的行列，[50] 由於「金龍號」的功績較為「顯赫」，加上為一些原始資料所誤導，導致許多研究者至今還認為馬格祿是「金龍」拖船的船長。其實不然，「金龍號」成為北洋軍的「公務船」只是一段較短暫的時間，而且船長並非馬格祿。[51] 不過從現有的資料來看，有理由相信馬格祿當時已經負責主管北洋軍所需要的輔助艦服務，包括曾經指揮「金龍艦」。[52] 這個角色在北洋艦隊在黃海海戰戰敗之後越來越明顯。

馬格祿曾經擔任船長的 T.G. *Heron* 拖船（下），以及在甲午戰爭中比較出名的「金龍號」（T.G. *Chinlung*）（上），兩艘均是大沽駁船有限公司擁有的拖船，「金龍」拖船全長大約 28.5 米，闊約 6 米。[53]

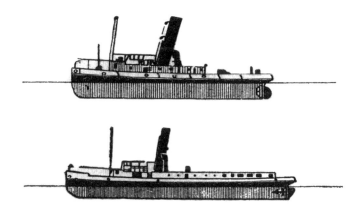

六、黃海海戰後的契機 —— 馬格祿擔任提督

　　如果將「金龍」拖船為北洋軍「服務」的事跡與「北河號」一併來看的話，馬格祿接受了不少即使不算是高危，也算是高風險的任務，包括：在戰爭爆發後無護航情況下，獨自前往朝鮮水域，將軍事指令傳遞至北洋艦隊；[54] 幾個星期後又再次獨自從旅順港出發前往大同江海面偵察日本海軍活動，為護送劉盛休（字子征，1840－1916）的銘軍登陸行動探路，此即促成日後的中日艦艇黃海海戰；[55] 另外，在黃海海戰的尾聲，「濟遠艦」回到旅順修理，「金龍號」被旅順船塢負責人龔照璵（字魯卿，1840－1901）派去前往打探消息，並且得到李鴻章首肯；[56] 不久北洋艦隊自黃海海戰中重傷回來，「金龍號」又被提督丁汝昌要求再次獨自出海拯

救自戰場提早撤退但在三山島附近觸礁的「廣甲艦」。[57] 不過由於「廣甲艦」嚴重觸礁，連本身是拖船的「金龍號」也無法拖出，只能回旅順港要求支援。[58] 雖然有資料指拖「廣甲艦」時「金龍號」的船長為馬格祿，但目前來看最多只屬短期性質。[59] 而海軍人員乘坐「金龍號」來往天津的常規航程更是數不勝數。[60]

　　黃海海戰後沒幾天，漢納根撰寫了一份很有分量的報告，呼籲籌組新陸軍以應對當前危機，因而離開了北洋艦隊。[61] 不久馬格祿就被李鴻章任命為幫辦北洋海軍提督，時間大致為 1894 年 11 月。[62]

　　馬格祿的任命可謂頗令中外費解，當時很多中國的報章都表示意外，而且對新任的副提督感到陌生。《字林西報》在馬格祿被任命的當天就表示這一任命是當日最奇怪的消息，[63] 而其他的報紙則用短短一兩句去報導這位新提督的任命；[64] 甚至有報章謠傳馬格祿被李鴻章天價羅致等等。[65] 而馬格祿在英國的駐華領事、外交人員之間，更加是聞所未聞，以致英國的外交人員直到 1895 年才發現馬格祿的「存在」。[66] 只有部分英國報紙對於其任命感到高興，因為英國突然出了一個中國海軍提督。受訪的馬格祿的朋友也都因此很高興。[67]

　　從現有的資料看，李鴻章等推薦馬格祿為幫辦北洋海軍提督之前，[68] 馬格祿已經擔任北洋海軍總查一職。[69] 除了因為前任總查漢納根在戰後不肯上船之外（領悟到北洋艦隊無法再單獨打下去，必須改革整個軍事體制），也是因為沒有人可作別選。黃海海戰中八位參戰的外國人非死即傷，旅順剩下無傷的洋員主要是機械師、港口主管等；逼於無奈下選擇了馬格祿作為臨時的總查；加上從馬格祿的背景可以了解，他在中國從事多年船務，擁有很好的航海經驗（尤其是在渤海），對於協助北洋海軍後勤支援很有幫助；而且馬格祿本身有之前所謂的「戰功」——多次冒險

單獨偵察敵人情報、往來中朝傳遞情報、接載海軍人士往來、加上拯救「廣甲艦」等等，都使馬格祿比其他洋員較為優勝。

不久之後旅順危在旦夕，日本海軍開始封鎖旅順海路，中方在海路運輸官兵彈藥被視為高危。馬格祿就在此時升任幫辦提督一職，盡力協助救援旅順。面對日本封鎖，馬格祿很可能曾嘗試親自派船突破封鎖，增援旅順。[70] 選擇一個商船出身，不諳海軍但又值得信任的外國人擔任提督，對戰局幫助有限。對此安排，後來也有英國駐華武官批評中國人對海軍用人沒有要求。[71] 不過中國海軍素來有任命非海軍出身人士擔任要職的安排，前任總查漢納根本身就是德國陸軍出身。在當時的困局下，中國方面也實在沒法找出一個海軍海防經驗豐富的人才去協助新敗的北洋艦隊。這也是中國洋務運動實行多年以來的悲哀。

當然無可否認，馬格祿長期在天津外國人的小圈子生活，跟天津海關稅務司德璀琳（Gustav von Detring, 1842-1913）、漢納根關係甚密。[72] 後來李鴻章還意圖差派德璀琳赴日和談，指德璀琳本人忠誠。[73] 馬氏能獲得如此職位，相信也跟德璀琳從中協助有關。

七、馬格祿在提督任上的「作為」

英籍洋員戴樂爾形容馬格祿為一名只懂酗酒的中年老伯，對其深惡痛絕，尤其在戴樂爾晚年的自傳中可見一斑：

> The Trouble was that M'Clure was the skipper of a local tug-boat, and little more if nothing less. He had been a coasting captain and presumably was a man of some reputable family, for socially he was persona grata with the Detring

family; but he was past middle age, and it was well known that at one time he had drunk heavily ...[74]

The stress and strain caused him to revert to drink–of course not all the time,but particularly at moments of cries in the siege–when decisions were most needed. I will not say how much or when and how, and all I did about it. Apart from stress and strain, the appointment as Co-Admiral went to the head of this old tug-boat skipper ...[75]

類似的批評言論在書中數不勝數，以致後世對馬格祿的能力、品行有不良印象。無可否認，戴樂爾的著作可信性甚高，可是根據當時的檔案、報紙等資料，馬格祿並非完全無用之人。由於戰爭時期文件散失嚴重，加上馬格祿上任時間短促，均影響對馬氏在北洋海軍期間作為的研究。但單據現存的李鴻章等公文資料，至少可以證明馬格祿在不到半年的任期內曾經參與以下事件：

1. 為「鎮遠」驗傷／修理

李鴻章在天津剛決定由馬格祿出任幫辦北洋海軍提督的時候，北洋海軍兩艘主力艦之一的「鎮遠號」在威海觸礁嚴重損毀，主要受傷七處，管帶林泰曾（字凱士，1851－1895）自殺。[76]當時馬格祿還在上任途中，正乘坐「北河」拖船（同屬馬格祿的大沽駁船有限公司）由天津前赴威海，[77]出事後立刻會同提督丁汝昌調查事件、查驗傷處並進行修補。及後由於天氣惡劣，修補工程進展緩慢，馬格祿因跟怡和等洋行熟悉，指出「鎮遠」無可能到嚴守中立的香港船塢維修，提議先以木板加強支撐修補破損處後，出海航行試炮；而高價的外國潛水員亦可以先回上海避冬休

假，避免靡費。其後測試證明馬格祿的建議可用，不過「鎮遠」經過修理後只能慢速航行，遠行、對敵作戰均有大風險，實際上只能困守威海。[78]

2. 幫辦丁汝昌處理海軍事務

作為李鴻章、總理衙門奏請任命的幫辦提督，馬格祿本身亦協助丁汝昌處理北洋海軍事務。在丁汝昌寄給李鴻章的公文當中，在處理所有重大問題時，馬格祿的名字就不斷地出現。[79] 雖然列名此舉不外乎是為了方便行事，有取馬格祿的名字為橡皮圖章之便。但無可否認，馬格祿想必有參與決策重大事務的會議，為北洋海軍出謀獻力，尤其是在後來的威海衛保衛戰貢獻頗多。[80] 另外，馬格祿也有迴護丁汝昌的舉動，在當時朝野要求撤換丁汝昌的時候，也曾發電支持丁留任：

> 丁提督才能出眾，忠勇成性，素為海軍各將領所服。格祿與之共事，相知甚深。現值倭寇窺竊，時局艱難，懇請中堂奏保暫緩交卸，以系中外之望。所有參劾各節均與丁提督無涉。如果必行拿問，誠恐海軍中外各員均以賞罰未能出於至公，海軍局勢必至萬分艱難……[81]

表面看來，此舉正如戴樂爾所說，幫助丁汝昌擋子彈也應是馬格祿任務之一，[82] 可是如果根據英國方面的秘密外交情報檔案顯示，實際上的情況比上述文字糟糕百倍。現謹列出該段電報全文以供比對：

> 上恭親王電
>
> 北京海軍衙門恭親王爺鑒，琳頃接海軍幫辦洋員馬格（祿）稱：
> 由威海電開丁提督如拏問進京，水師各洋人全行散去，即本幫辦亦不

服，當同丁提督進京。因各洋人僉言，奏參丁提督之人似欠公允，且少良心。丁提督去後，軍民大亂，萬一倭均到此，水師要隘，必至無人拒敵，甘心退讓。請將以上情形飛稟海軍衙門恭親王核示云云。謹以譯呈，伏乞鈞鑒。查馬格（祿）稱，近數月乘輪同丁提督，來回巡閱沿海，深知丁提督視死如歸。如果惟怯，斷不敢代乞恩施，是以琳合亞代稟。蓋各洋人與丁提督相信，定肯同心禦侮。若丁提督去威，則洋人全散，倭軍必即攻威。況昨今接成山頭電開，連日成山到倭船極多，恐成山以南上岸，同陸軍攻威，是目下威海危險，且照西例丁提督情尚可原，即乞奏懇天恩暫免拏問，以觀後效，實與中國大局有益。

德璀琳稟[83]

3. 處理海軍洋務

　　丁汝昌英文程度有限，馬格祿既然為洋員提督，由他處理海軍洋務自是理所當然。大凡有關於與新洋員訂立合同，均由馬格祿處理，或通電羅豐祿（字稷臣，1850－1901）及德璀琳代辦。[84]

　　另外，在 1894 年底，美國人宴汝德（John Wilde）自三藩市來華，自稱有秘法可助破敵，實際上其人可能是兜售他發明的烈性炸藥。[85] 為證明宴汝德的發明有效，清朝同意出資協助實驗。而負責安排實驗物料供應的，就是馬格祿。由於宴汝德的實驗物料特殊，丁汝昌需要借助與外國洋行關係較深的馬格祿代為查詢。以當時的通訊技術，從宴汝德到威海後短短四日（還沒有計算因為簽約所延誤的時間），馬格祿就已經確認煙臺、上海洋行均無供應，惟獨香港怡和洋行（馬格祿的前僱主）能承辦50 箱起運，約一個月運到煙臺再轉運威海的效率。[86] 此外，馬格祿還要

分身兼顧搶修「鎮遠」、佈防巡邏威海等事，從前述事情來看，馬格祿的辦事效率並不低。可惜後來實驗用品在煙臺被焚毀，新型炸藥實驗以失敗告終。

4. 巡防威海

從現存的資料可知，馬格祿至少有一次協防威海。當然，是次所謂「巡邏」，想必最多只是帶船出海打圈而已，對當時戰局沒有任何影響。北洋艦隊退守威海後戰略過分消極，實質上就連丁汝昌有否出海巡邏也是一個疑問。[87] 但是對於防守威海衛，馬格祿的作用是不可忽視的。當時也在威海衛作戰的德藉洋員瑞乃爾（Theodor Schnell, 1847-1897）曾經證實在戰後有一份所謂「馬格祿報告」的存在。除了上交朝廷備案外，報告被英國雜誌 Blackwood 轉載了相當部分的內容。該份雜誌詳細列舉了整個威海衛保衛戰的過程，揭露馬格祿負責草擬整個威海衛的防禦工程，然後被丁汝昌提督及一眾管帶討論、通過、實行；而且在抗戰期間，馬格祿還曾指揮「定遠艦」開炮與被日軍佔領的南岸龍廟咀炮臺互相駁火並將其成功摧毀；及後更曾經在不同艦隻上督戰。[88]

及至 1895 年 2 月，被日本海陸包圍的北洋艦隊情況越來越壞，丁汝昌希望北洋艦隊依靠陸上炮臺保護堅守劉公島的戰略已經失敗。由於清廷陸軍完全不堪一擊，威海衛所有的陸上炮臺均被日軍攻佔，反被用來炮轟北洋艦隊。北洋艦隊損失慘重，只能依靠劉公島沿岸停泊。後來更是被日本魚雷艇多次夜間潛入摧毀重要艦隻，情況完全被動。[89] 而協助北洋艦隊的外國洋員大多數均在日軍登陸榮成的時候避走煙臺，[90] 只剩下約十三位，包括馬格祿本人。[91] 其實馬格祿也可以隨時離開，因為英國政府已經宣佈中立，禁止國民為交戰雙方效力。不少英藉洋員也因此離去，

包括服務很久的鮑察（Lieutenant Bourchier，生卒年不詳，1884 年開始為中國北洋水師協助訓練公作[92]）、賈禮達（Captain Calder，生卒年不詳，原旅順港港務局長，1887 年曾協助帶四艘巡洋艦來華[93]）等人，但實際上對於中立條文的應用取決於當事人本身。而且很多洋員都明白，在北洋海軍那樣江河日下的情況下，如果再不離開威海衛，便極有可能無法走出日軍的包圍了。[94]

　　馬格祿在威海衛作戰中的表現，展示了其勇氣與忠誠。作為副手，馬格祿經常在丁汝昌身邊待命和給予意見。這絕對不是必需的：一來馬格祿對於海戰知識有限（雖然可能丁汝昌也是），他在岸上督促部隊想必也無人反對；二來跟隨丁汝昌出入通常都意味著在最前線。作為一個外國人，他也大可不必冒生命危險跟自己過不去。可是馬格祿選擇跟丁汝昌共同進退，在「定遠艦」上留宿，在該艦被魚雷艇擊沉的當晚也曾回到艦上，堅持在又寒又冷的時候留守在半沉的「定遠號」上。[95] 到後來眾多水手、艦上管帶都拒絕夜宿船上，擔心被日本魚雷艇擊沉時來不及逃生。馬格祿卻效法丁汝昌，在最危險的時候仍然留宿，相比很多華洋將士，馬格祿算是頗勇敢的人。[96]

八、馬格祿處理威海衛北洋艦隊投降問題

　　無奈在 1895 年 2 月 7 日北洋艦隊魚雷艇集體叛逃事件之後，北洋水陸將士對戰局感到絕望。為免旅順屠殺事件在威海衛重演而爆發了騷亂，部分將士要挾丁汝昌對日投降，放生部隊官兵。馬格祿在事件中站在丁的立場堅持作戰，可是對叛變士兵卻苦無對策。[97] 及後由於深知陸上援兵無望，丁汝昌也絕望自殺。這意味著反對投降的意見消失。無論丁

汝昌是投降後自殺，[98] 或是死後其印章被盜用在投降信上，[99] 這已經都無關緊要了。北洋軍絕大多數的將士已經形成對日投降的意向，而且有一個已經死了的提督成為他們推卸戰敗責任的理由。即使馬格祿不想投降也無可奈何了，因此參與了投降會議，且因官階之高成為確保向日軍順利投降的海軍負責人。[100]

九、結語：馬格祿在華活動的終結

北洋艦隊投降以後，剩餘官兵都被釋放到煙臺，後歸天津等候李鴻章安置。李鴻章認為艦隻盡失，已無必要保留大批冗員，於是裁減大量北洋艦隊海陸官兵，一眾將領被革職聽候處置，[101] 大部分洋員也因此被即時終止合約。[102] 不過部分洋員包括馬格祿等人似乎不在此列。後來朝廷召開威海衛戰敗調查，馬格祿、瑞乃爾、戴樂爾等人皆在天津接受調查。[103] 而且有理由相信馬格祿曾參與北洋艦隊新艦來華後的工作，延至1895 年 10 月才離職。是年，馬格祿經上海、香港、馬賽返回英國，[104] 從此退休，直到 1920 年去世。

從馬格祿在華經歷，可以反映當時北洋艦隊的外籍僱員、軍事教官質素不高，更缺乏訓練的人才，而且陸軍海軍軍事體制落後，導致發展被嚴重窒礙。這無疑顯示出當時中國海軍發展的困境——難以吸引高質素的外國軍事人才加入，而本身也無法培養優秀將領，否則以馬格祿這一類外行人根本不會有做提督的機會。再加上船艦火炮技術等硬件越來越落伍，甲午戰爭北洋海軍的失敗結局就無可避免了。

馬格祿位於蘇格蘭的墓地，與其妻子同葬於其家鄉 [105]

附錄：《字林西報》介紹「高陞號」來華情況

North China Daily News, 14 July 1883

THE *KOW-SHING*

The new screw steamer *Kow-shing*, commanded by Captain McClure, arrived on Saturday, and has excited attention on account of her exceptional qualities. The vessel was built by the Barrow Ship Building Co. at Barrow-in-Furness. She was mainly designed in Shanghai, and is the result of Messrs. Jardine, Matheson & Co.'s long experience of the requirements of the Tientsin and coast trade. She belongs to the Indo-China Steamship Company.

The steamer had been built of steel throughout, and has two steel decks. The upper deck is sheathed with teak. All her frames, longitudinal fastenings, bilge plates and compartments, are of uncommon strength, and the excellence and high finish of the workmanship does great credit to the constructors of the hull and engines. The vessel has a peculiar appearance. She has two passenger decks, and her upper or spar deck is not encumbered with any houses save the wheel room and captain's cabin. The spar deck is therefore very high out of water. The great breadth and height of the decks give abundant space for Chinese and foreign passengers; in fact no vessel has yet been seen in Shanghai with accommodation at all comparable to those of *Kow-Shing*. On the upper deck forward is a noble saloon for foreign passengers, extending from side to side without a break. This large cabin is light, airy, and very handsomely furnished. In the rear are eight two-berthed cabins, of large size, and well lit and furnished, with bath rooms of easy access, and comfortable arrangements. Further aft will be found a large number of airy and well fitted cabins for first-class Chinese passengers, of whom 200 can be taken in rooms; and for second-class native passengers there are rommy bunks for 100 persons. As the steamer has been built to carry a large cargo on a low draft of water at high speed, some notice of her remarkable dimensions will be interesting to our readers. The *Kow-shing* is 250 feet long between perpendiculars; but below water, for the purpose of making the navigation of the shallow and tortuous river Peiho more easy, the fore-foot has been much cut away, and has an unusual amount of spring. The beam is 39 feet, nearly as great as that of the Messageries steamer *Irrawaddy*; and the depth of the vessel from the spar-deck to the kelson plate is 28 feet. The *Kow-shing*, on account of her flat floor and great beam, can carry 1,000 tons of dead weight, and in addition coals for a voyage from Shanghai to Tientsin and back, on 12 feet of water—a feat that very few steamers afloat can compass. To propel at a high speed such a large immersed body very powerful engines have been provided. These engines show by their results that their design and execution have great meritoriousness. There are 2 cylinders: one, the high pressure, is of 38 inches diameter; the second, or expansion cylinder, is 76 inches in diameter. The stroke is 45 inches. Steam is furnished by two large steel boilers fastened by a steel rivets, and furnished with Fox's steel corrugated flues. The boilers are double ended, 19 feet long, and very large. Fire is raised in 12 furnances. The steam pressure carried is 90 pounds over the atmosphere. The nominal horse-power is 260, but at the trial trip, when the vessel had a speed of 13.6 knots, the effective horse-power indicated was 2,400, and the large 4-bladed screw was turned 85 times each minute. All modern improvements to give the best working at the most economical coal consumption have been fitted, and with success, as the *Kow-shing* can, when loaded, steam 9 knots on 12 tons of coal per day of 24 hours, 12 knots on 25 tons, and 13.6 knots on 30 tons. The decks are fitted with Napier's new steam windlasses, which are at once powerful and compact, and the ship has a very fine and powerful steering apparatus. The officers and engineers have roomy and light quarters on the main deck, aft, and every provision has been made for their comfort. The arrangements for the sanitation of the Chinese passengers are admirable, and we expect that the *Kow-shing* will be a favourite vessel of the Northern trade. The steamer has been built on the principles evolved from Froude's experiments, and her shape is a series of continuous curves without parallelism. The vessel has a good form, as is shown by the fact that her voyage to China has been made at an average speed of 11 knots, although only one boiler was used. She has great stability, and in a sea way is remarkably steady. We congratulate Messrs. Jardine, Matheson & Co. on the fine qualities of the new vessel, and wish her all success and profit.

注釋

1　雖然實際上馬格祿與其他洋員提督漢納根（Constantin von Hanneken, 1855-1925）、琅威理（William Metcalfe Lang, 1843-1906）等一樣，並非是完全擁有實權的提督，甚至可說不是副提督，而是幫辦提督、總查之類；可是既然清朝允許以此稱呼其名，本文繼續用之。

2　以往的研究中涉及馬格祿的資料甚少，王家儉教授的著作《李鴻章與北洋艦隊》只交代有關馬氏的上任時間等基本資料，而最近出版的《中日甲午戰爭全史》人物編裏面，記載馬格祿的資料更是少之又少：除了生卒年闕如之外，事跡記載也只是寥寥數行，其英文名字更加串錯，參看王家儉：《李鴻章與北洋艦隊》（北京：生活‧讀書‧新知三聯書店，2008 年），頁 327-329；關捷等主編：《中日甲午戰爭全史》（長春：吉林人民出版社，2005 年），第 6 卷，頁 309。另外孫建軍先生也曾就馬格祿本人發表過其觀點，程度不亞於其他研究者，參考孫建軍：〈馬格祿是如何進入李鴻章視線的？〉，《丁汝昌研究探微》（北京：華文出版社，2006 年），頁 151-156。

3　此圖出自 *Graphics*, 1 December 1894. 作者私藏。

4　*Scotsman* (Scotland), 19 January 1920; *Graphic,* 23 February 1895.

5　怡和輪船公司於 1881 年成立，當時怡和洋行在中國發展航運。怡和輪船公司的成立，正是怡和洋行銳意重點經營中國海運的結果，而 1883 年「高陞號」的來華正代表了怡和輪船公司的雄心。有關怡和洋行的航運史略，可參考劉詩平：《洋行之王——怡和》（香港：三聯書店（香港）有限公司，2010 年），頁 205-220；另外也可參考 H.W. Dick & S.A. Kentwell, *Beancaker to boxboat: steamship companies in Chinese waters* (Canberra: Nautical Association of Australia, 1988), pp.2-30。

6　"The War in the East", *Graphics,* 1 December 1894.

7　當然，馬格祿是否真正來自名門，還需要進一步研究；而戴樂爾著作中提及馬格祿是來自名門的說法，參考 W. F. Tyler, *Pulling String in China*, p.60；附帶一提，以往論述戴樂爾生卒年均錯，根據馬幼垣教授的研究，戴之卒年可考至 1938 年。

8　「高陞號」來華時候在報紙上報稱 1,364 噸，但後來英國海事法庭的文件卻顯示「高陞號」註冊噸數為 1,355 噸，有關報紙的噸數，參考 "Arrivals", *North China Daily*

News, 16 July 1883; 關於海事法庭文件，參考 "Kowshing, The Copies of the Report of the Naval Court", FO 17/ 1215, p.6。

9   "Report: Indo-China Steam Navigation Co.", *North China Herald and Supreme Court & Consular Gazette*, 3 Aug 1883.

10   在報章中多次記錄北河航運因水位太低而受阻，略舉一例，如在 *Chinese Times*, 4 December 1886; 大沽口水位太低，導致由客輪送來的信件延誤超過兩日。

11   北洋艦隊最初期，噸位較小的巡洋艦「超勇」、「揚威」，吃水十五呎，已經不能進大沽口。超、揚二艦排水量與「高陞號」相若，可是「高陞號」卻因吃水少三呎而得以進入大沽口。「超勇」、「揚威」的排水資料，可參考 Richard N. J. Wright, *Chinese Steam Navy*, (London: Chatham, 2000), pp.46-50。

12   另外與《字林西報》同公司的 *North China Herald and Supreme Court & Consular Gazette* 周報，也刊登了該文，詳細見 "The Kow-Shing", *North China Herald and Supreme Court & Consular Gazette, 20 July 1883*。

13   "The Kow-Shing", *North China Daily News*, 14 July 1883，此介紹高陞號的全文亦收錄在附錄一。

14   同上。

15   「高陞號」在 1883 年 7 月 1 日抵達新加坡停留補給，7 月 3 日清關離開，前往香港。約在 7 月 9 日抵達香港，7 月 10 日離開前往上海。經過新加坡的時間，可參考 *Straits Times*, 3-4 July 1883。不過注意《海峽時報》7 月 3 日的報紙打錯了「高陞號」的英文名，誤寫為「Kow Ching」，而經過香港的時間，可參考 "Shipping", *China Overland Trade Report* (Hong Kong), 19 July 1883。

16   *North China Daily News*, 4 August 1883.

17   當時報紙通常都有記錄在港船隻進港、離港的時間、目的地、船長等資料，而最適合參考的就是上海的《字林西報》，詳細可見 *North China Daily News*, 14 July 1883 - 4 August 1883。

18   *North China Herald and Supreme Court & Consular Gazette*, 3 August 1883.

19   *Graphics*, 1 December 1894.

20   "Departures", *North China Daily News*, 6 September 1883，是最後一次記載馬格祿以船長身分帶「高陞號」前往天津，可是卻在同一份報紙的 "Arrivals", 11 September 1883 上，「高陞號」回程抵達上海的船長卻變了另外一個人 Captain Webster。此後

馬格祿就沒有繼續在「高陞號」上了。

21 *North China Herald and Supreme Court & Consular Gazette*, 10 October 1883.

22 "Report by Capt Cavendish on Chinese Naval & mil. forces at Wei Hai Wei", FO17 / 1234, pp.78-80.

23 根據 1898 年的中國索引，得出此二船的中文艦名分別為「太生」和「永生」，外國在華船隻的中文艦名往往跟英文拼音有所出入，故須翻查資料方可作實。否則會弄出笑話。如第二艘船「永生」的中文艦名我就猶豫了很久，典型的怪名；是否坐該船能得「永生」？參考 Hong Kong Daily Press Office, *The Chronicles & Directory For China, Korea, Japan, The Philippines, Indo-China, Straits Settlements, Siam, Borneo, Malay States, &C*, (Hong Kong: Hong Kong Daily Press Office, 1898), p.566。

24 關於「太生號」（*S.S. Tai Sang*）和「永生號」（*S.S. Wing San*）的來華日期、船長等資料，可參考 "Shipping", *China Overland Trade Report* (Hong Kong), 8 January 1884, 2 February 1884；船長資料可參考 *Hong Kong Daily Press*, 9 January 1884, 3 February 1884。

25 馬格祿在 1888 年 5 月 13 日從香港坐「諫當號」（S.S. *Canton*，怡和輪船公司客輪，中文船名無理翻譯又一例子）抵達上海，然後在 6-7 月間來回天津上海數次（坐「高陞號」往天津，從船長到乘客，不知道他有何感覺），似乎是尋找工作中，後來被大沽駁船公司聘用。馬格祿的往來日期，可見於 *North China Herald and Supreme Court & Consular Gazette*, 18 May 1888 - 13 July 1888；*Chinese Times*, 30 June 1888；有趣的是馬格祿被怡和開除後，似乎還很喜歡坐怡和公司船隻往來，而後來馬格祿在同年 12 月趁天津港封凍前又坐「順和號」（*S.S El Dorado*，也是怡和公司船隻，如此命名中文船名，不對照資料肯定大有問題）南下上海，另居然有疑似馬格祿親戚人士從香港坐 *S.S Peshawur* 來上海，似乎是來相見；以此推斷馬格祿在香港或有親戚，而且應是香港軍警人員，殊不簡單。參考 *Chinese Times*, 21 December 1888；*North China Herald and Supreme Court & Consular Gazette*, 21 December 1888。

26 此乃根據大沽駁船公司所出版的資料所使用的中文名稱，並非隨便杜撰。參考 Ivon Arthur Donnelly compile, *The Taku Tug & Lighter Co. Ltd. And The Hai-Ho*, private publication, 1933 年 4 月感謝大沽駁船有限公司後人 Prof. Kevin O'Hara 慷慨提供。

27 據 *Scotsman* 及 *The Chronicles & Directory For China* 的記載，説馬格祿在公司內擔任外部經理（Outside Manager）一職，雖不知道什麼時候開始，但 1894 年已有其

任職經理的記載。參考 "Death of Admiral John M'Clure", *The Scotsman*, 19 January 1920; *The Chronicles & Directory For China, 1894*, pp.96-97。

28 *The Taku Tug & Lighter Co. Ltd.*, p.4.

29 "Meeting: Re-organisation of the Taku Tug and Lighter Company", *Chinese Times* (Tientsin), 29 June 1889.

30 "Shipping Intelligence", *Chinese Times* (Tientsin), 17 November 1888.

31 "The Dance at Taku", ibid, 1 March 1890.

32 *The Taku Tug & Lighter Co. Ltd.*, pp.9-10.

33 "Taku Tug and Lighter Company", *Chinese Times* (Tientsin), 12 February 1887.

34 關於中日在韓國的軍事部署，在此不作多論，可參考《清日戰爭》（香港：商務印書館，2011 年），頁 2-20。

35 及後「操江艦」上那位被日本人俘虜的丹麥人彌倫斯（Mr J.H. Muhlensteth，生卒年不詳），就是被派去漢城修理電報線路；及後被日本釋放後，回到上海還受到報章專訪，而電報線路當然仍被日軍控制；參考 "Arrival of Mr Muhlensteth in Shnghai", *North China Herald and Supreme Court & Consular Gazette*, 17 August 1894; "War Notes", *Peking and Tientsin Times*, 25 August 1894。

36 其實北洋艦隊的魚雷艇獨立於北洋艦隊，另有統領，魚雷艇數目眾多，而且速度不差；能航行的鎮字頭蚊炮艇也尚有數艘，即使此兩類小艇都嫌大材小用，北洋艦隊還有「遇順」、「利順」、「超海」、「快馬」、「飛霆」等輔助小艇可以負責送信，不知道為何不用，估計跟害怕日本海軍的活動有關及忙於運送陸軍的補給有關；參〈附清單〉，《李鴻章全集》第十三冊，奏議十三，頁 17；魚雷艇的使用到戰爭中後期方才明顯增多。有關於北洋艦隊的魚雷艇，參考蘇小東：〈北洋海軍的魚雷專業培訓及其成效〉，載於戚俊傑、劉玉明：《北洋海軍研究》（第二輯）（天津：天津古籍出版社，2001 年），頁 261-282。

37 *North China Daily News*, 4 August 1894, p.3.

38 顧廷龍，戴逸主編：〈覆旅順龔道〉，《李鴻章全集》第二十四冊，電報（四），（合肥：安徽教育出版社，2008 年），頁 282。

39 H. W. Dick, *Sold East : Traders, Tramps, and Tugs of Chinese Waters*, (Melbourne : Nautical Association of Australia, 1991), p.281.

40 *North China Daily News*, 4 August 1894, p.3；若根據盛宣懷檔案資料，「北河」受僱日

期約在 1894 年 7 月 20 日後，24 日前。參考陳旭麓、顧廷龍、汪熙主編：《盛宣懷檔案資料選輯之三——中日甲午戰爭（下）》（上海：上海人民出版社，1980 年），頁 70-73。

41 該名外籍海關人員乃 Mr J. Fenton（生卒年不詳），"Tientsin: A Rumour", *North China Daily News*, 8 August 1894。

42 此三人即衛汝貴（字達三，1836－1895）、馬玉昆（字荊山，?－1908）、左寶貴（字冠廷，1837－1894），前段的「葉」為葉志超（字曙青，?－1901），均李鴻章派往朝鮮的淮軍軍隊將領。

43 〈寄譯署並丁提督〉，《李鴻章全集》第二十四冊，電報（四），頁 189。

44 "Telegrams from Chefoo", *Peking and Tientsin Times*, 4 August 1894；電報中的發信人 Bredon 相信就是李鴻章所指的裴稅司。

45 關於成歡之戰，日本資料頗多，在此不作多說。概覽此戰役可參考宗澤亞：《清日戰爭》，頁 37-42。

46 此事近年才有德國學者發現，原來漢納根在華亦從事軍火貿易生意，拉攏中國高官購買德國克虜伯軍火，從中取傭。在「高陞號」前抵達朝鮮同屬怡和輪船公司的「愛仁號」（S.S *Irene*），原來是漢納根有份作股東的德商信義洋行（Mandl & Co., H., Merchants，不知道洋行 H 字縮寫是否就是代表漢納根？）的所專用的運貨船，是次免費借給李鴻章前往朝鮮——直接來說是李鴻章購買德國軍火後包送貨，並順便幫忙運兵，更加有信義洋行的老闆滿德（Hermann Mandl）親自押運！可見何其隆重其事。信義洋行老闆滿德利用其領事地位在甲午戰爭中為中國突破西方的戰爭中立軍火禁運，賺了不少中國銀子，其賣力程度甚至後來讓李鴻章還為滿德等人的「竭力報效」申請了二等第一寶星勳章作為嘉許。詳細可參考：白莎〈晚清在華的德國軍事教官概況〉，《北大史學》第十三輯，頁 318；有關滿德勳章獎賞的資料，參考〈獎勵洋商片〉，《李鴻章全集》第十五冊，奏議（十五），頁 557。另外盛宣懷的檔案裏面也收藏了不少滿德與李鴻章、盛宣懷的往來書信，可見其偷運軍火的努力，惟全書收藏太多，謹舉數例在此，參考《盛宣懷檔案資料選輯之三（上）》，頁 148、184、293 等；《盛宣懷檔案資料選輯之三（下）》，頁 52-55、102-103、126 等。

47 〈覆東海關劉道〉，《李鴻章全集》第二十四冊，電報（四），頁 190。

48 "Tientsin: A Rumour", *North China Daily News*, 8 August 1894，由於天津上海往來消息需時，故有此謠言。

49 "Telegrams from Chefoo", *Peking and Tientsin Times*, 4 August 1894.

50 最初出現「金龍號」為北洋軍服務的資料，在為丁汝昌傳口訊，而從後來資料看，「金龍號」似乎主要服務旅順口的北洋軍，而「北河」則在天津；參〈寄譯署〉，《李鴻章全集》第二十四冊，電報（四），頁 230。

51 後來在 11 月，「金龍號」亦有回歸大沽駁船有限公司的駁船任務當中，出海搜索失蹤的遠洋客輪 *S.S. Mexicana*，當時的船長為 Captain Lymberg（生卒年不詳）。雖然如此，這些小船仍然會向北洋艦隊通報他們遇上的日本軍艦所在的位置。「金龍號」後來還繼續與「北河」執行偵察任務，多次被日本海軍艦艇截查，幸好都沒有引起日方懷疑，都被放行。不過當時馬格祿已經升任北洋艦隊幫辦提督，是否還有負責指揮「金龍」、「北河」收集日本海軍情報則暫時還沒有資料證明。有關「金龍號」船長資料，參考 "Japanese on the Look Out", *North China Daily News*, 28 November 1894。

52 在 1894 年 10 月 22 日左右，「北河」船接替「金龍號」負責巡察整個渤海灣，並有馬格祿是指揮等記載，參考 "China-Japan War", *China Mail* (Hong Kong), 22 October 1894；但也有報紙在馬格祿被任命為提督後指其為「金龍號」船長，參考 *Hong Kong Daily Press*, 29 November 1894；若根據盛宣懷的檔案，約在 8 月初僱用「金龍」作軍事通訊；該時段馬格祿再次被派去仁川給中方人員傳遞訊息，北洋海軍居然無艦艇前往負責卻委派外國人去承擔本屬於中國海軍的事務，無疑是給海軍丟臉。參考《盛宣懷檔案資料選輯之三（下）》，頁 119-120。

53 *The Taku Tug & Lighter Co. Ltd.*, pp.76-77.

54 〈寄譯署〉，《李鴻章全集》第二十四冊，電報（四），頁 230。

55 〈寄大連灣交海軍提督丁〉，同上，頁 335。

56 跟上述眾多情況一樣，旅順口肯定還有不少中國軍艦、魚雷艇等，偏偏就指派毫無武裝的拖船出海偵察，令人費解。莫非北洋軍等人相信掛英國旗的外國人出船去偵察真的那麼安全？參考〈寄旅順龔道〉，同上，頁 343。

57 〈寄譯署〉，《李鴻章全集》第二十四冊，電報（四），頁 345、360。

58 後來還是拖不起來，而「廣甲號」最終需要報廢。不過是被日本艦艇擊毀，還是被丁汝昌下令用炸藥炸毀，還需要作深入研究。此兩個說法，分別可見於 "Items of the Naval Battle", *Celestine Empire,* 12 October 1894；〈寄譯署〉，《李鴻章全集》第二十四冊，電報（四），頁 360。

59 《冤海述聞》，方伯謙故居抄本，頁 14-15；另外 *China Mail* 等亦曾指馬格祿為「金龍」

拖船船長，見 "The China-Japan War: Admiral M'Clure", *China Mail*, 28 November 1894。關於「金龍號」船長問題，可參注 51。

60　黃海海戰前後「金龍號」最忙，往來天津旅順多次，可見 "Reports From the North", "Account by an Eye-witness" *The Celestine Empire*, 28 September 1894.

61　漢納根在後來報章採訪時說如果不能從根本改革清朝軍隊，是沒有可能打贏日本的，是故不肯回船。最後他被要求前往北京去協助籌組新軍，可惜後來得不到朝廷大臣支持，新陸軍不了了之。失望的漢納根在北洋海艦隊全軍覆沒後不久，與德璀琳（Gustav von Detring, 1842-1913）的大女兒結婚，回歐洲度蜜月去。漢納根的訪問，見 "Von Hannecken Interviewed", *China Mail* (Hong Kong), 12 June 1895；關於漢納根婚禮的報導，參看 "Mr. Von Hanneken", *North China Herald and Supreme Court & Consular Gazette*, 29 March 1883。

62　"Tientsin", *Hong Kong Daily Press*, 28 November 1894；由於不清楚總理衙門、光緒皇帝等批准任命的確實日期，只能從報章、李鴻章的來往公文等推斷在 1894 年 11 月中左右。參〈寄丁提督〉，《李鴻章全集》第二十五冊，電報（五），頁 156；"Tientsin: An Unexpected Appointment", *North China Daily News*, 20 November 1894。

63　"China and Japan", *The Derby Mercury* (Derby, England), November 28, 1894；"Tientsin: An Unexpected Appointment", *North China Daily News*, 20 November 1894.

64　"The War", *Hong Kong Daily Press*, 21 November 1894; "Latest Intelligence", *Peking and Tientsin Times,* 24 November 1894; "The Chino-Japanese War", *The Pall Mall Gazette* (London, England), November 21, 1894.

65　"The Chinese Navy", *China Mail* (Hong Kong), 22 November 1894.

66　"Extract from Intelligence Report on Military Affairs at Chefoo and Wei hai wei", FO17 / 1232, p.333.

67　"The New Vice- Admiral of the Chinese Fleet", *The Leeds Mercury* (Leeds, England), November 22, 1894; "Naval Notes and News", *Hampshire Telegraph and Sussex Chronicle etc* (Portsmouth, England), November 24, 1894.

68　〈寄丁提督〉，《李鴻章全集》第二十五冊，電報（五），頁 156。

69　*Blackwood's Edinburgh Magazine,* November 1895, p.610；另在一些資料亦可隱約看到馬格祿開始參與一些軍事會議，參考〈附丁軍門來電〉，《李鴻章全集》第二十五冊，電報（五），頁 95；〈覆譯署〉，頁 138。

70　「金龍艦」跟「北河艦」均曾冒險前往旅順運送軍需，而「北河艦」更被日本軍艦截查，幸運謊報該船實乃前往牛莊才得脫險；見 "Miscellaneous Reports", *North China Daily News*, 28 November 1894,〈寄譯署督辦軍務處〉《李鴻章全集》第二十五冊，電報（五），頁 151。

71　"Report by Capt Cavendish on Chinese naval & mil. Forces at Wei-Hai-wei", FO 17 / 1234, p.79.

72　德璀琳與漢納根早在 1880 年代已經開始認識，後來漢納根還娶了德璀琳的大女兒。他們的交情之深在此謹舉二例，1886 年天津外國人舉辦舞會，與會者包括：漢納根、德璀琳夫婦、瑞乃爾、還有大沽駁船公司的老闆們、太太們，參考 "St Andrew's Ball", *Chinese Times*, 4 December 1886；另外，德璀琳有參與策劃天津賽馬活動，並且是馬主，而漢納根則有參與策騎，惟當時馬匹數目少於十匹，參考 "Sporting", *Chinese Times*, 25 December 1886; 同時可見天津外國人生活圈子頗細。馬格祿跟他們兩人關係也就不難想像了，因為大沽駁船公司也經常跟海關稅司打交道。

73　〈致恭慶親王密函〉，《李鴻章全集》第二十五冊，電報（五），頁 182、183。

74　*Pulling Strings in China*, p.60.

75　Ibid, p.91.

76　有關於「鎮遠」傷勢，詳細可參考〈寄譯署〉，《李鴻章全集》第二十五冊，電報（五），頁 189-190。不過在事後修補報告來看，「鎮遠」傷處數目不至此數，參〈寄譯署〉，同上，頁 238。

77　馬格祿乘坐「北河」到威海，參戚俊傑、王記華編校：《丁汝昌集》（濟南：山東大學出版社，1997 年），頁 219。

78　參《李鴻章全集》第二十五冊，電報（五），頁 190, 258, 260, 302, 306。

79　當然，這也可能是李鴻章派馬格祿作提督的原因之一。參同上，頁 258, 320, 321。

80　*Blackwood's Edinburgh Magazine,* November 1895, pp.614, 619, 621-628.

81　〈寄譯署〉，《李鴻章全集》第二十五冊，電報（五），頁 317；當然，此電報是否出自馬格祿本意則不得而知。

82　*Pulling String in China*, pp.60, 91.

83　FO233/120, 4-5，原文中出現的某些中文別字曾有所修改；此電報也可作為一例，研究中國近代史絕對不可單單採用中文史料，也不可隨便採信某段史料，必須盡可能反復考證，否則便會「檔案中毒」。

84　〈附丁提督來電〉、〈寄譯署〉，《李鴻章全集》第二十五冊，電報（五），頁 278。

85　此事已有學者專文論述，文章研究仔細，故在此不再多引述。參考賈浩：〈甲午戰爭期間莫鎮藩、晏汝德、浩威來華事跡再探〉，載於《中國甲午戰爭博物館館刊》，第 2 期（2010），頁 17-28。

86　參《李鴻章全集》第二十五冊，電報（五），頁 262, 276, 278, 306, 329, 338。

87　〈附丁提督來電〉，同上，頁 280-281。

88　*Blackwood's Edinburgh Magazine*, November 1895, p.619, pp.621-627；關於瑞乃爾的報告，參考 "The Siege of Wei-hai-wei", *Peking and Tientsin Times*, 29 February 1896。

89　"The War", *Hong Kong Daily Press*, 9 February 1895.

90　"The China-Japan War", *China Mail* (Hong Kong), 12 February 1895.

91　"European Officers with the Chinese", *Pall Mall Gazette*, 29 April 1895.

92　王家儉先生在其著作中曾寫鮑察服務年期只從 1884－1886，看來遠遠不只此數。參考王家儉：《洋員與北洋海防建設》（天津：天津古籍出版社，2004 年），頁 187。

93　清政府對於當時的外國僱員沒有規定的官方譯名，賈禮達、鮑察都是取自中文官方來往的公文，參考〈覆丁提督〉，《李鴻章全集》第二十五冊，電報（五），頁 128；〈附清單（二）〉，《李鴻章全集》第十二冊，奏議（十二），頁 396；〈附清單〉，《李鴻章全集》第十三冊，奏議十三，頁 13，18；而賈禮達為 HARBOR MASTER 一詞，在此謹翻譯為港務局局長。

94　"European Officers with the Chinese", *Pall Mall Gazette*, 29 April 1895.

95　Blackwood 的報告內說馬格祿當晚不在「定遠艦」而在「來遠艦」上，可是戴樂爾在其著作則繪聲繪色地描述擱淺後他跟馬格祿的對話，故相信馬格祿是後來回到「定遠艦」上。參考 Pulling String in China, p.75。

96　"The Siege of Wei-hai-wei", *Peking and Tientsin Times*, 29 February 1896；另有學者指北洋艦隊自從黃海海戰後便士氣低落，而「來遠」、「威遠」在威海衛被擊沉時，艦長邱寶仁、林穎啟均在岸上娛樂未歸。參蘇小東：〈北洋海軍管帶群體與甲午海戰〉，《近代史研究》，第 2 期（1999），頁 151-173。

97　"The Siege of Wei-hai-wei", *Peking and Tientsin Times*, 29 February 1896.

98　"The Fall of Leukungtau", *China Mail* (Hong Kong), 2 March 1895, 此報導乃根據上海報章特派威海衛專員採訪而成，頗有說服力。另外根據日本軍方出版資料，在日方

收到中方投降信後曾送禮物予丁汝昌，被丁汝昌回信拒絕。這些信函來往均有日期時間。如果丁提督真的在二月十二日凌晨自殺，那被冒簽的機會很大。參考日本參謀本部編纂：《明治二十七八年日清戰史》第六卷（東京：ゆまに書房，1998 年），附錄第九十六。

99　德國洋員瑞乃爾聲稱丁汝昌死後印章被人盜用冒簽投降書，見 "The Siege of Wei-hai-wei", *Peking and Tientsin Times*, 29 February 1896；在 2013 年夏孫建軍先生對投降書的丁汝昌字跡進行了比對，結論得出該投降書並非丁汝昌的字跡。從對孫建軍論文的觀察，該投降書應乃時任威海營務處二品銜候選道員牛昶昞（字深齋，1838－1895?）的筆跡，變相證明了牛昶昞在投降事上的主導角色。參考孫建軍：〈「丁汝昌降書」鑒定報告〉，《中國甲午戰爭博物館館刊》，第 2 期（總第 49 期，2013），頁 12-18。

100　"Confirmation", *North China Herald and Supreme Court & Consular Gazette*, 22 February 1895.

101　〈覆煙臺劉道〉，《李鴻章全集》第二十六冊（電報六），頁 69；中文資料對此不夠詳細，反而一則英文報紙有引述王文韶的參劾奏章，可參考 "The Officers of the Peiyang Fleet", *North China Herald and Supreme Court & Consular Gazette*, 5 July 1883。

102　"Tientsin: The Foreign Officers", *North China Herald and Supreme Court & Consular Gazette*, 25 March 1895；這些被炒的洋員甚至薪津都未有出齊，參 "The China-Japan War", *China Mail* (Hong Kong), 15 March 1895; "Local and General", *China Mail* (Hong Kong), 9 April 1895。

103　*Peking and Tientsin Times*, 22 June 1895; "Summary of News", *North China Herald and Supreme Court & Consular Gazette*, 28 June 1895；有趣的是，在調查開始之前馬格祿是坐火車到天津的，參考 "Local and General", *China Mail* (Hong Kong), 30 March 1895。

104　"Shipping Intelligence", *Peking and Tientsin Times*, 19 October 1895，從此資料可找出馬格祿坐「連星號」（*S.S. Lienshing*，怡和輪船公司的船）於 10 月 18 日到了上海去，參考 *North China Herald and Supreme Court & Consular Gazette*, 25 October 1895；再於 10 月 26 日乘坐法國客輪 *S.S. Océanien* 經香港、新加坡等地，前往法國馬賽回家；參考 *North China Herald and Supreme Court & Consular Gazette*, 1 November 1895。

105　此照片由 Paul Goodwin 攝影，感謝允許使用，同時亦感謝 Mr. Adam Brown 蘇格蘭方面的協助。

第五章
層層迷霧——漢納根（Constantin von Hanneken, 1855-1925）的三個黃海大戰報告

麥勁生

一、引言

　　甲午戰爭發生至今已超過 120 年，但當代歷史、軍事和政治專家仍在從不同角度探研戰爭的細節和巨大意義。黃海大戰為整場戰爭的關鍵，在 5 小時左右的一場東亞有史以來最大規模的現代海戰，中、日艦隊全力搏鬥。結果號稱噸位和火力世界第六（有說第八）的北洋艦隊受到重創，既無力出海再戰，亦無從突圍南走，最後被圍攻於旅順軍港，艦隻或沉沒或被俘。沒有中國艦隊的牽制，日軍水陸協同進攻，直指京師，清廷不得已求和，簽下喪權辱國的《馬關條約》。之後半世紀，中、日兩國命運大不相同。

　　1894 年 9 月 17 日的黃海大戰幾乎決定了之後幾個月的戰情。這場海戰的勝負因素，一直都是學者的焦點，要解開這一大堆謎團，就只能靠新的史料。一直以來，幾個議題在討論中佔有重要位置，包括：

　　1. 北洋艦隊開戰時的陣形，作戰過程中是否有變陣？

　　2. 陣形是誰主導？是提督丁汝昌，「定遠艦」管帶劉步蟾還是另有

其人？

3. 北洋艦隊接戰時列成雁行陣，但觀察者卻見到一個「人」字形或是倒「V」形，以致研究者對陣形和陣形的執行另有猜測。

4. 日文材料記載日本艦隻橫掠北洋艦隊時，北洋各艦向右轉，仍以艦首向敵，[1] 但一般華文材料少有提及此事。

5. 中文材料一般指「濟遠艦」經歷一番惡鬥後在下午 3 時 20 分左右逃離戰場。但洋員馬吉芬（Philo N. McGiffin, 1860-1897）卻指「濟遠」在開戰 25 分鐘之後即逃逸。

長久以來研究上述問題所用材料，不少是輾轉相傳的。畢竟在北洋艦隊的甲板上，參與指揮和戰鬥的人員，並沒有留下太多的一手材料。當日「定遠」甲板上的要員，寫下報告的有提督丁汝昌、德籍副提督兼總查漢納根和英國船員戴樂爾（William Ferdinand Tyler, 1865-1928），其他如沈壽堃和高承錫等人的記載都十分簡短。戚其章在五十年代訪問了幾位當日「定遠艦」上的水手，得到了另外一些零碎資料。[2] 「鎮遠艦」上的洋員馬吉芬，發表報告〈鴨綠江之戰：鐵甲艦「鎮遠」指揮官的個人憶述〉（The Battle of the Yalu：Personal Recollections by Commander of the Chinese Ironclad Chen Yuen）。「濟遠艦」上的德籍總管輪哈富門（Gustaff Hermann Hoffman）在戰後數月，接受了報章的訪問，資料在上海和香港流傳，為戰程提供了一些補充。[3]

嚴格說來，丁汝昌戰後的報告是不少研究所本，尤其對於上述的首兩個問題，提供了最根本的資料。丁汝昌海戰報告裏的關鍵一句：「十八日午初，遙見西南有煙東來，知是倭船，即令十船起碇迎擊，我軍以夾縫雁行陣向前急駛……」[4] 有說丁汝昌在黃海大戰時，身受重傷，之後的報告，其實是「定遠」管帶劉步蟾代筆。[5] 劉步蟾的戰功可謂毀譽參半。

他曾留學英國格林尼治海軍學院，但亦被譏評為剛愎自用，氣走了北洋艦隊重要洋員琅威理（William Metcalfe Lang, 1843-1906），以至船員日漸怠惰。黃海大戰失利，北洋艦隊被圍於旅順，劉公島投降之前，劉步蟾炸毀「定遠」，以免資敵，繼而自殺，造就以身殉國的壯烈故事。但後來戴樂爾批評他不顧丁汝昌的指揮和先前的部署，擅將「分段縱列」（Line Ahead of Sections）陣式改為「並列橫隊」（Single line abreast）。他的下場被改寫成貪生怕死，慚憤自殺的醜聞，丁汝昌海戰報告的可信性也因此打了折扣。戴樂爾的說法被部分中國史家採用，也因此堅持指控劉步蟾和替他平反的雙方爭持了半個世紀，不能算有一個定案。

關於北洋艦隊接戰時，雁行陣呈「人」字形或是倒「V」形，馬吉芬一早擔心「超勇」和「揚威」二艦老舊，無法配合。開戰之後，「超勇」和「揚威」果然追趕不上。[6] 戴樂爾強調兩翼較弱的艦隻為避戰火，所以故意滯後，其中兩艦更在開戰不久後逃跑。[7] 戴樂爾的說法被視為孤證，有待檢視。至於北洋各艦回應日艦的來擊而向右轉之說，除了日方資料之外，也只有戴樂爾提及，同樣需要更多資料作實。至於「濟遠艦」離開戰場的時間，爭議更大。馬吉芬謂「濟遠」於 12：45 已經逃遁，戴樂爾沒明言「濟遠」逃逸的時間，但卻指出開戰不久，「濟遠」已偷偷駛出戰區。哈富門的說法卻和中、日的記載吻合，謂「濟遠」該在 3 時左右離開，「濟遠」管帶方伯謙成了替罪羊，死得十分冤枉。[8]

不斷尋找新證據是歷史工作者的份內事。甲板上的另一個要員，漢納根的證供非常重要。因為他官階高，有份參與重要決策，丁汝昌受傷後，他有協助指揮。黃海大戰結束後，他寫了篇 *Notes by Major von Hanneken*，一直只有日文版本流傳，當中部分譯成中文，一般稱為《漢納根向李鴻章呈交的海戰報告》。得陳悅先生提供日文版本，黃家健同學

翻譯，我對漢納根描述的戰情有了一些了解，但因翻譯詞彙難以掌握，不敢輕易下結論。研究期間，又參閱了 1998 年出版的漢納根德文書信中所附的兩個報告。這兩個報告和《漢納根向李鴻章呈交的海戰報告》的出版時間有先後之別。後者是戰後報告，內容較平鋪直述，也迴避了敏感話題。但德文書信所附的兩個報告，卻大肆批評李鴻章缺乏將才，其他將領貪贓枉法。對於劉步蟾擅改陣形，「濟遠」率先逃走的說法，和戴樂爾還有馬吉芬等人不謀而合。我為此大喜過望，並且於 2012 年 11 月在香港舉行的第三屆中國近代海防研討會之上發表論文，強調必須重新正視「劉步蟾擅改陣形」、「濟遠一早逃遁」等等問題。

2013 年，本系同事鄺智文博士在英國國家檔案館（National Archives）找到 Notes by Major von Hanneken。和日文版本比較之後，證實是《漢納根向李鴻章呈交的海戰報告》的英文原文，更為高興，心想這應該是拼圖上欠缺的一塊重要碎片。然而對照研究之後，卻發現兩個德文報告疑點重重，不但無法解開上述問題，而且暴露出漢納根性格上的一些缺點，和北洋海軍中華員與洋員，以至洋員之間的矛盾，叫我在失望之中，進一步領略歷史研究之趣味。

二、漢納根其人和他的幾個海戰報告

漢納根為普魯士將門之後，就讀普魯士軍官學校（PreuBische Kadettennkorps）後，於 1873 年晉升東普魯士第八陸軍團的後備軍官，不久成為正式軍官。1877 年調任緬因斯（Mainz）野戰炮兵團，但不久因與半民爭執，經軍事法庭審後，被迫離職。之後他轉習工程，後在李鴻章信賴的洋員德璀琳（Gustav von Detring, 1842-1913）推薦之下，來華

另開天地。[9] 縱然欠缺實質經驗，漢納根憑著軍事知識和一年半的工程訓練，仍能在中國闖出個名堂。一直以來，中國歷史學家對漢納根看法正面。王家儉稱漢納根為「德國的炮臺專家」。[10] 雖然王家儉引用自光緒八年（1882）年起，總辦北洋旅順營務處工程師袁保齡之說法，謂漢納根花費過大：「旅順之有漢納根，譬如破落戶人家猶有一闊少，大為司鹽米者之累」，但他也肯定「在這批外國專家與技術人員之中，漢納根實在是最優異的一位。因為他可以說是袁保齡的工程顧問，不僅各地的炮臺大多經由他的設計而完成，即使開山、挖河、築路、導海等工程，也常由他策劃與監督，對於旅順的建港，其功實不可沒。」[11] 其後他又稱許漢納根「無論從事何種工作，態度均極認真，絕不馬虎，頗能表現出德國人的苦幹、實幹精神，令人對之佩服」。[12] 其他學者如謝俊美、胡啟揚則特別指出漢納根在甲年海戰當中和戰後重整海陸軍的角色。[13]

　　心繫家鄉亦時刻不忘恢復軍籍的漢納根，自 1879 年起主理旅順的海防工程。曾自嘲只需搬出在軍校所學，就可以統領中國人修築城堡炮臺的漢納根，[14] 一度要風得風，要雨得雨。然而，他的靠山李鴻章因飽受財政和政治壓力，不得不派袁保齡監督工程。之前漢納根已看不起中國海軍將領，嘲諷他們「甚至不配當洗澡盤（Waschbecken）的指揮官」[15]，大權被削後，更經常惡言挖苦他們。1884 至 1885 年間，中、法兩國因為越南問題大動干戈，法軍有進攻中國北方海岸之勢，漢納根一度請纓備戰。但 1885 年 3 月後，戰情不利法國，中、法兩國議和，漢納根無緣立功。1886 年，旅順工程結束，漢納根眼見資歷比他更淺的德國軍人紛紛投入李鴻章的部隊，更覺意興闌珊，於是婉拒了威海衛的新職位，啟程回家。[16] 1887 年 11 月 19 日，《中國時報》（*The Chinese Times*）刊登了一篇匿名文章，高度讚揚漢納根「高尚」、「勇於應戰」、「忠誠」、是個「高

潔的軍人和君子」，同時訴說他所受的「唾棄、羞辱和暗算」。[17] 1892 年，
漢納根重返中國，再為李鴻章效力。1894 年 7 月，他臨危受命，以私人
顧問身分偕同約 1,200 個中國士兵乘「高陞號」赴朝鮮增援。「高陞」遇
襲，漢納根僥倖不死，而且因勇武備受表揚，晉升北洋海防總查兼副提
督之職，並於黃海大戰中在「定遠」上和提督丁汝昌協同指揮，也身受
重傷，但仍能於戰後即往天津向李鴻章彙報戰果。[18] *Notes by Major von
Hanneken* 應該在這段時間完成。

　　1894 年 10 月 23 日，漢納根受命入京商討重整軍隊之大計。他的
海陸軍改革建議書討論已多，在此不再贅述。因為滿清軍政大臣意見分
歧，李鴻章的勢力亦江河日下，漢納根最後再次美夢成空，只得掛冠而
去，在天津開辦《直報》，1903 年起經營煤礦。第一次世界大戰後，他
被遣送回國，1921 年再到中國，專心營商，幾乎絕口不談軍事和政治。
1998 年出版的《漢納根在華書信 1879－1886》（*Briefe aus China Constantin
von Hanneken, 1879-1886*）附有〈北洋艦隊的狀況和在中日戰爭初段的表
現〉（*Bericht über die Zustände in der nordchinesischen Flotte and über ihre
Tätigkeit während der ersten Hälfte des japanisch-chinesischen Krieges*，以
下簡稱〈北洋艦隊〉）和〈中日戰爭期間組織皇室軍隊計劃失敗之報告〉
（*Bericht über das Scheitern des Organisationsplan für Bildung einer Kaiserlich-
chinesischen Armee während des chinesisch-japanischen Krieges 1894/1895*，
以下簡稱〈皇室軍隊〉）。成文年期已不可考，但觀兩報告的內容，對李
鴻章和對中國一眾官員，以至中國政治制度和官場文化的狠辣批評，估
計是在 1895 年他的計劃告吹之後寫成的。其實，他的早年書信，早已顯
露他對中國政治文化、官場陋習以及中國海軍官員水準的種種不滿，〈北
洋艦隊〉和〈皇室軍隊〉是變本加厲的攻擊。更重要的是〈北洋艦隊〉之

中所講述的黃海大戰戰情，和 *Notes by Major von Hanneken* 竟然大有出入，部分看法反而和馬吉芬與戴樂爾的描述十分吻合。

　　我在此簡單討論一下漢納根和馬吉芬與戴樂爾的關係。〈北洋艦隊〉中，漢納根誤把馬吉芬說成是「超勇」的領航官（Navigationsoffizier），[19] 顯見他倆並不相熟。馬吉芬身處「鎮遠」，他戰後寫成的〈鴨綠江之戰：鐵甲艦「鎮遠」指揮官的個人憶述〉，並未提及「定遠」上的漢納根。馬吉芬後來回到美國，因為精神失常接受治療，更於 1897 年 2 月 11 日吞槍自殺。戰後漢納根和馬吉芬應該無緣往來，但〈鴨綠江之戰〉一文於 1895 年出版，漢納根仍然有可能一早看過。漢納根在〈北洋艦隊〉中除了說過戴樂爾是「定遠」的協理指揮官（Adjundant Kommander），並在開戰後不久即被火炮的煙幕灼傷眼睛，無力再戰之外，幾乎全無提過戴樂爾。[20] 戴樂爾到 1929 年才出版 *Pulling Strings in China*（中譯本《我在中國海軍三十年，1889－1920》於 2011 年始面世）[21]，訴說他在中國海軍的經歷。書中論述黃海大戰之處，影響極為深遠。他瞧不起陸軍出身的漢納根，認為他能夠當上副提督，只因在上者要找他隨時替丁汝昌背黑鍋。自視甚高的戴樂爾，要當漢納根的副手，自然憤憤不平，[22] 但他承認漢納根體格健壯，品格優良，並且建立旅順軍港有功。到了黃海大戰，中、日雙方一觸即發之際，戴樂爾抱怨自己人微言輕，漢納根卻無能力協助提督。戰爭剛剛結束之時，兩人還有聯絡。漢納根一度有機會建立一支新式陸軍，並曾邀請戴樂爾加入，但戴樂爾一心重回海軍。因德璀琳的反對，戴樂爾壯志未圓，漢納根最後亦鬱鬱離開軍旅。兩人雖然同留在中國，但關係逐漸疏遠。[23] *Pulling Strings in China* 遲至 1929 年出版，漢納根在這段時間未嘗沒有機會聽聞戴樂爾對黃海大戰的說法。*Notes by Major von Hanneken* 簡短粗疏，其他兩個德文報告詳盡而且部分和馬吉芬

與戴樂爾的觀點接近，是漢納根之前故意隱瞞，[24] 還是他失意官場之後，收集各種材料惡意攻擊，十分值得我們考慮。

三、*Notes by Major von Hanneken*

漢納根的 *Notes by Major von Hanneken* 一直是歷史家希望復原的重要文獻。之前的日文版和部分中譯，問題甚多。*Notes by Major von Hanneken* 全文共十一版，以英文寫成，述多於論。首兩版討論北洋艦隊在 1894 年 9 月 14 日起奉命掩護中國艦隻運送兵員物資，增援在朝鮮境內節節敗退的清軍。在我們的印象中，北洋艦隊一直避免接戰，但文中說到北洋艦隊要主動出擊，並要打敗日艦，"It was my conviction that the Japanese fleet acting in concert with the army would be in that part of Korean water and that we should attack and try to beat them before undertaking convoy" [25]，他所說的地區，正是大東溝一帶。9 月 17 日，北洋艦隊軍艦 10 艘在大東溝港口之外 10 哩投錨。到 17 日早上十時發現日艦的硝煙，11 時 30 分發現日艦 8 艘，正午時發現 12 艘。因為是肉眼所見，漢納根只辨認到「吉野」、「浪速」、「高千穗」和「松島」等艦隻，其他的只以「單煙囪」、「雙檣」、「三檣」、「福州艦級的黑色戰船」等字眼形容。[26]

原文對雙方戰陣描述極為混亂，但至少證明一直流傳的日文漢譯《漢納根向李鴻章呈交的海戰報告》有嚴重錯漏。以下一段文字解開了幾個疑問："They approached in columns of division line ahead disposed abeam, but coming closer they tried to form (in) line abreast. We had started in sectional line abreast, streaming 7 knots. Range rapidly decreased between us. Firing begun by Tingyuan about 12:30 at 5,200 metres. It appeared that coming closer the Japs had formed quarter line to which we answered by turning 2 points to starboard whereby we kept our bows directed to the enemy." [27] 漢納根形容日艦最初以「並列縱隊撲向北洋艦隊，但接近時卻欲改成橫陣」。他更清楚指出，北洋艦隊組成分段橫隊（sectional line abreast），意即大家一直認為的「夾縫雁行陣」，以時速七哩迎向日艦。[28] 至 12 時 30 分，雙方相距 5,200 米。接戰在即之際，「the Japs had formed quarter line」，如果 quarter line 是 bow-and-quarter line 的話，日艦就是改用了所謂「後翼單梯陣」[29]，而北洋艦隊亦即時右轉 2 點即 22.5 度（2 points to starboard），仍以艦首向敵。至雙方距離只餘 4,000 米時，日艦全數左轉 8 點，成單橫隊，撲向北洋艦隊右翼（When within about 4,000 metres, the whole Japanese fleet seemed to turn 8 points to port, thereby forming single line abreast, and streaming across our line they turned（？）our right wing）。[30] 他所說的日方陣勢的各種變化，在中、日雙方史料中均沒有記載，而且日艦不太可能在短時間內做出如此多次的變陣。可能是他的海軍知識或者經驗不足，加上靠肉眼觀察，得出了這些模糊的結論，也影響了整個報告的可信性。但很重要的是，一段時期中國學者，包括戚其章，所以認為中方佈的是後翼單梯陣，極有可能是日文漢譯《漢納根向李鴻章呈交的海戰報告》的錯誤造成。戚其章：〈北洋艦隊應該為劉步蟾恢復名譽〉一文，可算為劉步蟾爭辯的重要作品，但它所據的日文漢譯《漢納根向李鴻章呈交的海戰報告》卻完全混淆了中日雙方的佈陣。他說：「事實上，海戰開始前，丁汝昌等曾先後研究過三種陣形。漢納根說：『我陣與敵隊相持，曾佈為並列縱陣前進，其後改為單縱陣，終至採用後翼單梯陣。』」[31] 其實誤將漢納根所報導的日方陣勢當作北洋艦隊的陣勢，但未得全意，將 line abreast 說成單縱陣，更導致部分學者追查北洋艦隊是否用上「後翼單

梯陣」。另一段文字,「北洋水師總教習德人漢納根是泰萊的上司,他在寫給北洋大臣的報告中亦稱:『於發現汽煙之初,已察知為日本軍艦,於是提督採用最能展開之後翼梯陣,各艦以七涅之速率與日本艦隊漸次接近』」[32] 亦未盡原意,原文沒有「提督採用」之詞,以原文所用 sectional line abreast 為「後翼梯陣」亦加深大家對北洋艦隊陣勢的誤解。

漢納根沒有提及北洋艦隊是否如其他記載一樣,由魚貫陣變雁行陣,但明確表達 sectional line abreast。之前學者本著日譯的《漢納根向李鴻章呈交的海戰報告》,說中方使用的是「後翼單梯陣」,和伊東祐亨的描述如出一轍,可能是受日本海軍詞彙影響。[33] 但看上文討論,漢納根清楚說中方用的是分段橫陣,即「夾縫雁行陣」,和丁汝昌及不少史料一致,反而和戴樂爾所說的並列橫陣,或一字橫隊(single line abreast)有出入。*Notes by Major von Hanneken* 說日艦曾佈「後翼單梯陣」固然不確,日文漢譯《漢納根向李鴻章呈交的海戰報告》將「後翼單梯陣」算在北洋艦隊頭上,更屬糊塗,令不少中國史家白忙無數個寒暑。就是戚其章,也是在晚期的作品才完全放棄中方用「後翼單梯陣」之說。[34]

Notes by Major von Hanneken 並無提到何人下令行「夾縫雁行陣」,中外史學家爭論的「劉步蟾擅改陣形」的說法,在其中無法找到證明。其次,戰場外的觀察者指出,北洋艦隊的「夾縫雁行陣」最後變成「人」字形或者倒「V」形,漢納根在此的解釋是「超勇」和「揚威」無法趕上,結果掉進對方的火網,「濟遠」和「廣甲」的遭遇也是一樣(the Chao Yung and Yang Wei, being slow, had not yet got into station, and were consequently disastrously exposed to enemy's fire, and one of them commenced to burn... on our left the Chi Yuen and Kwang Chia got into a somewhat similar position, a little behind the line...)。[35] 顯然他並無指控「超勇」、「揚威」、

「濟遠」和「廣甲」故意滯後。他同時指出「濟遠」和「廣甲」之後並無積極參與戰事，並且「據說」無損地逃離（Of these two ships nothing more was seen during the fight, and they are known to have escaped uninjured）。[36]

　　報告指出，聯合艦隊環繞了北洋艦隊一周之後，才開始分成兩隊，7 艦在前，5 艦隨後，這和我們認知的亦不一樣。[37] 可能因為處於炮火之間，漢納根亦一早受傷，時間人物都欠缺充分交代，重要的細節如開戰後不久「定遠」的指揮塔受損，丁汝昌重傷無法指揮等等都沒有提及。報告後來說因為欠缺指示，「致遠」和「經遠」衝出隊形，「致遠」撞沉了一艘日艦，亦屬不確。[38]「致遠」和「經遠」的姐妹艦「靖遠」和「來遠」之後趕上支援，4 艦和日本的「第一遊擊隊」混戰，「定遠」和「鎮遠」則和日艦的「本隊」在 1,000 至 2,000 米的距離作戰。不久，漢納根目睹「致遠」在離開戰場途中沉沒，「超勇」、「揚威」和「靖遠」亦紛紛撤離。日艦「本隊」一心要憑藉快船快炮摧毀「定遠」和「鎮遠」，迫使這兩艘中國鐵甲艦苦苦應戰。礙於彈藥不足，「定遠」一早用完了 55 枚「開花彈」（shell），無法對日艦構成更徹底的傷害。所以雖然「松島」、「吉野」和好幾艘日艦起火，但卻沒有沉沒，顯見北洋艦隊無法以火力擊倒高速移動的日艦。漢納根高度讚揚雙方的表現，他形容北洋艦隻結構精良，耐得住敵人強攻（On the whole the ships which were under my personal observations proved most formidable war machines. They have stood battering from heavy guns quick firing admirably）。[39] 日艦則充分發揮了快船快炮的優勢，表現優異。當中，他沒有批評過任何一個將領和船員，沒有猜測左右兩翼艦隻脫隊的原因，更沒有說清「濟遠」實際離開戰場的時間。之後我們對比此報告和〈北洋艦隊〉與〈皇室軍隊〉的筆調，落差之大，令人驚異。董蔡時雖嫌武斷地認為漢納根因為有機會主理陸軍改革，所以

故意隱藏事實，也暫時壓抑了對李鴻章以及一眾海軍領導的不滿，但下文會指出，漢納根出奇的前後矛盾無法不令人懷疑他的盤算。

四、疑點重重的〈北洋艦隊〉

黃海大戰爆發時，漢納根在「定遠」甲板上親自觀戰，但 *Notes by Major von Hanneken*，卻如蜻蜓點水，側重戰情，少談決定和責任。後來在書信中尋獲的〈北洋艦隊〉和〈皇室軍隊〉內容卻大大增加，例如 *Notes by Major von Hanneken* 中，漢納根只認得日艦中的其中幾艘，但〈北洋艦隊〉卻能一字不漏列出各艦排序，論日艦戰陣也沒有重複之前的混亂和錯誤，顯見〈北洋艦隊〉不少細節並非漢納根親眼目睹，而是他收集各方資料之後整理而成。〈北洋艦隊〉和〈皇室軍隊〉充滿對北洋海軍和滿清政府的各種批評。對於之前絕口不提，但備受後人關注的若干問題，例如「劉步蟾擅改陣形」、「『廣甲』和『濟遠』一早逃離戰場」、「北洋艦隊右轉 45 度（或 22.5 度）迎敵」等等問題，〈北洋艦隊〉突然增加了一堆描述和解釋。

根據〈北洋艦隊〉的說法，琅威理在任時，傾向使用雁行陣，但他離任後艦隊已少練此陣。漢納根也認為中方臨敵經驗不足，難操作此陣，用魚貫雙隊較為適合。[40] 兩軍相遇，〈北洋艦隊〉謂丁汝昌下令組成 "Doppelte Kiel-linie in Sektionen"，分段雙縱隊，但劉步蟾卻擅改命令，下達小隊組成 "Dwarslinie in Sektionen"，[41] 即 *Notes by Major von Hanneken* 所說的 sectional line abreast，亦即夾縫雁行陣。漢納根補充謂：「到底這是個錯誤，還是這位胡作妄為的指揮官的壞主意都已不是關鍵。要把隊形再次修正已經太遲。再改動只會使我們在開戰初段便亂作一團。」[42]

　　戴樂爾可算是「劉步蟾擅改陣形」之說的始作俑者。據 *Pulling Strings in China* 所載，中日艦隊遙遙相望，丁汝昌、劉步蟾和漢納根簡短商議後，丁汝昌和漢納根留在飛橋上，劉步蟾則走到指揮塔。令他驚恐的事馬上發生：「之後其他艦隻怎樣了？它們敏捷地就位嗎？我的心跳停頓了。「鎮遠號」在我們後面 45 度，並看似急趕上來與我們並列，其他艦隻的動向同樣怪異。這時，佈陣的訊號傳來了，一看之下，我的憂慮果然成真，訊號指示佈成旗艦居中的一字橫隊，而非早前丁提督和其他管帶議定好的分段縱列（Line Ahead of Sections）。」[43] 他說劉步蟾佈下一字橫隊，固然和我們知道的不一樣，更重要的是該段文字首次提出分段縱列是一早的共識，只是「劉步蟾擅改陣形」。戴樂爾此說，開啟一場直到二十世紀末的學術論爭。馬吉芬則說中日戰艦相遇，「定遠」馬上發出起錨的訊息，但沒提及佈陣的訊號，只指出因為「超勇」、「揚威」兩艘老艦起錨太遲，追趕不上，艦隊形成楔狀（wedge-shaped），經修正後，呈現鋸齒狀（indented or zigzag line）。[44] 顯然馬吉芬對北洋艦隊佈成橫隊未感驚訝，暗示北洋艦隊對此已有所準備。他擔心的是「超勇」和「揚威」老舊，將成為整個艦隊的弱點。開戰之後，北洋艦隊仍能保持陣型，但「超勇」和「揚威」始終落後。

　　戚其章曾梳理各種資料，追溯「劉步蟾擅改陣形」這種說法在中國學界形成的過程。在他眼裏，戴樂爾的說法正是爭論的起點。他指出早於 1931 年張蔭麟將戴樂爾的 *Pulling Strings in China* 譯成中文，即時受到關注。1938 年，蔣廷黻在《中國近代史大綱》發揮這資料，批評劉步蟾擅改陣形，並補充謂：「劉實膽怯，倒置原故想圖自全。」范文瀾在 1947 年版的《中國近代史》亦重複此說。[45] 到七十年代，認為劉步蟾被人誣害的聲音響起。戚其章、孫克復和關捷等著名學者力圖為劉步蟾恢復聲譽，

但仍然有學者堅持劉步蟾擅改陣形，當中最富代表性的為董蔡時和吳如嵩兩位。[46] 戚其章總結各種說法，認為抨擊劉步蟾者太過依賴戴樂爾的作品。戴樂爾本身和劉步蟾有隙，不但一再譏評劉步蟾，也不忿他排擠琅威理，所以他可能出於私怨而指控劉步蟾。一直以來，戴樂爾的說法被視為孤證，我也一度相信〈北洋艦隊〉之說是對戴樂爾的重要支持，因為漢納根和戴樂爾開戰時站在甲板的不同位置，卻同樣指出劉步蟾違反原有議定，改縱陣為橫陣。但看到 Notes by Major von Hanneken 和〈北洋艦隊〉對戰情描述的重大差異，復見漢納根在 Notes by Major von Hanneken 對戰局的有限掌握和混亂描述，我更傾向相信〈北洋艦隊〉是後來漢納根整理各種材料的結果，當中甚至大量取用了戴樂爾的看法。漢納根和戴樂爾同樣憎惡劉步蟾，既懷疑其能力，更指稱九月初北洋艦隊所以不斷巡弋，卻不敢和日艦相抗，並非丁汝昌而是劉步蟾怯懦所致。[47] Notes by Major von Hanneken 無助我們解開「劉步蟾擅改陣形」之謎，而〈北洋艦隊〉的說法更令人懷疑。

Notes by Major von Hanneken 和〈北洋艦隊〉絕口未提戚其章為劉步蟾辯護的「飛橋聚會」，令人懷疑漢納根，甚至戴樂爾可能隱藏了更大的秘密。戚其章認為戴樂爾誣詆劉步蟾的原因在於：「北洋艦隊之改陣完全是執行『飛橋聚會』的決定，當中參加討論的有丁汝昌、劉步蟾和漢納根。戴樂爾沒權參加聚會，對於陣式改動更無所知。」[48] 但所謂「飛橋聚會」，所本的也是 Pulling Strings in China 的材料。戴樂爾的原文原來語意不詳："An Officer burst into the room. 'The Japanese are in sight, sir.' On deck the crew poured up from below to look at the faint columns of smoke on the horizon. On the bridge, whither I hurried, were gathered the Admiral, the Commodore and von Hanneken. A brief consultation as to time available; again the pipe to dinner sounded and the men streamed below once more." [49] 言下之意，戴樂爾也到了橋上，但他到底有否參加討論呢？如果有，討論的內容是什麼呢？他的取態如何呢？同時，在緊隨之後的段落，有以下文字："It took little time to have that meal. Followed a very busy time for me — guns, magazines, projectiles, cartridges and fire precautions — all were in order, requiring only glancing at. No time for other thing in that half-hour; but then I joined the party on the bridge." 那個橋上的聚會（party on the bridge），是之前丁汝昌、劉步蟾和漢納根的聚會嗎？戴樂爾有參與進一步的討論嗎？之後戴樂爾說，劉步蟾現身指揮塔入口不久，北洋艦隊的成員便趕上來組成並列橫陣，所以他結論謂劉步蟾違反提督與各艦管帶議定使用分段縱列的共識，擅自把陣形改成並列橫陣。

　　丁汝昌海戰報告只有：「即令十船起碇迎擊，我軍以夾縫雁行陣向前急駛」一句，沒有提到之前的討論。關鍵落在曾參與其事的漢納根。*Notes by Major von Hanneken* 完全沒有提過「飛橋聚會」，〈北洋艦隊〉和〈皇室軍隊〉這兩個報告也沒有。〈北洋艦隊〉的說法和戴樂爾的十分接近，也是說琅威理離去，領導層已傾向使用魚貫陣，是劉步蟾違令改陣。漢納根沒有談及 3 人的簡短討論，原因之一可能是其內容無關宏旨，不值記載。但反過來也可能是漢納根有重大事情要遮掩。以下我的一些猜想只想引發讀者思考，歡迎指正。首先假如戴樂爾真的認知北洋艦隊習於分段縱列，戰前提督和各管帶也議定行此陣，因他沒有參加最後的討論，後來發現艦隊排出橫隊，以他憎惡劉步蟾之甚，將罪名算在其頭上自可想見。問題在於，橫隊的想法，會否真的是開戰在即，飛橋上的 3 個人，或者包括戴樂爾的四個人的集體決定呢？戴樂爾有否提議或者和議？黃海戰敗後，他會否想將責任推得一乾二淨呢？漢納根的情況

也一樣。*Notes by Major von Hanneken* 中他絕口不提誰人下令行「夾縫雁行陣」,〈北洋艦隊〉不但不提「飛橋聚會」,而且強調是劉步蟾違令改陣。會否是漢納根也有支持行分段橫列,討不了好就把責任推在已自殺的劉步蟾的身上呢?以下一些資料可供大家參考。英國水手詹姆斯·阿倫(James Allen)任職的美國商船「哥倫比亞」,1894 年被清廷徵用運送軍隊到朝鮮,回程時他目睹黃海大戰戰況。事後他也收集了一些材料,他引用「致遠」上英籍機械師普爾維斯(Mr.Purvis)的話評價了漢納根。原文如下:" 'and I believe Ting to be a good man, but he is under the thumb of Von Hannecken' – meaning Captain or Major Von Hannecken, a German army officer, one of the foreign volunteers in the fleet. The significance of the remark is apparent when we consider the statements made to the effect that it was he who was really in command on the day of the engagement, Admiral Ting deferring to his suggestions. I am in no position to affirm whether this is really the truth or not, but if it be indeed the fact, it cannot be held to be astonishing that disaster should have overtaken a fleet manoeuvred by a soldier!" [50] 我們不妨多問一句,「夾縫雁行陣」到底是誰的主意?

以下三點進一步令人質疑〈北洋艦隊〉的可信性。第一是「濟遠」的福建籍管帶方伯謙和「廣甲」的安徽籍管帶吳敬榮是否為了避戰而故意將船滯後。〈北洋艦隊〉的記載和戴樂爾的說法頗為一致。漢納根認為,整個艦隊中,右翼的「超勇」和「揚威」,左翼的「濟遠」和「廣甲」無疑是較弱的,但它們之所以沒能趕上,「後兩者是因為艦長的壞主意,而前兩者卻是因為艦隻動力不足所致。」[51] 言下之意,也是「濟遠」和「廣甲」故意滯後。無論戴樂爾和漢納根都不能閱讀「廣甲」和「濟遠」兩位艦長的心,他們只是因為兩艦一早逃掉,所以類推他們故意滯後,伺機逃

走。*Notes by Major von Hanneken* 尚且不敢作此推論，〈北洋艦隊〉若干年後寫成，反而出此言，還不令人奇怪？其次是誰人下令所有艦隻右轉 45 度，恢復魚貫陣（Kiel），以艦側向敵。〈北洋艦隊〉指出，日艦直迫右翼之際，漢納根下令「向右轉 45 度（Achtel Wendung Starboard；右轉 4 點，即 45 度）。如此我們的艦隊變成了魚貫隊形，得以發揮側舷炮的威力，亦將日本艦隊迫向右方」[52]。較早的 *Notes by Major von Hanneken* 說北洋艦隊右轉 2 度，但沒提到誰人下令。戴樂爾則說劉步蟾、丁汝昌和漢納根見雁行陣已成，不敢妄動，他於是建議艦隊右轉 4 點。〈北洋艦隊〉將說法修正為右轉 4 點，而且是由海戰經驗和知識均有限的漢納根，臨危作出這個決定，能令人信服嗎？

最後是「濟遠」離開戰場的時間。方伯謙陣前逃逸一事，被部分學者看成為中日甲午戰爭之中一大冤案。二十世紀八十年代之前認為方伯謙人頭落地，是罪有應得者眾。[53] 但後來季平子在《歷史研究》發表文章為方伯謙呼冤，[54] 頗得和應。[55] 方氏後人發表文章，批評李鴻章、丁汝昌和劉步蟾等為保自身皮毛，嫁禍方伯謙。[56] 另一方面，以戚其章為首的一眾學者，以日方記載的「濟遠」抵達旅順時間和「濟遠」受傷情況等等論證方伯謙一早逃亡之說。[57] 馬吉芬頗謙虛地說因為五個半小時的戰情瞬息萬變，加上他一目失去視力，沒能事事記述清楚，必須參考其他資料，以求盡量說出他認為最可信的戰情。但他明確地指出：「在 12 點 45 分，我們看到『濟遠』在我們右後方 3 哩之外（about three miles astern on our starboard quarter），向西南直奔旅順」，並以地圖勾畫「濟遠」逃亡路線，以及碰撞「揚威」的結果。他相信，方伯謙的怯懦驅使智勇俱不足的「廣甲號」艦長一起逃跑。[58]

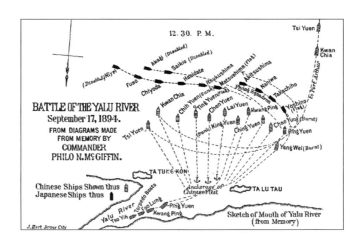

戴樂爾的說法頗為一致。他說：「一字橫隊還沒成形，兩翼較弱的艦隻感到情況絕望，故意滯後，所以我們的艦隊成新月形」[59]，「兩艦開戰不久便徑自逃去」[60]，說的大概也是「濟遠」和「廣甲」。

漢納根的 *Notes by Major von Hanneken* 未有詳細交代「濟遠」離開戰場的時間，只是說它和「廣甲」一早停止戰鬥，而且「據說」無損地逃離，這和中日材料和哈富門的訪談報告所說，「濟遠」奮戰到下午三時許有偏差。[61] 但 *Notes by Major von Hanneken* 成於黃海大戰後不久，這時漢納根已聽聞「濟遠」無損地逃離，可能這個版本一早就在中國海軍流傳。但在〈北洋艦隊〉，漢納根說出和馬吉芬和戴樂爾類似的說法，謂接戰不久，他突然發現「濟遠」和「廣甲」突然向右全速前進。「我以為它們意圖支持『揚威』和『超勇』。可惜我弄錯了。它們只想逃命，『濟遠』更和陷入火海的『揚威』踫撞，並決定了『揚威』的命運。」[62] 基於上述的種種因素，我同樣認為〈北洋艦隊〉的說法，並非漢納根親眼所見，而是彙集各種材料而成的。漢納根對福建海軍將領有偏見，他有因此針對方伯謙嗎？另有一點需要提出，北洋艦隊中的德籍人士，漢納根以外，只

有哈富門、「鎮遠」上的艦炮務總管哈卜們（A.Heckmann）和「定遠」的總管輪阿壁成（J. Albrecht）。[63]〈北洋艦隊〉談到開戰時艦隊中的洋員時，有提及哈卜們和阿壁成，惟獨沒有哈富門。[64] 有說漢納根和哈富門陣上有過爭議，[65] 是這個理由使漢納根不提哈富門，也不參考哈富門對「濟遠」的記述嗎？

如果我們再看看〈皇室軍隊〉中漢納根對滿清政府整個管治集團的攻擊，更會懷疑〈北洋艦隊〉的用意。〈皇室軍隊〉批評了中國士大夫固步自封，太平天國後新、舊軍團互不統屬，洋員只求奉承主子等等問題。甲午戰爭開戰在即，但天津至北京的大員，無人有任何對策和準備。北洋艦隊士氣低落、物資匱乏。中國有的只是「一個狂妄而沒有活力的政權，一團自大而無能的軍隊，一支沒有自信的海軍，有名無實的統領，空空如也的倉庫，沒有分文的口袋，空白一片的腦袋」。[66] 看過這些批評，再比較 Notes by Major von Hanneken 和〈北洋艦隊〉，我們對〈北洋艦隊〉就不能不更添懷疑。

五、失意洋顧問的控訴：〈北洋艦隊〉和〈皇室軍隊〉對黃海大戰的總結

漢納根掛冠未久，即有林樂知翻譯的〈德將漢納根語錄〉上、下兩篇流傳，簡單記載了漢納根戰後對北洋海軍的種種批評。〈語錄〉（上）重點所在是：「中國取敗之道有二，大端一曰無總帥，督撫各自保封疆，分而不能合；一曰無名將，提鎮各未諳韜略，愚而不能明識。」[67] 中國海軍要員「學問未深，練習未精，斯見終於未廣」。[68] 至黃海戰敗，旅順口失陷後，朝廷始謀變革。漢納根提出改革方案，「不料疆臣心大不愜，似疑皇上獨攬兵權，分隸各省之兵，必將漸次解散也者。遂各巧構形似

之言，熒惑聖聽，無奈概作罷論。」[69] 對北洋海軍戰敗，漢納根頗多憐憫之詞。他以為北洋海軍一直未能爭取制海權，「不能為海軍咎亦不能為丁汝昌咎也。有箝制海軍者（如飭令毋得失船之類），丁汝昌不能專主也」。[70] 矛頭直指李鴻章。文中結語謂：「中國誤會有歐洲雄國不許日本來相傷犯」，[71] 亦暗諷李鴻章。所以北洋艦隊出戰，各樣準備都不足，更缺炮彈，故雖能在開戰之初和日艦相持，最終亦無以為繼。

〈北洋艦隊〉進一步把所有問題歸結到北洋海軍的領導層和他們之間的爭鬥。漢納根也明白李鴻章的處境，因為李鴻章得到了「相當可觀的開支……建立了很多惹人垂涎的職位……和相當多的皇上手諭」，[72] 難免引人疑忌，故只能依賴出身騎兵統帥的心腹丁汝昌統領北洋海軍。丁汝昌曾一度戮力學習海軍，但為時已晚，管理艦隊的實際工作落在琅威理身上，但丁汝昌仍掌人事、管理和資源大權，能隨意選用門生故吏，也以肥缺回贈和李鴻章關係密切的人。[73] 如此，丁汝昌系統和北洋艦隊中資歷較佳的福州船政學堂畢業生勢同水火。[74] 漢納根認為，因為各艦的管帶可以自行招募人才，他們結果請來一班生活優裕、無法適應航海生活的福建富戶子弟作要員。各艦之間更是互不相涉，遑論同舟共濟。琅威理離開後，丁汝昌無力駕馭，淪為有名無實的「稻草人」，完全無法操控這兩位「鐵甲艦的指揮官」。[75] 對於與林泰曾和劉步蟾一同撰寫《北洋海軍章程》的羅豐祿，漢納根的批評更為尖銳：「他很聰明而小心地擴大他的親友的利益，並且危及丁提督的地位。」[76] 正是因為整個北洋艦隊群龍無首，各艦管帶跋扈不受節制，所以人人乘機自肥，以致出現「有藥無彈，有彈無藥」、「倉庫空空如也」的荒謬景象。

〈皇室軍隊〉加強了種種批評。他說，闊別旅順、威海衛和大連一段時間後，他驚覺「軍火庫空虛、工作室荒廢、人丁缺乏」，[77] 士兵士氣低

落，北洋海、陸軍均無法應戰。受傳統教育、出身文官但又只知光宗耀祖的中國軍官[78]卻是固步自封，「對新事物甚至是排拒」。[79] 就是在華的洋員，不久也都沾上了官場陋習，一心奉承李鴻章。[80] 所以中國軍隊沒有真正現代化，兵馬糧草不足，不少槍械以至火藥根本不能使用。軍隊只能在外國來客面前擺排場，裝裝樣子。[81] 黃海大戰之後，漢納根臨危受命重整中國軍旅。他一度雄心萬丈，並取得真正有錢在手的海關總稅務司赫德（Robert Hart）的支持。漢納根認定，「他不但願意全力支持我，更打算在海關增設一個直屬他的部門，負責擴建軍隊之用。」[82] 然而，李鴻章維護舊體制和士大夫利益的意圖遠大於改革的願望，所以他吝嗇經費，也寧可將重任交予不知兵的胡燏棻，因為「要僱用和管理這些歐洲人也實在太困難」[83]。漢納根再次好夢成空，黯然離去，情緒如何，不難想見。

本文無意單以漢納根個人的失意去解釋兩個德文報告的瑕疵，畢竟〈北洋艦隊〉和〈皇室軍隊〉裏提到北洋海軍的內在問題，和後來不少研究都有共同之處。但比較 *Notes by Major von Hanneken* 和〈北洋艦隊〉對黃海大戰的報導，前者頗見粗疏，後者更似是時過境遷之後，漢納根彙合不同資料而成，不但沒有第一身觀察的價值，而且混合了不少個人偏見，甚至有可能隱瞞一些重要細節，可信性大打折扣。其中較為肯定的一點是，漢納根的報告否定了開戰不久「管帶總兵劉步蟾聞戰惶懼，漢納根勸入倉避」[84] 之說。戚其章指出此說屬憑空捏造，但沒有很充分的證據。漢納根對劉步蟾頗多指控，但 *Notes by Major von Hanneken* 和〈北洋艦隊〉均無提到「勸入倉避」一事。而且〈北洋艦隊〉指出漢納根在日本「本隊」首度靠近「定遠」時，「松島」被連環擊中，「比叡」和「扶桑」亦被打至脫隊時，他開始協助在甲板上指揮。之後他「先後三次提醒劉步

蟾」要停航，[85] 使主力炮可以在相同距離射擊逐一橫越的敵艦，足見劉步蟾起碼在作戰初段仍在指揮作戰。

　　閱讀漢納根的英文和德文報告讓我重溫了歷史研究的基本課。最初〈北洋艦隊〉和〈皇室軍隊〉兩篇私人報告出現，似乎補充了常用史料的一些不足，也讓我覺得「劉步蟾擅改陣形」之說，有了一些新證據，北洋艦隊遇敵時右轉的描述，也變得更具體。我更進而相信「飛橋聚會」大概沒有什麼內容。至發現 *Notes by Major von Hanneken*，之前的觀察又得修正。因為，同出自漢納根的文字，*Notes by Major von Hanneken* 內容簡略，語意不詳，對戰況描述粗糙。但〈北洋艦隊〉相隔多年之後寫成，居然可以鉅細無遺，而且不少地方和戴樂爾的 *Pulling Strings in China* 接近。如果說 *Notes by Major von Hanneken* 是漢納根故意隱瞞之說，我寧可相信是他後來收集不同資料，寫成〈北洋艦隊〉和〈皇室軍隊〉，表達對滿清領導層以至中國政治和文化陋習的不滿。*Notes by Major von Hanneken* 沒提及「劉步蟾擅改陣形」，但之後的〈北洋艦隊〉卻繪聲繪色；戴樂爾和漢納根爭認建議艦隊右轉迎敵，令事情更撲朔迷離。此外，我因此重讀了 *Pulling Strings in China* 關於「飛橋聚會」部分，發現內容比想像複雜，漢納根的英德文報告，都略去此事，令人懷疑是否戴樂爾和漢納根都言不由衷。綜合而言，本文討論的四篇文件，只坐實了有限的觀點，就算是「濟遠」和「廣甲」逃離戰場的時間，都沒有更好的答案。

　　我多少得承認我的整個研究幾乎在原地踏步，但歷史研究正是如此。我們找尋新材料，批判材料，以材料挑戰既有說法，所得可能只是寸進，但知識累進正當如此。

注釋

1　戚其章編：《中日戰爭》第八冊（北京：中華書局，1994 年），頁 67。

2　戚其章：《應該為劉步蟾恢復名譽》，《齊魯學刊》第 5 期（1978），頁 22。

3　周政緯：〈甲午戰爭中濟遠艦上德籍船員哈富門及其相關史料研究〉，載戚俊傑、郭陽編：《北洋海軍新探──北洋海軍成軍 120 周年國際學術研討會論文集》（北京：中華書局，2012 年），頁 271-302。

4　楊家駱主編：《中日戰爭文獻彙編》第三冊（臺北：鼎文書局，1973 年），頁 134。

5　董蔡時：〈有關甲午中日黃海海戰的兩種史籍記載的考釋──再論劉步蟾在海戰中的表現〉，《江蘇師院學報》第 2 期（1981），頁 74。

6　Philo Norton McGiffin, "The Battle of the Yalu：Personal Recollections by Commander of the Chinese Ironclad Chen Yuen," *The Century* 50, no.4 (1895): p.596.

7　Willian Ferdinand Tyler, *Pulling Strings in China* (London: Constable & Co. Ltd., 1929), pp.49, 51.

8　周政緯：〈甲午戰爭中「濟遠艦」上德籍船員哈富門及其相關史料研究〉，頁 281-288。

9　劉晉秋、劉悅：《李鴻章的軍事顧問：漢納根傳》（上海：文匯出版社，2011 年）。但該書帶有傳記色彩，沒有如一般專著附有注釋，學者專家較難藉此進一步探研漢納根的種種。

10　王家儉：《李鴻章與北洋艦隊──近代中國創建海軍的失敗與教訓》（臺北：國立編譯館，2000 年），頁 299。

11　同上，頁 305。

12　王家儉：《洋員與北洋海防建設》（天津：天津古籍出版社，2004 年），頁 126。

13　謝俊美：〈漢納根與甲午中日戰爭〉，載戚其章、王如繪編：《甲午戰爭與近代中國和世界》（北京：人民出版社，2005 年），頁 581-594；胡啟揚，〈試析華爾、漢納根與晚清陸軍近代化〉，《新學術》第 2 期（2008），頁 184-186。

14　Rainer Falkenberg, *Constantin von Hanneken, Briefe aus China, 1879-1886*（漢納根在華書信）(Köln: Böhlau Verlag, 1998), p.52.

15　同上，頁 119。

16　關於漢納根的在華經歷，可參閱 Ricardo K. S. Mak, "Western Advisors and Late Qing Military Modernization: A Case Study of Constantin von Hanneken (1854-1925)," *The Journal of Northeast Asian History* 10, no.2 (2013): pp.49-70。

17　Falkenberg, *Briefe aus China, 1879-1886*, p.335.

18　同上，頁 10。

19　同上，頁 351。

20　*Briefe aus China*, pp.349, 351.

21　William Ferdinand Tyler, *Pulling Strings in China* (London: Constable & Co., 1929).

22　同上，頁 38-39。

23　同上，頁 59-60。

24　董蔡時：〈有關甲午中日黃海海戰的兩種史籍記載的考釋——再論劉步蟾在海戰中的表現〉，頁 74 有云：「海戰後，漢納根竭力慫恿清政府重新編練陸軍、添購軍艦，力圖竊取中國的海、陸軍指揮大權。因此，他對閩黨魁首，掌握北洋艦隊實權的劉步蟾違反軍令，擅改接敵陣形，噤若寒蟬，隻字不提」，但卻沒有充分佐證。

25　*Notes by Major von Hanneken*, The National Archives, UK, ADM 125/112, p.307.

26　同上，頁 308。

27　同上注。

28　根據 Herbert Wrigley Wilson 的解釋，sectional line abreast 正是「夾縫雁行陣」："The Chinese left their anchorage in what is described as 'sectional line abreast,' or columns of divisions line abreast; that is to say, the ships were in two lines, one behind the other, the ships of the second in rear of the gaps between the ships of the first"。見其 *Ironclads in Action；A Sketch of Naval Warfare from 1855 to 1895, With Some Account of the Development of the Battleship in England*，Vol. 2. 1896；reprint edition (London: Forgotten Books, 2013), 86；retrieved from https://archive.org/details/ironcladsinactio02wilsuoft, on 19 January 2016。

29　所謂 "bow-and-quarter line" 意思如下："This formation was called bow and quarter line, because each vessel had a comrade off its bow — to one side and ahead — and one off its quarter — to one side but astern. The advantage of this, if heading towards the enemy, was that by tacking again together they would be at once again in column, or line ahead, the customary order of battle." 參考 "Nevi Maritime Archaeology," http://www.nevis-maritime-archaeology.org/index. php?option=com_content&view=article&id=24:hood-and-de-grasse-the-battle-of-frigate-bay&catid=20:historic-documents&Itemid=10，2016 年 1 月 21 日瀏覽。

30　*Notes by Major von Hanneken*, p.308.

31　戚其章：《應該為劉步蟾恢復名譽》，頁 22。

32　同上注。

33　吳如嵩：《談談中日甲午黃海海戰北洋艦隊的戰鬥隊形》，《江蘇師院學報》1—2 期（1979），頁 54-56。

34　戚其章：《走進甲午》（天津：天津古籍出版社，2006 年），頁 195-211。

35　*Notes by Major von Hanneken*, p.308.

36　同上，頁 308。

37　同上，頁 309。

38　同上注。

39　同上，頁 311。

40　*Briefe aus China*, p.350.

41　同上注。

42　同上，頁 348。

43　Tyler, *Pulling Strings in China*, p.48.

44　McGiffin, *The Battle of the Yalu*, p.594.

45　戚其章，《走近甲午》，頁 211-215。

46　參考吳如嵩：〈淺析劉步蟾改陣〉，《江蘇師院學報》，第 4 期（1979），頁 30-34；〈略談甲午海戰北洋艦隊的議定隊形〉，《江蘇師院學報》，第 3 期（1981），以上兩文採自 http://www.historychina.net/qsyj/ztyj/ztyjzz/2009-11-13/4775.shtml。董蔡時，《有關甲午中日黃海海戰的兩種史籍記載的考釋──再論劉步蟾在海戰中的表現》，《江蘇師院學報》，第 2 期（1982），頁 69-75。

47　*Briefe aus China*, p.345.

48　戚其章：〈應該為劉步蟾恢復名譽〉，《齊魯學刊》，第 5 期（1978），採自 http://www.cnki.com.cn/Journal/H-H1-QLXK-1978-05.htm

49　Tyler, *Pulling Strings in China,* pp.47-48.

50 James Allen, *Under the Dragon Flag: My Experiences in the Chino-Japanese War* (London: William Heinemann, 1898), p 34; retrieved from https://archive.org/details/ underdragonflag03allagoog, 22 January 2016.

51 *Briefe aus China*, pp.350-351.

52 同上，頁 351。

53 1950 年代，趙捷民的〈中日甲午戰爭「濟遠艦」先逃與方伯謙問題〉,《新史學通訊》, 第 8 期（1953），頁 9-10，求為方伯謙平反，但當時討論未見熱烈。

54 季平子:〈豐島海戰〉,《歷史研究》,第 4 期（1981），頁 51。

55 見徐徹:〈方伯謙被殺一案考析〉,《遼寧師院學報》,第 3 期（1981），頁 33-37；陳貞壽、黃國盛、謝必震:〈方伯謙案新探〉,《福建師範大學學報（哲學社會科學版）》, 第 2 期（1988），頁 87-91；鄭守正:〈中日甲午海戰中的方伯謙是被誣陷致死〉,《歷史檔案》,第 2 期（1993），頁 105-108 等。

56 方儷祥:〈為我伯公方伯謙鳴冤〉,《日本研究》,第 3 期（1988），頁 47。

57 戚其章:〈方伯謙被殺是一椿冤案嗎？──與季平子同志商榷〉,《歷史研究》,第 6 期（1981），頁 97-107；孫克復:〈方伯謙「正法」是否冤案？〉,《社會科學研究》, 第 4 期（1984），頁 99-103 認為「濟遠」最早逃走，卻不認為它牽亂陣型和撞沉「揚威」。

58 同上，頁 596。

59 Tyler, *Pulling Strings in China*, p.49.

60 同上，頁 51。

61 周政緯:〈甲午戰爭中「濟遠艦」上德籍船員哈富門及其相關史料研究〉除了考慮哈富門的訪談內容之外，也一並考慮「濟遠」的發炮總數和炮速，推論「濟遠」激戰了 3 個多小時。

62 *Briefe aus China*, p.352.

63 馬軍:〈事跡與文獻：甲午黃海海戰北洋水師中的洋員〉,《軍事歷史研究》,第 4 期（2015），頁 108-112。

64 *Briefe aus China*, p.349.

65 馬軍:〈事跡與文獻：甲午黃海海戰北洋水師中的洋員〉,頁 110。

66 同上，頁 363。

67 楊家駱主編:《中日戰爭文獻彙編》第七冊（臺北：鼎文書局，1973 年），頁 535。

68　同上，頁 535。

69　同上注。

70　同上注。

71　同上注。

72　同上注。

73　同上，頁 340。

74　同上，頁 341。

75　同上注。

76　同上注。

77　同上，頁 360。

78　同上，頁 366。

79　同上，頁 362。

80　同上，頁 368。

81　同上，頁 369。

82　同上，頁 373。

83　同上，頁 380。

84　姚錫光，《東方兵事紀略》，卷 4，Internet Archive: https://archive.org/details/02082045.cn，2016 年 3 月 6 日。

85　*Briefe aus China*, p.346.

第二編

近代中、日海防知識的傳播

導言

　　1860 年代開始，中、日兩國先後開展現代化的鴻圖。雖然同樣面對西方強國的進侵，也同時積極吸收現代西方工業文明，但兩國因為歷史與地緣政治因素，互視對方為假想敵。兩國相較，日本明顯野心勃勃。明治天皇 1868 年頒佈《御筆信》，強調要「開拓萬里波濤，佈國威於四方」，至 1887 年日本參謀本部制定《清國征討策案》，強攻中國之心昭然若揭。相反，縱然 1874 年的琉球事件，暴露日本逐步進迫中國之策略，但北洋大臣李鴻章仍以中國海岸線漫長難守為由，未有過分偏離魏源一早提出：「守外洋不如守海口，守海口不如守內河」的海防佈局，以致長期處於被動狀況。由此可見，十九世紀末的中、日海軍領導和管治精英，世界觀和海軍知識頗有差別，這種差別甚至影響兩國之後半個世紀的命運。1890 年時，北洋艦隊有艦 25 艘，火炮噸位均屬世界前列，然而甲午一戰，中、日艦隊勝負分明。中國之後歷經外患，好不容易才站穩腳跟。日本走上帝國主義之路，最後承受戰爭苦果。

　　區志堅的論文〈學習「海防」、「軍事」知識──清季國人編刊《經世文編》〉，仔細研究從 1826 年賀長齡編的《皇朝經世文編》開始，下至 1902 年鄒王賓編的《最新經世文編》8 個版本，所收錄關於「海防」和「海軍」知識的類目，旨在揭示一直被視為「京師、地方學塾及學堂學生必讀的教材」，當中收入的各類型相關知識，和中日甲午戰爭之後的各界的反思和自省，從中顯示這七十多年來，國人對海防、海軍和海戰的認知的

進境。

甲午戰爭之後，日本以東亞一小國力克歐洲強敵俄羅斯，旋即佔領朝鮮，逐步向亞洲大陸推進，國力之盛，舉世震驚。也在這個時候，在日本有《華瀛寶典》出版，展現日本雄心壯志。如趙雨樂〈甲午、日俄戰爭以來明治造艦事業的回顧——以《華瀛寶典》為觀察對象〉所言，該書宣示世人：「日本在戰爭中崛起的經驗，視本國為亞洲各鄰邦中的先導者，把四十多年來明治的產業分門別類，落力向中國推銷未來產業協作的策略。」《華瀛寶典》全書結構和內容，恰恰顯示日本工、商、軍、政四者早已高度結合，軍國規模暗暗成型。

歷史充滿了偶然性，豈在常人計算之內？自洋務運動期間，江南製造局成立，間接傳播近代海防知識，之後先有福州船政局培養清末海軍中堅分子，後有天津水師學堂進一步傳播海軍教育。到了民國，培養海軍人才一直是中國大學教育中的重要一環。諸多軍官學校之中，福州海軍學校和南京海軍軍官學校貢獻不少，前人研究亦多。然而，民國二十八年開始招生的「中央海軍學校」卻因隸屬汪偽政權，相關資料在戰後可能被故意隱沒，學者無緣全面審視。沈天羽教授的論文〈汪偽「中央海軍學校」軍官教育歷程〉道出日式海軍教育，其實通過該校傳入中國，其畢業生在抗戰結束，百廢待興時，曾經發揮穩定作用，該校和其生員在歷史上的位置，不能因為「汪偽」之名而被一筆抹殺。

第一章
學習「海防」、「海軍」知識 —— 清季國人編刊《經世文編》[1]

區志堅

一、引言

　　學校為學生學習知識的重要場所，教科書或教材是學生的知識資源。[2]新文化研究學者提倡研究關於軍事知識的傳播媒體，如學校教材、軍校課堂、軍校開放日、軍事博物館、將領的雕塑像、書寫的戰爭事件、政府宣傳軍事行動的廣告、為「傑出」將領舉行的紀念活動、以戰爭為題材的電影及電視節目等。[3]就清季的海防及海軍知識傳播而言，早於鴉片戰爭前，地方及京城的學塾，就已開始教授關於沿海及內河防禦的知識；至第二次鴉片戰爭後，國內推行自強運動，不少地方開始興辦新式學堂及興築新型造船廠。經歷甲午戰敗、義和團及八國聯軍入京等事件，清政府決定加速改革，進一步廣設新式學堂。面對鴉片戰爭後列強的「船堅炮利」，學堂教員及學生是否認識到外洋海國的威力，可以從學堂使用的海防或海軍教材略知一二。[4]當中，由清季知識分子編輯的一系列《經世文編》，既是京師、地方學塾及學堂學生必讀的教材，也是應考科舉的參考書。學生閱讀《文編》內的選文，即可在短時間內獲知皇朝內

政、外交、歷史文化及社會民生的整體面貌，並了解前人的施政建議和經驗，並多少得到解決當下政事的參考資料。因此，有些學者認為清季的《經世文編》是學生獲得知識的「基本資源」，[5]《文編》內輯錄的文章，可視為「再生產的知識」（reproduction of knowledge），繼續傳播。[6]

不能否認，這些「再生產的知識」的教材，是編者按己意選擇給群眾的。這樣「選擇知識」（selection of knowledge），既見編者的敘述策略和選取文章的標準，亦見影響編者選文的個人和時代因素。所以，收入《文編》的文章，不應簡單視為近人用於研究的第一手材料（primary sources），或經蒐集整理而得的第二手材料（secondary sources），更可視為研究編者思想的材料。研究者可進而思考被收編的文章是否切合編者所處的時代需要。1842 年後，中國的外患主要來自海上列強，明治維新期間興起並大力發展海軍力量的東鄰日本，在甲午戰後，為患中國海防。在這種情況下，經世文的編者，也就是當時的精英知識分子，能否使讀者或學生藉閱讀這些輯錄的文章，了解及預見海外列強對中國海防的威脅，並啟導學生了解海外列國海防及海軍知識？這些選材表述的知識又是否可以協助清政府鞏固海防及建設海軍，以抗西方的先進戰船？若從專業海軍知識的傳播角度而言，又是否可以解釋曾於 1891 年號稱「中國列於八 ，日本列於十六」之清季海軍，卻在甲午一役被日本海軍擊敗的原因？[7]

總覽清人編刊的《經世文編》，內容包羅萬有，編者在書中另闢海防類目，把海防獨立為子目，與防務、邊防、兵法、武備、武試、各國兵制、練兵、選將、戰具等子目並列。有些編者更立「海防」及「海軍」兩類目，編目的標準顯示了編者已認識到海防有別於其他邊境防務。文編中出現的新子目，涉及目錄學與知識專業化的互動關係，目錄學不單

是圖書分類的學問，也適用於專門知識的分類。隨著時代的推進，學科知識愈加專門，加入新的圖書類目，可謂是新時代的要求，新類目及新學科的出現均反映時代的特色。[8] 除了新類目，新名詞及新概念也同時出現，三者層層相因，新概念及新名詞影響了人們的世界觀，更成為他們重新建構知識的資源。

　　新類目的出現同時也反映一個時代思想及知識資源上與昔日的不同之處。[9] 如經世文的編者，在「兵部」類加入海防的子目，代表編者已認識到海防知識是一專門學問。隨著時代推進，海防與海軍子目並舉，進一步顯示知識分子明白海防與海軍二者雖同屬海事防務的知識範疇，但同時也意識到新的海軍知識與舊的海防知識之分別，代表中國海上軍事知識趨向專業化的發展。我們可以設想編者是希望讀者通過閱讀這些文章，了解海防及海軍知識的分別，使海軍及海防專業化的知識傳於民間。[10] 日後更有文編以「海防」及「海軍」兩類並列。

　　本文主要以 1826 年賀長齡編的《皇朝經世文編》（以下簡稱《賀編》），1888 年葛士濬編的《皇朝經世文統編》（以下簡稱《葛編》），1897 年盛康編的《皇朝經世文統編》（以下簡稱《盛編》），1898 年麥仲華編的《皇朝經世文新編》（以下簡稱《麥編》），1898 年邵之棠編的《皇朝經世文統編》（以下簡稱《邵編》），1902 年何良棟編的《皇朝經世文四編》（以下簡稱《何編》），1902 年甘韓編的《皇朝經世新編續集》（以下簡稱《甘編》），及 1902 年鄒王賓編的《最新經世文編》（以下簡稱《鄒編》）等，一系列《經世文編》內海防或海軍子類目選文為例，檢視國人於鴉片戰爭後，經自強運動、甲午之戰及新政時，國人對於海防或海軍知識的認識，並探討這些新知識能否協助國人回應英、日諸國海上力量的挑戰。

二、經世文編呈現的海防及海軍思想

「經世」一詞早見於《莊子‧齊物論》：「春秋經世先王之志，聖人議而不辯」，清人王先謙認為「春秋經世」的意思是「謂有年時以經緯世事，非孔子所作春秋也」，[11]「經緯世事」即「經世」，是「先王治世」的意思，「經世」即治世的策略。近人劉廣京、王爾敏、張灝、狄百瑞（William Theodore de Bary）、魏斐德（Frederic Wakeman）、內藤虎次郎、山井涌及島田虔次等學者，多認為「經世」就是「經世之學」，是一種治世安邦的策略及學問。[12]

現時資料表明，宋代就開始以「經世」為名的編刊書籍活動，至明代編經世文之風尤盛。不少經世文編以「吏」、「戶」、「禮」、「兵」、「刑」、「工」六部為編目，其下開列各類子目，再於子目下細分其他類目。由此可見，經世文的編者多是從實際行政的運作考慮來輯錄文章。在編者看來，選文是可以施於行政的，選文雖是過去的，但編者受時風影響了選文的標準。這樣構成了選文的原作者與編文者的對話，也有助檢視選文是否切合當代的需要。

陳子龍於明崇禎十一年（1638）二月至十一月完成的《明經世文編》（原名《皇明經世文編》，以下稱《明經世文》），沒有列海防的子目。今天所見在經世文編內，所列的海防子目，是近人把《明經世文》收錄談及海防問題的文章及奏疏歸於此類目之下。

1826年賀長齡及魏源編刊《皇朝經世文編》，成書距中英鴉片戰爭爆發（1840年）約14年。因此選文有助檢視國人在鴉片戰爭前，是否已認識到新興的海國勢力——英國對中國軍事力量的威脅。書中第70卷至88卷為「兵政」，其子目有兵制、包餉、保甲、兵法、地利、塞防、山

防及海防等類目。海防類目位於第 83 卷至 85 卷目，並細分「海防」上中下三部分。當中的選文有談及駐軍防海的重要性，如李光地的〈防海〉、陳倫炯的〈天下沿海形勢錄〉、顧炎武的〈海師〉、趙翼的〈外番借地互市〉等；也有談及加強澳門海防，如張甄陶的〈澳門圖說〉、陳倫炯的〈南澳氣〉；還有輯錄鞏固廣東、潮州及福建炮臺及團練的文章，如毛文銓的〈福建水師積習疏〉、阮元的〈廣州大虎山新建炮〉等。選錄在《賀編》海防類目的文章共有 71 篇，其中 24 篇論及駐防臺灣的問題，佔全書論海防選文總數的 1/3，可見編者對臺灣海防的重視。當中包括藍鼎元的〈平臺紀略總論〉及〈論臺不可移澎書〉、趙翼的〈平定臺灣述略〉及〈論臺灣要害〉、施琅的〈陳臺灣棄留利害疏〉、姚瑩的〈臺灣班兵議上觀鎮軍〉等。

　　《賀編》與《明經世文》的不同之處，在於《賀編》將「海防」與「塞防」等編目並列，可見編者較明末的陳子龍更重視海防的問題。另外，《賀編》還更注重臺灣的兵事問題，這與康熙年間平臺及因保衛福建沿海，重視福建與臺灣聯防以及閩臺商業互動關係有關。明鄭政權以臺灣為基地，曾多次組織福建南明政權的軍事力量，抵抗清室及侵略沿海，迫使康熙執行遷界。後經多次努力，施琅才得以平臺，之後為了鞏固防守，清廷直接派軍駐守臺灣。故臺灣雖為外島，但一些知識分子仍極重視在臺的軍事建設。

　　但《賀編》之編者所處道光年間，距康熙帝於 1683 年平臺已過去一百多年，當時國際海軍力量的發展已有了很大變化。英國七年戰爭（1756 至 1763 年）後，英法均開始廣建戰船，美國海軍部（Department of the Navy）也於 1789 年成立。英國海軍雖未能於美國獨立戰爭取勝，卻分別於 1790 年及 1800 年兩勝法國艦隊，其後因拿破崙陸海軍皆戰敗，

英國更奪去法國及其聯盟（如西班牙）在海外的部分殖民地。英國經歷工業革命後，國內工商業大為發展，並建立強大的工商業利益集團，積極資助英國海軍擴張，把利益伸向南亞及遠東。有些學者認為英國在 1815 年拿破崙戰爭（Napoleonic Wars）後，已建立了一支「現代化的海軍」（modern navy），在歐洲諸國海軍事業上佔有領先地位，而當時其他諸國的海軍尚屬於「早期現代化階段的海軍」(early modern navy)。[13] 此外，1811 年英人已奪得印度尼西亞，1815 年英艦隊更佔領錫蘭，整個印度在英人管治之下成為英艦資源補給站。

　　《賀編》是否注意到英國佔領印度，並已將海軍勢力擴展至亞洲的事實？《賀編》「海防」類目的文章，如趙翼的〈外番借地互市〉談及海外的佛朗機併呂宋，滿剌加「勢力獨強，諸國人之在壕鏡者皆畏之，遂為其所專據築城建寺」，「諸番互市，必欲得一屯泊之所」，[14] 指出英吉利國（英國）遣使入貢，要求在寧波的珠山及天津等地進行互市。而乾隆帝希望藉獨許廣東一口通商的政策，控制英商及其他外商，「以廣東既有澳門聽諸番屯泊，不得更設市於他處，所以防微銷萌者」。[15] 姜宸英〈海防總論擬稿〉仿明室於各省各自管理海界，自廣東西路始，次以福建、浙江、江南、登萊、天津衛遼東，又以海南北地為一線，鞏固滿洲祖地。「以為宜復互市，曰市通則寇轉，寇轉而為商，市禁則商轉而為寇」，民不私販，更施教化，使民「仰佐縣官之急，充戍守之用」，[16] 指出昔日移民實邊，今則聯沿海居民代守海防。嚴如煜〈洋防輯要序〉說：「自昔談海防以禦外洋堵海口為要策」，[17] 建議以定海、象山為要口，泉州當金門要口，惠州及虎門特駐軍門，統領禦營城汎堡、建炮臺、立煙墩，「星羅佈有口岸也」，還要在沿海立衛所籌海防，以「水戰之臨機決勝，出洋之風信潮候，船筏帆櫓，臨敵之火器，弓弩皆洋防之要」，[18] 加強廣東沿海、福建

及江浙的守兵，仿效陸上移民實邊及軍事屯田，去海禁以沿岸商民為守土。藍鼎元在〈論南洋事宜書〉以為「南洋諸番，不能為害，宜大開禁網，聽民貿易以海外之有餘，補內地之不足」，[19] 徐旭旦也在〈水師條議〉言：「邊海之師而復，……照船配定，仍令不時運動，使船人相習，手器相操，知風水之性，歷波濤之險，一旦有事，斯有備而無患矣」，[20] 高其悼的〈籌劃速修戰船疏〉建議由專司管理，以「一經領銀，亦必責令修完」，[21] 注意戰船的興築及以南洋海國為「外洋」邊防，為清室守海疆。

可見《賀編》收錄的文章仍多表述嚴練兵、禁貪污，以「邊海之師」守海口及境內江河的防衛等政策觀點，尚未注意十八世紀二十年代後，西方經過工業革命，已出現用蒸氣機推動的戰船（the steam ship）。中國更認為以獨口通商及互市，就可以解決英國在華的問題，[22] 並未注意英國在遠東的擴張。當時的英國已是一個挾帶船堅炮利及新式海上軍事科技的「全球帝國」（global empire），而非昔日鬆散的陸上邊疆民族，英國也不是單用互市政策及中國現有軍事技術，就可以擊退的民族國家。[23]

鴉片戰爭後，中國門戶洞開，要了解戰後編者選載的海防文章，是否認識到英國的船堅炮利，可以先檢視 1888 年由葛士濬編刊的《皇朝經世文編》。《葛編》「兵政」類下的子目分為兵制、兵法、地利、塞防及海防等類，塞防及海防並列，可見葛氏已重視中國海防課題。

《葛編》海防子目，選載了林則徐、胡興仁及魏源的文章。林氏的文章如〈請改大鵬營制疏〉、〈覆奏查察虎門排練炮臺疏〉、〈尖沙咀官涌添建炮臺疏〉、〈擬諭英吉利國王檄〉、〈密陳定海夷情片〉，均談及要注意「東印度水師提督所坐夷船最大名曰麥爾威里有炮 74 門」[24]，希望「莫若誘擒於陸地逆夷更無能為，或將兵勇扮作鄉民，練為壯勇，陸續回至該處，詐為見招而返願與久居，一經聚有多人約期動手殺之」[25]，主張派民

誘敵，加強虎門炮臺，重練兵，禁英商貿易及鴉片，但並未談及建立戰船、運用西方炮術等問題；胡興仁的〈征夷船進口硝礦稅銀議〉也建議行海禁、拒英人的政策。

另外，《葛編》海防子目也選載了關於運用西方炮術的文章。如魏源《海國圖誌》內的〈籌海篇上下〉一文，談及夷人洋炮「佛蘭西洋官雷」，水雷「能在水中轟破船底，所捐造一桅戰艦四艘，材堅工巧，悉如西洋式，每水雷造價僅四十金」，當中還有描述鴉片戰爭時英人船艦的威力：「洋船八十餘艘，炮聲震江岸」，希望「以夷攻夷，以守款而後外夷範我馳驅，是謂以夷款夷自守之策」、「守外洋不如守海口，守海口不如守內河」、「調客兵不如練水師，不如練水勇攻夷之策」、「調夷之仇國以攻夷，師夷之長技以制夷」、「大炮者水戰之用，非陸戰之用也，即水戰亦我擊沉敵舟之用，非敵舟擊傷我兵之用也」[26]。魏源承認「夷」船火炮勝於華夏，希望以夷制夷，操練水師守內河，沿岸築土垣「以火箭可及夷，夷炮不能及我」，「我之炮臺雖堅而彼以飛炮往攻炸裂四出並射數丈，我將士往往擾亂」，文章最後強調「不講求用炮之人、享炮之地與攻炮、守炮之別，陸炮水炮之宜」，[27]認為購買西洋炮的同時，也必須重視多練兵。雖然有研究指出《海國圖誌》一書，於 1842 至 1852 年間刊行之初，尚未為清官員所重視，但從文編中轉載《海國圖誌》的內容可見，1880 年代已有中國的知識分子重視此書的價值。今人或許應該重新審視《海國圖誌》所載的知識在中國國內流播的情況。[28]

葛氏在洋務子目內，選載了丁日昌的〈海防條議〉，此文強調「除船械一切，自強不具，必須效法東西洋外，其餘人心風俗察吏安民，仍當循的規模，加以實意，庶可以我之止氣，靖彼之戾氣，不致如日本之更正朔易衣冠為有識者所竊笑也」[29]。郭嵩燾的〈擬陳洋務疏〉和沈保楨的

〈覆奏洋務事宜疏〉二文，希望設立專門「儲將來有用之才」的機構，開辦同文館及派留學生出外，介紹西洋船炮及軍事訓練的精良知識；張自牧的〈瀛海論〉上中篇，介紹「英國鐵甲船」及英法二國在亞洲的擴張，已言「彼國善於用兵，而慎於言戰」、「我政事修明紀綱整飭，橫池無盜弄之變，遠邦自無窺伺之心，若處設防兵，日日修守備，則晉士歸之無戎而城，明太祖之沿海置戍民情，侵擾而不安，財用浩繁而難給得其為毋遠人竊笑乎」，[30] 姚文棟的〈日本地理兵要例言〉介紹日本國富兵強，留意地學及設立海軍省的情況。[31]

葛氏編經世文期間，中國經歷了第一、第二次鴉片戰爭以及英法聯軍之役，北京陷落，咸豐帝逃至熱河。太平天國之亂爆發後，清軍借洋槍、火炮、船艦協助平太天軍。1860 年，清廷設立總理各國通商事務衙門，展開洋務運動，派留學生前往英國接受海軍知識的訓練，又成立福州船政局，購買英炮艇、鐵甲艦及輪船等西方武備，並運用這些海艦巡洋。其後，北洋及南洋艦隊也相繼建立，丁汝昌率領「定遠」、「濟遠」、「鎮遠」、「威遠」訪朝鮮及日本，可見當時中國的海軍力量不斷強大，福州船政局的建立標誌著中國造船業走向現代化。[32]

《葛編》與《賀編》不同之處在於，二者雖同開列海防子目，亦承認海防的重要，但葛氏處於鴉片戰爭後的時代，理應比賀氏更明白西方船堅炮利。《葛編》雖然也收錄了林則徐禁煙、禁通英商及加強海防的奏議，但也選載了魏源〈籌海篇〉的內容，又於「洋務」類目中選載郭嵩燾〈擬陳洋務疏〉、沈葆楨〈覆奏洋務事宜疏〉、張自牧〈瀛海論〉上中篇及姚文棟〈日本地理兵要例言〉等文，向國人引介西洋海軍技術及日本軍事力量。同時，《葛編》還選載丁日昌〈海防條議〉，可見編者強調學習西洋船艦知識的重要。但要注意丁氏在此文說「當循的規模，加以實意，庶

可以我之正氣，靖彼之戾氣，不致如日本之更正朔易衣冠為有識者所竊笑也」，[33] 要求學習西方的海軍知識外，更要加強訓練海軍人員的中國傳統美德。

總覽《葛編》「海防」及「洋務」兩類目的選文，只有姚氏一文談及明治維新後日本海軍的發展。《葛編》成於 1888 年，而日本於 1876 年已與清廷簽訂《江華條約》，把朝鮮列為自主國，否認中國對朝鮮行宗主權；1885 年的《天津條約》更承認日本在朝鮮的地位。《葛編》雖成於此事後，卻未注意日本海軍力量在朝鮮的擴張。當然，這也不可苛責葛氏，就連時任洋務大員李鴻章也曾於 1885 年說，日本富強尚須 10 年左右，目前可望無事。洋務大員的觀點尚且如此，更遑論葛氏。[34]

1897 年，盛康編刊《皇朝經世文續編》時，正值中日甲午戰後，國人眼見北洋艦隊敗於日本。《盛編》的選文，是否有注意到日本海軍之壯大？《盛編》只有「水師」類目，並沒有立「海防」類目，加上輯錄了胡、曾等人文章，可見盛氏只著重中國境內江河的海事軍備。胡林翼〈籌備水師利器片〉說：兵政「必在精選水師，南服之利在舟楫，猶北方之利在車馬，因地制宜，古今不易」，提倡練水師、用夷炮，操擡槍及鳥槍，要求「夫器械不精，卒以予敵，是夷炮得力，必應再為購運，以利東征，更須嚴禁將備，勿假利器，勿借寇兵」；[35] 曾國藩在〈預籌三支水師疏〉認為要派員至廣東購買洋炮，建議重新規劃長江水師提督轄地及水師營制，以統一戰令，並廣設舢舨船、炮船「巡緝私鹽」，每三年維修長江戰船，也要重振水師樸實的風氣，培養「無失樸誠之氣，以養勇敢之風，庶於水師可以永遠無弊」，[36] 培訓水師的德行及學習西方火炮。上述二者均未談及甲午海軍戰敗、日本海軍在東亞擴張等問題。

1897 年，陳仲奇編刊《皇朝經世文三編》，此書於「兵政」列有海

防子目。《陳編》與同年出版的《盛編》不同，盛氏選文多談論中國境內海防問題，而陳氏不單輯錄關於中國內陸及海防的文章，還輯錄購買洋炮、洋艦的文章。如李元度〈籌餉之策〉一文談及整理沿海鹽產、防止私鹽及重農政策。他建議沿海民生安好，不為盜賊，使沿海商人、漁民及農民為政府監察海防；同時要立水師，「長江既立水師矣，夫海安可無水師，然海軍非長江比也，江軍用龍三板，海軍用鐵界船，船宜選威略良著之將師酌定」，[37] 洋人以海船為專家之學，必先通天文算法、地理輿圖諸學問，因此主張多立水師學堂教導專門海上軍事知識；又要效法洋人廣造火器、習火器，「火攻利器以德人克虜伯炮為最，其小鋼炮，尤能勝蓋炮，體輕則易於運動，炮體堅則經久，又如新炮子合腔則線路有準炮身長而有來復螺蠣紋，逼子出膛，則命中而及遠」，李氏還建議廣購鐵甲船，派水師及戰艦守鴨綠江口、旅順及威海衛；更建議清政府派員留學海外，「負氣之徒，多深惡異族以為不足道，然不求禦之制之方而但惡而擯之於事何益」。[38] 彭玉麟在〈會商海防事宜〉主張長江水師應廣設設備及操練軍將，要求廈門、浙江、福建、臺灣、廣東的海口設鐵甲船，仿「西洋英法等國兵制水師僅專一海部統之」，[39] 立總統四省的「總統駐吳淞」為節制。李鴻章〈覆奏海防條議疏〉介紹西方的大水雷、鐵甲船，並建議立西國水陸戰守，以及派學員前往英國學習海軍等知識；薛福成一文明言清室要多興水師，否則「強鄰環伺」，亞洲諸國將被列強控制，鄭觀應的〈水師〉一文，介紹西方鐵甲船及「德國克虜大炮」與英法稍異，「炮者定臻精密，一在試驗之重，俾知輪機之滿力轉圜，大小船性之左右，炮彈之遲速」，希望「中國水師似宜再聘英國海軍宿將如琅提督認為教者」，[40] 比較陳、盛氏輯錄的「經世文」，可見陳氏較盛氏更多稱美及深入分析西方武器。

　　甘韓編刊的《皇朝經世文新增時務續編》（《甘編》）於 1897 年刊行，當中只開列「時務」及「洋務」兩類目。卷七「時務七」收錄陳璧〈請整頓船政摺〉、卷八「時務八」收錄〈總理衙門議覆福建船政摺〉、卷一「洋務一」收錄〈瀛海各國統考〉、卷二「洋務二」收錄〈列國編年紀要〉、卷六「洋務六」收錄孫兆熊〈暹羅疆域政俗考〉、卷八「洋務八」收錄〈大洋海大西洋海印度洋海北冰海南冰海冰海考〉，這些文章均談及清室應建船廠，以船艦守海口和沿江地區，聯合南洋諸國抵抗外敵，並鼓勵國人多了解列國造船艦的知識。甘氏一改昔日經世文編以六部行政架構為全書類目的分類方法，把所有文章都歸屬「時務」及「洋務」兩大類，沒有其他子目，可見他重視洋務的觀點。而把興商業，辦學校與強海防的選文並列，沒有開設「海防」子目，可知他並無特別重視海防及海軍知識。[41]

　　至此，看似尚未有經世文編列「海軍」類，其實不然。1898 年邵之棠在《皇朝經世文統》開列「經武」類部，其下子目有各國兵制、武備、武試、中國兵制、練兵、防務、邊防、海防、海軍、船政、團練、軍餉、裁兵、弭兵等共十七類，當中海防、海軍兩類子目並舉。

　　《邵編》錄入海軍子目的選文多以「海軍」為題。[42] 當中馬建忠〈上李伯相覆議何學士奏設水師書〉一文的題目，沒有以「海軍」為名，是因馬氏此文主要是建議清廷成立一個獨立的海軍部門——水師衙門，處理海軍事務。歐美諸國始創水師隸屬兵部之時，屬員可與陸營互相升調，及後水師職事至專且繁，「測算粗而升火添煤廢，一則不舉水師器械，至多且賾小自繩索、水管，大至帆檣炮位缺一，則不良苟權無專屬事，無統宗，必至精粗大小之事，紛無紀律，雖有人有船而用違其才與無才用同，器不適用與無器同，平時無以振聲威，臨事無以濟緩急於是

乃設海部以總之，其人員則自統帥總領，以至舵工火夫其工程自範合繩墨之始基，以至氣表遠近之美備均屬焉，近來日本講求立海軍卿，即師此意」。[43] 於是，英法日等國紛紛成立專門機構來管理海軍事務，「立水師百有餘年，至於令舉數十萬水師之將士而人皆自愛事，盡稱職，舉數萬萬之帑金而無絲縷之虛糜，無分毫之浮報者，夫豈外洋之人賢於中國哉？亦法制使然」，馬氏建議清廷仿效外國，成立「水師衙門，以知兵重臣領之，職掌機要，總決庶務」，[44] 使水師脫離兵部陸營。他還引用中國派往日本使團的正使何如璋的言論，來支持成立水師衙門的觀點。

何文的內容是建議成立水師學堂，設大學院專造水師所需人才，對小學堂學生「教以英國文字，以華語教以幾何八線」、[45] 天文、光電力流、輿圖及格致等知識，以華語講解外洋專門海軍知識。他指出「陸軍列屯出戍，步步立營訓練勤奮，紀律嚴明，即可以成勁旅，水師以船為家，出沒風濤，或颶颷起而朦瞳掀簸，或雨雪至而肢體皸瘃晝夜，宣力寒暑靡間，此平時勞逸不同也，陸軍出戰可進可退，心有所恃，膽氣自豪，水師迎戰於汪洋巨浸之中，一遇敵船，轟發雷炮，倘使機金船舵偶一中傷，全船覆沒，長平坑辛，無此慘烈，此戰時夷險不同」，水師教以升桅泅水、一繩一索考據、天文科學格致、航海科技和炮術，還要「通曉外國語言文字，以資臨事之應對，以闡未發之陰符」，[46] 這些均與陸營訓練不同。因此，要為水師兵卒別立等第、定口糧、明立升格覆定俸銀，還建議把船艦分為甲艦、快艦、防艦三種，應按不同艦隻的功用，加以購買。馬氏引介何氏的觀點，代表馬氏支持發展海軍專業培訓。

輯錄了日人闕名撰〈論太平洋海軍〉、〈海軍善後議〉、〈中國重建海軍宜多儲戰艦變通章程議〉等文章，談及明治二十六年，日本上下有廣增海軍的建議：「日本既勝中國，汲其海軍，奪其堅艦，以併諸其國，於

是乎在東洋海軍之力，遂獨推日本，……增擴海軍，頻造堅艦，不出數年將見日本海軍聲威極其殷盛，列國環睹，其形各存，備患之意，於是乎英國增多其中國艦隊為二十四隻艦六萬四千餘噸，俄亦增多其太平洋艦」。[47] 暫時未知此文作者是否真的為日人、原文是否為日文、是否經國人譯成漢文後才刊行、譯本有沒有錯漏等問題。邵氏選錄此文，是希望讀者能觀文得知甲午戰敗後，日本海軍力量的擴張，以及英俄列強加強建艦控制太平洋，希望清室「重選延聘西員導其先路，庶幾於整頓一道有實濟事」。[48]

〈中國重建海軍宜多儲戰艦變通章程議〉一文表述甲午戰敗後，朝中大臣提倡「國帑之虛榮，海軍之無用」，[49] 重建海軍的觀點直至 1905 至 1909 年間才得以實現。先有五大臣出洋考察憲政，回國後建議分設陸軍及海軍兩局；後有清政府宣佈載洵、薩鎮冰成立「欽命籌辦海軍事務處」，更擬定海軍人員三等九級軍銜制，部分官階冠以「海軍」二字，以示區別，乃至 1910 年載洵提出撥地建造海軍衙署，海軍終有自己獨立的行政機構及編制。此文成於 1898 年或以前，時間早於五大臣考察之前，可見撰此章程者的洞見。此外，撰文者明言中國於甲午戰敗，導致「在東洋海軍之力，遂獨推日本」，反映日本軍政學界於 1895 年後，倡議日本替代清國管治東亞的言論。[50] 邵氏於 1898 年輯錄此文，可見邵氏對清政府海軍事業發展的識見。

同時，邵氏把林則徐、魏源的文章列入「海防」類，而不列入「海軍」類，可知邵氏並不認同林、魏等人的建議，認為他們的建議只可參作守海口。但甲午戰後，清海事力量不應只用於守海口、保大陸江河，而是應當應付新環境。海事力量應該「出洋」：「夫使中國果能閉關自守，則雖又立海軍，猶之可也，如其不能，試問二十行省中，海口林立，敵船

處處可入。我萬不能於各海口隨處嚴設重防密張羅網，而敵船則出沒於洪濤巨浪中，瞬息千里，聲東擊西，倏忽可至，無論其登岸與否，而我之憊於奔命已不堪其擾矣。是故處於今日之勢而論中國之不能不重立海軍誠哉」，[51] 邵氏希望政府的海上軍事政策，應由只注意守海口，改為出海，建立船艦，衞海疆。由於林、魏等人的文章，只可作為守海口，故不列入「海軍」類目內。

1902 年先後有何良棟《皇朝經世文四編》及鄒王賓《最新經世文編》。《何編》「兵政」類目下，開列兵法、海軍、救火、邊防、海防、團練、戰具等子目，以海軍及海防並列，可見編者已認識到收入海軍與海防類的文章是有分別的。總覽《何編》可見：

第一，何氏已明白海軍及海防之別，並把二者與邊防、團練、戰具等子目並舉，可見何氏重視海防及海軍的專門知識。

第二，何氏把海軍列為第三十四卷，邊防列為第三十六卷，海防列為第三十七卷，海軍編次先於海防，可見編者重視海軍的知識多於海防。

第三，檢視何氏是否真正了解海軍知識的重要，就要看《何編》海軍類內選載的文章內容。當中〈重振中國海軍議〉一文，以為「泰西各國以水師為命源，以船政為根本。讀海防新論，備載南北花旗戰事甚詳。中國之於海軍亦嘗經營締造，庸臣怯將，一誤再誤，浸成不可收拾之勢」，甲午戰敗顯示清政府未能仿效英日立海軍軍事處，管理人才，統一澳門、廈門、瓊州、潮州等地的調度，「天下事不患其無治法，其患在無治人，而於軍事為尤甚，今欲自強非重振海軍不可」，[52] 振興海軍需要培訓海上軍事的專業知識，如天文、科學及西方火炮科技知識，而興辦海軍之難在於「置將、簡兵」，如何慎選接受專業海軍知識的人才。另一篇〈海軍需材論〉強調甲午戰敗是「非戰車之遜於彼國（筆者按：日

本），能督率戰艦者無人也，……故論中國此時，不難在水師將領，秉
國者苟知此意，先於水師武備學堂中培植人才，選擇將師，即然後振興
海軍方，方始有用，今試問中國水師武備學堂中，能知風濤險惡有幾人
乎？能統測量沙線者有幾人乎？能統領水師，不愧為將才者有幾人乎？
不致意乎此而徒以為整頓海軍為名是捨本而逐其末也。」[53] 此外，子目選
載了多篇不是以「海軍」為題目的文章。把這些文章列入「海軍」類目，
是因為這些文章都論及培訓「海軍」專業知識。例如〈海道用師議〉，談
及要仿西國新製船艦，建議廣施鐵網防水雷攻襲，「以西法考西國兵書，
如輛船佈陣，水師操練諸書不可不預究而預教也」[54]，平日也要教導炮準
心法、兵船炮法、克虜伯炮操法及熟習中國內陸及海外航線的知識。〈水
師宜慎選統領帶說〉也言中國雖有水師學堂「其中學之已成，可備驅策
者，卒不過寥寥數人」，統帶輪船者皆非學堂出身，因海事知識不足，導
致「以本之人，帶本國之船行本國之地而尚有不盡詳，悉者則其他可知
矣」，[55] 也因火炮知識不足導致「兵輪之槍炮，其實僅成虛設，打靶則有
期也，而究竟打中者幾人，介中者幾次」。[56] 船巡只自閩至粵，國人遂不
知外洋知識，不知暗礁，不知日本及英國軍事科技，不知藏船何處，不
知何地運餉，希望所選「賢才」不只要勤練習武備、養心智，更要學習、
掌握及運用專業海軍知識。可見《何編》海軍類日的選文，多要求為學員
提供專業化的海軍知識培訓。

　　《何編》海防類目輯錄的文章多言保內陸江河及聯沿海省市的策略。
如左宗棠〈擬專設海防全政大臣〉一文建議立海防全政大臣，或海部大
臣，統籌一切海防事務，選將練兵、製船炮，並在長江建衙署「南拱閩
粵，北衛畿輔」。此文說政府選才重經術，以經為體、術為用，然後可以
多課以「術」。「術」就是指訓練專門人才的知識。「藝術亦可得人才也，

今躬歷海疆，周諮博訪，不惟水師，官兵應如李鴻章所奏大開學堂，一切格致製造輿地法律，均為以術連經之事，尤應先倡，官學酌議進取之方，廣譯洋書」。[57] 一向主張體多於用、經術兼備的湘鄉將領左宗棠明言「以術連經」，說明這位儒家學者也意識到學習西方海防專業知識的重要性。此外，選文〈論海防〉中，作者明言昔日魏源《海國圖誌》中所說的防近不如防遠，防外不如防內，已不能切合時代的需要，因為「敵人不來，則我可以防，若既來矣，則又將奈何？前者法人之入馬尾，我船悉為打毀，……勝負之數之同者，如此豈魏氏之智亦有時，寸有所長者，尺有所短乎，實則應變之隨機未有其人耳」。[58] 甲午之時中國炮臺不能轉動，敵船卻可以來去自如，炮臺可以轉動及俯仰，以動禦靜，故建議加強海事力量不應只注意防海，而要以海事力量「出海」防遠。〈今昔海防異勢論〉一文，更列出侵略前明海防的倭人，本無大志，但甲午戰後已見「沿海之佈置，何嘗不可用其成法耶？不知輪船出入之制甫與百年間往來之國既多且強，千百倍於前明之倭寇矣，互市之局即無中變，而邊防不可一日廢且猶有強大之國，意不專於通商，而欲陸冗則陸，欲海則海者，而謂海防可不急籌乎？」[59] 甲午戰爭之後的日本國力強大，野心日張，不著意於通商，而欲在中國境界內自行進退，故戰後已不可用前明胡宗憲及戚繼光行水師團練及禁商之法處理日本，「今日之海防不在能守口，而在能出洋，……就令船皆火輪、鐵甲，器皆洋槍、水雷，而僅之能守口隘，使敵不敢輕人，仍未盡今日海防之用也。蓋今日之海防，固非於無事時備有事之用，而實時時可資其用者也。今日之大勢，海防之軍有事，則用以敵愾，而無事則藉以壯商旅之色，示國家之盛也。」[60] 艦船守都市，如前明設衛所，平日以艦船游弋，甚至出洋，保衛商船、防盜賊、抗洋船，商船也可協助清室強固海上軍事力量，「海防以衛通商

也,治亂之機,興衰之故,將以商務為樞紐,此古今一變局」。[61] 由此可見,選入海防類的文章,多言以海事軍力保衛中國境內及沿海城市。

更重要的是:一、收錄於《何編》的文章,批評前明胡、戚二氏治倭,及清中葉魏源海防「守口」政策不適用於甲午戰後的形勢。為了切合「今」世,倡導「海防以衛通商」,且要學習西方專業海軍知識,建立專業化的海事力量;二、《何編》輯錄了甲午戰敗後,建議重建海軍力量的文章,反映了 1901 年前後,清季朝臣倡議重建海防及海軍力量的意見;[62] 三、選文中有作者提及以海上軍事力量保衛海商,所謂「海防以衛通商」,這是突破時代局限的言論。正如王爾敏所言:「對中國傷害最深最久,足以陷中國於萎敝者,亦為西方工商動力。然自十九世紀以來,無論思想行動,中國朝野對此種種衝擊之適應最為拙笨,醒覺最遲緩。其中少數思想先知,大聲疾呼,提示世人,以作工商之應變,真是救國之良劑。」[63] 〈今昔海防異勢論〉一文,即提倡海防以衛通商,以「出洋」的海上軍事力量保衛遠洋的華商船隻。這種結合海事力量與推動商業發展的看法,正好引證了王氏所言「少數思想先知」的觀點,何氏在海防子目選錄此文,真可被奉為晚清「少數思想先知」。

鄒王賓於 1902 年編刊《最新經世文編》,《鄒編》「兵學」類目開列陸軍、海軍、戰術、法令、攻守、地勢、營壘、測量、警察、體操共十項子目,但沒有海防類。海軍類目選載的文章主要是介紹日、英、美、法四國戰艦在世界各地的分佈情況。細田謙藏譯的〈日東海軍司制〉一文表述日本海軍大臣直隸天皇總統海軍軍政,其下分曹大臣官房為軍務局、經理局,司法部大臣官房為人事課、軍務經理二局的情況。此文也介紹各分部的組織及其屬員,並述及日本東海軍艦主要有兩種,「為第一種雖不耐戰鬥而平時可用者,為第二種又各分二類,曰在役艦曰預備

艦」，立艇船「以兵輪三艘以上編制者謂之艦隊」，[64] 還談及日本東海軍學校的編制。〈日東海軍軍艦所屬表〉一文介紹日本橫須賀鎮守府、吳鎮守府、佐世保鎮守府所屬艦隻的名稱、製造地方、艦隻排水量、馬力、速力、炮數及在艦人員數目。[65] 另一篇〈英吉利海軍軍艦及分泊各地表〉一文介紹大英海軍編制、常駐海上人員，以及英艦停泊在地中海、紅海、好望角及中國等地的情況。[66] 由此可見，選入海軍類的文章全是報導中國境外，列國海軍的發展、海軍船隊及成立專門部門管理海軍發展的知識，可見編者是想藉此提醒國人重視境外海軍事業發展的知識。

甘韓、楊鳳藻於 1902 年編刊《皇朝經世文新編續集》，書中卷十四「兵政上下」類目，選載談海防和海軍建設的文章，包括〈閩浙總督奏閩省機器局添廠製彈並撥款摺〉、〈重籌海篇〉、〈議守上下〉、〈自行魚雷說〉、〈問海軍驟難規復今日設與外夷陸戰當以何策取勝〉、〈問中國建立海軍糜費鉅萬，中日之役卒至不可收拾，然海防實為今日急務或擬專設海軍大臣一員總制南北洋數省兵輪，前人亦有議及者於海防果有益否〉、〈長江宜添設兵輪以輔水師炮船議〉、〈南北洋數省兵論前人亦有議及海防果有益否〉、〈海軍人才難得問答〉、〈英國水師源流考〉。編者把這些奏議文章與談陸防、建軍制、介紹列國陸軍、剿太平軍的文章，載入同一類目，未依談論海防、陸防的不同者放進不同類目。編者處於甲午戰敗後，面對不少官員上奏節省海防及海軍開支，甚至廢海軍的意見，予以強烈反對。編者輯錄大量反對廢建海軍的文章，說明編者仍以振興海防及建海艦為要務：「中日之役，一敗塗地，不可收拾，遂有謂海軍可廢，此因噎廢食之談也。……今日海口萬無能封之理，欲與諸強國爭雄海上而不練海軍，是猶渡江無舟楫，徒手搏猛獸立見其敗而已，則整頓海防誠今日之急務也。」[67]

三、小結

　　自明至清季知識分子編刊的一系列經世文編，主要仍以治世為務，選載前賢論海上軍事的文章為治世策略之參考。因文編也是學塾的教材，學生可藉教材了解海外列強的海軍事業，航海科技及火炮知識。雖然暫未可知，學生及其他群眾是否可以吸收選文傳播的訊息，也很難找出某些人的海防思想是受某篇談及海防建設之文章所影響，但不能否定這些文編的編者，已開始注意海防及海上軍事建設的課題。檢視從明末陳子龍《皇明經世文編》至清末甘韓、楊鳳藻《皇朝經世文新編續集》等一系列「經世文編」的編刊及選文內容，各書編目由未在兵部列海防的類目，至子目開列海防並將它與塞防並舉，到把海防、海軍與邊政並列的子目，期間有只列「海軍」類目，也有把言海防知識的文章，與言陸防的文章並放在同一類目。時代愈後，英、日海上軍事力量對日後國防的威脅愈大，但部分編者仍未脫離清中葉，重塞防輕海防的觀點，也未注意到培育專業海防知識的重要。[68]

　　甲午之戰前，已有北洋艦隊的官、軍人員在日記上表述：「今若觀察日本之狀況，事事皆可愧也。況其強盛，日本更勝；其研究，日本更精。而我若安於口前之海軍，不講究進取之術，將來之事未易邃言。」[69]甲午戰敗後，只有少數編者注意到新興的日本海上艦隊，將成為未來影響亞洲的重要軍事力量。時人雖已日漸重視海防知識，但大多文編仍未收錄 1898 年由嚴復及 1900 年由日人劍潭釣徒等人傳入，美國海軍大學校長馬漢（Alfred Mahan）言「海權論」的文章。馬漢提倡的「海權」觀點，是近世擴充海軍，爭奪海權的重要理論依據。他於 1890 年出版 *The Influence of Sea Power Upon History, 1660 – 1783*（筆者按：中文譯名為《海

權對歷史的影響》）一書，被翻譯成日文、德文、法文、意大利文等多國文字，但是以上經世文編，卻未輯錄引介西方海權思想的文章。[70]

清末海軍官員姚錫光主持制定海軍發展戰略時認為：「方今天下，一海權爭競劇烈之場耳。古稱有海防而無海戰，今寰球既達，不能長驅遠海，即無能控扼近洋」，又說：「夫天下安有不能外戰而能守內者哉」，[71]「嗟乎！俄以波羅的海四十艦隊之大軍不克與日本競逐太平洋之上，中國海疆萬里，至乃求十萬噸艦而不得，能無流涕長太息耶！」[72] 他批評了自鴉片戰爭以來，中國海防理論只重守海口的不足之處。時代愈後，愈可以證明只知守海口，獨求「海」上「防」務的建設，並不能有效抵禦十八世紀以後列強海軍在亞洲地區的勢力擴張。建立「海軍」的成效，是要使國人明白派艦隊「出洋」展示海權的重要，政府施政不應只向外購艦，更應要喚醒國民對建立海軍學校、接受海軍專業知識培訓的重視。

從編者的選文內容可知國人學習專業海軍及海防知識的發展歷程，基本上是朝著專業化及現代性的方向前進，但並不完全是線性發展，當中間有停頓，甚至有進退交雜的情況，呈現出各種複雜面貌。研究這種學習知識的複雜面貌，將有助於了解國人學習現代化海防或海軍知識的不足之處。[73]

注釋

1 筆者承蒙侯杰教授、黃順力教授、張力教授、麥勁生教授、李金強教授、林啟彥教授、周佳榮教授給予寶貴意見，當然筆者文責自負。

2 Karl Mannheim (Translated by Louis Wirth and Edward Shils.), *Ideology and Utopia: An Introduction to the Sociology of Knowledge* (London: Routledge & Kegan Paul, 1954), pp.93-128; John B. Thompson, *Ideology and Modern Culture: Critical Social Theory in the Era of Mass Communication* (Cambridge: Polity Press, 1990), pp.35-53.

3 見 Peter Paret, *Understanding War Essays on Clausewitz and the History of Military Power* (Princeton: Princeton University Press,1992), pp.209-226; Alfred Vagts, *A History of Militarism Civilian Military* (New York: The Free Press,1967),pp.438-451；參 Russell F. Weigley, *The American Way of War: A History of United States Military Strategy and Policy* (Bloomington: Indiana University Press, 1973), pp.382-440。

4 Michael W. Apple and Linda K. Christian-Smith, "The Politics Of The Textbook," Michael W. Apple and Linda K. Christian-Smith (ed.), *The Politics Of The Textbook* (New York: Routledge, 1991), pp.8-9；John G.Herlih, "The Nature of the Textbook Controversy", *The Textbook Controversy: Issues, Aspects and Perspectives* (New Jersey: Ablex Publishing Corporation, 1992), pp.11-23; 參包遵彭：《清季海軍教育史》（臺北：國防研究院，1969 年）；王建華：《半世雄圖：晚清軍事教育現代化的歷史進程》（南京：東南大學出版社，2004 年）；姜鳴：《龍旗飄揚的艦隊：中國近代海軍興衰史》（北京：生活‧讀書‧新知三聯書店，2012 年）〔增訂本〕，頁 235-243；王宏斌：《晚清海防地理學發展史》（北京：中國社會科學出版社，2012 年）一書；馬幼垣：〈甲午戰爭期間李鴻章謀速購外艦始末〉，《靖海澄疆——中國近代海軍史事新詮》（臺北：聯經出版事業公司，2009 年），頁 253-335。

5 章清：〈「策問」中的「歷史」——晚清中國「歷史記憶」延續的一個側面〉，《學行與社會——近代中國「社會重心」的轉移與讀書人新的角色》（上海：世紀出版集團，2012 年），頁 80。

6 Roger Chartier, *The Cultural Uses of Print in Early Modern France* (New York:

Princeton University Press, 1987), pp.18-36.

7　馬幼垣已指出「中國列於八，日本列於十六」之説出自西教士林樂知（Young John Allen），並指出從全球海軍史的角度檢視，此説是否真的為十九世紀末、二十世紀初國際軍事力量發展的情況，尚待考證，見氏著：〈北洋海軍研究獻芹二題——為甲午戰爭一百二十周年而作〉，《九州學林》，總期 36（2015），頁 147-192。

8　姚名達：《中國目錄學史》（上海：上海古籍出版社，2011 年），頁 7；彼得‧柏克著，賈士蘅譯：《知識社會史》（臺北：麥田出版，2003 年），頁 163-185。

9　有關書籍編目及新詞彙出現與時代互動的關係，見王汎森：〈中國近代思想文化史研究的若干思考〉，許紀霖編：《現代中國思想的核心觀念》（上海：上海人民出版社，2011 年），頁 730。

10　Peter Novick, *That Noble Dream: The "Objectivity Question" and the American Historical Profession* (Cambridge : Cambridge University Press,1988), pp.47-60.

11　有關王先謙的觀點及莊子原文，見莊子〔陳鼓應注譯〕：〈齊物論〉，《莊子今注今譯》（香港：中華書局，2007 年），頁 74-76。

12　劉廣京：〈代序：經世、自強、新興企業——中國現代化的開始〉，劉廣京、周啟榮：〈《皇朝經世文編》關於經世之學的理論〉，劉廣京：《經世思想與新興企業》（臺北：聯經出版事業公司，1990 年），頁 1-24；頁 77-188；王爾敏：〈經世思想之義界問題〉、張灝：〈宋明以來經世思想試釋〉，中央研究院近代史研究所編：《近世中國經世思想研討會論文集》（臺北：中央研究院近代史研究所，1985 年），頁 3-19；頁 27-38；Kwang Ching Liu（劉廣京），"Statecraft and the Rise of Enterprise,"(coll.) in Kwang Ching Liu（Yung Fa Chen)& Kuang-che Pan, *China's Early Modernization and Reform Movement* (Taiwan: Institute of Modern History, 2009), 147；黃克武：〈經世文編與中國近代經世思想研究〉，《近代中國史研究通訊》，第二期（1986），頁 83-96；〈鴉片戰爭前夕經世思想中的槓桿觀念——以《皇朝經世文編》學術、治體部分為例之分析〉，《亞洲文化》，第九期（1987），頁 152-166；林國輝：〈晚清《經世文續編》之研究〉（香港：香港中文大學歷史系碩士論文，1994〔未刊稿〕）；區志堅：〈明代經世文編研究——兼論近人對經世觀念之研究〉，《中國文化研究》，春（1999），頁 92-99。

13　此語轉引自 *Naval Power*, 113. 有關英國海軍的建立及在拿破崙戰役後，扮演了領導歐洲諸國海軍地位的角色和不斷對外擴張的情況，見 Jane Samson, "Imperial

Benevolence: The Royal Navy and the South Pacific Labor Trade 1867-1872," Jane Samson (ed.), *British Imperial Strategies in the Pacific, 1750-1900* (Wiltshire: the Cromwell Press, 2003), pp.265-283。

14　趙翼：〈外番借地互市〉，賀長齡等編：《清經世文編》，卷 83，頁 2032。

15　同上注。

16　姜宸英：〈海防總論擬稿〉，《清經世文編》，卷 83，頁 2033。

17　嚴如煜：〈洋防輯要序〉，《清經世文編》，卷 83，頁 2034-2036。

18　姜宸英〈海防總論擬稿〉，《清經世文編》，卷 83，頁 2034。

19　藍鼎元：〈論南洋事宜書〉，《清經世文編》，卷 83，頁 2040。

20　徐旭旦：〈水師條議〉，《清經世文編》，卷 83，頁 2046。

21　高其悼：〈籌劃速修戰船疏〉，《清經世文編》，卷 83，頁 2048。

22　Lawrence Soundhaus, *Navies of Europe, 1815-2002* (London: Pearson Education,2002), pp.7-19; 參 Joanna Waley-Cohen, "Militarization of Culture in Eighteenth-Century China," Nicola Di Cosom（ed.），*Military Culture in Imperial China* (London: Harvard University Press,2009), pp.334-337.

23　〈鴉片戰爭期間的侵華英艦〉，頁 3-21；有關研究鴉片戰爭時期，清軍船炮質量低劣及海防戰略的失誤，參張建雄、劉鴻亮：《鴉片戰爭中的中英船炮比較研究》（北京：人民出版社，2011 年），頁 333-269。

24　林則徐：〈請改大鵬營制疏〉，葛士濬輯：《皇朝經世文續編》（《近代中國史料叢刊》，第 75 輯），卷 77，兵政十六，頁 1957。

25　林則徐：〈尖沙咀官涌添建炮臺疏〉，《皇朝經世文續編》，卷 77，兵政十六，頁 1960。

26　魏源：〈籌海篇上下〉，《海國圖誌》，《皇朝經世文續編》，卷 78，兵政十七，頁 2005-2009。

27　同上，頁 2009。

28　有關研究《海國圖誌》未受中國朝野學界所重視，卻受到日本軍政界所歡迎，見王曉秋：〈魏源《海國圖誌》在日本的傳播及影響〉，《改良與革命》（北京：北京大學出版社，2012 年），頁 220-235。

29　丁日昌：〈海防條議〉，葛士濬輯：《皇朝經世文續編》（《近代中國史料叢刊》，第 75 輯），卷 101，洋務一，頁 2607-2609。

30　張自牧：〈瀛海論〉上中篇，《皇朝經世文續編》，卷 102，洋務二，頁 2660-2662。

31　姚文棟：〈日本地理兵要例言〉，《皇朝經世文續編》，卷 103，洋務三，頁 2682-2683。

32　樊百川：《清季的洋務新政》（上海：上海書店，2003 年），卷 2，頁 921-1014。

33　丁日昌：〈海防條議〉，《皇朝經世文續編》，頁 2609。

34　有關李鴻章等人於甲午之戰前，未能重視日人軍事力量之觀點，見李國祁：〈清末國人對中日甲午戰爭及日本的看法〉，國立臺灣師範大學歷史研究所編輯：《甲午戰爭一百周年紀念學術研討會論文集》（臺北：國立臺灣師範大學歷史研究所，1995 年），頁 717-724；參 Wayne C. McWilliams, "East Meets East: The Soejima Mission to China,1873," Mark Caprio and Matsuda Koichiro (ed.), *Japan and the Pacific,1540-1920* (England: Ashgate Publishing Limited,2006), pp.199-239。

35　胡林翼〈籌備水師利器片〉，盛康輯：《皇朝經世文編續編》（《近代中國史料叢刊》，第 84 輯），卷 77，頁 1777-1779。

36　曾國藩：〈預籌三支水師疏〉，《皇朝經世文編續編》，卷 77，頁 1781-1785。

37　李元度：〈籌餉之策〉，陳仲奇輯：《皇朝經世文編三編》（《近代中國史料叢刊》，第 76 輯），卷 45，頁 682-683。

38　同上，頁 685。

39　彭玉麟：〈會商海防事宜〉，陳仲奇輯：《皇朝經世文編三編》，（《近代中國史料叢刊》，第 76 輯），卷 46，頁 705。

40　鄭觀應：〈水師〉，陳仲奇輯：《皇朝經世文編三編》，卷 48，頁 726-727。

41　陳璧：〈請整頓船政摺〉，甘韓輯：《皇朝經世文新增時務續編》（《近代中國史料叢刊》，第 85 輯），卷 10，頁 393。

42　邵之棠輯：《皇朝經世文統》（《近代中國史料叢刊》，第 72 輯），卷 80，頁 3329-3349。

43　馬建忠：〈上李伯相覆議何學士奏設水師書〉，《皇朝經世文統》，卷 81，頁 3325。

44　同上，頁 3325-3327。

45　同上，頁 3327。

46　同上，頁 3327-3228。

47　日人闕名：〈論太平洋海軍〉，《皇朝經世文統》，卷 81，頁 3344。

48　日人闕名：〈海軍善後議〉，《皇朝經世文統》，卷 81，頁 3345。

49 日人闕名：〈中國重建海軍宜多儲戰艦變通章程議〉，《皇朝經世文統》，卷 81，頁
    3347。

50 有關研究日本政、學界於甲午戰後，倡代替中國領導東亞的言論，參王美平：〈甲午戰
    爭前後日本對華觀的變遷——以報刊輿論為中心〉，《歷史研究》，第一期（2012），
    頁 143-161。

51 日人闕名：〈中國重建海軍宜多儲戰艦變通章程議〉，《皇朝經世文統》，卷 81，頁
    3346。

52 〔缺作者〕：〈重振中國海軍議〉，何良棟輯：《皇朝經世文四編》（《近代中國史料叢
    刊》，第 77 輯），卷 34，頁 627-628。

53 〔缺作者〕：〈海軍需材論〉，《皇朝經世文四編》，卷 34，頁 629。

54 〔缺作者〕：〈海道用師議〉，《皇朝經世文四編》，卷 34，頁 630-631。

55 〔缺作者〕：〈水師宜慎選統領帶説〉，《皇朝經世文四編》，34 卷，頁 635。

56 同上，頁 636。

57 左宗棠：〈擬專設海防全政大臣〉，《皇朝經世文四編》，卷 34，頁 623。

58 〔缺作者〕：〈論海防〉，《皇朝經世文四編》，卷 34，頁 624。

59 〔缺作者〕：〈今昔海防異勢論〉，《皇朝經世文四編》，卷 34，頁 635。

60 同上，頁 636。

61 同上注。

62 王宏斌：《晚清海防：思想與制度研究》（北京：商務印書館，2005 年），頁 247-
    255。

63 王爾敏：〈鄭觀應之實業救國思想〉，《近代經世小儒》（桂林：廣西師範大學出版社，
    2008 年），頁 187。

64 詳見細田謙藏譯：〈日東海軍司制〉，鄒王賓編：《最新經世文編》（中央研究院近代史
    研究所圖書館藏本），卷 35，頁 20-53。

65 〔缺作者〕：〈日東海軍軍艦所屬表〉，《最新經世文編》，卷 35，頁 55-58。

66 〔缺作者〕：〈英吉利海軍軍艦及分泊各地表〉，《最新經世文編》，卷 35，頁 62-64。

67 〔缺作者〕：〈問中國建立海軍糜費鉅萬，中日之役卒至不可收拾，然海防實為今日急
    務或擬專設海軍大臣一員總制南北洋數省兵輪，前人亦有議及者於海防果有益否〉，
    甘韓、楊鳳藻編：《皇朝經世文新編續集》（《近代中國史料叢刊》，第 79 輯），卷
    14，頁 1107。

68　有關時論，見盧寧：《早期〈申報〉與晚清政府》（上海：上海科學技術文獻出版社，2012 年），頁 105-127。

69　見不著撰人〔吉辰譯注〕：《東巡日記》，收入陳悅主編《龍的航程——北洋海軍航海日記四種》（濟南：山東畫報出版社，2013 年），頁 229。

70　有關西方海權思想傳入中國的情況，見李金強：〈嚴復與清季海軍現代化〉，〈清季十年關於海軍重建之籌議〉，《書生報國——中國近代變革思想之源起》（福州：福建教育出版社，2001 年），頁 105-125、126-129。

71　姚錫光：〈籌海軍芻議〉，張俠、楊志本、羅澍偉、王蘇波、張利民合編：《清末海軍史料》（北京：海軍出版社，2001 年），頁 798。

72　同上，頁 799。

73　王汎森：〈近代中國的線性歷史觀——以社會進化論為中心的討論〉，《近代中國的史家與史學》（香港：三聯書店（香港）有限公司，2008 年），頁 49-108。

第二章
甲午、日俄戰爭以來明治造艦事業的回顧 —— 以《華瀛寶典》為觀察對象

趙雨樂

一、引言

　　日本明治政府以「富國強兵」為維新口號，成功建立先進的海軍，並前後在甲午、日俄兩場戰爭中報捷，邁向亞洲稱霸之路。可以說，近代日本的造艦事業是其國家近現代化過程的一個縮影，它的生產與配套，與明治國策息息相關，也牽動著眾多民間企業的經濟鎖鏈。明治四十四年（1911），日本已佔領了朝鮮，對即將覆滅的晚清中國虎視眈眈，開始拋出各種日清提攜與合邦的論調。由天津大寶報館所編《華瀛寶典》正是此時期的思想產物，它總結日本在戰爭中崛起的經驗，視本國為亞洲各鄰邦當中的先導者，把 40 年來明治的產業分門別類，落力向中國推銷未來產業協作的策略。[1] 這種類於個人自白的表達形式，字裏行間流露著戰勝國的主觀意向，卻同時巨細交代了明治維新時期各地方的產業情況，提供重要的資料觀察。當中即顯示了日本造艦事業是政府重中之重的一環，為達致預計的生產效益，國家管理與民營事業之間有著不可分割的利益關係，充分體現明治時期軍國民精神的全面建構。我們若檢閱該書

相關的明治政要發言，並各種船舶公司的活動歷史，不難發現日本的備戰意識從積極造艦開始，也從戰爭過程中逐步拓展其深遠的海防戰略。

二、近代日本的世界觀與海防戰略

自 1853 年美國培理叩關以來，無論是統治日本的德川幕府，抑或長州、薩摩等地方強藩，通過與外國的接觸與磨合，逐漸明白西方海洋文明的力量，帶來世界權力格局的巨變。鴉片戰爭中，中國一敗塗地，繼而遭受列強的屈辱，對幕末日本而言，在在顯示亞洲各國處於生死存亡的邊緣。日本今後欲尋求生存空間，不得不沿西洋先進之途奮起直追。最後，舉國成功由「尊皇攘夷」發展至「倒幕維新」，循序漸進地開展了富國強兵、殖產興業、文明開化的改革願景。其中，以前二者的關係尤為緊扣，近現代日本國家便是其在對外用兵與內部工業化的相互交織下，步向文明大國的臺階。明治日本近 40 年來的工業化，受惠於 1894 年的中日甲午戰爭與 1904 年的日俄戰爭帶動的兩次產業革命。這些戰事和產業成功的經驗之談，在《華瀛寶典》編集的年代可謂大派用場，其時朝鮮已落入日本之手，滿清政權又搖搖欲墜，中國革命的浪潮日益澎湃。日本肩負興亞的地緣使命，同時以同源的民族文化紐帶，對中國作出各式各樣的提攜呼籲，形成一種表面上中日不得不互為依存，實則欲中國服膺於日本領導的強烈訴求。若檢視當中的成書言論，當發現類似的理據和思路，由日本的軍政界、商界與文化界人士不斷推波助瀾。例如兩國「同文同種」的親善觀念，幾為互相合作的必然主題，明治四十四年為明治政府遞信大臣後藤新平，便為該書寫序曰：

　　華瀛寶典係吾友大寶報館主之所編輯者，上自其歷史的舊緣說
起，下逮於近今兩國之關係。其紹介我國新文明於清國者，可謂至且盡
矣。館主之意蓋欲由是使兩國人益知所愛敬而俱霑東亞文明之惠澤也。
抑繙閱我國千載之歷史，其所負於清國文化者亦不為少，取彼之長成我
之美，其功實有足多者。今君將以我國文明，紹介於清國使為清國新文
明之一臂助，君志之先得我心，喜何如也。且以同文同種之親，其互相
輔助，又何莫非自然之理乎。將見書出世之後，兩國人民，友誼益敦，
交通益密，而國交之親善，貿易之發達，亦將收彰著之良果焉，此余所
馨香禱祝者也。思從來紹介我國勢於清國之書其數不少，然所其記述，
止於一事一物，亘所謂我國現勢之全局，詳細編述者，如此書所未曾觀
也。其勞也，蓋不淺鮮也。迺書所感以應君囑。[2]

　　中日雖謂同文同種，惟何以必有合作之理？況且日本藉生蕃之亂吞併
琉球，又強行對朝鮮用兵，終與中國見戎於甲午戰事，侵佔臺灣及其附
屬島嶼。諸種行徑，中國主事者歷歷在目，若非建基於共同利害關係，
指出兩國於東亞的契合，為應對各國商業競爭的大勢所趨，實難以摒棄
前嫌。所謂唇齒相依，身為貴族院副議長和侯爵的黑田長成，在書中便
特別指出兩者結合的箇中必要：

　　夫通商貿易之發達，世界和平之根本要義也。今各國互相競爭，
各欲謀商工業之發展，故其切望世界和平之永續而不能以已者，實不得
不謂近世之一大現象，東洋和平何獨不然？顧日清兩國之關係，其在往
昔非無有齟齬之憾者，乾餱之愆，鄰舍所不免，鄰國猶是也。然近年
以來，兩國之關係煥然一新，即如名公卿之來往頻繁，紳縉士商之奔走

恐後，兩國民間之歡迎優待，一若無處不表，其親睦之盛情者，兩邦交
誼之日趨親密，於此可見矣。悟既往之不諫，覺今是而昨非，兩國國民
有同感也。自是而後，其使兩國內則努於各產業之開發，外則努於各貿
易之繁盛，其有以貢獻於東洋之和平也明矣。蓋至是，則同文同種之美
名，唇齒輔車之佳諧，始不徒為識者之口頭禪矣。且夫將來兩國之關
係，又豈徒經濟關係已哉？其關係於政治、教育、文學等，凡東洋人文
之發達者，又孰能相背馳而各自為計歟？我霑西化，幸居先進之列，則
昔凡受惠於清國者，今又安得不還報之。清國也，其與歷史的、地理的
友邦相貢獻、相提撕，以維持東亞和平者，豈惟兩國之幸，抑亦世界之
幸也。然而，將來益促進此等氣運而不懈者，更不得不深望於兩國之識
者焉。[3]

從中日兩國的貿易額，以及民間共同經營的事業活動的增長觀之，中
日互相提挈對本國而言帶有根本的利益，但是必涉及何者應為主體，何
者為副的問題。字裏行間，雖然盡量展示和平共容、利益一致、不分軒
輊的原則，[4]但是為了進一步引申善於應付變革的先進國日本，優於和平
進步中的文明中國議題，還是不脫由前者領導後者的主體意識。例如東
京市長尾崎行雄便直接道出因時代的不同，而產生東亞國家領導的需求
差異，日本與中國今後將共同應對東亞地區的新變局，其謂：

所謂清國之平和的文明之時代，世界列國，各振興產業，專於實
業界競爭，又復興文藝，將以表示富強充實。質言之，則欲以中國的文
明包擁世界全般之時運，清國之前途，庶有多乎？清國識者，以從來所
保持其平和的文明之長處，對於將來，實有迫於大可發揮之必要。然戰

鬥預備之周到，或保有對外實力者，必至使國民擔負過重之租稅。故如清國，或惹起內亂而不得完成預定之軍備也無疑。因有要，清國卓識之士，已經執此政策者，實可敬服。蓋清國與兵備完成之國相爭，是不可望之事，而寧在古來平和的進步之優勝者之地位，則宜發揮其特長矣……今也兩國之責務，決非細微，兩兩提撕，於世界之大市面，不可不為大活動。何則將來東洋之天地者，乃列國環視之燒點也。南北兩美及亞非利加等，大略已解決，然絕東亞洲與中央亞洲，共為未解決之國。故今後列國認為不免動搖之處，乃絕東之二帝國，大有所顧慮。處於世界大活動之中，毅然謀國運之發展，不可不有一層鞏固之基礎。是以同種同文之日清兩國，不可不使其密切之關係益深，以期敦厚親交，而平和的基礎，益牢固不拔也。[5]

嚴格而論，中國仍處於動盪的過渡時代，日本已然登和平時代的彼岸。而且，明治政府並不諱言，所謂和平的締造必倚乎強力的軍備，是為武裝的和平時代。[6]中國欲改革有成，宜借鑒日本維新。作為本國會眾議院議員，又是大寶報館長和《華瀛寶典》的編者，松本君平反覆強調日本為東亞和平與保全中國作出了實際貢獻，其謂：

日本之貢獻於兩國和平者，特以保全中國為宗旨是也。甲午戰役之後，自德俄法三國干預於極東政治以來，歐美列國大注目東亞大陸，因爭推擴其政治的勢力。德國於膠州灣，俄國於旅順港，英國於威海衛，法國於廣州灣，各為之根據地，以侵中國之獨立，懷抱伺機而分割之野心。當是時，慮中國之前途，欲防遏之未發，先提倡中國保全而使列國畫諾者，實為日本國也。當時若無此提倡，則列國之勢力，各肆其

耽逐而擾中國之獨立，至今日已開其分割之端，未可知也。日本之所貢
獻於中國國民的存在，亦可謂大也。彼日俄戰役固雖出於日本自衛之必
要，然其實亦無非為中國保全也。故若日本不興懲俄之師，則其南下之
勢力澎湃，奔至衝中國之國基而危其國運者，又洞然可見者也。更如夫
日英同盟、日法協商、日俄協約等現代日本之皇皇於極東外交政者一，
無非於東亞和平與中國保全也。[7]

　　他意識到十九世紀末的歐洲各國已將注意力轉移至極東地區，中國屬
土漸次由德、俄、英、法等列強所據是當中明顯的警號。[8]中日互相依賴
的關係必須更為緊密，才能最終由黃種子孫戰勝來自白人世界的挑戰，
從而扭轉亞洲的命運。日本稱亞洲為「亞細亞」，而且認定中日在劇變
中為當中的兩大主角，在日本方面，亟欲將坐擁天然資源的「富國」中
國，聯繫於改革有成的「強國」日本，進行各種產業開發，從地區富強與
勃興著手，免於列強的侵吞。[9]日本所以號為強國，乃先後在中日甲午戰
爭、日俄戰爭，徹底擊潰強鄰成為亞洲領導，其中均以海戰功績見稱。
因此，在《華瀛寶典》裏，編者每多論述明治維新帶來的軍事成效，其中
對有力抵禦外侮的日本海軍建造過程描畫尤多，反映日人應對東亞變局
下獨特的軍備意識。

三、明治政府與民營企業的造艦計劃

　　日本官方的製艦活動，源於幕府後期的船舶工業，而官辦與民辦的造
艦企業之間，又形成彼此長期協作的夥伴關係，是維新時期產業得以連
鎖與擴充的關鍵所在。在外國的技術協助下，德川幕府先後在長崎和橫

須賀建立具規模的造船工廠。安政四年（1857），長崎熔鐵所開始成立，幕府從荷蘭購進機械，由哈迪斯（H.Hardes）指導組裝，是一所首先擁有冶煉及機器製造等車間的製鐵所。在 1861 年該廠正式完工投產，1871年才歸明治政府的工部省管轄，改稱為長崎製作所。此外，1865 年由法國工程師凡爾尼（Verney, Francois Leonce）構建的橫須賀製鐵所，1872年起由日本海軍省專管，負責製造船舶和各式機械。[10] 明治政府從幕府接管軍事物資及造艦技術，需要龐大的營運開支，大久保利通接任大藏卿以來，深刻體會殖產興業是改革成功與否的關鍵所在。十九世紀七十年代，日本內部改革的方針出現嚴重的分歧：大藏省財政緊縮、官僚家祿削減等主張，加上征韓的暫緩取向，遭到西鄉隆盛為首的參議及部分士族反對，地方內亂漸次蘊釀。[11] 為免政府的事業百上加斤，明治七年（1874）佐賀之亂後，政府開始獎勵民營工業，銳意發展民間財富，以分擔各產業項目的資金。例如 1884 年政府廉價讓予三菱會社，1886 年又將兵庫造船所售給川崎，政府則維持部分軍工廠的營運。1876 年，由橫須賀造船所創製的炮艦「清輝」正式下水，排水量為 897 噸，標誌著日本人自行製艦之始。

　　1875 年明治政府通過較全盤的海軍計劃。擴充海軍的目的，一為建立政府的統制能力，及時應付內部與鄰國的變亂，其次亟欲與國際海洋強國接軌，凡此當與岩倉使節團出訪歐美以還的改革路向，以及經歷 1874 年臺灣之役的實際用兵有關。[12] 日本籌建艦隊初期，鑒於本國製艦工廠規模與技術有限，主要仍向英國訂購戰艦，例如裝甲艦「扶桑」（排水量 3,777 噸）及鐵骨木船「金剛」和「比叡」（各 2,284 噸），都是最早添置的外國戰船。[13] 此外，通過參考各國設計，在本國已有造艦基礎上，陸續在橫須賀造船所建成木殼軍艦「天城」（911 噸）和「磐城」（650 噸）。

在 1883 至 1885 年間，日本軍方先後向英國增購巡洋艦「和泉」(2,967
噸）、「浪速」、「高千穗」(3,709 噸）等多艘戰艦。1885 年，海相西鄉從
道展開第一期海軍擴充計劃，意欲建造 54 艘艦艇，總噸位達 66,300 噸的
海軍規模。1886 年 6 月發行海軍公債 1,700 萬日圓，從法國和日本橫須賀
造船所購建排水量同是 4,278 噸的海防艦「岩島」、「松島」和「橋立」等
日本三景艦。1890 年，海相樺山資杞提出於 7 年內建成 12 萬噸艦艇，並
從英國購入巡洋艦「吉野」。這些軍艦設置，皆構成日本海軍的中核力
量。在甲午戰爭以前，日本海軍已擁有 31 艘軍艦和 24 艘魚雷艇，總排水
量達 61,373 噸，另備建造中的 6 艘軍艦和 2 艘魚雷艇，排水量亦達 33,330
噸。[14]

　　明治政府兼取對外購艦與本國製艦的二元途徑，迅速擴展其海軍規
模，有意鼓勵本國造艦事業，以期與國際水平看齊，凡此涉及國內龐大
的生產與整合方式。例如德川幕府時期位於長崎飽浦的三菱，還是主要
以修理船隻為業，明治維新以後初歸工部省管理，政府即購取對岸小管
的船架，改建為 400 餘呎的船塢，開始了小型的造船事業。明治初年，
岩崎彌太郎開辦郵便汽船會社經營海運事業，明治十八年（1885）與共
同運輸會社合併為日本郵船會社，又設三菱會社專責岩崎家所有經營
事業。其時，政府以廉價售予三菱會社，致力由民間資本發展企業，
明治二十二年（1889）以降才正式以民力創辦造船工廠，於立神試辦鋼
製輪船。隨著世界海運業務的發達，公司在明治二十六年改組為三菱合
資會社，不斷增資擴容，其造船事業得到長足的發展。明治二十七年
（1894），三菱延長立神船塢至 500 餘呎的廠房，兩年後延伸興築 370 餘呎
的第二所船塢。明治三十八年（1905），700 餘呎的第三所船塢宣告竣工，
開始承辦 8,000 噸至 13,000 噸的輪船建造。此外，又更新飽浦機關工廠、

立神造船工廠的製造技術，購買巴遜斯式（Parsons）達頻在亞洲的專利權，開辦達頻工廠。此後，三菱在長崎船廠總部以外，另闢地十萬坪建立神戶三菱造船廠，先後建築兩大浮船渠，為 7,000 噸至 12,000 噸的造船提供場地，成為製造小型船艦的重要基地。以廠房的總面積計，由 1884 年的 36,000 餘坪，逐步擴展至 1911 年的 14 萬坪，成功晉身世界最大造船工廠之列。[15] 明治三十九年（1906），三菱製成了「白露」、「白雪」、「白妙」、「水無月」和「松風」5 艘同級的驅逐艦，奠定日本商社自製戰艦的能力。

與三菱並肩共事明治政府的民間商企，還有川崎造船所。明治十九年（1886），川崎正藏撥出巨款向官方贖收該廠以後，便開展了神戶的造船事業。明治二十九年（1896），始按照日本商法，定出股份制的株式會社，由松方幸次郎為總董事，自是積極擴展規模，增添現代化工廠設備，分別購取宮原氏所創水管式汽罐，以及用於蒸汽力旋動汽機的美國噶知斯氏達頻等各種專利。它與三菱造船的方針略有不同，除於國內建造官商訂購的船舶外，也承接外國的各種船艦訂單，例如「清國政府委辦製造兵艦、魚雷艇等，實在東亞同業工廠中以該公司為嚆矢，其餘係海外各國官府之承造兵艦、驅逐艦、魚雷艇、快走船及各種船舶等，其數多已經造成游弋，各埠者亦不尠，是為日本造船事業之一大進步」。[16] 粗略統計，時至 1911 年，該公司共有專門技師 700 餘人，工學博士 8 名，工學士 100 多名，工匠共萬餘人，堪稱日本造船業大王。在神戶的本廠佔地約 273 畝，還有兵庫分工廠約 134 畝，上海分工廠約 87 畝。通過 11 個造船臺，分別生產 500 噸、3,000 噸、5,000 噸、14,000 噸、20,000 噸以下的各種船隻，並按工序分成鑄鐵廠、鑄鋼廠、機器廠、器具廠、電器廠、鋸木廠、現圖廠、模型廠、銅廠、製罐廠、鐵匠廠、整造廠、水雷

廠等等。日本較小型的兵艦，如 381 噸的驅逐艦「春風」、「初春」、「時雨」、「朝風」，通報艦「淀號」，一級魚雷艇「鵠號」，以至清政府炮艦，如「楚謙」、「楚泰」、「楚有」、「楚同」、「楚觀」、「江亭」、「江利」、「江元」，二等魚雷艇「湖鴻」、「湖鶚」，都是其廠生產的。

像三菱、川崎這樣的大型長崎造船所，只反映官民參與製艦事業的較顯著部分，其實不少從事軍工製鐵的商企，或經營航運事業的公司，在明治政府的扶持引導下，已從事商業與軍事元素兼具的船艦生產，逐步從所需的原材料入手，實現在地生產與整裝的全盤技術。以若松製鐵所為例，其經營者有以下的回顧：

> 我若松製鐵廠者，自軍械原料迄國有鐵路材料及造艦材料皆供給之，其所貢獻於軍器獨立殊多。如夫二萬餘噸之巨艦「河內」，其製鐵部分之造艦材料悉係本製鐵廠所供給。今也，世界海軍中除英、美之一二巨艦外，我國最近將更建造最大兵艦，為東洋和平計，誠為可喜。軍器之能獨立，誠一國之慶也，即該艦之特長為其材料不用外國品之一事，兵艦「河內」之姊妹艦「攝津」亦同蓋此。二大兵艦，因我國材料與我國技術而雄飛於海面者，其驚倒世界無疑也。顧帝國兵艦，自明治十年建造木質「天城」九百一十噸，十一年建造木質「磐城」六百六十七噸，嗣來建造「秋津」、「須磨」、「明石」、「新高」、「對馬」、「音羽」、「八重山」「千早」等諸兵艦，近年又建造「生駒」、「筑波」各一萬三千七百噸，「伊吹」、「鞍馬」各一萬四千六百二十噸之一等裝甲巡洋艦及「薩摩」、「安藝」各一萬九千三百五十噸。其成績不劣於歐美過去三十年間造艦術之進步，實有驚者也矣。[17]

　　明治二十六年（1893），由工業家平野富二籌辦的東京石川島造船所，本來只是一處暫租 10 年的民營造船小廠，翌年在明治政府的指導下，加快了轉型的步伐。考其經歷，乃由於「明治二十七年（1894），依海軍省特命承辦速射炮彈削成添置工廠及機器，同年依東京電燈公司定做製造發電機器，是為日本製造最大發電機器之始。明治二十六（1893）年九月加增資本金十七萬五千圓為二十五萬圓，更擴大船渠，而至二十八年（1895）十二月加增資本為五十萬圓，至三十年（1897）三月又增為一百萬圓，其事業日進月盛，益趨發展之境」。[18] 由 1893 至 1907 的十數年間，石川島造船事業的資本擴展接近六倍，說明了日本民營船舶事業通過政府對外戰事的準備獲得大量所需的海上軍工訂單，自中日甲午戰爭爆發，到日俄戰爭結束，藉軍需刺激經濟產業的向上勢頭從未停止。此外，明治十四年（1881）美國理學士範多龍太郎草創的大阪鐵工所，經過三年時間開鑿了第一號路渠，明治二十二年（1889）開始生產木船。值得注意的是，「日清戰役後，隨事業之勃興，改築增設各科工廠以推廣其規模」。[19] 至明治三十三年（1900），已分別於櫻島建立設備新式的造船廠，可架最大船舶 5,000 噸，在安治川設立鐵管鑄造工廠，又設分工廠於臺灣基隆，不斷朝縱深的產業方向發展。明治三十八年（1905）在大阪築港的擴容工程，工廠總佔地 68,955 坪，技術工人共 4,500 人。1907年下水的「朝露」、「疾風」等驅逐艦，均為大阪鐵工廠參與軍艦建造的代表作。

　　此外，一些經營亞、歐航線的輪船公司，因應對外戰爭的需要，也逐步建立運兵運糧的船舶設施，充當戰事中後勤、補給的重要輸送紐帶。例如創辦於明治十八年（1885）的日本郵船株式會社，前身乃由兩間民營公司合併而成，由於得到政府保護，船隊由 58 艘共 64,365 噸，經過二十

世紀頭十年，已迅速發展至 89 艘共 35 萬噸的規模，性質也逐漸由郵政服務，擴展至戰時輸送與補助巡洋艦。其公司並不諱言，最大的貢獻有二，「一為日清戰後之際日本軍隊輸送之事，一為日俄戰役之時，凡一百萬人軍隊及糧餉輸送之事」，並強調「當於此國家多事之秋，若非該公司之援助，又非該公司之船舶預備，則國家不能得此偉大之成功與安全也」。類此的發展形態見於又如大阪商船株式會社，成立之初乃鑒於「郵便物之搬運多迂迴陸地，徒費時日，該公司定期航程告成之後，由其船隻而運至者漸多。今也，為郵便物運送機關而其責更得服務各般軍，成益重大矣」。這裏所說的軍務，也就是「於日清戰役、北清事變及日俄戰役等時，率先提供軍用船或為軍需品之搬運或服通信傳命之務，為軍港及航程嚮導或膺水雷敷設、水路勘測、兵馬輸搬等職，或為假裝巡洋艦及炮艦，而適切充實軍用，以為稍盡軍國民義務至引為榮」。[20] 單是日俄戰役之際，該公司出動船隻 73 艘，凡 78,800 餘噸以供軍需，並曾捕獲敵船 10 艘。

　　明治時期以來，日本三大輪船公司中，以上述日本郵船株式會社和大阪商船株式會社發跡最早，其間莫不參與明治時期的軍需補給事務。其民營軍用的戰時調協作用，造就公司不斷增資，成功開闢廣泛的歐亞航路事業。事實上，明治日本的商船為政府一時採用的輔助習慣，也使該等商人有著特殊身分，某程度參與了軍事情報資訊的討論。好像明治二十三年（1890）十一月以栖川宮威仁親王為總裁的帝國海事協會正式成立，專門從事日本內外海事的紛爭調查與監督仲裁。其中理事長由海軍中將擔任，理事中除文部大臣、貴族院議員，並銀行總代表外，日本郵船公司及三菱公司的董事均在任命之列，軍事協作的商業色彩已然濃厚。[21]

　　在明治晚期，位於日本不同地區的海軍工廠均有明顯的劃定，大致以

政府為生產主導，商企為配合角色。明治海軍由於置鎮守府於橫須賀、吳、佐世保、舞鶴及旅順等軍港，順理成章在此等海軍要衝生產軍艦及物資所需。相較橫須賀、佐世保、舞鶴三個海軍工廠，1903 年日本海軍牽頭改組的吳海軍工廠的規模最大。《華瀛寶典》中詳載軍艦及驅逐艦的「附表」所見，吳海軍工廠合併自小野濱造船所後，各種先進設備技術，足以製造多種戰艦，好像三等巡洋艦「對馬」和二等炮艦「宇治」都在日俄戰爭前完成。戰後更將生產推拓至大型戰艦，如「鞍馬」、「伊吹」、「筑波」、「生駒」，都是該廠上萬噸的戰艦，「安藝」的下水，標誌該廠有能力生產最大戰艦，噸位直逼 2 萬，馬力達 24,000 匹。1905 至 1910 年間，吳海軍工廠，連同橫須賀、佐世保、舞鶴等三間海軍工廠，並有民營的三菱造船所、川崎造船所、大阪鐵工廠，共同生產一款只有 381 噸的驅逐艦，以其船體輕盈而火力又足的優點，於各軍港執行游弋監控的任務。由此可見，日本軍民共建的造艦事業，存在著多重的配搭形式，以應付海軍的擴充要求。[22]

四、1868 至 1911 的艦隊陣容：擊敗中、俄的戰爭資本

明治時期育成的製艦事業，與日本長期策略的對外擴張步伐互為表裏，它又與明治政府的海軍部門的重組發展，有著共同的規劃目標，因而存在由上而下的強烈指導作用。《華瀛寶典》闡述日本政治與戰艦編隊，不忘把兩者關係連繫起來，以作溫故知新，其謂：

> 明治元年（1868），置海陸軍務課，嗣改為海防事務局，更改為軍務官。明治二年（1869），廢軍務官置兵部省統督海陸軍務。明治五年

（1872），廢兵部省置海軍、陸軍兩省，各使統轄其所管軍務。其後，海軍官制及組織之更革不一，艦艇之加增備置亦逐漸進步，以圖國防之充實捨是無他道也。

　　茲就現今規制之一斑觀之，即海軍依憲法條規，天皇統帥之海軍大臣輔弼天皇，列於內閣，又於海軍省管理海軍軍政，統督海軍軍人軍屬，監督隸屬各部，以負其責成。海軍軍令部長以海軍大中將任焉，直隸於天皇而參帷幄之樞密，籌劃所有國防兵備等事。經天皇親裁之後，移牒於海軍大臣奉行之（在戰時則於天皇大纛下置大本營任統帥事務），而置鎮守府於各軍港，置要港部於各要港，常備艦隊於須要之海洋，是皆任於軍令之行使，又受海軍大臣之指揮，辦理所管軍政事宜。[23]

　　海軍官制及組織之名目變更繁複，並非文中理清的要點，惟 1872 年隨兵部省廢置後，海軍省作為與陸軍省對峙的重要地位，便長期站在國家防衛的前沿。明治海軍在 1884 年建立「海軍省軍事部」，1893 年正式成立「海軍軍令部」，陸軍省的參謀本部則在 1878 年獨立出來，形成海陸軍軍事行政與軍令的分離。依照明治憲法，於天皇統帥之下，海軍大臣為內閣的必然成員，責成海軍省平日的內部軍政工作。惟在重要戰爭期間，天皇親自任命海軍將領為海軍部長，參與大本營的軍機，並直接發軍令指揮各鎮守府及要港的艦隊，不對內閣與國會負責。軍令部長在戰爭期間，擔當聯合艦隊總司令的直屬長官，決定作戰的目標。[24]1874 年的「征臺之役」和 1875 年的「江華島事件」，日本憑籍海路戰線出兵，以海軍為後盾，首先獲得外交上的勝利。在對外衝突中，海軍能否施行制海能力，往往是成敗因素所在，較諸陸軍的登陸推進尤為快捷。鑒於

中國在自強運動中初步建立具戰鬥實力的北洋海軍，日本政府亦急起直進，在 1890 年代推出第一次海軍計劃，其海軍建設的假想敵實為李鴻章的北洋海軍，一直希望在軍事的冒險中擊敗此東方古老帝國。[25]

誠如學者指出，標誌著甲午戰爭勝敗的中日黃海艦戰，以日本派出的戰船能力估計，在航速及發炮的靈活性而論當取得相對優勢，卻無必勝的把握。黃海之戰，由突發的對決開始，北洋艦隊尚在鴨綠江口進行運兵階段，即草率成隊應付日方的奇襲，實未發揮正常軍事演練的效果。[26] 在中日對決當中，日本全國軍艦共 28 艘，57,000 多噸，最大戰艦為 4,000 噸。清軍四個水師有軍艦 82 艘，總計 80,000 餘噸，其中北洋水師已有軍艦 20 餘艘，40,000 餘噸，最大主力艦達 7,300 噸。而旅順、威海等要塞經營多年，海防能力並不遜色。日本的勝利的關鍵繫於經常處於備戰的嚴謹狀態，並因應特殊的水域地理，施以長期訓練有素的靈巧戰略。縱然在錯誤的偏差中得以迅速糾正，[27] 日軍仍能組織作戰隊形，凡此與編制和變陣的演練關係殊深。[28]

十九世紀末葉以降，日本漸臻國際戰艦的組織規模，形成具備大口徑的裝甲戰艦，並由快速航行的巡洋艦和善於突擊的魚雷艇作游弋掩護。從《華瀛寶典》關於明治艦船的資料可見（詳見本文「附表」），至 1911 年為止，以前甲午戰爭中參與過的戰艦，有「岩島」、「橋立」、「浪速」、「高千穗」、「千代田」、「比叡」各艘尚在服役，按排水量的噸數依次編入二等巡洋艦、三等巡洋艦、三等海防艦、二等炮艦的系列中。戰後被俘的中國主力艦「鎮遠」以 7,335 噸，在甲午時期與「定遠」艦號為海軍王牌，至此只納為一等海防艦，戰鬥力已被上萬噸的一等巡洋艦和戰艦超越，這是日本由第一代戰艦過渡至第二代戰艦的必然趨勢。日俄戰起，它被編入聯合艦隊的第三艦隊第五戰隊當中，本隊隊次分別是旗艦「橋

立」，巡洋艦「嚴島」、「松島」，裝甲巡防艦「鎮遠」和通報艦「八重山」。至於「濟遠」、「鎮東」、「鎮西」、「鎮南」、「鎮北」、「鎮中」、「鎮邊」、「福龍號」等，均按不同等次歸入了日本海軍，主要服役於國內。

　　日本從甲午戰爭中取得二萬萬兩的賠償資金發展國內工商業，此金額等於其時日本國家財政四年歲入的總和。同此，因款項巨額的流入，確立日本金本位的貨幣制度，成功拓展融資的渠道。在中國長江沿岸和新佔的朝鮮與臺灣等商業市場，地方提供了尚佳的勞動力和生產資源。明治第一次產業革命，在 1890 年代全面啟動，除銀行、鐵路、棉紗紡織等範疇具有相當突出的表現以外，軍需上的鐵鋼，因獲得中國大冶鐵礦的獨佔經營權。加上 1897 年國營八幡製鐵所成立，鋼鐵生產步伐加速。1899 年後官辦的軍事工業於生產值上已較民營工業更為龐大。上述鋼製的趨勢反映於明治海軍，是鋼鐵冶煉技術的不斷提升，陸續出現排水量更大的自製鋼艦，徹底取締初代「鐵骨木皮」的小型戰船。據《華瀛寶典》對此時期造艦的記述，續有國產的「須磨」、「明石」、「新高」、「音羽」等鋼甲艦面世，船體排水量提升至 3,000 噸左右。這些戰艦大多製成於 1895 至 1904 年之間。這反映三國干涉迫還遼東半島，是日本軍民奮起產業革命的前奏，因而在戰後積極通過日本海軍第一期擴軍方案，作為未來對俄實力比拚的準備。[29] 事實上，1904 年的日俄戰爭以後，日本遂由輕工業為重心的第一次產業革命，漸次推向以重工業為中心的第二次產業革命。

　　倘若說日本對朝鮮至遼東地理形勢的軍事熟悉，造就了甲午戰爭的全勝，日俄戰爭則更能說明日方對沙俄東方據點及波羅的海艦隊的精確估算。兩次戰爭相類之處，在於日軍在陸路方面幾陷於苦戰，派駐旅順半島的兵力常處於包圍與突圍的拉鋸戰中，最後須由海軍一決勝負，戳

破軍事悶局。[30] 日俄戰爭時，日本海軍實力擁有一等戰艦「朝日」、「三笠」、「初瀨」、「敷島」、「富士」、「八島」等 6 艘，共 84,960 噸；一等巡洋艦「淺間」、「常磐」、「出雲」、「磐手」、「八雲」、「吾妻」等 6 艘，共 57,953 噸；二等戰艦「鎮遠」、「扶桑」2 艘，共 10,938 噸；二等巡洋艦「笠置」、「千歲」、「嚴島」、「松島」、「浪速」、「橋立」、「高砂」、「吉野」、「高千穗」9 艘，共 37,872 噸；水雷母艦「豐橋」1 艘，4,055 噸；三等巡洋艦「新高」、「對馬」、「秋津洲」、「音羽」、「和泉」、「明石」、「須磨」、「千代田」8 艘，共 23,671 噸；三等海防艦「濟遠」、「金剛」、「比叡」、「筑波」、「高雄」、「天龍」、「海門」以下 10 艘，共 16,596 噸；一等炮艦「平遠」、「筑紫」2 艘，共 3,500 噸；二等炮艦「天城」、「磐城」、「大島」以下 9 艘，共 5,391 噸；通報艦「八重山」、「宮古」以下 4 艘，共 5,444 噸。上述艦隊總數 57 艘，合計 251,730 噸。另有驅逐艦「春雨」、「速島」、「朝潮」、「村雨」以下 19 艘，共 6,521 噸；水雷艇「小鷹」、「四十一號」、「四十八號」以下 76 艘，共 6,430 噸。總計 152 艘，264,681 噸。尚有新購一等巡洋艦「春日」、「日進」2 艘，15,256 噸。

　　1904 年 2 月 9 日，日本聯合艦隊突襲停泊在旅順口內的俄國艦隊，使俄國太平洋艦隊幾乎失去了戰鬥能力。奇襲得逞以後，聯合艦隊司令官東鄉平八郎採納了海軍中校有馬良橘閉塞旅順口的作戰方案，終於在 5 月成功閉塞。俄國大型戰艦不能進入旅順口，基地頓時喪失作戰及補給功用，旅順港內的俄國太平洋第一艦隊幾成活靶，包括「巴拉達」（Pallada）和「波必達」（Pobieda）均被擊沉。日本聯合艦隊得到制海權，進而掩護第二軍登陸，又在對馬海峽徹底擊毀俄國後援的第二太平洋艦隊，奠定日俄戰爭的勝利關鍵。[31] 1905 年 5 月，雙方海軍進入對決階段，由於日本準確預測俄支援艦隻的航道，日本聯合艦隊使用獨特

的「T」型戰法壓迫俄艦的航道，同時使用強力穿甲彈集中炮擊三行
俄艦排頭的「蘇沃洛夫」（Suvorov）、「奧勒爾」（Orel）、「波羅丁諾」
（Borodino）等三艘主力戰列艦。結果，負傷的艦隊司令羅日傑斯特文斯
基（Rozhodestvensky）和艦上官兵移至他艦，在日艦猛攻下，「亞歷山大
三世」（Alexander III）、「納瓦林」（Navarin）、「西索依·維利基」（Sisoy
Veliki）等被擊毀，最後連旗艦「蘇沃洛夫」遭兩次魚雷擊中沉沒，俄艦
遂徹底潰敗。[32] 是次海戰，俄國第二太平洋艦隊 2/3 的艦隻被殲滅，日方
僅損失 3 艘魚雷艇而已。

　　日俄戰爭以後，日本的軍艦工業邁向另一階段。1890－1895 年間，
日本只能自製水雷艇，其他艦隻概由外國購入，單以 1894－1903 年之
間，購入軍艦噸數佔全體艦船 92.3%，國內製造只佔 7.7%。1904－1913，
自製軍艦竟躍至 80%，10 年之間鋼甲艦的生產力增強了 10 倍，凡此日本
與俄國一戰，以發行大量國債和推動戰爭重工為資本主義社會發展的手
段，戰勝國日本再次得到賠款及俄國手上的遼東控制權，一併擴展在朝
鮮、臺灣等產業資源、勞動力及生產場地。「附表」所見的戰艦，反映了
日本近半世紀層累造成的軍事成果，不但顯示著本國製艦技術與規模的
提升，也包括海軍通過兩次戰爭，即甲午清日戰爭、日俄戰爭的海上戰
利品，有意炫耀其亞洲稱霸的心態。例如「石見」、「丹後」、「津輕」、「宗
谷」、「沖島」、「松江」，均為世紀之間生產於俄國，本屬於波羅的海艦
隊及改組後的太平洋艦隊一員，最後均為日本軍艦字號，對俄國而言，
不能不說是戰爭屈辱。日本更是藉《華瀛寶典》的編纂，將其展現於中國
大眾面前，以資時代鑒識。

五、結論

明治末年，《華瀛寶典》終於編集成書，日本經過近半個世紀的現代化，成功躍為直追歐美的強國，並舉全國之力，從實際的軍事對決中擊倒中國和俄國等東亞沒落帝國。這種戰勝國的榮耀光環，令日本逐步展現對外的擴張野心，試圖在 1909 年吞併朝鮮後，繼續將視線轉移至分崩離析的滿清王朝。打出日中提攜論的好處是，既可避免即時觸及列強在華利益的敏感神經，又可以鄰國同文同種之義，進行軟性的外交攻勢。蓋其時英、美、法、德等國，無一不在計量動盪中國可能出現的政治走向。儘管同盟會在歷次起義中取得一些武裝經驗，但直至辛亥革命前夕，在晚清親王和袁世凱的領導輔助下，清政府仍代表著中國的正統管治。清政府與明治日本的關係，雖未至於如日本所言臻於「水乳交融」，但觀乎二十世紀初以來日本文明向中國輸出的事實，明治維新的各項進步內容，於政府憲法、教育學制、文藝思潮、經濟貿易等環節，均無疑為中國留學日本的知識分子的吸收對象，兩者地緣文化的相互結連因素，處於與日加強的態勢當中。

中國曾受辱於日本戰艦，卻迅速從富國強兵的國家層次積極學習對手優點，反映了晚清志士在國際舞臺的存亡問題上，逐漸開展了更寬廣的圖強心志，由此對日本戰勝俄國，也抱持著亞洲黃種戰勝歐洲白種的地區認同心理。[33] 這些微妙而複雜的情結，以及日中主客的獨特環境，多少可以解釋《華瀛寶典》在編彙過程中，往往由日方官僚政客的觀點主宰，以精神導師的地位，強烈宣揚日本在對外戰鬥中取得的建樹，並赤裸裸地向中國標示明治海軍的組建規模，以期達致使中國信服的心理。若果說「日朝合邦論」最終引發朝鮮志士刺死監督伊藤博文，則「日清提攜

論」提出之際，日本當充分考慮箇中可能產生的民族反感，因而更多強調雙方各取所需，互相尊重的客套術語。書中對強調日清和合的同時，不忘力闢對中日邦交不利的政治猜疑，文意剛柔並施，可謂用心良苦。[34] 日本下級武士出身的板垣退助，曾以爭取民權為目的成立自由黨，一旦進入政府母體，逐漸轉化為維護國權論者，力陳日中合璧之美事，以圖左右中國外交上的親疏，凡此亦反映日本軍政界與文化界的微妙結合。[35] 我們從該書散見的資料中，當發現屢建奇功的日本海軍，一由政治有計劃地逐步打造，亦由民間企業於非常時期投入大量的協作。它不但展示日本明治維新的強兵一面，也預示著類此由軍事工業而帶動的經濟產業革命，包含高度的博弈成份，日後因著戰爭的敗退，迅速朝向崩解的局面。

附表：「明治時期海軍要艦一覽表」*

艦名	艦種	製造地	下水年月日	船材	排水量（噸）	馬力（匹）
安藝	戰艦	吳	明治四十四年四月十五日	鋼	19,800	24,000
薩摩	戰艦	橫須賀	明治三十九年十一月十五日	鋼	19,350	17,300
鹿島	戰艦	英	明治三十八年三月二十三日	鋼	16,400	15,600
香取	戰艦	英	明治三十八年七月四日	鋼	15,950	15,207
三笠	戰艦	英	明治三十三年十一月十八日	鋼	15,362	15,207
朝日	戰艦	英	明治三十二年三月十三日	鋼	14,765	15,207
敷島	戰艦	英	明治三十一年十一月一日	鋼	14,580	14,700
石見	戰艦	俄	明治三十五年	鋼	13,516	16,500
肥前	戰艦	美	明治三十三年	鋼	12,700	16,000
相摸	戰艦	美	明治三十一年	鋼	12,674	14,500

（接上）

艦名	艦種	製造地	下水年月日	船材	排水量（噸）	馬力（匹）
周防	戰艦	美	明治三十三年	鋼	12,674	14,500
富士	戰艦	英	明治二十九年三月三十一日	鋼	12,649	13,678
丹後	戰艦	俄	明治二十七年	鋼	10,960	11,000
鞍馬	一等巡洋艦	橫須賀	明治四十年十月二十一日	鋼	14,600	22,500
伊吹	一等巡洋艦	吳	明治四十年十一月二十一日	鋼	14,600	24,000
筑波	一等巡洋艦	吳	明治三十八年十二月二十六日	鋼	13,750	20,500
生駒	一等巡洋艦	吳	明治三十九年四月九日	鋼	13,750	20,500
淺間	一等巡洋艦	英	明治三十一年三月二十二日	鋼	9,885	18,248
常磐	一等巡洋艦	英	明治三十年七月六日	鋼	9,885	18,248
出雲	一等巡洋艦	英	明治三十二年九月十九日	鋼	9,826	14,700
磐手	一等巡洋艦	英	明治三十三年三月二十九日	鋼	9,826	14,700
八雲	一等巡洋艦	德	明治三十二年七月八日	鋼	9,735	15,500
吾妻	一等巡洋艦	法	明治三十二年六月二十四日	鋼	9,426	16,600
阿蘇	一等巡洋艦	未詳	明治三十三年	鋼	7,800	17,000
春日	一等巡洋艦	伊	明治三十五年十月二十二日	鋼	7,700	14,696
日進	一等巡洋艦	伊	明治三十六年二月九日	鋼	7,700	14,696
津輕	二等巡洋艦	俄	明治三十二年	鋼	6,630	11,600
宗谷	二等巡洋艦	俄	明治三十二年	鋼	6,500	20,000
笠置	二等巡洋艦	美	明治三十一年一月二十日	鋼	5,503	17,235
千歲	二等巡洋艦	美	明治三十一年一月二十一日	鋼	4,992	15,714
嚴島	二等巡洋艦	法	明治二十二年七月十八日	鋼	4,278	5,400
橋立	二等巡洋艦	橫須賀	明治二十四年三月二十四日	鋼	4,278	5,400

艦名	艦種	製造地	下水年月日	船材	排水量（噸）	馬力（匹）
利根	二等巡洋艦	佐世保	明治四十年十月二十四日	鋼	4,100	15,000
浪速	二等巡洋艦	英	明治十八年三月十八日	鋼	3,709	7,604
高千穗	二等巡洋艦	英	明治十八年五月十六日	鋼	3,709	7,604
新高	三等巡洋艦	橫須賀	明治三十五年十一月十五日	鋼	3,420	9,400
對馬	三等巡洋艦	吳	明治三十五年十二月十五日	鋼	3,420	9,400
秋津洲	三等巡洋艦	橫須賀	明治二十五年七月七日	鋼	3,172	8,516
音羽	三等巡洋艦	橫須賀	明治三十六日十一月二日	鋼	3,000	10,000
和泉	三等巡洋艦	英	明治十六日	鋼	2,967	5,576
明石	三等巡洋艦	橫須賀	明治三十年十一月八日	鋼	2,800	8,000
須磨	三等巡洋艦	橫須賀	明治二十八年三月九日	鋼	2,700	8,500
千代田	三等巡洋艦	英	明治二十三年六月三日	鋼	2,439	5,678
壹岐	一等海防艦	俄	明治二十一年	鋼	9,594	8,000
鎮遠	一等海防艦	德	明治十五年	鋼	7,335	6,000
見島	二等海防艦	未詳	明治二十七年	鋼	4,960	6,000
沖島	二等海防艦	俄	明治二十九年	鋼	4,126	6,000
松江	三等海防艦	俄	明治三十一年	鋼	2,550	1,500
比叡	三等海防艦	英	明治十年六月八日	鐵骨木皮	2,284	2,525
高雄	三等海防艦	橫須賀	明治二十一年十月十五日	鐵骨木皮	1,778	2,332
葛城	三等海防艦	橫須賀	明治十八年三月三十一日	鐵骨木皮	1,502	1,622
大和	三等海防艦	小野濱	明治十八年五月一日	鐵骨木皮	1,502	1,622

（接上）

艦名	艦種	製造地	下水年月日	船材	排水量（噸）	馬力（匹）
武藏	三等海防艦	橫須賀	明治十九年三月三十日	鐵骨木皮	1,502	1,622
赤城	二等炮艦	小野濱	明治二十一年八月七日	鋼	622	963
宇治	二等炮艦	吳	明治三十六年三月十四日	鋼	620	1,000
伏見	二等炮艦	英	明治三十九年八月八日	鋼	180	800
隅田	二等炮艦	英	明治三十六年十二月五日	鋼	126	680
姊川	通報艦	英	明治三十一年	鋼	11,700	12,500
滿洲	通報艦	未詳	明治三十四年	鋼	3,916	5,000
鈴谷	通報艦	德	明治三十三年	鋼	3,000	18,000
八重山	通報艦	橫須賀	明治二十二年三月十二日	鋼	1,609	5,400
最上	通報艦	三菱造船所	明治四十一年三月二十五日	鋼	1,350	8,000
千早	通報艦	橫須賀	明治三十三年五月二十六日	鋼	1,263	6,000
淀	通報艦	川崎造船所	明治四十年十一月十九日	鋼	1,250	6,500
龍田	通報艦	英	明治二十七年四月六日	鋼	864	5,069
韓崎	水雷母艦	英	明治二十九年	鋼	10,500	2,300
豊橋	水雷母艦	英	明治二十一年十二月	鋼	4,120	1,870
春雨	驅逐艦	橫須賀	明治三十五年十月三十一日	鋼	381	6,000
村雨	驅逐艦	橫須賀	明治三十五年十一月二十九日	鋼	381	6,000
朝露	驅逐艦	橫須賀	明治三十六年四月十五日	鋼	381	6,000
有明	驅逐艦	橫須賀	明治三十七年十一月十七日	鋼	381	6,000
吹雪	驅逐艦	吳	明治三十八年一月二十一日	鋼	381	6,000

艦名	艦種	製造地	下水年月日	船材	排水量（噸）	馬力（匹）
霰	驅逐艦	吳	明治三十八年四月五日	鋼	381	6,000
初霜	驅逐艦	橫須賀	明治三十八年五月十三日	鋼	381	6,000
潮	驅逐艦	吳	明治三十八年六月十八日	鋼	381	6,000
神風	驅逐艦	橫須賀	明治三十八年七月十五日	鋼	381	6,000
彌生	驅逐艦	橫須賀	明治三十八年八月七日	鋼	381	6,000
子日	驅逐艦	吳	明治三十八年八月三十日	鋼	381	6,000
如月	驅逐艦	橫須賀	明治三十八年九月六日	鋼	381	6,000
朝風	驅逐艦	川崎造船所	明治三十八年十月二十八日	鋼	381	6,000
夕暮	驅逐艦	佐世保	明治三十八年十一月十七日	鋼	381	6,000
若葉	驅逐艦	橫須賀	明治三十八年十一月二十五日	鋼	381	6,000
春風	驅逐艦	川崎造船所	明治三十八年十二月二十五日	鋼	381	6,000
追風	驅逐艦	舞鶴	明治三十九年一月十日	鋼	381	6,000
白露	驅逐艦	三菱造船所	明治三十九年二月十二日	鋼	381	6,000
初雪	驅逐艦	橫須賀	明治三十九年三月八日	鋼	381	6,000
時雨	驅逐艦	川崎造船所	明治三十九年三月十二日	鋼	381	6,000
夕立	驅逐艦	佐世保	明治三十九年三月二十六日	鋼	381	6,000
響	驅逐艦	橫須賀	明治三十九年三月三十一日	鋼	381	6,000
朝露	驅逐艦	大阪鐵工所	明治三十九年四月十一日	鋼	381	6,000

（接上）

艦名	艦種	製造地	下水年月日	船材	排水量（噸）	馬力（匹）
白雪	驅逐艦	三菱造船所	明治三十九年五月十九日	鋼	381	6,000
初春	驅逐艦	川崎造船所	明治三十九年五月二十一日	鋼	381	6,000
疾風	驅逐艦	大阪鐵工所	明治三十九年五月二十二日	鋼	381	6,000
三日月	驅逐艦	佐世保	明治三十九年五月二十六日	鋼	381	6,000
野分	驅逐艦	佐世保	明治三十九年七月二十五日	鋼	381	6,000
白妙	驅逐艦	三菱造船所	明治三十九年七月三十日	鋼	381	6,000
夕風	驅逐艦	舞鶴	明治三十九年八月二十二日	鋼	381	6,000
卯月	驅逐艦	川崎造船所	明治三十九年九月二十日	鋼	381	6,000
水無月	驅逐艦	三菱造船所	明治三十九年十一月五日	鋼	381	6,000
長月	驅逐艦	浦賀船渠會社	明治三十九年十二月十五日	鋼	381	6,000
松風	驅逐艦	三菱造船所	明治三十九年十二月二十三日	鋼	381	6,000
菊月	驅逐艦	浦賀船渠會社	明治四十年四月十日	鋼	381	6,000
浦波	驅逐艦	舞鶴	明治四十年十二月十八日	鋼	381	6,000
磯波	驅逐艦	舞鶴	明治四十一年十一月二十一日	鋼	381	6,000
綺波	驅逐艦	舞鶴	明治四十二年三月二十日	鋼	381	6,000
白雲	驅逐艦	英	明治三十四年十月一日	鋼	333	7,000

（接上）

艦名	艦種	製造地	下水年月日	船材	排水量（噸）	馬力（匹）
朝潮	驅逐艦	英	明治三十五年一月十日	鋼	333	7,000
霞	驅逐艦	英	明治三十五年一月二十三日	鋼	324	6,000
雷	驅逐艦	英	明治三十一年十一月十五日	鋼	345	6,000
電	驅逐艦	英	明治三十二年一月二十八日	鋼	345	6,000
曙	驅逐艦	英	明治三十二年四月二十五日	鋼	345	6,000
漣	驅逐艦	英	明治三十二年七月八日	鋼	345	6,000
朧	驅逐艦	英	明治三十二年十月五日	鋼	345	6,000
叢雲	驅逐艦	英	明治三十一年十一月十六日	鋼	326	5,475
東雲	驅逐艦	英	明治三十一年十二月十四日	鋼	326	5,475
夕霧	驅逐艦	英	明治三十二年一月二十日	鋼	326	5,475
不知火	驅逐艦	英	明治三十二年三月十五日	鋼	326	5,475
陽炎	驅逐艦	英	明治三十二年三月十五日	鋼	326	5,475
薄雲	驅逐艦	英	明治三十三年一月十六日	鋼	326	5,475
山彥	驅逐艦	未詳	未詳	鋼	240	4,000
敷波	驅逐艦	未詳	未詳	鋼	400	3,500
卷雲	驅逐艦	未詳	未詳	鋼	400	3,500
皐月	驅逐艦	未詳	未詳	鋼	350	6,000
文月	驅逐艦	未詳	未詳	鋼	350	6,000

* 此表乃根據《華瀛寶典》第五編，日本之政治，附表：「軍艦及驅逐艦」，頁 21-26 所作。顧名思義，它主要列出時至明治四十四年，尚在服役名單的主力軍艦及驅逐艦，調查日期為明治四十二年十二月三十一日。至於「水雷艇 69 隻，總排水量 6,584，馬力 117,475」的具體名目，資料當中則略而不提。

注釋

1 關於《華瀛寶典》的成書，至今尚未為學者普遍討論，在港臺的舊書店所見的 16 開本，全 720 頁的精裝影印本，其原型版本應分別散落於大陸、臺灣和國外的日本。例如日本山口縣立大學附屬圖書館「櫻浦寺內文庫藏書目錄」，尚有和裝本的《華瀛寶典》，標示該書由大寶報館編輯局編，是 1911 年之作。按書中各序文可知，大寶報館館長為日本眾議院議員松本君平，與本國軍政界和文教界聯繫緊密，而天津大寶館的創立，必然以日人資本人脈為組織核心，並藉中國印行文字宣導日本的國策事業。晚清時期，日系報刊盛行於中國華東的上海、華北的天津等大城市，並積極配合「大陸政策」，推拓至中國東北各地。例如 1906 年創刊的《盛京時報》日銷 16,000 份，為當中影響甚大的中文報紙。可以想像，隨著日本在亞洲戰事的開展，類似大寶報館的報業當具蓬勃的發展。參閱周佳榮編著：《近代日人在華報業活動》（香港：三聯書店（香港）有限公司，2007 年），第四章：日俄戰爭後日人在華報業的奠立——日系報刊的定型（1905－1911 年），頁 78-106。

2 參閱〈遞信大臣男爵後藤新平序〉，明治四十四年二月，收於大寶報館編：《華瀛寶典》，「序文」類。

3 〈貴族院副議長侯爵黑田長成序〉，明治四十四年二月，收於《華瀛寶典》，「序文」類。

4 例如〈東亞同文會會頭侯爵鍋島直大序〉（明治四十四年二月）謂：「我東洋人由來乏於形而下之智識，清國然，日本亦然。日優清歟？清優日歟？日清平等歟？吾不得知。吾願兩國自今而後，須共育成其知識以共圖經濟之發達。蓋如是則兩國相倚相援，同文同種之關係行由是而倍加深密矣。是即謂之仁之至義之盡可也。」此項大寶報館主，以增進日清親交之目的，編華瀛寶典一書，問序於余。余喜其企劃之與余所見，若合符節，故樂為之序。」；又〈日本銀行總裁男爵松尾臣善序〉（明治四十四年四月）云：「今清人之熙熙而來者多，我之攘攘而往者亦復不少，而其兩國之間之貿易額，遂逐年加增。夫自由貿易額觀之，彼我兩國間無不視為重要之一者，是亦足徵各人利害之相一致也。由是而進之，兩國民間共同經營事業至有勃然振興之一日，則利害全一致，而兩國際間之和平親密將益形其鞏固矣，是不惟徒為兩國人之慶福已也。」收於《華瀛寶典》，「序文」類。

5　〈東京市市長尾崎行雄序〉，明治四十四年四月，收於《華瀛寶典》，「序文」類。

6　〈陸軍中將男爵石本新六序〉（明治四十四年四月）載：「夫欲使邦家立於國際間而保維威信，固非主執和平之親交政策不可。然此政策多行之於武裝之下，我日本對於鄰邦親交之誠意，亦多行之於武裝的和平之中者，絕非可怪也。蓋今之世界者，武裝的和平之時代，而武裝實為和平之基礎也。故武裝薄弱，則和平亦薄弱，而其武裝的和平者，實由產業之發達，而其基始堅，即由經濟實力之增進而其用始顯也。如夫造戰艦需費，置軍械需費，武裝之視經濟為轉移，又不待辯而明矣。日清兩國間和平之必須，武裝之無用，誰不知之。然武裝的和平之不可一日無，又不得不切望於我兩國民也。」收於《華瀛寶典》，「序文」類。

7　《華瀛寶典》，第二編：「日清交涉史」，第六章：〈現代之外交與通商〉，頁 12。

8　《華瀛寶典》，第一編：「總論」，第八章：〈國交之將來〉，頁 13 載：「夫世界政治之形勢，自日清戰役之後急劇變更矣。該戰役以前，歐洲列國之注重於極東者甚希，偶有之亦不如今日之深且大。蓋其時世界政治之注目齊集近東，故列國帝王及政治家獨汲汲乎近東問題之解決而無暇顧及他方面也。自日清戰役後，德法俄三國干涉日本之對清政策，於是東亞天地忽變為世界之注目點，亦忽成為群雄之角逐場。歐美風雲滂湃東進，經北京拳匪之亂而形勢一變而加劇，經日俄之戰爭而形勢又一變而加劇矣。至於今則列國勢力之消長盛衰，一由極東之政變如何而決矣。今而後列國政治家各揮其辣腕於極東之天地，以欲逞其通商上及政治上之權勢之伸張，而其勢之壓迫極東者又安可設想也。當此時，苟非極其國民群起而奮發制禦之，則遂至為此大勢所壓倒而被永久不可雪之國恥，亦未可知也。」

9　〈眾議院議員松本君平自序〉（明治四十四年五月）：「慨自西方東漸，強食弱肉。昔之以文明冠宇內者，今皆淪亡之慘禍。故宮離黍，弔古者傷之。惟我日清，嶄然立於東亞天地，於白人世界中，而保有我黃種子孫。其榮幸為何如，其危殆又何如。此我朝君相殷殷然以保全東亞和平為己任也。俄之跋扈，其禍清匪伊朝夕也，禍清即禍日也。戰勝之而日清安矣，韓之多事，其累日不止一再也。累日即累清池，併合之而日清又安矣。近數年來，我日本盱衡時局，奔走即勞，為日本計，即為清國計，質言之則為東亞平和計。此無他，親親之誼之有以致之也。且日本雖不欲言強，而世界每以強目日本，清國雖未可言富，而世界每以富望清國。夫強可致富，富亦可致強，觀日本戰捷後之產業振興，有旭日升天之勢，其證例也。苟我日清兩國相提相挈，各發揮其特長以光耀我東亞，則將來我日清之以富強傲世界，又何有與之頡頏者耶？蓋亞細

亞之運命，其繫於我日清兩國之雙肩者，又何可疑也。」收於《華瀛寶典》，「序文」
類。

10　1868 至 1885 年間是日本近代軍事工業的創建期。其時接收的幕營企業有關口製鐵所
（東京炮兵工廠的前身）、橫須賀製鐵所（橫須賀海軍工廠的前身）、橫濱製鐵所（1879
年租給私人經營）。接收藩營的企業有水戶藩的石川島造船廠和薩摩藩的鹿兒島造船
所（兩者均為海軍兵工廠的前身）、薩摩藩的敷根火藥製造所（後改稱陸軍火藥製造
所）和款山藩的彈藥製造所（後為大阪炮兵分廠的附屬廠）等。經過合併重整後，至
1880 年前後明治政府已建成兩大陸軍工廠，即東京、大阪炮兵工廠及其附屬廠，以
及兩大海軍工廠，即筑地、橫須賀海軍工廠及其附屬廠。思以出售部分軍工廠予民營
企業，既為財政考慮，亦可精簡工序，避免過度重疊。參閱井上光貞等著：《日本史》
（東京：山川出版社，1993 年），頁 291-293；吳廷璆主編：《日本史》（天津：南開
大學出版社，1994 年），頁 394-396。

11　是年五月，大久保利通擔任內務卿，與大藏卿大隈重信和工部卿伊藤博文，組成近代
日本國家建設的中樞，並就「殖產興業」提交了意見書，強調「大凡國之強弱，由於
人民貧富，人民之貧富，係於產業多寡，物產之多寡，無可否定由人民之工業孕育，
尋其源頭，未嘗不依賴政府官員之誘導獎勵。」參閱毛利敏彥：《大久保利通——維
新前夜の群像》（東京：中央公論社，1979 年），第五章：大久保獨裁へ，頁 186-
188。

12　同書又指出，由明治四年（1871）十一月開始，歷時一年半後歸國的岩倉使節團，
成員主要有全權大使右大臣岩倉具視、副使參議木戶孝允、大藏卿大久保利通、工部
大輔伊藤博文、外務少輔山口尚芳，考察遍及美國、英國、法國、比利時、荷蘭、德
國、俄國、意大利，並東歐及北歐。惟以考察心得而言，大久保利通特別記錄了英國
的蒸氣機發明後的產業革命，以及聽取德國首相俾斯麥的強國經驗，奠定日本富國強
兵與殖產興業的決心。頁 176-178。

13　「扶桑」、「金剛」和「比叡」被喻為日本的第一代戰艦，1877 年下水的「扶桑」排水
量一說是 3,717 噸，速力為 13 節，擁 4 門 24 公分口徑，另 2 門 17 公分口徑及 6 門
7.5 公分口徑的火炮，較諸中國北洋海軍主艦「定遠」、「鎮遠」的主炮 30.5 口徑，速
力 14.5 節為小，略勝於「經遠」、「來遠」2,900 噸排水量及 21 公分的主炮口徑，參
閱椎野八束編：《日本海軍軍艦總覽》（東京：新人物往來社，1997 年），頁 64。

14　關於甲午戰爭前日本海軍的建置艦種，詳閱宗澤亞：《清日戰爭》（香港：商務印書

館，2011 年），第一章，「清日大海戰」，頁 48-63；姜鳴：《龍旗飄揚的艦隊——中國近代海軍興衰史》（北京：生活‧讀書‧新知三聯書店，2002 年），頁 71-76；麥勁生：〈海上大戰——甲午戰敗〉，收入所編：《中國史上的著名戰役》（香港：天地圖書有限公司，2012 年），頁 166-167。

15　《華瀛寶典》，第十一編：日本之海運及船舶，七、「三菱合資會社」，頁 16-19。

16　《華瀛寶典》，第十一編：日本之海運及船舶，十一、「川崎造船所」，頁 22-28。

17　《華瀛寶典》，第三編：對清策略，（若松製鐵所長兼男爵）中村雄次郎：《兩國產業之連鎖》，頁 74。

18　《華瀛寶典》，第十一編：日本之海運及船舶，八、「東京石川島造船所」，頁 20。

19　《華瀛寶典》，第十一編：日本之海運及船舶，十、「大阪鐵工所」，頁 21。

20　《華瀛寶典》，第十一編：日本之海運及船舶，一、「日本郵船株式會社」，頁 4-8。

21　《華瀛寶典》，第十一編：日本之海運及船舶，一、「帝國海事協會」，頁 13。

22　《華瀛寶典》，第五編：日本之政治，「現代之海軍制」一欄述及各海軍工廠及民間造船廠的發展趨勢，其總結云：「各軍港設辦海軍工廠掌造艦造機等工程，現下在吳及橫須賀等廠至能興造最大戰艦及裝甲巡洋艦等，佐世保、舞鶴各廠從事於巡洋艦之製造及修理等，其餘各要港部設辦工廠為艦船小修理，而如民間造船廠即神戶、川崎造船廠、長崎三菱造船廠，近數年以來於巡洋艦、驅逐艦等製造修理之技更見一段進境。今也，具備建造最大戰艦之施設，其餘如大阪鐵工所、浦賀船渠會社、鳥羽造船所、石川島造船所亦從事於巡洋艦或炮艦等製造及修理矣。」頁 26。

23　《華瀛寶典》，第五編：日本之政治，第五章：國防一斑，頁 21。

24　參閱野村實：《日本海軍の歷史》（東京：吉川弘文館，2002 年），第一章：創設と發展，五、「海軍軍令部發足と戰時大本營條例」，頁 67-73。

25　明治戰艦的建成，與北洋海軍有著相似的步驟，二者礙於造艦技術的限制，大型的鐵甲艦均從外國購置，而且高度集中於英國和德國。例如中國北洋海軍的「致遠」和「靖遠」則產自英國阿姆斯特朗公司（Messre Armstrong & Co），「定遠」和「鎮遠」則產自德國的伏爾鏗廠（Vulcan Shipyard）。無獨有偶，往後日艦「初瀨」、「敷島」、「鹿島」亦由上述英商購入，自上述德商買入的也有「八雲」等。凡此反映，在世紀之間，艦船鐵甲的使用、輸送至主炮塔的彈藥供給裝置，以至高效率的射擊，兩間公司在國際市場均手執牛耳。參閱「日露戰爭の連合艦隊旗艦」，前揭《日本海軍軍艦總覽》，頁 63-75。

26　從種種跡象顯示，北洋海軍提督丁汝昌率艦隊赴戰場，見 12 艘日艦來勢兇猛，為發揮各艦艦首重炮的威力，遂下令改夾縫魚貫小隊陣，為夾縫雁行小隊陣，要求前後隊伍處 45 度線上，相距 400 碼，各小隊橫向排列，其間距為 533 碼。由於開列時間緊逼，各船緩急速度拿捏偏差，至艦隊接近敵艦時，已變成類於「人」字的形狀，部分並未如期清晰面對敵方，失卻強力制置對手的先機。參閱戚其章：《甲午戰爭新講》（北京：中華書局，2009 年），頁 107-109。

27　是次日艦與中國戰艦對決，也未完全按預先設想，以速度徹底擺脫中方的炮火，進行前後夾擊。雙方正面交鋒初期，日艦「岩島」、「橋立」先後中彈，後面的「比叡」、「扶桑」、「赤城」、「西京丸」亦遭「定遠」、「靖遠」重擊，「比叡」強行穿越「定遠」、「靖遠」，是不得已的突圍，本隊緊急左轉赴救，繼而繞至北洋艦隊背後，與第一游擊隊組成夾擊之勢，多少是將錯就錯的僥倖。戰事中，主力艦「松島」受創後幾乎沉沒，本隊只餘五艦與「定遠」、「鎮遠」相持，可以說是由素常的技術與經驗補救，獲得一次慘勝而已。參閱王家儉：《李鴻章與北洋艦隊：近代中國創建海軍的失敗與教訓》（北京：生活‧讀書‧新知三聯書店，2008 年），頁 451-460；蘇小東：《甲午中日海戰》（天津：天津古籍出版社，2004 年），頁 86；戚其章：《甲午戰爭史》（上海：上海人民出版社，2005 年），頁 47-61。

28　甲午戰爭爆發以前，日本參謀本部已訂立具體的《大本營作戰計劃》，思以如何獲得制海權和登陸渤海灣。日本的聯合艦隊由兩組主副互補的作戰群編成，「吉野號」率領「秋津洲」、「浪速」兩艦作第一游擊隊；「葛城」、「天龍」、「高雄」和「大和」四艦作為第二游擊隊。本隊則由旗艦「松島」率領「千代田」和「高千穗」的第一小隊，以及「橋立」、「筑紫」、「岩島」的第二小隊。豐島之役後，鑒於「吉野」、「浪速」受挫，又改變戰略，加入原屬本隊的「高千穗」於第一游擊隊，加強牽制、夾擊敵艦的能力；另一方面把本隊化零為整，「松島」、「千代田」、「橋立」、「岩島」、「比叡」、「扶桑」，另增置「赤城」、「西京丸」於右側。這些變動，有利大東溝海戰上的發揮。

29　日本海軍在第一期擴軍方案指導下，一等鐵甲主戰艦 4 艘（15,140 噸），一等巡洋艦 4 艘（9,000 噸），二等巡洋艦 3 艘（4,850 噸），三等巡洋艦 2 艘（3,200 噸），水雷炮艦 3 艘（1,200 噸）、水雷母艦兼工船 1 艘（6,750 噸），合共 7 艘（127,860 噸），加上現有 102,525 噸，共 230,385 噸。又擬造水雷驅逐艦 8 艘（254 噸），一等水雷艇 5 艘（120 噸）、二等水雷艇 30 艘（80 噸）、三等水雷艇 6 艘（53 噸），共計 49 艘（5,050 噸），加上現有 1,770 噸，共計 6,828 噸。參閱曲傳林：〈明治維新與日本

海事〉，收於東北地區中日關係史研究會編：《中日關係史論集》（長春：吉林人民出版社，1984 年），第 2 輯，頁 110。

30　日俄之戰，日本參謀本部推進的策略是以三支陸軍為主力，第一軍、第二軍、第四軍集中於遼陽的滿洲地區，分頭牽制，並認定第三軍在旅順的攻略為最重要的據點。雖然第三軍配備精良望遠鏡，又善於野戰築城，加上大本營四參謀均認為旅順、大連的兵備薄弱，初時信心十足。第三軍更無視軍方情報，當中建議宜在天然險峭的作戰形勢下、盡量避免與俄軍正面衝突，而應向西迂迴而下，從背後攻擊旅順港。結果，第三軍遭到俄軍頑強抵抗，5 萬軍力的第一次總攻擊，死傷者竟至 15,800 人，在重大損失下，司令部惟有命令停止攻擊，軍事行動可謂一開始便告挫敗。參閱古屋哲夫：《日俄戰爭》（東京：中央公論社，1987 年），第三章：「滿洲が主戰場に」，頁 118-123。

31　按日方估計，前來支援的俄國波羅的海艦隊，採取的途徑不外三種：一為自對馬海峽，以最短的途徑通過日本海；二為迂迴於太平洋，通過津輕海峽前進；三為再向北駛至宗谷海峽，長途轉折而回。五月十五日，俄艦的 4 艘輸送船進入上海的情報被日方得悉，推測俄方應該不取用在太平洋大幅迂迴的路線，而是取道離中國沿岸不遠，企圖用最短的對馬海峽路線。此一準確蠡測，有助日艦預先佈防，並施以迎頭痛擊，徹底殲滅俄艦。參閱《日俄戰爭》，第四章：「決戰を求めて」，頁 170-177。

32　由第一、第二及第三艦隊組成的日本聯合艦隊，在指揮官東鄉平八郎的領導下，從編隊形成開始已構思如何對付俄國海上戰艦，結果決定以「T」字戰法迎戰，意味著以全攻炮火集中攻擊俄先頭艦隊，其優點在取得主動，押注於初段準繩的猛攻，缺點卻是一旦敵艦從兩側包抄攻擊，則艦身暴露於被攻範圍。因此，前線並列推進的日本艦隻，能否在總攻擊後集體急轉回航，保持護翼隊形是最重要的技術考慮。開戰時，東鄉直接率領第一戰隊，內中本為「三笠」、「朝日」、「初瀬」、「敷島」、「富士」、「八島」，鑒於「初瀬」、「八島」與俄旅順海軍作戰時觸雷損毀，遂加入「日進」、「春日」兩裝甲巡洋艦作為替補。以驅逐艦、水雷艇為夜戰輔助，日間則有奇襲隊為援，由裝甲巡洋艦「淺間」、第一驅逐艦隊及第九艇隊組成，凡此在日俄戰爭中充分發揮了演練時應有戰略。前揭《日本海軍の歷史》，第二章：明治の戰爭，六、「日俄戰爭」，頁 67-73。

33　甲午海戰慘敗後的中國，在近代化的過程中加速對日本的學習，以日為師，並沒有對日本產生過度仇恨，相反協助「三國還遼」的俄國，在日俄戰爭被打敗，卻得不到中國同情。其中原因，在於日俄兩國對華外交的巧拙，例如「庚子賠款」中俄國對中國

苛索，又趁機出兵佔據中國東北邊界，在日本巧妙的外交宣傳下，激起了中國留日學生組成拒俄義勇軍，中日同仇敵愾對抗帝國主義侵犯亞洲，一時成為風尚，同時啟迪了中國革命思想的彙聚。參閱鄭雲山：〈論中國人對日俄戰爭的「直日曲俄」之因〉，收於杭州大學日本文化研究中心、神奈川大學人文學研究所合編：《中日文化論叢》（杭州：杭州大學出版社，1992 年），頁 26-41；拙文：〈留學生與軍國民教育主義〉，收於拙著《文化中國的重構——近現代中國知識分子的思維與活動》（香港：香港教育圖書公司，2006 年），頁 99-118。

34　例如〈樞密院顧問官子爵末松謙澄序〉（明治四十四年四月）載：「近時清國民，時有疑日本之誠意，信他國之中傷，歧中又歧，使無謂之猜，是實可謂荒誕之甚也已。夫日本今日之發展者，主在東洋和平，苟學蚌鷸之相爭，而遺漁夫之利於他國，愚莫甚焉，而謂日本為之乎？故清國不欲善鄰交則已，如欲善鄰交，則當交以心而不徒交以形，形可偽心不可偽也。他國之中傷，傷其形而非可傷其心也。清國自是而後，取日本之成法，確立憲政之基礎，開富源、擴交通、完教育、整兵備，富國強兵之實可企足而待也。日本以一日之長，不自為足，尚益努於其發達者，蓋欲不後於世界之進運而已。日清兩國，宜厚善鄰之交，隨世界之大勢，以謀國運之發展。清國當局諸公當耳熟能詳矣，又何待贅言為哉？」收於《華瀛寶典》，「序文」類。

35　〈伯爵板垣退助序〉（明治四十四年四月）云：「近年來，清國忽近圖遠，疏比鄰之日本，親風馬牛不相近之他國，果何心哉？自朝鮮併合以來，尤對日本為妄加以疑忌，其亦知朝鮮之地，實為東洋擾亂之禍根乎。蓋危日本之存立者數數也，日本為國防計非併合之，則不能完其自衛之道。其於今日併合之者，是真出於不得已，而非故為侵略之陰謀也。清國不悟大局之形勢，肆口猜忌，駭人聽聞，實可浩歎。要之，清國之向背，實不徒為東洋問題，其延及於世界之均衡者，決非淺也。為今日清國計，外當與東鄰敦邦誼，內則施行憲政，舉國民獨立之實，而使國民大發揮其國民的自覺心。蓋非如是，不足以圖存也。凡世界上各國各民，當以共通一致為大旨，而增進人類協同之福祉，是國際道義之因此而表示，而世界平和之因此而保維者也。」收於《華瀛寶典》，「序文」類。

第三章
汪偽「中央海軍學校」軍官教育歷程

沈天羽

一、前言

　　「中央海軍學校」是抗戰時期汪偽政權所設立的海軍軍官、士兵與技術人員的教育訓練機構。該校前身係「綏靖水巡學校」,隸屬於日本扶持的維新政府綏靖部之下,校長由部長任援道兼任,民國二十八年五月一日成立並開始招生。「綏靖水巡學校」校址設於上海高昌廟,設立之目的係為造就維新政府水巡隊的初級幹部,該校招生區分為學員、學生與練習生三種,在兵制科別、教育計劃、生活管理等方面,全盤接受日本海軍的指導,可謂從思想與制度上建立一支符合日本侵華策略的傀儡部隊。

　　民國二十九年四月汪偽政權成立後,就「綏靖水巡學校」原址改組為「中央海軍學校」,隸屬於偽海軍部之下,並以姜西園為校長,招生對象除學生班繼續沿用水巡學校時期的名稱與期別外,並漸次修正教育內容,以達到其政權合理性的意圖。然而在日本海軍的嚴密掌控下,教育資源必須依賴其支持,終究無法擺脫以日本為模範的教育設計,雖然學校較位於貴州桐梓的重慶國民政府所辦理「海軍學校」更具規模,但隨著抗戰勝利偽政權覆亡,而結束其短暫的歷程。

二、學校教育目的、組織系統與編制

綏靖水巡學校時期

民國二十八年四月，維新政府綏靖部呈文維新政府行政院，指該部為辦理水巡隊擬先設水巡學校。依據該呈文所載，水巡學校設立之目的如下：[1]

> 「七七事變」以後，外海防務內河警備渙滅，為水上治安及行旅運輸暨保護漁業起見，維新政府幾經研討……於政委會第八十一次會議議決籌設水巡隊，惟水巡人才非有專門學識與技術，不足以資應付，以前海軍人才大多星散，即使徵集惟恐瑕瑜互見，為此綏靖部按議決案循序進行，先設立水巡學校，招收有志青年及曾受海軍教育及曾在海軍服務之人員入校訓練，予以實用知識，俾造成基本幹部蔚為國用。前已派員赴滬籌備開學，第一期預於五月一日招收學生及練習生 300 人，第二期六月一日招收學生及練習生 245 名，俟考選結束即編隊上課……

同月二十九日，維新政府行政院以第 932 號指令綏靖部水巡學校暫行條例准予備案，該校於是成立並開始招生。綏靖水巡學校校址位於上海高昌廟原海軍醫院，依「綏靖水巡學校組織暫行條例」所載，[2] 該校為造就水巡隊初級幹部之學府，為便利練習生之教育並附設訓練所，學校直屬綏靖部，校長由綏靖部長任援道兼任（必要時得增設少將副校長一人），教育長（少將）由吳福康擔任，實際代理校務。教育長下設置教務處、總務處、訓練所、將校隊等 4 個單位，設上校教務處長、訓練主任、總務主任、總隊長各 1 名，中校隊長 4 名，少校區隊長 8 名。在教學方

面，設教官 14 名、助教 4 名、少校教育副官 1 名，負責教授學科技術事宜，教官得聘用日本海軍軍官若干。此外，另有副官 3 名、軍需官 3 名、軍醫官 3 名、秘書 1 名、書記 2 名、服務員 5 名、司書 5 名、司號長 1 名、通譯 7 名（分掌翻譯語言文學及教授語言及交際事宜），其他各職務士官、兵等 137 名，總計 205 名。

綏靖水巡學校組織系統圖

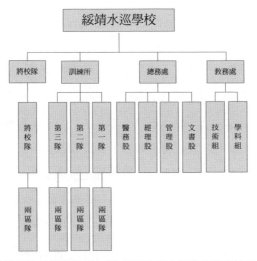

資料來源：綏靖水巡學校組織系統圖，《偽維新政府水巡學校教育計劃案》，國防部檔案 422/2422。

　　教育班次律定如下：

　　學員：係指曾充海軍士官及高等船員經審查及格者，在校修業一年以內。

　　學生：係指初中以上畢業，年齡 18 歲以上、25 歲以下，經考試及格者，在校修業二年。

練習生：分甲、乙二種，甲種為曾充海軍及水上警察隊士兵，經考試及
　　　　格者，訓練期三個月；乙種為高小畢業或與高小畢業程度相
　　　　當，年齡在 18 歲以上、25 歲以下，經考試及格者，訓練期六
　　　　個月。

　　該校第一批入校受訓的班次，係綏靖部於民國二十八年四月訓令綏
靖一、二區司令徐樸誠與龔國樑考察選取綏靖部隊及舊海軍中富有水巡
經驗、身體強健、文字初通、年齡在 20 歲以上、30 歲以下，中尉以下、
下士以上之官佐；練習生則由各綏靖區兵士中選出或招募相當資格者入
校肄業，其中員額分配綏靖一區官佐 20 名、兵 200 名，綏靖二區官佐 10
名、兵 100 名。[3] 此一選派依招生計劃與學校教育計劃來看，係學員與
甲種練習生，五月，首度對外公開招考學生與練習生，此次招考的練習
生則是乙種練習生。綏靖水巡學校成立不及一年，即因偽國民政府成立
取代了維新政府，學校也隨即改組，概僅完成學員一班、甲種練習生一
班、乙種練習生二班的訓練。

中央海軍學校時期

　　民國二十九年三月三十日，汪偽國民政府「還都」南京，汪兆銘身兼
偽海軍部長。四月十六日偽行政院第三次會議，汪兆銘提案將前綏靖部
所屬的長江水巡司令部改稱為南京要港司令部，任命許建廷為司令；「綏
靖水巡學校」改稱為「中央海軍學校」，任命姜西園為校長，水路局改
稱為水路測量局，任命葉可松為局長，並獲院會決議通過。[4] 同年六、七
月，偽軍事委員會與行政院分別同意中央海軍學校組織條例編制表系統
表備案。民國三十年五月，該校需呈報編制修正，八月奉核定公佈，此

次修訂後學校組織系統如下圖：

中央海軍學校組織系統圖

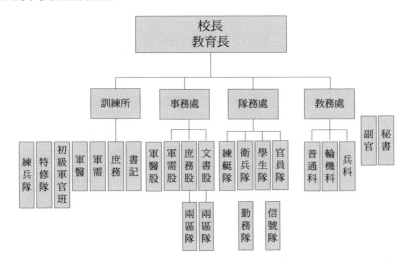

資料來源：中央海軍學校暫行組織系統圖，《汪偽海軍部暨所屬編制案》卷 9，國防部檔案 581/3111.2。

中央海軍學校校長（中將或少將）仍由姜西園中將兼任，教育長（少將或上校）由楊鏡湖上校擔任，編制秘書（少校 1）、上尉副官（1），教育長下設：[5]

教務處：主任（中、上校 1）、副官（少校 1）、兵科教官（中校 2、少校 3、上尉 2）、輪機教官（中校 1、少校 1、上尉 1）、算學教官（少校 2、上尉 2）、理化教官（少校 2、上尉 1）、史地教官（少校 1）、國文教官（少校 1）、外國語教官（少校 2、上尉 3）、講師（少校 4）、副教官（中尉 3、少尉 2）、繪圖員（上尉 1）、圖書儀器管理員（中尉 1）、書記（少尉 1、準尉 1）、僱員（上士 2）。

隊務處：大隊長（中校 1）、大隊副（少校 1），區隊長（上尉 4、中尉 2）、上尉衛兵隊長（上尉 1）、書記（準尉 1）。

事務處：主任（中校 1）、文書股長（少校 1）、書記（上尉 2、中尉 1、少尉 1）、打字員（中尉 1、少尉 1）、文書僱員（上士 2）、軍需股長（少校 1）、軍需（上尉 1、中尉 1、少尉 1）、軍需僱員（上士同等 1）、庶務股長（少校 1）、庶務員（上尉 2、中尉 2、少尉 1）、庶務僱員（上士 1）、軍醫股長（中校 1）、軍醫（上尉 1）、司藥（中尉 1）、看護（上士 2）。

訓練所：主任（上校 1）、副官（上尉 1）、大隊副（中校 1）、大隊長（中校 1）、中隊長（少校 3）、區隊長兼教官（上尉 5、中尉 4）、區隊副兼教官（少尉 5、準尉 4）、教官（少校 1、上尉 1）、副教官（上尉 1、中尉 1）、衛兵隊長（中尉 1）、書記（上尉 1、中尉 1）、軍需（上尉 1）、庶務（少尉 2、準尉 1）、軍醫（少校 1、中尉 1）、司藥（少尉 2）、看護（上士 2、中士 2）。

此外，學校另有軍士（上士 10、中士 10、下士 10）、執務兵（一等兵 15、二等兵 15、三等兵 130）、船工（54）、匠夫（45）、雜役（40）。總計將官 1 名、校官 37 名、尉官 74 名、士兵 371 名，合計 453 名。民國三十一年九月，學校再度修訂編制，主要是將訓練所移出另成立為「中央水兵訓練所」，修訂後學校規模尚有 263 名職員。

在學校所配置的艦艇方面，民國二十九年八月，偽海軍部派「江 17」與「江 18」兩炮艇為該校練習艇，艇長分別由學校中尉區隊長劉敬勝、王景和兼代，艇上配有一等操舵兵與二等輪機兵各 1 名。民國三十一年，續配置「海興」練習艦於該校，以備學生隨時練習之用，但該艦歸南京要港司令部節制，並擔任黃浦江防務。此外學校另有「新元」、「新巡」兩

艇，各配有 10 名船工。

中央海軍學校的任務除負責偽海軍軍官學生之教育外，亦同時執行練兵之訓練，前後開設有水兵、輪機、軍需、看護等科；特修班前後成立炮術、操舵術、機關術、電機術、信號術等班，所謂特修班是指已經完成練兵訓練之士兵再選送進訓專科，此練兵與特修兵訓練任務在該校調整編制隨訓練所移出後結束。該校自民國三十一年九月起亦曾開辦高級幹部講習班，每期兩個月，調訓偽海軍軍官幹部，其目的在於：施以精神與技能教育，俾明了和平建國之宗旨，肩負新興海軍之責任，進而對大東亞戰爭有所貢獻。至民國三十二年止，前後計辦理三屆。

三、各期學生教育概況

第一期學生教育概況

民國二十八年五月，綏靖部咨請江蘇、浙江、安徽省政府、上海與南京特別市政府、杭州市政府招考學生與練習生，[6] 同時以軍訓字第 7 號訓令綏靖一至五區辦理學生及練習生招考事宜，第一期學生招考條件如下：[7]

初中畢業或有同等學歷者，年齡 18 至 25 歲，報名地點在南京綏靖部上海虹口北四川路四川里 20 號、綏靖部駐滬辦事處高昌廟兵工廠舊址、水巡學校、杭州綏靖第一區司令部蘇州書院巷、綏靖第二區司令部揚州城內馬城廟、綏靖第五區司令部蚌埠經一路及綏靖部駐安徽辦事處。報名日期至五月十八日止，五月二十日及二十一日考試，考試地點同報名處，考試科目為二十日體檢及口試，二十一日考國文、數學、理化、東洋史地（以最近初中適用之課本為準），發榜日期五月二十五日，登載於南京

之《南京新報》與上海《新申報》。入校後學生待遇服裝書籍膳宿由學校供給，每月發津貼 12 元，畢業後以初級軍官任用，修業期兩年，此外投考學生均須由地方機關保送或由各院部及各省市委任以上職員擔保方准報考。

五月二十五日，綏靖部發佈錄取名單，總計錄取學生徐永吉、孔祥樑等 53 名，實際報到人數 48 名，所有錄取生於五月二十九日赴滬，六月五日開始上課。

民國二十八年五月，綏靖水巡學校呈綏靖部有關第一期學生與練習生教育計劃預定表，該計劃係以日文撰寫，採日本兵制用語，全計劃無中華民國紀年，可能為日籍顧問所擬，其內容概要如下：[8]

學生休假日計有：

陽曆元旦一日、陰曆春節三日（正月初一至正月初三）

維新政府成立紀念日（陽曆三月二十八日）

夏節（陰曆五月初五）

秋節（陰曆八月十五）

孔子誕生（陰曆八月二十七）

政府聯合紀念日（陽曆九月二十二日）

國慶紀念日（陽曆十月十日）

冬至（陰曆）

其教育要旨：[9]

一、本教育依據水巡學校規則（組織條例）草案及教育綱領（教學規則草案），另外教育主任以本計劃作為實務基礎，更根據本計劃實施教育實施細目。

二、特別是教育實施上要用心注意下方所列要點：

（一）以培養成為堅實軍人精神與嫻熟嚴肅軍紀作為要義。

（二）作為海軍軍人，要強調自覺和責任感的同時，努力排除自行打算的風氣。

（三）學術策略與技能以對實地實物能以體驗教育作為主要著眼點。

其精神教育：[10]

一、軍人精神：忠孝信義勇敢禮儀式儉樸及真誠是作為軍人最要緊的，在有限培訓下的軍人精神涵養，可淺易簡單理解從古至今的實例與史實。

二、東洋史：主要是從古至今以來的日本國體和東洋文化，日支（支那）與西洋諸國關係，東洋侵略及殖民地政策，東洋和平下的日滿支關係，強調國民政府政策之錯誤，努力確認其謬誤。

三、精神講話：祝祭、紀念日等，勿論孔子所主張的思想以外的學說。

四、根據適切的內務指導實施，需努力致力於個性的陶冶。

五、日本語教育目標：對認識國情，首要訓練學生認識國家語言，及實施日本教育方式。

第一期教育全程計分為五個學期：

第一學期：6 至 10 月

第二學期：11 至 3 月

第三學期：4 至 8 月

第四學期：9 至 12 月

第五學期：1 至 5 月

　　總計 24 個月，其中民國二十八年十二月二十九日至二十九年一月七日期間為冬期休假，二十九年八月一至三十一日為夏季休假。

　　在生活管理上，兵科與機關科學生編成一個分隊，設分隊長、分隊士、分隊士輔佐各一。每周日放假，每周一精神教育諸點檢，星期二與星期五被服洗滌，星期六午後大掃除部署教練與防火教練。學生在校時作息如下：

學生在校作息時間表

時刻		作業記事	
冬季	夏季		
07:00	06:30	起床	
07:15	06:45	別科	別科後室內掃除
08:15	07:45	朝食	食後診察
09:15	08:45	點檢	
09:30	09:00	就業	
12:15	12:15	止業	
12:30		午食	
13:30		就業	
16:45		止	
17:00		別科	
18:00		別科	別科後自習與入浴
18:15		夕食	

（接上）

時刻		作業記事	
冬季	夏季		
19:15		自習開始	
20:30		休憩	
20:45		自習開始	
22:00		自習停止	室內外掃除
22:15		巡檢用意	就寢用意
22:30		巡檢	就寢

資料來源：〈民國二十八年度第一期學生練習生教育計劃〉，《偽維新政府水巡學校教育計劃案》卷 2，國防部檔案 422/2422。

說明：一、星期六午後大掃除總員運動。二、上述時間以日本時間為準

　　學生在校課程如下表：

第一期兵科學生課程表

部	科目	課目	學期					
			一	二	三	四	五	合計（時）
兵學	運用	運用	20	20	20	30	35	125
		短艇	20	10	10	10	10	60
		造船					20	20
	航海	航海	10	20	30	40	20	120
		信號					10	20	30
		見張					5	5
	炮術	艦炮			20	20	30	70
		陸戰	50	20	20	10		100

（接上）

部	科目	課目	學期 一	二	三	四	五	合計（時）
兵學		水雷				10	20	30
		通信				10	10	20
		航空				10	10	20
兵學		機關			20	30	15	70（65）*
	統率	初級兵術					30	30
		修身	20	15	15	15	15	80
		軍政				20	20	40
		勤務必要諸法規				20	30	50
		歷史	30	30	10			70
		地理	30	20				50
	乘艦演習				10日		30日	40日
普通學	數學	算數	40					40
		代數		40	10			50
		幾何		20	30			50
		三角			30	20		50
	理化學	物理	40	40	20	20		120
		化學	40	40	20			100
	語學	國語	20	20	20	20	10	90
		日語	100	100	80	70	50	400
合計			420	395	360（355）	345（365）	350	1870（1885）

資料來源:〈民國二十八年度第一期學生練習生教育計劃〉,《偽維新政府水巡學校教育計劃案》卷 2,國防部檔案 422/2422。

* 說明:本表括弧內數字為筆者重新統計數字,與原表所列數字略有差異。

　　乘艦演習:第一回 10 日間(翌年 3 月)、第二回 30 日(翌年 4、5 月)

　　野外演習:第一回 5 日間(翌年 4 月)、第二回 5 日間(翌年 10 月)

第一期兵科學生訓練時間配分表

科目	課目	標準回數	記事
	陸戰	50	
	短艇	50	
	信號	60	
	艦炮	30	
	照射教練	20	乘艦實習中實施
	銃劍術	100	乘艦實習中實施
	游泳	適宜	
	體操	20	
	登山行事等	20	
合計		350	

資料來源:〈民國二十八年度第一期學生練習生教育計劃〉,《偽維新政府水巡學校教育計劃案》卷 2,國防部檔案 422/2422。

第一期機關科學生課程表

部	科目	課目	學期					
			一	二	三	四	五	合計（時）
兵學	機關術	一般機關術	25					25
		罐		30	25			55
		吸鍔機械		15	30	30	30	105
		內火機械			30	80	80	190
		電力機械				30	30	60
		輔助機械				10	20	30
		機關要務					20	20
		一般工作				10	10	20
	炮術、陸戰術		50	20	20			90
	運用術		20	10	10	10		50
	航海術					20	20	40
	水雷術						5	5
普通學	統率	初級兵術					30	30
		修身	20	15	15	15	15	80
		軍制				10	20	30
		勤務必要諸法規				20	30	50
		歷史	30	30	10			70
		地理	30	20				50
	乘艦演習				10 日		30 日	40 日

（接上）

部	科目	課目	學期					合計（時）
			一	二	三	四	五	
普通學	數學	算數	40					40
		代數		40	10			50
		幾何學		20	30			50
		三角			30	20		50
	理化學	物理	40	40	20	20		120
		化學	40	40	20			100
	語學	國語	20	20	20	20	10	90
		日語	100	100	80	70	50	400
合計			415	420（400）	390（350）	395（365）	380（370）	1900

資料來源：〈民國二十八年度第一期學生練習生教育計劃〉，《偽維新政府水巡學校教育計劃案》卷2，國防部檔案 422/2422。

說明：本表括弧內數字為筆者重新統計數字，與原表所列數字略有差異。

乘艦演習：第一回 10 日間（翌年 3 月）、第二回 30 日（翌年 4、5 月）

野外演習：第一回 5 日間（翌年 4 月）、第二回 5 日間（翌年 10 月）

第一期機關科學生訓練時間配分表

科目	課目	標準回數	記事
	陸戰	50	
	機關實習	50	
	短艇	50	
	信號	40	
	艦炮	10	乘艦實習中實施
	銃劍術	100	
	游泳	適宜	
	體操	20	
	登山行事等	20	
合計		340	

資料來源：〈民國二十八年度第一期學生練習生教育計劃〉，《偽維新政府水巡學校教育計劃案》卷2，國防部檔案 422/2422。

　　在水巡學校時期，修身課的授課教官有寺田首席指導官、杉本顧問、福地顧問、吳福康等；日本語教官有李啟發、山崎、小林、細木、景發等；機關術、炮術、通信、造船、航海術、航空術、電氣工學、運用等科目則由日本艦隊派教官負責授課。

　　民國二十八年十一月，學生第一學期結束，經考試合格升級者 36名，編為甲、乙兩班授業，亦稱為甲種學生，12 名不合格者則留級，編為乙組，列為第三班，亦稱為乙種學生。民國二十九年一月，乙組學生畢業在即，學校將該班編為炮術、運用術兩班，分別授予專門學術，全該年五月，計 11 名畢業。第一期甲種學生完成第二學期課業時，經校方

修訂學生第三、四、五學期所應授普通科教育，學時分配如下：

第一期甲種學生第三、四、五學期普通科課程表

課目	第三學期	第四學期	第五學期
代數	96		
微積分		30	
平面幾何	65		
立體幾何	30		
解析幾何		30	
平面三角	45		
球面三角		20	
物理	37	50	45
化學	60		
日語	200	145	180
國文	16	20	30
歷史		8	6
地理	6	8	

資料來源：汪偽中央海軍學校民國二十九年七月四日呈海軍部稿：為呈送第二期學生教育計劃暨第一、二期學生普通科教育配分預定表由，《汪偽海軍學校教育計劃》卷 1，國防部檔案 422/3111。

　　中央海軍學校各期學生的海上實作分為兩種，一種是在修業期限內登船實習，另一則是完成學校課程修業期限結束後畢業，派赴偽海軍各單位見習，但見習計劃仍由學校擬定，之後各期亦然。該班航海實習計劃

係依學校首席指導官與日本海軍艦隊討論後通告學校辦理，[11] 一期全體學生兵科 26 名、機關科 9 名，於民國三十年二月二十三日至三月一日期間乘「海興」軍艦進行一個星期的碇泊實習，此次實習的目的主要是為養成艦上生活與學習艦內一般事項，學生在艦的待遇等同上士以上準尉以下之地位。[12] 三月二十二日至二十九日為第二次航海實習，三十年五月四日至十 日實施第三次航海實習，本次登艦的兵科學生僅有 25 名，機關科 9 名，實習科目也有兵科與機關科之不同，機關科學生 9 名不分班，在機艙內實習，如有部署等類教練時則與兵科學生一同操練。所有學生在完成前述 3 次實習後，按教育計劃畢業，派赴各單位見習。[13]

民國三十年十月，機關科分兩階段見習，第一階段 6 個月，自三十年十月至三十一年三月底止於江南造船所見學廠課，並住在「海興」練習艦上；第二階段 2 個月，自三十一年四月至五月底止於日本海軍工作船「早瀨號」實習並住在該船上，實習指導官員則委託該艦機關中佐那須和負責，該班見習生實習期間均援日本海軍輪機少尉候補練習生之待遇，見習生在艦上分為三個班教育。航海生則派習艦課。[14] 五月，所有學生見習期滿，派少尉候補副及派代少尉，總計該班入校人數 48 名，其中 11 名轉乙種學生畢業（仍列為第一期人數），開革及病故者 2 名，實際畢業兵科 26 名，機關科 9 名。

第二期學生教育概況

民國二十九年三月，綏靖部訓令指示水巡學校：俟新中央政府成立後，學校即改稱為海軍學校，並續招第二期軍官學生 200 名，預計四月三十日入校。[15] 三月三十日偽國民政府「還都」南京，因此第二期學生 175 名入校報到之際，學校已經改組為中央海軍學校。

　　第二期學生之教育計劃與第一期相較，有相當的改變，除科目名稱外，分配時數亦有差別，該計劃係以中文撰寫，其教育方針亦有修正如下：[16]

　　一、海軍兵科及機關科以確立初級軍官之必要基礎為宗旨。

　　二、教育之主眼首重訓育，鍛鍊身心以資涵養堅實之軍人精神，而使其熟慣嚴肅之軍紀為第一要義，並宜繼續修練以養成力行之習性，至於精神的鍛鍊方面，尤宜以能侔比日本海軍為目標。

　　三、精神教育主體側重於孔孟之教，並以忠孝、武勇、信義、禮讓及樸素五德為主，此外再輸入以日本軍人精神之基本原則，以使其理解由一誠而臻貫通之要義。

　　四、武術（日本武道）體技之勵行為圖身心之鍛鍊，並努力日本武術之修練，以使體得武道精神。

　　五、對於行事之正當切適，規矩之遵守，自制之奮勉，切磋琢磨之相親相敬，均須陶鑄修養以磨練海軍軍人所必要之實踐素質。

　　六之一、學術教育為教育之基礎，兵學及對此有關之普通學只須造成，堪為將來研究之根基即可。

　　六之二、然普通學於每月末考查之觀察其進展程度，對於成績不良者，於星期日午前施行課外教育，以其教育之調整無憾。

　　七、術科教育與精神教育相並實施，以使體得日本海軍軍人精神之真髓。

　　八、日本語，中國海軍之再建既以日本海軍為模範，故日本語之關係至為緊要，應傾注全力教育之同時更併於術科中教育之，以期理會日本海軍之真髓。

　　本期學生修業期限亦為兩年，學生第一學年不分科，以四個分隊編制之，第二學年始區分兵科與機關科，兵科編制三個分隊，機關科一個分隊。各科學生應修習的課程如下表：

第二期兵科學生課程表

科目			第一學年			第二學年			合計（時）
			一	二	三	一	二	三	
			五至八月	九至十二月	一至四月	五至八月	九至十二月	一至四月	
軍事學	運用				20	50	40	20	130
	造船						15	15	30
	航海					70	100	120	290
	艦炮				20	40	40	20	120
	陸戰			15	20	40	5		80
軍事學	水雷						30	20	50
	通信						30	20	50
	航空						20		20
	機關			20	20	30	20		90
	統率	兵術					20	30	50
		軍政					15	15	30
		艦內要務					15	15	30
		修身	15	15	15	15	15	15	90

（接上）

	科目		第一學年			第二學年			合計（時）
			一	二	三	一	二	三	
			五至八月	九至十二月	一至四月	五至八月	九至十二月	一至四月	
普通學	數學	算術、代數、微積分	95	60	60				215
		平面、立體幾何	80	60	60				200
		三角		40	45				85
	理學	一般、電器、力學物理		40	60	120			220
		化學	70	30					100
	語學	日語	200	150	130	120	100	50	750
		國文	20	20	20	15	15		90
		國語	30	15	15				60
普通學	歷史			15	15	20	20		70
	地理		20	30					50
合計			530	510	500	520	500	340	2900

資料來源：〈中央海軍學校第二期學生教育計劃〉，《汪偽海軍學校教育計劃》卷 1，國防部檔案 422/3111。

第二期機關科學生課程表

			第一學年			第二學年			
	科目		一	二	三	一	二	三	合計
			五至八月	九至十二月	一至四月	五至八月	九至十二月	一至四月	（時）
軍事學	機關					140	190	115	445
	電氣						50	50	100
	作圖			20	20	70	55	35	200
	運用、航法				20			10	30
	造船						15	15	30
	艦炮、水雷				20			10	30
	通信、航空							10	10
	陸戰			15	20	20	10		65
軍事學	統率	兵術、軍政					15	15	30
		艦內要務					15	15	30
		修身	15	15	15	15	15	15	90

（接上）

	科目		第一學年			第二學年			合計（時）
			一 五至八月	二 九至十二月	三 一至四月	一 五至八月	二 九至十二月	三 一至四月	
普通學	數學	算術、代數	95	60	60				215
		幾何	80	60	60				200
		三角		40	45				85
	理學	物理		40	60	120			220
		化學	70	30					100
	語學	日語	200	150	130	120	100	50	750
		國文	20	20	20	15	15		90
		國語	30	15	15				60
	歷史				15	15	20	20	70
	地理			20	30				50
合計			530	510	500	520	500	340	2900

資料來源：〈中央海軍學校第二期學生教育計劃〉，《汪偽海軍學校教育計劃》卷 1，國防部檔案 422/3111。

説明：以上第一、二、三學期與兵科學生合併授業，普通科所用課本為新國民圖書社、廣文社、滿洲圖書文具株式會社（日語）、開明書局與商務印書館所出版之圖書。

第二期兵科與機關科學生訓練時間配分表

科目	第一學年			第二學年			合計
	一	二	三	一	二	三	
	五至八月	九至十二月	一至四月	五至八月	九至十二月	一至四月	
陸戰	30	10	10	30	10	10	100
短艇		25	25		25	25	100
信號		10	10		10	10	40
柔道		10	10		10	10	40
劍道		10	10		10	10	40
銃劍術		10	10		10	10	40
水泳	40			40			80
相撲	10	10		10	10		40
運動	5	5	10	5	5	10	40
體操	5	5	10	5	5	10	40
軍歌	5			5			
合計	95	95	95	95	95	95	570

資料來源：〈中央海軍學校第二期學生教育計劃〉，《汪偽海軍學校教育計劃》卷 1，國防部檔案 422/3111。

　　偽海軍部於民國三十年十月電文中央海軍學校，因為籌備中的中央空軍學校有缺額，請該校考選 10 名學生赴中央空軍學校就讀，十一月四日，學校呈報兵科學生王耀熙等 10 名學生有意願轉讀，[17] 十一月十八日，偽航空署秘書黃子雄到中央海軍學校挑選王耀熙、劉鼎、張漠北、鄭玉山等 4 名學生赴常州編入預備班第一期進行飛行訓練。[18]

　　民國三十年十一月，本期學生第一次乘艦實習，該次實習分三回實施，由「海興」軍艦負責，分別為十一月三日至八日，實習人數 121 名；十一月十日至十五日，實習人數 28 名；十一月十七日至二十二日，實習人數 29 名。航行地點唐腦山、大衢山、泗礁山、陳錢山、吳淞口等地，每回實習學生分做 5 班，每天輪換 1 次。[19]

　　民國三十一年四月，中央海軍學校在第二期學生將畢業分發各處見習之際，擬具見習生補課方案，要求見習生在見習期間仍宜於業餘之暇自行研究補習，藉以彌補欠缺，並奉偽海軍部同意施行。[20] 此一構想主因是自第三期開始，學生在校修業期限已改為 3 年。依據該補課方案，見習生補課課目主要是微積分與三角、航海術、炮術等三科，見習生在見習期間均須自行研讀，見習期滿舉行考試，考試分數佔見習總分數 1/4。民國三十一年四月二十一日，第二期 108 名學生舉行畢業典禮，其中航海 82 名、輪機生 26 名，次日起給假一個月，假期滿後開始見習。見習生中粵籍輪機生 3 名（黃溥鎔於練兵營，鄧國棟、黎小賜於「和平」軍艦）、航海生 6 名（李振一、賈毓良於練兵營，武樹洪、李飛一於廣州基地隊，杜鏗、曹達於「協力」炮艦）由廣州要港司令部負責訓練，華北航海見習生全數到青島基地隊，輪機見習生則先派往江南造船所練習。該班見習課程安排如下：

第二期航海見習生見習計劃表（各班均 19 名）

期	第一期		第二期	
別	練習		實習	
期間	八個月		三個月	
	四個月	四個月	一個半月	一個半月
	三十一年六月至九月	三十一年十月至三十二年一月	三十二年二月至三月半	三十二年三月半至四月年
海興練習艦	第一班	第三班	第二班	第四班
海祥練習艦	第二班	第四班	第一班	第三班
南京基地隊	第三班	第一班	第四班	第二班
威海衛基地部	第四班	第二班	第三班	第一班

資料來源：汪偽海軍部民國三十一年五月五日海字第 819 號訓令南京要港部與威海衛基地部：「令發第二期航海見習生實習課程等件仰即轉飭送照辦理由」，《汪偽海軍學校教育計劃》卷 3，國防部檔案 422/3111。

第二期輪機見習生計劃表

期	第一期		第二期
別	練習		實習
期間	八個月		三個月
	六個月	二個月	三個月
	三十一年六至十一月	三十一年十二月至三十二年一月	三十二年二至四月
江南造船所	全體		
日本海軍工作船（出雲艦）		全體	

（接上）

期	第一期		第二期
海興練習艦			第一班
海祥練習艦			第二班

資料來源：汪偽海軍部民國三十一年五月五日海字第 819 號訓令南京要港部與威海衛基地部：「令發第二期航海見習生實習課程等件仰即轉飭送照辦理由」，《汪偽海軍學校教育計劃》卷 3，國防部檔案 422/3111。

第三期學生教育概況

民國三十年三月，偽國民政府軍事委員會指令中央海軍學校續招第三期軍官學生 70 名。[21] 自該年四月一日起，在南京、上海、蘇州、杭州、北平、天津、廣東等處開始報名，學生報考資格為年齡 17 以上 22 歲以下，初級中學以上或具同等學歷者，報名地點於南京偽海軍部、上海高昌廟中央海軍學校、上海楓林橋市政路 140 號的水路測量局、蘇州書院巷第一方面軍第三師司令部、杭州裏西湖第一方面軍第一師司令部等地。報名日期自四月一日至考試施行前三日（四月十七日），考試地點上海在高昌廟的中央海軍學校，其他報名處即為考試處，初選考試日期四月二十至二十四日，復選六月五、六日集中在中央海軍學校辦理。考試科目計有體格檢查、口試、國文史地、數理（算數、幾何、代數、物理、化學）、外國文（日語或英語）。五月二十三日發榜，登於南京中報及中華日報，六月四日初選錄取生入校。[22]

民國三十年七月三十日，中央海軍學校以總字第 935 號呈第三期學生教育計劃，該班學生之教育方針與第二期相較又有修正，主要在於修業期限更改為 3 年，另教育方針有所修正之項目如下：[23]

第二條：教育之主眼首重訓育、鍛鍊身心、培養堅定之軍人精神，而使其熟慣嚴肅之軍紀為第一要義。並須繼續修練，以養成力行不怠之習性。而鍛鍊之標準，尤以能侔比日本海軍為宜。

第三條：精神教育以「智深勇沉」之校訓，及陸海空軍軍人訓條為中心。德行之陶冶，側重於孔孟遺教。並以忠孝、武勇、信義、禮讓及樸素等五德為融會日本軍人精神之標準。

第四條：厲行體育以圖身心之鍛鍊，於國術技擊與日本武術同時修練，以使體得武道精神。

第七條：中國海軍之再建，以日本海軍為模範，故日語佔普通教育之一重要部分，並於施行術科教育時，聯帶灌輸，使便於理會日本海軍之真隨。

第八條：學術與精神教育相並實施，以養成高尚而幹練之軍人。

第三期學生教育期限表

全期間	民國三十年六月至三十三年五月								
學年	第一學年			第二學年			第三學年		
學期	一	二	三	四	五	六	七	八	九
期限	二十年六月至八月	三十年九月至十二月	三十一年一月至四月	三十一年五月至八月	三十一年九月至十二月	三十二年一月至四月	三十二年五月至八月	三十二年九月至十二月	三十三年一月至五月

資料來源：〈中央海軍學校第三期學生教育計劃〉，《汪偽海軍學校教育計劃》卷2，國防部檔案 422/3111。

說明：學生第一學年不分科，第二學年始區分兵科及輪機科。

第三期兵科學生課程表

	科目	學期									合計（時）
		一	二	三	四	五	六	七	八	九	
軍事學	運用				40	40	30	50	40		200
	造船								30		30
	航海					40	70	80	80	70	340
	炮術				20	20	20	30	30	30	150
	陸戰		30	24	24	24	24	30	24		180
	水魚雷								40		40
	通信								30	30	60
	航空									30	30
軍事學	輪機						40	40	40	40	160
	兵術									30	30
	軍政									42	42
	艦內要務									40	40
	修身	6	14	12	14	14	14	16	14	16	120

（接上）

	科目		一	二	三	四	五	六	七	八	九	合計（時）
								學期				
普通學	數學	代數	50	100	50							200
		幾何	26	100	50	60	30					266
		三角			70	60						130
		微積分					70					70
	理學	物理			40	50	30					120
		力學				40	40	40				120
		電磁						40	40	40		120
		化學		40	30	30	30	20				150
	語學	日語	66	158	146	152	110	112	106	80	70	1,000
		國文	18	12	12	12	16	16	20	16	20	142
		國語	12	12	12	12						48
	歷史		10	14	14	16	16		(14)	(10)	(16)	110
	地理								14	14	16	16	60
合計			188	480	460	530	480	440	480	450	470	3,978

資料來源：〈中央海軍學校第三期學生教育計劃〉，《汪偽海軍學校教育計劃》卷 2，國防部檔案 422/3111。

第三期輪機科學生課程表

	科目	學期									合計（時）
		一	二	三	四	五	六	七	八	九	
軍事學	鍋爐					30	30				60
	主機						40	40			80
	內燃機							40	30		70
	輔助機								30	30	60
	電機							45	30	55	130
	作圖				30	30	30	20	20	10	140
	工作								20	50	70
	輪機要務								20	30	50
	機構								20	30	50
	燃需材						10	40	20		70
	熱力學				30	20					50
	機關效程							30	30		60
	運用					20	20				40
	兵術									15	15
	造船								30		30
	航海						20				20
	艦炮							15			15
	陸戰		30	24	24	24	24	30	24		180
	水雷						10				10

（接上）

	科目		學期									合計（時）
			一	二	三	四	五	六	七	八	九	
軍事學	通信								10			10
	航空										30	30
	艦務										40	40
	軍政										42	42
	修身		6	14	12	14	14	14	16	14	16	120
普通學	數學	代數	50	100	50							200
		幾何	26	100	50	60	30					266
		三角			70	60						130
		微積分					70					70
	理學	物理			40	50	30					120
		力學				40	40	40				120
		電磁						40	40	40		120
		化學		40	30	30	30	20				150
	語學	日語	66	158	146	152	110	112	106	80	70	1,000
		國文	18	12	12	12	16	16	20	16	20	142
		國語	12	12	12	12						48
	歷史		10	14	14	16	16		(14)	(10)	(16)	110
	地理								14	14	16	16	60
合計			188	480	460	530	480	440	480	450	470	3,978

資料來源：〈中央海軍學校第三期學生教育計劃〉，《汪偽海軍學校教育計劃》卷 2，國防部檔案 422/3111。

第三期兵科、輪機科學生訓練課程表

科目	學期									
	一	二	三	四	五	六	七	八	九	合計（時）
陸戰	9	12	10	2	13	11	4	11	12	84
短艇	2	15	13	10	14	13	10	14	12	103
信號	1	11	7	8	9	6	8	6	6	62
技擊	2	16	12	10	15	13	10	14	13	105
柔道	1	5	7	5	8	7	5	7	6	51
劍道	1	5	7	5	8	7	5	7	6	51
刺槍術	1	5	7	5	8	7	5	7	6	51
游泳	32			32			32			96
體操	5	6	4	3	4	4	3	4	4	37
運動	1	5	3	2	1	2	3	1		18
軍歌	6	8	7	8	8	7	8	6	5	63
合計	61	88	77	90	88	77	93	77	70	721

資料來源：〈中央海軍學校第三期學生教育計劃〉，《汪偽海軍學校教育計劃》卷 2，國防部檔案 422/3111。

　　與第二期學生教育相較，因為本期學生修業期限由 2 年改為 3 年，修習的科目雖無增減，但各科中以日語及普通科目增加幅度最多，可見學校愈發重視海軍軍官普通科學之重要性。民國三十一年四月，第三期學生完成第一學年課程，並開始分科教育，其中李文蔚等 32 名為航海科，吳劍琴等 10 名為輪機科。[24] 民國三十三年二月學生登「海興」練習艦實習，五月畢業，計航海科 29 名，輪機科 8 名。

第四期學生教育概況

民國三十一年三月，偽海軍部訓令中央海軍學校續招第四期軍官學生80名，與以往較為不同之處，自本期開始增列海軍子弟保送之員額。[25] 依該保送辦法，偽海軍部於每年招考軍官學生時保留若干名額由各省市政府初試合格後保送復考，海軍航輪上校以上之軍官均有保送之資格，但只限一次嫡系子弟一人，須先經海軍部長許可，保送資格與公開招考之學生資格相同。[26]

第四期學生招考自該年三月十五日起至考試施行前三日止報名（四月三日），報考年齡、學歷、考試科目、修業期限、每月津貼均與前期相同，報名地點則減少，僅於南京偽海軍部、上海高昌廟中央海軍學校、上海楓林橋水路測量局等地。初選考試地點上海方面在高昌廟的中央海軍學校、南京方面在偽海軍部，初選考試日期四月六日至八日，復選五月十一日至十三日集中在中央海軍學校辦理（含保送學生）。發榜日期四月二十日登於《南京中報》及《中華日報》，五月十日號初選錄取生入校。[27] 該班預定初選錄取名額95名，其中正取75名、備取20名，復選預計錄取70至75名，以上之員額分配南京地區30名、上海地區30名，保送方面北平10名、漢口10名、廣東10名、威海衛5名。該期學生初選結果如下：[28]

南京：正取高宜榜等20名，備取楊芝生等5名。

上海：正取冉守愚等20名，備取蔣家祿等2名。

北平：保送陳崇智等10名。

湖北省：保送涂允時等10名。[29]

廣州要港司令部：保送王柏永等5名，考選正取陳利勝等5名，

備取湯名璋等 4 名。[30]

威海衛基地部：保送邱國光等 7 名。

復試後計南京地區錄取 22 名、上海地區 19 名、北平地區 7 名、湖北地區 5 名、廣東地區 8 名、威海衛地區 3 名，總計 64 名，於該年五月十五日入校開學。[31]

該班教育期限與課程設計如下：

第四期學生教育期限表

全期間	民國三十一年五月至三十四年四月								
學年	第一學年			第二學年			第三學年		
學期	一	二	三	四	五	六	七	八	九
期限	三十一年五至八月	三十一年九至十二月	三十二年一至四月	三十二年五至八月	三十二年九至十二月	三十三年一至四月	三十三年五至八月	三十三年九至十二月	三十四年一至四月

資料來源：中央海軍學校民國三十一年五月七日總字第 564 號呈海軍部：「呈送第四期學生教育計劃請鑒核案由」，《汪偽海軍學校教育計劃》卷 3，國防部檔案 422/3111。

説明：學生第一學年不分科，第二學年始區分航海科及輪機科。

第四期航海科學生課程表

	科目	學期									合計（時）
		一	二	三	四	五	六	七	八	九	
軍事學	運用	預12			40	40	30	50	40		200
	造船								30		30
	航海				40	70	80	80	70		340
	炮術				20	20	20	30	30	30	150
	陸戰	預24	24	24	24	24	24	24	24	12	180
	水魚雷							40			40
	通信								30	30	60
	航空									30	30
	輪機						40	40	40	40	160
	兵術									50	50
	軍政									30	30
	艦內要務									40	40
	修身	12	14	12	14	14	14	14	14	12	120

（接上）

	科目		\multicolumn{9}{c} 學期									合計（時）
			一	二	三	四	五	六	七	八	九	合計（時）
普通學	數學	代數	60	106	50							216
		幾何	36	106	50	60	30					282
		三角			70	70						140
		微積分					70					70
	理學	物理			40	50	30					120
		力學				40	40	40				120
		電磁						40	40	40		120
		化學		40	30	30	30	20				150
	語學	日語	110	152	146	142	110	112	112	86	30	1,000
		國文	24	12	12	12	16	16	30	16	16	154
		國語	12	12	12	12						48
	歷史		10	14	14	16	16	14	20	20	20	144
	地理							14	14	16	16	60
合計			300	480	460	530	480	440	480	450	410	4,030

資料來源：中央海軍學校民國三十一年五月七日總字第 564 號呈海軍部：「呈送第四期學生教育計劃請鑒核案由」，《汪偽海軍學校教育計劃》卷 3，國防部檔案 422/3111。

第四期輪機科學生課程表

	科目	學期									合計（時）
		一	二	三	四	五	六	七	八	九	
軍事學	鍋爐					30	30				60
	主機						40	40			80
	內燃機							40	30		70
	輔助機								30	30	60
	電機							45	30	55	130
	作圖				30	30	30	20	20	10	140
	工作								20	50	70
	輪機要務								20	30	50
	機構								20	30	50
	燃需材						10	40	20		70
	熱力學				30	20					50
	機關效程							30	30		60
	運用	預12				20	20				40
	兵術									15	15
	造船								30		30
	航海						20				20
	艦炮							15			15
	陸戰	預24	30	24	24	24	24	30	24		180
	水雷						10				10

（接上）

科目		一	二	三	四	五	六	七	八	九	合計（時）
軍事學	通信							10			10
	航空									30	30
	艦務									40	40
	軍政									30	30
	修身	12	14	12	14	14	14	14	14	12	120
普通學	數學　代數	60	106	50							216
	幾何	36	106	50	60	30					282
	三角			70	70						140
	微積分					70					70
	理學　物理			40	50	30					120
	力學				40	40	40				120
	電磁						40	40	40		120
	化學		40	30	30	30	20				150
	語學　日語	110	152	146	142	110	112	112	86	30	1,000
	國文	24	12	12	12	16	16	30	16	16	154
	國語	12	12	12	12						48
	歷史	10	10	14	14	16	16	14	20	20	20
	地理							14	14	16	16
合計		300	480	460	530	480	440	480	450	410	4,030

資料來源：中央海軍學校民國三十一年五月七日總字第 564 號呈海軍部：「呈送第四期學生教育計劃請鑒核案由」，《汪偽海軍學校教育計劃》卷 3，國防部檔案 422/3111。

第四期兵科、輪機科學生訓練課程表

科目	學期									合計（時）
	一	二	三	四	五	六	七	八	九	
陸戰	9	12	10	2	13	11	4	11	12	84
短艇	2	15	13	10	14	13	10	14	12	103
信號	1	11	7	8	9	6	8	6	6	62
技擊	2	16	12	10	15	13	10	14	13	105
柔道	1	5	7	5	8	7	5	7	6	51
劍道	1	5	7	5	8	7	5	7	6	51
刺槍術	1	5	7	5	8	7	5	7	6	51
游泳	32			32			32			96
體操	5	6	4	3	4	4	3	4	4	37
運動	1	5	3	2	1	2	3	1		18
軍歌	6	8	7	8	8	7	8	6	5	63
合計	61	88	77	90	88	77	93	77	70	721

資料來源：中央海軍學校民國三十一年五月七日總字第 564 號呈海軍部：「呈送第四期學生教育計劃請鑒核案由」，《汪偽海軍學校教育計劃》卷 3，國防部檔案 422/3111。

　　第四期學生第一學年修業期滿後舉行分科，計李志明等 35 名志願分為航海科，陳崇智等 12 名分為輪機科，民國三十四年四月畢業，僅航海科 33 名，輪機科 12 名。[32]

第五、六兩期的概況

　　民國三十二年五月，中央海軍學校招收第五期學生 88 名入校，預

定三十五年四月畢業。次年八月，續招考第六期學生入校。因對日抗戰於民國三十四年中已進入末期，八月日本投降，所以兩期均未能完成課業，而相關教育資料亦未能得見。基於先前三、四兩期的教育內容，五、六兩期之教育模式概循第四期的方式進行。

　　新制「海軍軍官學校」於民國三十五年六月於中央海軍學校原址成立。依該校籌備處主任楊元忠上校於是年三月十八日呈報海軍處處長陳誠上將的報告中指出，楊元忠於三十五年三月七日受命前往接收中央海軍學校，該時學校尚有五期 67 名（注記有開革 1 名）、六期學生 89 名（注記有潛逃、退學、開革各 1 名），共一百五十二名．八日宣佈全體遣散，本省學生發遣散費國幣 5 千元，外省學生 1 萬元，但學生中屬遠方省份者居多，該時交通艱難，為體念該生守候車船期中之食宿，准予各生在校食宿制當月十五日止。教職員維持副食費制三月底，另加發一個月。為便於校舍及器材之保管，暫將原有職員若干名住校繼續工作，以等候物色相當人選接充，即行遣退，亦以該月底為限，其他工役遣散狀況與教職員相同。[33]

　　依楊元忠報告附件所錄，抗戰勝利接收該校之際，中央海軍學校校長為梁大治少將，教育長張貴英上校，教務主任時飛少校，兵科教官梁永植少校等 3 名，算學教官夏宗保少校等 2 名，無線電教官王直上尉，理化教官錢燧少校等 2 名，副教官周秉年少尉，史地教官周德高上尉，外國語教官郝復禮少校等 4 名，副教官趙大祥中尉等 5 名，繪圖員陸識昌上尉，圖書儀器管理李日昇中尉，書記林秉衡準尉等 6 名，僱員龐甯海上士等 5 名，代大隊長魏子昂少校，大隊副林洒榮少校，區隊長許正平中尉等 5 名，衛兵隊長左建民，書記孫伯言準尉等 2 名，文書股長冉積光，打字員汪揆椿中尉等 2 名，軍需股長張國銓少校，軍需周棟臣中尉等 3 名，庶務

鄭煥江中尉等 3 名,軍醫股長王明道中校,醫官徐景福少校,司藥魏詩準尉,教務員龐昆池上尉,隊長張惠根上尉,隊附姚克良少尉等 2 名,繕校員顏文元準尉等 2 名,錄事汪仲如等 2 名,會計員王潤之上尉等 2 名,合計 69 名,士兵夫役 78 名,總計 147 名。以該名錄所建立起來的學校末期組織表大致仍與民國三十一年十期相當,惟編制已縮減調降,此一建制規模亦為五、六兩期可能循第四期教育方式進行的一個佐證。

四、教育內容的遞變

　　綏靖水巡學校時期的學校教育所受日本的影響,可以從第一期學生教育計劃中看出。該計劃係以日文撰寫,其教育方針明顯的要從思想中植入對日本文化的了解與認同,並在此認同下,合理解釋其侵略戰爭的行為,在畢業之後願意執行日治的軍事活動。而在軍人的體魄培養上,在日本武道精神的基礎上,從事日式的生活管理與戰技體能的鍛鍊。如此日化的訓練,對於學生未來在日本海軍的勢力範圍中,可以減少了觀念與行事上的差異,也便於合作關係的運作。

　　學校課程中比重最大的科目並非軍事科目,而是學習日語,熟稔日語除了是　種建立認同的手段,也暗示日本對於這支中國武裝傀儡部隊的要求,軍事技能與力量的發揮係基於良好的溝通關係。畢竟在學校的組織條例中已明指,該校所培育的水巡軍幹部,係為外海防務、內河警備,及水上治安及行旅運輸暨保護漁業起見,此一程度的武裝力量,實無執行外海防務的能力,只能為日本擔任其後方水域的保安勤務。

　　汪偽政權成立後,綏靖水巡學校改組為中央海軍學校,隸屬於偽海軍部,汪偽與維新政府雖然都是親日的傀儡政權,但實質上有相當的差

異。汪偽國民政府統合了先前同為日本所扶植的華北與華中地區的自治政府，與維新政府相較，有更大的政治實力，也較有自主的能力。汪偽欲意成立一個與重慶國民政府相當的新政府，在同為中華民國的國號下，透過日本佔領地的擴大，逐步擴展其政治版圖，因此在軍政體制上諸多延續原國民政府的慣例，「中央海軍學校」的校名即是一個既要有所同又有所不同的產物。汪偽企圖建立的是一個具有真正實力的「海軍」，而非「水巡」部隊而已。

在維新政府移交的艦艇基礎上，汪偽國民政府陸續接受日本贈艦（含原國民政府沉艦經日本海軍打撈修復），以及後續訂造的艦艇，偽海軍規模逐漸擴大，作為偽海軍軍官的培育處，「中央海軍學校」遂較維新政府時期的水巡學校更具規模。即使如此，因為所添增的艦艇噸位多不大，屬於中小型艦艇，軍官編制也就不多也不高，派職缺需求仍是有限。除第二期學生員額較多外，其他招生員額多為 80 名上下，實際入校而後能畢業者更少，與同時期的偽海軍士官、兵的訓練能量相較，比重甚小。

從教育期限來看，自第三期學生開始修業年限改為 3 年，各科修習的時數多有增加，但主要仍是以日語與基礎科學的學時增加幅度最大。其目的之一是持續提升從日本接受海航技術的能力，另一則是認知對海軍專業而言，僅兩年的教育明顯無法支持維持海軍專業的基本要求，因此即便是第二期學生已經畢業，學校仍特別擬定見習生補課方案，以補足與第三期教育學生程度上的差距。同時期的重慶國民政府所辦理的「海軍學校」於民國三十年恢復招生。該校學生入學年齡較「中央海軍學校」學生略低，但延續自清季船政學堂以來的傳統，不論航海或輪機，在校修業年限均為 7 年左右，在海軍專業能力的教育上明顯高過「中央海軍學校」甚多。即便汪偽海軍中為數甚多的昔日黃埔、煙臺或是東北（葫

蘆島）海軍學校畢業軍官，在校修業也至少 3 至 5 年。這些投敵的中、上級海軍軍官在汪偽海軍教育的計劃擬定中究竟有多大的影響力，雖無實證，但從「中央海軍學校」的教育內容來看，明顯的有逐步加重軍官教育質量的趨勢。

從教育方針與內容來看，第一期的教育方針與內容（含名稱）幾乎是全盤移植日本海兵教育的模式，但自第二期的教育方針便開始有所修正，雖仍強調學習日本軍人的精神與以日本海軍為模範，但德目已經稍有排除日本的文化認同教育。自第三期開始，學生分科中原本的「機關科」已經改回中國習慣使用的「輪機科」用語，第四期開始「兵科」也改為「航海科」。此一改變或可視為汪偽海軍有意減少過多日本海軍影子的跡象，即使日本海軍對於該校的教育影響始終甚巨，並有意從精神與體魄教育上塑造一支僅具支援性與服從性的次級軍官，但實際上，在汪日相互利用的矛盾中，終究只是造就出一批日皮中骨的海上武裝力量。

五、結語

民國三十六年四月，新制海軍軍官學校由上海遷往青島，同時成立軍官訓練班，其中「軍官訓練班補訓班」（設航海科、輪機科）訓期六個月，調訓對象多為抗戰期間未完成海軍軍官基礎教育者，先後辦理四隊。第四隊 37 名即是以招收中央海軍學校出身的現職軍官進訓為主，而後該批軍官均以軍官訓練班第四隊自稱，不再提及「中央海軍學校」之背景，此為該校畢業生融入中華民國海軍的發展。

「中央海軍學校」畢業軍官雖屬偽政權所培育，然而該校畢業生具有日文的教育背景，對於抗戰勝利百廢待舉的國府新海軍建設、佔領區

的接收與日本賠償艦的接續運用等，係相當重要的力量，是我國海軍歷史中的一段特殊史實。有關偽海軍與該校的歷史向不列入中華民國海軍歷史之記載之中，可追尋者除國防部所保存的檔案外，尚有接收自該校的少數圖書仍藏存於臺灣左營的海軍軍官學校圖書館之中，是該校教育可資查引之明證。本文以舊國防檔案為本，交相比對整理，呈現該校以文檔為本之教育歷程，在抗戰初勝利，局勢仍混沌不明之際，可能間接造成部分文檔資料被刻意隱沒，尤其是現存舊檔中有關附件名錄及民國三十二至三十四年之間的教育計劃資料、成果報告等均極為欠缺，甚難追溯還原，而有關日本海軍人員如何在學校中運作，現存文檔乏有記錄，亦是本文未能臻全之憾處。

注釋

1　綏靖水巡學校民國二十八年四月二十五日軍字第 158 號呈：「為辦理水巡隊先設立水巡學校附呈學校組織仰乞簽核備案」，《偽維新政府水巡學校教育計劃案》卷 1，國防部檔案 422/2422，頁 7-9。

2　同上，頁 10-17。

3　綏靖部民國二十八年四月二十五日軍訓字第 6 號訓令：「為限期選派官佐 20 名、10 名，兵 200、100 名護送入綏靖水巡學校肄業仰即遵照仍將辦理情形具報核奪由」，《偽維新政府水巡學校教育計劃案》卷 1，國防部檔案 422/2422，頁 39-40。

4　中國第二歷史檔案館：〈行政院第三次會議錄〉，《汪偽政府行政院會議錄》（南京：檔案出版社，1992 年），頁 2-80。

5　中央海軍學校暫行編制表，《汪偽海軍部暨所屬編制案》卷 9，國防部檔案 581/3111.2，頁 88-90。

6　綏靖部民國二十八年五月三日軍訓字第 2 號咨：「為咨請保送水巡學校學生由」，《偽維新政府水巡學校教育計劃案》卷 1，國防部檔案 422/2422，頁 41-42。

7　綏靖部民國二十八年五月三日軍訓字第 7 號訓令：「為辦理水巡學校學生報名手續仰遵照由」，《偽維新政府水巡學校教育計劃案》卷 1，國防部檔案 422/2422，頁 43-48。

8　〈民國二十八年度第一期學生練習生教育計劃〉，《偽維新政府水巡學校教育計劃案》卷 2，國防部檔案 422/2422，頁 14。

9　同上，頁 15。

10　同上注。

11　汪偽中央海軍學校民國三十年一月十三日總字第 33 號呈海軍部：「為抄呈本校首席指導官通告第一期學生登艦實習預訂計劃由」，《汪偽海校學生實習案》，國防部檔案，406.2/3111，頁 24-28。在該預定計劃中，第一次航海實習時間為民國三十年二月十七日至二十二日，第二次航海實習時間為三月二十二日至二十九日，第三次航海實習時間為五月四日至十八日，均與後來實際執行時間稍有不同。

12　汪偽中央海軍學校民國三十年二月二十二日總字第 185 號呈海軍部：「呈送第一期學生乘艦實習方案由」，《汪偽海校學生實習案》，國防部檔案 406.2/3111，頁 32-33。

13　汪偽中央海軍學校民國三十年五月十四日總字第 582 號呈海軍部：「呈送第一期學生第三次航海實習實施方案請鑒核備案由」，《汪偽海校學生實習案》，國防部檔案 406.2/3111，頁 39-40。因第二次航海實習計劃並無實習報告可參照，因此實習時間為計劃時間，未必是實際在艦時間。

14　汪偽海軍部民國三十三年三月十四日海字第 439 號呈軍委會：「呈送海軍輪機見習生艦上工作實施方案及教育科目表請鑒核備案由」，《汪偽海校學生實習案》，國防部檔案 406.2/3111，頁 151-154。

15　綏靖部民國二十九年三月三十日第 29 號訓令：「令知該校續招軍官學生 200 名檢發佈告多件仰遵照辦理具擬由」，《維新政府水巡學校教育計劃案》卷 1，國防部檔案 422/2422，頁 236。

16　汪偽中央海軍學校民國二十九年七月四日呈海軍部稿：「為呈送第二期學生教育計劃暨第一、二期學生普通科教育配分預定表由」，《汪偽海軍學校教育計劃》卷 1，國防部檔案 422/3111，頁 6-34。

17　汪偽中央海軍學校民國三十年十一月四日總字第 1625 號呈文海軍部：「呈為中央空校缺額學生經由本校選定第二期學生王耀熙等 10 名造冊呈請鑒核由」，《汪偽海校學生實習案》，國防部檔案 406.2/3111，頁 96-100。

18　汪偽中央海軍學校民國三十年十一月四日總字第 1767 號呈文海軍部：「呈為航空署派秘書黃子雄來校考取空軍學生王耀熙等 4 名經於十一月十八日率領赴常州空校報到請鑒核備案由」，《汪偽海校學生實習案》，國防部檔案 406.2/3111，頁 106-108。

19　汪偽中央海軍學校民國三十年十一月二十六日總字第 1827 號呈海軍部：「呈送本校第二期兵科學生第一次乘艦實習報告請鑒核由」，《汪偽海校學生實習案》，國防部檔案 406.2/3111，頁 67-70。

20　汪偽中央海軍學校民國三十一年四月九日總字第 399 號呈海軍部：「呈為擬具海軍見習生補課方案（草案）請鑒核示遵由」，《汪偽海軍學校教育計劃》卷 3，國防部檔案 422/3111，頁 68-79。

21　汪偽海軍部民國三十年三月十四日海字第 346 號訓令：「令知續招軍官學生 70 名仰希知照由」，《汪偽海軍部招生案》卷 1，國防部檔案 401/3111，頁 60-77。該班預計招收人數依偽海軍部給中央海軍學校的指令係 70 人，但偽海軍部在三月二十日給行政院與軍事委員會呈文中則為 80 名。

22　汪偽海軍部民國三十年三月十四日海字第 347 號：「函請代為辦理招考第三期軍官學

生報名手續並案招生佈告等件希查照由」,《汪偽海軍部招生案》卷 1,國防部檔案 401/3111,頁 63-70。

23 〈中央海軍學校第三期學生教育計劃〉,《汪偽海軍學校教育計劃》卷 2,國防部檔案 422/3111,頁 152。

24 汪偽中央海軍學校民國三十一年五月二日總字第 534 號呈海軍部:「呈送第三期學生分科名冊請鑒核備案由」,《汪偽海校學生實習案》,國防部檔案 406.2/3111,頁 164-165。

25 汪偽海軍部民國三十一年三月六日軍學字第 28 號:「令發招考第四期軍官學生實施方案仰即遵照辦理」,《汪偽海軍部招生案》卷 2,國防部檔案 401/3111,頁 15-22。

26 汪偽海軍部民國三十一年三月六日海字第 399 號呈行政院與軍事委員會:「呈報續招第四期軍官學生 80 名附呈保送辦法仰祈鑒核備案由」,《汪偽海軍部招生案》卷 2,國防部檔案 401/3111,頁 23-28。

27 汪偽海軍部民國三十一年三月九日海字第 409 號呈:「呈為續招第四期軍官學生北平方面額定保送十名附呈簡章辦法等件仰祈咨轉華北政委會轉飭北平市政府考選學生送校復試由」,《汪偽海軍部招生案》卷 2,國防部檔案 401/3111,頁 33-37。

28 汪偽海軍部民國三十一年四月二十日海字第 706 號通告:「本部招考第四期軍官學生初選錄取通告」,《汪偽海軍部招生案》卷 2,國防部檔案 401/3111,頁 90。

29 汪偽湖北省政府民國三十一年四月十五日省教字第 122 號公函:「准函請考選學生十名業經考就檢同各生名冊志願書保證書體檢表函請查照由」,《汪偽海軍部招生案》卷 2,國防部檔案 401/3111,頁 93-96。

30 汪偽廣州要港司令部民國三十一年四月十日港呈字第 54 號呈:「為遵令保送本部海軍上校以上之軍官之嫡系子弟名額 5 名及經考選成績較優之學生 5 名額暨成績表名冊等呈請察核取錄由」,《汪偽海軍部招生案》卷 2,國防部檔案 401/3111,頁 80-86。

31 海軍部民國三十一年五月二十八日海字第 973 號呈:「呈報本部續招第四期軍官學生錄取 64 名仰祈鑒核備案由」,《汪偽海軍部招生案》卷 2,國防部檔案 401/3111,頁 109-110。

32 汪偽宣傳部民國三十二年七月二號函導字第 152 號公函:「函請就國府還都以來之事業概況撰賜鴻文以便彙送日軍報道部發表由」,《汪偽海軍部工作報告》卷 3,國防部檔案 109.1/3111,頁 147。由於該班第三年教育相關資料不復存,分科與畢業人數僅以民國三十二年偽宣傳部彙整資料為參考。

33　楊元忠：〈三月十八日於上海報告〉，《海軍官校成立案》，國防部檔案
　　582.3/3815.14，頁 27-49。該報告中所述五、六兩期學生合計 151 名，但附件名錄
　　實際所列為 156 名，扣除開革、潛逃、退學等 4 名，仍應為 152 名。

第三編

火炮和戰船之外
——清朝的海防硬件和佈局

導言

　　戰爭最容易令人聯想起各式尖端武器，能人所不能的特種部隊，血肉橫飛的廝殺，令人屏息靜氣的參謀會議。但這些一切，僅為戰爭的一小部分，也只是我們耳聞目睹的表象。實則戰爭就如一部軟、硬件牢牢緊接，各環節細密相扣的機器，運行暢順與否，決定勝負以至民族國家安全。縱有機關算盡的戰略，針對敵人的戰術和訓練精良的兵將，硬體配合稍有不足，也足以令軍不成軍。今天的戰爭當然非常依賴通訊科技，但要完成戰爭目的，其他硬件設計和佈置，從物料採購到碼頭設置，都有關鍵性的作用。回看中國近代海防建設的初階，適逢全球科技躍升，國人急於學習新知識和吸收新技術，也需要將新硬件結合新戰略思維。

　　康雍盛世之時，戰船仍以木材建造，木材供應和質素直接影響海軍實力。臺灣生產樟木，甚利於福建附近各州府的戰船修造，但臺灣本地陸路交通不便，加上番民抗爭不斷，為採辦樟木造成了一定困難，間接影響船隊的擴展。布琮任一文〈康雍年間在臺的戰船修造與樟木採辦〉細細道出清初中國南方海軍發展的一些基本限制。

　　炮臺是傳統海防的重要組成部分。中國海岸線極長，要有效佈置炮臺，並配合海陸軍調動，才能發揮海防作用。根據學者吳志華的研究，第一次鴉片戰爭之初，英軍艦隊在廣東沿中路而上，早經加強的虎門炮臺卻敵無功，460 門大炮，竟無一炮傷及英艦。最後，十個炮臺全數陷落。這些大炮火力和射程均不俗，只是「炮臺建置不得地、大炮安放不得

處、炮兵操練不準」，讓敵人得以長驅直入，擊潰珠江防線。1858 年，英法聯軍再攻陷廣州，繼而北上直攻天津。之後兩年，天津大沽炮臺屢次成為中方和英法入侵者較量之地。大沽炮臺的防禦實力，顯示出兩次鴉片戰爭期間，中國海防設計的進境。侯杰和秦方兩位的〈海戰與炮臺——以第二次鴉片戰爭時期三次大沽海戰為中心〉一文，提供了非常重要的思考點。

　　馬幼垣教授是中國海軍史的權威，研究成果廣為中外學者肯定。本書收入他的〈海底電纜鋪設艦「飛捷號」重研〉，在幾方面都做到推陳出新。海底電纜是重要的傳訊設施，在十九世紀更是先進科技。但鋪設電纜卻需特別艦隻執行，臺灣孤峙海外，海底電纜有利加強中國東南沿岸省份的聯絡。1887 年「飛捷號」抵達基隆，之前在英採購的過程，期間中介人的角色，「飛捷」命名，抵華之後的主要任務和所屬單位，都有不少值得考究的故事。馬教授以其精深學問，將之娓娓道來，令人耳目一新。

第一章
康雍年間在臺的戰船修造與樟木採辦

布琮任

一、緒言

　　自八十年代以來，有關清代（1644－1912）的海洋研究（maritime/ oceanic studies）蔚然成風，在中外學者的奮力耕耘下，成果豐碩纍實，多不勝數。然觀乎東亞與歐美學界的研究路線，兩者雖有共鳴處，箇中亦不乏相異的地方。不過，這種差別既不在質素，也不在數量，而是源於論說框架與角度上的不同。華、日語學界感興趣的，大多是透過檔案史料重現清代政制、經貿、學人思想、以至社會民情與海洋世界的關係；[1] 歐美學者所關注的，是如何利用一種「海洋史視角」延展討論。所謂海洋史的研究視角，基本上是一種結合世界史論述的走向；[2] 強調以海洋為討論核心，針對它的空間性（spatiality），連結性（connectivity），資源性（ocean as a resource provider）與發展性（developmentaity）等主題，突出海洋界域跨文化（trans-cultural）的歷史特質與時代意義。[3] 誠如史家費爾南・布勞岱爾（Fernand Braudel, 1902－1985）所說：「海洋不僅是連接陸地的一個地理性接觸面，它也是見證、連結、刺激和催化人類活動的重要介域。從遠古年代開始，大部分文明的發展也是通過一種『海洋模

式』所進行。」[4] 與此同時，歐美學者諸如 Kären Wigen，Ian K. Steele 與 Michael Pearson 亦相繼提出海陸關係（land-sea relation）的相連性（inter-relativity），[5] 申述海洋文化對人類文明所構成的衝擊與迴響，著力修補一部長久從大陸性視野（continental perspective）出發，且關乎民族分合、異同的大歷史。

稽諸上述簡評，本文擬就這種「海洋史視角」分析康雍年間清政府在臺灣的樟木採辦與戰船修造，藉以審視它的籌海觸覺與海洋關懷（maritime consciousness）。事實上，在十八世紀的歐亞世界，木植採伐對於帆桅戰船的機動性，耐久度，甚至攻擊力而言，均是一個不可忽略的題目。[6] 一個國家對於修造戰船所投放的資源與力度，大概能反映它怎樣利用兵艦在海洋空間宣展勢力，固鞏海疆。透過了解一個帝國修船製艦的規模，讀者亦能知悉海洋空間在該帝國永續發展上的位置與角色。所以，本文並非旨於縷述清政府佔領臺灣後，康雍兩朝採辦木植的編年發展。我所重視的，是透過康雍時代在臺伐木製艦的則例與沿革，探討臺澎海域在清代治國藍圖上的「領域特性」，進一步修正「清政府長期看待海洋為第三邊疆（third frontier）」的傳統論述。[7]

二、木植採辦與戰船修造

在「蒸汽船時代」（The age of steamship）以前，軍艦修造與採木工業的關係密不可分；[8] 誠如藍廷珍（1664－1729）所言：「採取木料，修造戰船，為軍務所必需」。[9] 至於戰船的戰鬥力、機動性與遠航能力，大多取決於木植的優劣良窳。十八世紀的維多利亞王朝便曾經為了取得合適的良木而強佔渥太華森林，取木造艦，進一步鞏固她在英倫海峽與凱爾

特海域的軍事優勢。繡上諾曼人在十一世紀征服英格蘭始末的巴約掛毯（Bayeux Tapestry），亦清楚記載諾曼工匠在挪威、丹麥一帶伐木造船的情況。[10] 在東亞世界，中國當然也不乏砍木製艦的歷史經驗。早在戰國時代（公元前 476 － 公元前 221），吳楚爭雄三江，兩國交鋒中使用的「大艦」便是由蘇杭一帶的堅實良木修成。[11] 這種「大艦」及後甚至演進為耗木更甚的軍、商用樓船。漢武帝元鼎四年（公元前 113），《史記·南越列傳》便載述：「時欲擊越，非水不至，故作大船。船上施樓，故號曰『樓船』也。」[12] 樓船之所以耗費木料，原因在於它的面積龐巨，長可達二十公尺，高可致十餘丈；主要由杉木與松木合建而成。由於古人大多相信船身闊大且深的戰船擁有較高的穩定性，故修造樓船便能浮海凌波，不畏風濤。西晉（266 － 316）王濬（252 － 314）受命興兵伐吳（229 － 280），為了令軍船穩定不傾，如履平地，便下令大造樓船，廣伐木秭，蔽江而下。劉禹錫（772 － 842）曾有詩云：「王濬樓船下益州，金陵王氣黯然收。千尋鐵鎖沉江底，一片降幡出石頭。」[13] 便是憶述西晉樓船怎樣克服波濤，交戰孫吳的一幕歷史。

　　直至十五世紀，經過宋元以來的海事發展，明代（1368 － 1644）伐木造艦的記載不勝枚舉。朱元璋（1328 － 1398）定都南京後，由於都城接近大江，直通汪洋，不論是四方往來的海洋商賈、還是專責防守的水師軍旅，也需要依賴大大小小的船舶。故在洪武初年，浙閩商人已開始大規模的伐木為舟；明太祖亦在龍江設立造船廠，在華南一帶大量砍伐林木。[14] 成祖永樂三年（1405），鄭和（1371 － 1433）奉命出使西洋，其船隊的三百多艘寶船、馬船與糧船，亦是取材廣東、廣西和貴州的林區，以致華南各省的林被面積大幅銳減。[15] 不過，雖然記述明代伐林造船的例子比比皆是，但資料大多散見於子部與集部，敘說頗為零散。究其原

因，無非由於明政府未有就修船造艦方面頒訂完善的則例與制度，亦未設專司筆記修船本末，以致後人難於窺視全貌。

相較明代而言，清政府便有其則例，記載亦相對仔細；舉凡船舶用料，尺寸規格，修造費用與水手船工等，皆有詳文監訂，規章指引清晰。與此同時，清廷也了解木材質素對於戰船航速、平衡與耐久度等影響，定例毫不馬虎。以修造一艘軍用趕繒船的工序為例，按《欽定福建省外海戰船則例》的記載，所需材料大概由 58 種以至 90 種不等，當中包括木材，釘鐵，灰泥和塗料。[16] 就一艘長 7 丈 4 尺、樑頭闊 1 丈 8 尺 7 寸、計 21 艙的繒船來說，船底的龍骨便需耗近六尺的優質松木，方能船定堅穩；至於樑座、樑頭、以至各大小船艙則需寬 2 尺、厚 4 寸的樟木 183 丈 7 尺 1 寸。其餘物料如釘鐵尚要 3,100 斤，灰泥近十六種（諸如滕黃、藍粉、松香），以令船身遇水而不易朽腐。[17] 在修船所耗用的 58 種材料中，用木方面便高達 34 項，其中樟材獨佔 22 種。除了上述提及的樑頭、樑座與船艙外，劉良璧（1684－1764）在《重修福建臺灣府志・卷十・兵制》便詳細列出樟材用於繒船的各部分，其中包括「桅座、含檀、鹿耳、斗蓋、上金、下金、頭尾禁水、頭尾八字極、杠罩、彎極、直極、繚牛、尾穿樑、大轉水、車耳下株、屈手極、通樑、托浪板、門枋及樟枋」；[18] 而船料中的托浪板、桅座、通樑均關係到船舶的整體結構，換言之，要選用適合的樟木製艦，方能修造一等兵船，穩妥地固禦洋面。

由於木植種類關乎兵船的性能和戰鬥力，所以康熙在籌建海軍時已設立軍工料館，專責木材與其他船料的採辦工作。館中負責購置木植的官員為「軍工匠首」，對山林物產有一定的支配權。[19] 正如前段所述，由於造船除了依靠樟木外，還需賴以杉木、松木、相思木與檀木等，故軍工匠首便有責任採辦不同木植，以供船匠修造戰艦。據曾任署理蘇州巡撫

印務的王璣記述，在康雍時期，「油鐵各項出自江楚；杉、松、樟多取自閩、粵與臺灣」[20]，可見臺灣是提供樟材船料的重要區域。不過，在探討盛清政府在臺島採樟造船的沿革前，我們有必要對臺灣樟樹的品類、分佈等背景資料有所了解。

三、有關樟樹在臺灣的記述

樟樹（Cinnamomum camphora [Linn.] Sieb.）屬暖林帶樟科喬木，樹身高大且堅實，木料可製船建屋，膏脂能熬煮樟腦，[21] 是臺灣的主要樹種。在臺灣可見的樟樹約有 15 屬，50 類，主要分佈於海拔 1,800 米以下的下淡水、彰化等地。[22] 有關臺灣樟林繁茂的記載，在清代的縣、廳、府志俯拾即是。《諸羅縣志》便有記錄謂：「樟；大者數抱，四時不凋，枝葉扶疏，垂陰數畝。」[23]《鳳山縣志》亦云：「樟；即豫章也。大者數抱，歲寒不彫，次年即內腐而中虛，不堪成材。」[24] 同治朝的《淡水廳志》更對樟樹的種類、用途與地理分佈逐一列明：「樟有赤樟、粉樟，內山（以淡水為中心，新竹、苗栗一帶的木林便屬內山）最盛，軍工需採……宜於雕刻，氣甚芬烈，熬其汁為腦，可入藥。」[25] 道光時期的《清一統志臺灣府・山川章》也載述：「半線山：在彰化縣東。舊志：在廢半線司東，美田疇，利畜牧，產樟栗可造舟楫。」[26] 事實上，乾隆年間重修的《臺灣縣志》，道光朝的《彰化縣志》與《噶瑪蘭廳志》等地方史料也相繼提及樟樹木林，且列舉其種類、屬性與分佈概況，然這些資料的記敘相約，在此不再贅說。至於由西人書寫的文本方面，同治年間（1862－1875）派駐廈門的美國公使李仙得（或譯李讓禮、李喜得，C. W. Le Gendre）亦曾在其〈論樟腦一種〉中記述他對臺灣番物的所見所聞，當中也不乏對樟樹的

記載，文曰：「樟腦樹生於內地至麥庫里（即今六龜）止，噶瑪蘭（宜蘭）兼有之。居臺灣中段之下甲人，皆以製造樟腦為業……」[27] 另一方面，雖然部分官修史籍未有採用「樟樹」、「樟木」等詞，但若仔細考其描述，亦不難發現其意實指樟木。比如黃叔璥（1682－1758）在其《臺海使槎錄》中提及諸羅知縣周鍾瑄（1671－1763）的報告時便表示「估修船料，悉取材於大武郡社。山去府治四百餘里，鋸匠人夫日以數百計，為工須數閱月。」[28] 周氏言及的大武郡社乃現在彰化縣社頭鄉一帶，此處有一八卦山，在清初時期樟林密佈，古柏森然，相信黃叔璥所指的修船用料，便是八卦山上的樟材。然而，及至十九世紀中葉，由於砍木、熬腦日甚的關係，社頭鄉的木料數量隨年遞減，八卦山雖不致童山濯濯，但已難復昔日光景。

雖然樟木在臺灣中、北路一帶相對茂密，但這並不表示南路沒有樟材的供應。藍鼎元（1680－1733）在《東征集》中述說朱一貴（1690－1722）起事始末時，便表示屏東縣境也有民眾伐砍樟林的例子。在朱一貴事變後，閩浙總督覺羅滿保（1673－1725）曾上擬在南臺厲行嚴格的封山措施，消除反清亂黨暗匿山林之弊；但藍鼎元對此事亟力反對，他認為：

> 鋸板抽藤，貧民衣食所係。兼以採取木料，修理戰船，為軍務所必需，而砍柴燒炭，尤人生日用所不可少。暫時清山則可，若欲永遠禁絕，則流離失業之眾，又將不下千百家，勢必違誤船工，而全臺且有不火食之患。[29]

雖然藍氏表陳的意義在於力保臺民在山林的利益，但他言及「採取木料，修理戰船」，便明顯與伐樟造艦有關，於此便能反映臺灣南路亦見樟

樹之實況。其後，朱仕玠（1712－？）在乾隆三十年（1765）也對藍鼎元的觀察作出補充，其《小琉球漫誌》便嘗描述屏東縣南一百四十里的瑯嶠山：「東北聯山，西南濱海。山多巨木，今造海船軍工匠屯駐其地。」[30]朱氏所言及的「巨木」，估計亦是泛指樟木。由此可見，在朱一貴之亂爆發前，臺民已在鳳山、屏東一帶砍取林木，鋸板抽藤；清廷亦開始採辦樟木，造船製艦；而在雍、乾時代，伐林情況仍然存在，就此便足資證明臺灣南路的樟木採伐與民生經濟、修造兵船等事宜一直環扣相連。[31]

四、在臺伐木修船的沿革

在康熙征臺後，臺灣正式歸入清朝版圖。雖然朝野多有議論表示「臺灣孤懸外海」，無關治國宏旨，但事實上，康熙並未有全盤放棄臺、澎一帶的海事兵防。即使他曾有「棄臺島而不守」的念頭，他亦未曾摒棄臺灣海峽的海疆守備。究其原因，無非由於閩海一帶的海洋貿易「有益於生民」。[32]康熙認為，海貿蓬勃方能令「東省（沿海）」一帶安定無事；而要令海上商貿往返無阻，便需削平盜寇，嚴巡海疆，促使「海不揚波」，安邦利民。[33]換言之，有論者謂康熙征臺後，對臺灣、臺海不太重視，並僅以一種「被動式」的炮臺防守抵抗倭賊等語，或許未盡中肯；若輒論康熙只籌福建沿海一帶的陸岸防務，重陸輕洋，這亦有所偏頗。其實，觀閱清代的硃批檔案與皇朝實錄，我們不難發現清政府自康熙二十一年（1682）已著力投放資源製船造艦，編修水師，定期巡邏東亞海域。[34]而其籌海經略與會哨制度更比明季以來的海防方針更進一步。有別於明成祖（1402－1424）以後「棄守海島」、依賴「炮臺衛濱」的海洋政策，[35]盛清政府一方面適度地調整內海邊陲的洋面空間，另一方面則致力秉持

一種「海陸聯防」的守備模式。[36] 所以嚴格而言，十八世紀的清皇朝並未有恪守一個棄海務而單重西北拓邊的「政治藍圖」；她所追求的，是一個能夠在管治上平衡中亞邊陲（inner Asian frontier）與海洋邊疆（maritime frontier）的大帝國。要證明康熙以至乾隆年間，中央已積極治理內海，監巡洋面的例子有很多，[37] 惟礙於篇幅與主題所限，本文只會聚焦在臺採木造艦這方面，至於其他範疇，筆者將另文及之。

康熙早在 1684 年已於臺、澎設立水師營，由臺灣、澎湖水師副總兵詹六奇（？－1692）統領，負責監控閩海一帶的水寇與臺灣的遺明餘黨。[38] 但當時在臺澎的標營戰船，多由內地廳員修造，臺灣只是提供樟木、藤、麻（用於索具）的原材料區。直至康熙三十四年（1695），為了減輕福建沿海一帶的造船壓力，並且改善戰船經常逾期竣工等問題，康熙遂頒敕上諭云：「（臺、澎戰船）尚可修整而不堪駕駛者，內地之員辦運工料赴臺興修。」[39] 自此，臺灣除了提供樟木等材料外，亦在中、北部設置造船廠（然這並非正規的軍工廠），協辦造船，是以「內地各廠員多力分，工料俱便，不煩運載，可以剋期報竣。」[40] 在康熙的諭令下達後，臺、閩兩地分力造船的規模的確有增無減，而閩海一帶亦慢慢成為建造、修繕戰艦的水師重地。[41] 另一方面，由於修造戰船的工序繁瑣，且耗費不少，所以有關製艦修船的則例也漸趨嚴謹，

所涉及的官部衙府亦逐層增加。按黃叔璥在《臺海使槎錄》的記述：

> 至康熙四十五年……（康熙）令其（臺灣）與福州府分修（兵船）。議於部價津貼運費外，每船捐貼百五十金，續交監糧廳代修其半，道、鎮、協、營、廳、縣共襄厥事。[42]

　　從以上敘說看來，在閩、臺兩地分修戰船在康熙眼裏並非無關痛癢的防務小事，反之卻是關乎帝國籌海固邊的軍國要務。

　　及至雍正即位後，由於連接蘇、浙、閩、粵與直隸、山東一帶的海運航線與日遞增，海貿發展得以一日千里。[43] 然而，隨著海運興起，海盜侵擾港市、掠劫商船的問題愈漸嚴重，當中以福建、廣東一帶的情況尤劇。[44] 有見及此，直隸巡撫李維鈞，浙江巡撫福敏（1673－1756），福建總督劉世明，廣東提督董象緯等便先後上表，奏請雍正加強內海洋面上的軍事實力。相較康熙而言，雍正對於海疆的防務與控制更費心力。早在雍正初年，他已在硃批內明示「海洋緊要，實力為之。」[45] 故他便屢番下令加強沿海水師「參遊分地巡防」，且指示提督巡撫勤加「管轄戰船，羅列要工，安設炮臺」，以冀「海洋無事」。[46] 在雍正的籌海方略下，李維鈞等人的奏議很快便獲得批准。然要增強海軍實力，自然需要廣造戰船，引文中提及的「羅列要工」，大概亦與修造船艦有關。雍正三年（1725）下旬，兩江總督查弼納（1683－1731）遂建議在臺灣設立一所正式的軍工廠，修造戰船，用以巡轄洋面，肅清盜匪，並且嚴防日本的潛在威脅。[47] 查弼納建議在臺自設總廠造船的原因很簡單，諸如上文所說，臺灣是樟材的重要出產地，而樟木又是造船的重要用料，故在臺設廠，外則能「通達江湖百貨（意指藤、麻、竹材〔用於風帆〕等工料）」，內則可「聚集鳩工辦料」。所以，在臺砍伐樟木，就地修造兵船，「皆屬省便之議」。按照查弼納在奏摺內的說法，只要中央每年派道員「監督領銀修造，再派副將或參將一員公同監視」，便能「務節浮費，均歸實用。」[48] 故此，自雍正四年（1726）開始，部分監巡臺、澎、閩海一帶的戰船便併歸臺灣軍工廠修造，並由臺道、臺協互為督核。截至雍正十年（1732），由臺灣修造的繒船、走舸便近 98 艘，主要提供臺灣及澎湖水師

之用。[49] 如是者，清廷對臺海洋面的軍事控制便逐漸加強，海盜擾邊的問題亦能略為紓緩。不過，由於修船規模擴展的關係，臺灣一帶的樟林面積不免有所縮減；與此同時，臺島原住民對於官辦伐木的政策亦開始表現不滿，隨之而來的便是一系列的官民糾紛與衝突。

五、在臺採辦木植的困難

臺灣雖屬樟林茂盛之地，但在臺灣伐木修船並非毫無阻礙。先不討論上文提及官方辦木與原住民的磨擦和衝突，僅就採伐樟樹一環，在技術上已有一定難度。由於樟樹體形高大，且多長於內山林區，要遣員砍伐必須攀山越嶺，好不容易，所以趙爾巽（1844－1927）便有「巨材所生，必於深林窮壑，崇崗絕箐，人跡不到之地，經數百年而後至合抱」[50] 的敘說。此外，周鍾瑄亦曾詳述採樟工程「勞民傷財」的原因，他表示：

> 鋸匠人夫日以數百計，為工須數閱月；每屬工人俱領官價纔十餘兩，尚不足支一日之費。凡食用催夫等項，每匠勻派以補不足；工完方止。此為工匠之苦。工料辦齊，郡縣檄催，每縣約需車四百輛，每輛計銀三兩五錢，照丁派銀，保大丁多者每丁派至三錢，保小丁少者派四丁一輛，是每丁出銀八錢。合計三縣共派四千有零。所領官價，纔每屬三十餘金。此為里民之苦。至重料悉派番運；內中如龍骨一根，須牛五十餘頭方能拖載，而梁頭木舵亦復如之。一經興工，番民男婦，日夜不寧。計自山至府，若遇晴明，半月方至，此為番民之苦。今歲估修不過數隻，害已如此；若明歲大修三十餘隻，臺屬遺黎恐難承受，不去為盜，有相率而死耳！[51]

　　根據周氏所言，伐樟造船不僅耗用人力，並且所費不菲；而工匠、里民、番民亦各有難處，自有苦衷，足見採樟辦木殊不簡單。其實，早在周鍾瑄述說採樟的難度前，《重修臺灣府志》已記載臺灣知府周元文說明臺島辦樟、運載之難。周氏在〈詳情臺屬修理戰船捐俸就省修造以甦民困初詳文稿〉中有云：

　　　　臺郡僻在海外，百物不產，一切木料以及釘鐵、油、麻、風帆、棕、絲等項盡須遠辦於福州，紆回重洋，腳價浩繁；又有遭風飄失之虞。即採買之各料概系零星搭運來臺，一物不到，不能興工；及至到齊，不可以日月計算。其在臺採買樟料，則苦於鋸匠稀少，不能卒辦；且入山逼近野番，最慮生釁。而山多鳥道，先需肩運出山，方可車運至廠，亦必經月而後至。今以十五船之樟料，實屬萬難。況扣至興修之期，正值農忙之候；勢必重奪農時，荒工失業，於民又為苦累。卑府既稔知種種艱虞，情願捐資賠墊，委員前超福州省城照依原船丈尺從新打造，庶於軍工不致遲誤。惟是打造船隻，例應該營委員協同監造。其堪駕駛之船，仍令一例駕至省城；其不堪駕駛之船，即就近在臺變價。至於造完之後，亦應照依駕赴福廠之例，監造之員出具收管，領駕回營。伏祈憲臺俯賜轉詳，檄行該營委員赴省協同監造；並帶領舵水於竣工之日領駕回營。則頂戴憲恩於無既矣……況出樟處所逼近傀儡生番，最易搆釁。是此樟枋一項，雖非涉海遠購，其挽運之艱難、腳費之浩大，比購之內地更屬萬難。[52]

　　周元文的建議雖然有其論點，但其中亦不免缺漏。首先，他輒言臺灣「百物不產」，顯然是對臺灣的風土民情觀察不足；[53] 其次，周氏亦低估

了以陸路運木的風險。即使清政府能在雲南一帶以車輪搬載適合木杝，其難度也不一定比在臺灣內山挽運樟木至造船廠，繼而就地造船為低。所以周元文雖然準確指出伐樟之難，但卻未有點明解難之法，他的建議未被康熙全數採納自然不足奇怪。事實上，雖然內地有足夠樟木得以製造戰船，但由於福建船廠（漳州、泉州及福州）每年造船的數量有限，故在臺灣設廠分擔及就近製造是有必要的。所以在雍正時期，軍工料館便正式設於臺灣南北路，負責木材的剪材工作；木料經過剪材後，工匠便會將其運往臺南船廠，用於戰船的製造或繕修。

在臺伐木造船倍添困難的原因，亦包括臺灣番民的武力抵抗。自雍正六年（1728）開始，由於原訂在界內山場的樟林已砍伐殆盡，雍正八年（1730）遂議訂移遷「生番界外」（如糞箕湖）一帶採辦木植。[54] 然而，官方斧鉞所到之處，原住番民屢多負隅頑抗，力保林被。據巡視臺灣御史覺羅栢修與巡視臺灣給事中高山的記載，在雍正內遷山界後，採木工匠被亂箭傷殺之事時有發生：計有軍工匠首陳勳於雍正十年被殺；次年十一月亦有匠人鄭恭、車伕郭有明進山鋸板時被生番放箭射傷。同年十二月初五，在加六堂一帶也據報通事盧賜、曾仲奇團隊在前往軍工簝廠時被番民狙擊。僅數日之後，弓役洪德奉命檢查鳳山木廠時，亦突遇生番亂箭射倒。[55] 類似的例子尚多，惟礙於篇幅所限，恕不贅舉。[56] 但無論如何，因為伐木取材而造成的武裝對抗，無疑加深了軍匠工人入山採樟的壓力。即使中央政府多番增遣兵力，加強巡邏，但鑒於番民久居山林，熟悉地貌，行蹤多變，營汛衛兵大多難以敉平滋擾，緝兇結案。如是者，覺羅栢修和高山便聯署上表，奏請臺海兵船撥歸廈門、福州兩廠按期修造，樟木則從閩省延、建、邵二府的林區種植採伐。根據覺羅栢修的建議，由於福建內陸一帶在近年復殖情況理想，故從內陸林區砍

伐木枘後，沿溪順流省城，再由官民裝運出海送至造船處，雖有風險，卻可避免生番襲擊，「得永寧謐」。其後高山再補充，若然中央已明文頒令不再滋擾生番居地，但生番等「通事奸民」依舊越界度域，襲擊官民，查拏以後只要嚴加懲處，自然不致國法有誤，民心不穩。[57]

雍正細閱覺羅栢修與高山的奏章後，大致認同匠役深入林區採取木植，的確「易生事端，險象環生」。[58] 就此，他在 1733 年 8 月 30 日隨即頒發上諭，表示部分戰船暫且撥歸內地修造，以達「息事寧人」。然而，雍正並未有因此而放棄臺灣的林植資源。他在諭文中指出：「朕思，番社產木既多，若令番民自行採運，赴官售賣，按數給與價值使之獲利，又無騷擾，伊自樂從。」[59] 顯然，雍正認為臺灣樟木依然是建造兵船不可或缺的要料，他深信只要透過「番民轉賣」的方法，不出時日，定能解決官民衝突的困局。如是者，他在准行覺羅栢修的建議後，便多番派遣巡臺使、地方督撫赴臺試行「番民採運木植轉賣官府」的計劃，希望一方面能適度在臺取木造船，另一方面可以安撫臺灣林區的原住番民。[60]

雖然「戰船撥歸內地修造」的建議能縮減在臺伐林的規模，亦能紓緩臺灣番民的不滿，但由於漳、泉每年造船的數量有限，成果始終不敷應用。而樟木由番民採辦後，要經歷「洪濤怒浪」方能抵達內地的造船廠，風險難以估算。有見及此，福建總督郝玉麟（？－1745）遂聯同福建巡撫趙國麟（1709 年進士），在雍正十二年（1734）五月二十二日共同上表，奏請臺海戰船再次撥歸臺灣就地修造。他們認為，閩省的樟木不僅在數量上不及臺灣，其素質也略有分別；如要有效率地修建和維護兵船，便需要再次廣開臺灣樟林，砍木取材。[61] 至於有關潛在的番民衝突，郝、趙二人經了解後表示，番民從前之所以多次射殺軍工，是由於部分軍匠沒有遵守協約在指定林區內伐林熬腦，並且私自潛至採木區以外捕殺鹿

群、盜取番民藤產所致。但在「番民轉賣」政策推行後，鑒於官員和生番在賣買樟材時大多奉公守法，番民對中央的信心亦逐漸恢復。然則，只要官府現在重新與番民約法三章，「官番衝突」的問題自必迎刃而解。

在維持「番民轉賣」政策的同時，郝玉麟認為也有必要優化這項採辦計劃。根據郝氏的觀察，由於番民「習性蠢頑」，在量度木材尺寸時經常誤度準繩，以致船料大小不一，加工困難。為了解決這問題，郝氏遂建議在採木之前，府縣應先行在閩海一帶延聘專業工匠伐砍木杕。但在入林採木之前，先要令番民逐一認識，以示尊重。此外，軍工匠首也需要與番民說明每月砍伐木植的範圍和數目、公平議定在伐木過程中的分工和報酬。另一方面，由府縣篩選的匠工，也需要在冊簿上留各結狀，承諾「不許額外多伐一木，多帶一人及越界砍伐。」[62] 在臺哨兵亦須加緊巡邏林區，嚴防工匠私自釣鹿取藤，滋擾番民；如搜捕違法者，即逮送府衙，克日定罪。由於郝玉麟的建議較覺羅栢修與高山等對策更中要弊，雍正隨即頒令臺澎兵船重歸臺島修造，軍匠亦需依照郝氏的則例與番民和衷合作。自此，下淡水、鳳山、彰化一帶的樟林區便得以妥善開發，番民與工匠的關係也有所改善。雖然仍有部分番民為了保護林木而傷殺工匠，但相較雍正十年以前的衝突而言，情況經已大有不同。而這種採辦樟木的模式，更一直延續至乾隆晚期，臺澎軍工廠碑記鼎建以後也未有顯著改變。[63] 可以說，在清代內憂動亂相繼爆發前，在臺灣一帶取樟造船，以期「整頓海疆重地，綏靖地方（特別指閩粵一帶洋面）」的方略，並未有在當時的治國藍圖上消失。[64]

不過，雖然中央有明文禁止軍工匠首與其他小匠擅自橫越「伐木番界」，但倘若匠首借託「墾照」之權，藉口消除地面林木，這便不受上例約束。如是者，林木被砍伐以作私用的情況在乾隆年間一直有增無減。

閩浙總督楊應琚（1696－1766）遂於 1758 年上奏，陳述軍匠未有遵守約法的問題，文曰：「採辦戰船木工，一匠入山，帶小匠多名，濫伐木材。應按年需木數，覈定匠額，令該地廳、縣給印照、腰牌，嚴加管束。」[65]楊氏希望打擊的，便是軍工匠首利用律例空隙「巧弄權利」、「以公謀私」等敗行。為了解決軍匠無視定例的情況，乾隆隨即准行楊應琚的奏議，頒行「腰牌令」等對策，並且加強官兵在林區附近巡邏；只可惜軍匠與官兵不時互通勾結，知縣道臺又經常敷衍塞責，打擊成效不算顯著。如是者，中央遂於 1763 年再次頒發諭令，嚴格規管在臺匠首與小匠的數目，限定一名匠首最多只能攜同 60 名小匠入林辦木，並在伐木之前登記身分。[66] 然而，即使則例一再修訂，有鑑砍伐樟樹，熬腦轉賣的利潤可觀吸引，越界伐林的情狀仍然禁不勝禁。在「官辦伐林」與「私自砍木」的雙重壓力下，臺灣林區一帶的地力不免有所消耗；濃鬱的樟林亦難免受到影響。[67]

六、總結

十八世紀的清皇朝歷經康、雍、乾勵精圖治，南征北戰，方才成就一個疆土廣袤的宏業盛世。然由於十九世紀的兩次鴉片戰爭，以及黃海大戰的慘敗，清帝國便常被標誌為海權上的怯懦弱者。而這一系列海戰敗跡，更彷彿將清代鎖定在一個與海洋關懷（maritime consciousness）和海戰觸覺（naval awareness）雲泥分隔的歷史空間，儼如一個只知關心陸戰，且依賴岸防守衛的大陸性國度。誠如艾爾曼（Benjamin Elman）所說：「整個清代歷史幾乎已被甲午戰爭的結果所主導，遂令我們錯過很多重要議題。」[68] 另一方面，觀乎軍事史的研究領域，學者大多慣性採用一種二元

思維（binary logic）討論陸上霸權與海洋力量的歷史特徵與時代意義。在這種對立性範式下，他們不時產生一種錯覺，認為個別帝國一旦被標籤為陸上霸權，便很難具備海洋霸者的條件。[69] 雖然這種說法犯了非常基本的邏輯謬誤，但就目下所見，大部分圍繞中國十八世紀的帝國發展史，卻鮮見將兩種霸權特性作出「平衡討論」的例子。即使這種「邏輯謬誤」曾經引起學界關注，[70] 但所得迴響卻非常有限。換而言之，採用一種「二元思維」去解讀海、陸霸權的範式和路線，依然影響著不少學者的研究取態與思考模式。

綜合以上分析，或許能解釋康雍時期的籌海政策為何未被充分重視。不論是研究十七世紀末期施琅平臺以後的一段海洋史，還是有關十九世紀清季海軍建設的著作，也不習慣延展或追溯盛清時代海洋策略的積極性與持續性。[71] 不少歐美學者甚至認為盛清皇朝視海洋空間為「第三邊疆」，既不在乎，亦不著緊。[72] 然而，正如我在前文所述，康雍政府的治國藍圖，是希望建立一個在治理上能夠平衡中亞邊陲和海洋邊疆的大帝國；他們不僅沒有鬆懈水師的素質與海事佈防，更未曾由於征臺以後看似「海洋無事」而放棄海疆主權。[73] 事實上，康雍兩朝在籌海方面的心思與力度，在採辦木植、嚴訂則例、廣造軍艦、用以巡哨海疆，在內海洋面上宣展勢力等方面均可管見端倪，明顯不是一鱗半爪的例子。不過，我亦必須強調，在聚焦盛清伐木製艦以分析其籌海方略的同時，我卻無意把康、雍政府與海洋史的關係過度與無限放大，且未嘗表示它們開拓中亞，遠征準噶爾的武力擴張無關時代宏旨。本文的撰寫只是希望填補盛清歷史的一道縫隙，以冀在開拓「海洋新清史」的工程上略盡綿力而已。

注釋

1　相關研究述評可參姜旭朝：〈二十世紀以來中國古代海洋貿易史研究述評〉，《中國史研究動態》，第 4 期（2012），頁 52-61；覃壽偉：〈海洋史學研究的新成果 —— 讀王日根教授《明清海疆政策與中國社會發展》〉，《中國社會經濟史研究》，第 2 期（2006），頁 107-108；包茂紅：〈海洋亞洲：環境史研究的新開拓〉，《學術研究》，第 6 期（2008），頁 115-124；楊國楨：〈海洋世紀與海洋史學〉，《文明》，第 5 期（2008），頁 8-10；Robert Gardella, "The Maritime History of Late Imperial China: Observations on Current Concerns and Recent Research", *Late Imperial China*, vol.6 no.2, pp.48-66；Pin-tsun Chang, "Maritime China in Historical Perspective", *International Journal of Maritime History*, vol.4 no.2, pp.239-255；Chi-kong Lai, "The Historiography of Maritime China since c. 1975" *Research in Maritime History*, vol.9 (December,1995), pp.53-79；Lionello Lanciotti, "Review Article: *Maritime China in Transition 1750-1850* by Wang Gungwu, Ng Chin-Keong", *East and West*, vol.55 no.1/4 (December 2005), pp.500-501。

2　有關世界史論述的特色，可參 Pamela Kyle Crossley, *What is Global History?* (Cambridge: Malden, Massachusetts: Polity, 2008)；Noel Cowen, *Global History: A Short Overview* (Oxford: Polity Press, 2001)；而有關海洋史與世界史的關係，見 Felipe Fernandez-Armesto, "Maritime History and World History", in Daniel Finamore (ed.), *Maritime History as World History* (Gainesville: University Press of Florida, 2008), pp.7-34；姜鳳龍：〈海洋史與世界史認知體系〉，《海交史研究》，第 2 期（2010），頁 25-33。

3　詳參 Philip E. Steinberg, *The Social Construction of the Ocean* (Cambridge: Cambridge University Press, 2001), pp.8-38; John Mack, *The Sea: A Cultural History* (London: Reaktion Books Ltd., 2011), pp.13-35, 72-104; Kären Wigen, "Introduction", in Jerry H. Bentley, Renate Bridenthal, and Kären Wigen (eds.), *Seascapes: Maritime Histories, Littoral Cultures, and Transoceanic Exchanges* (Honolulu: University of Hawaii Press, 2007), p.17; Ian K. Steele, *The English Atlantic, 1675-1740: An Exploration of*

Communications and Community (New York: Oxford University Press, 1986), p.vi; Isaac Land, "Tidal Waves: The New Coastal History (review article)", *Journal of Social History*, vol.40 no.3 (Spring, 2007), pp.731-743; Hugh R. Clark, "Frontier Discourse and China's Maritime Frontier: China's Frontiers and the Encounter with the Sea through Early Imperial History", *Journal of World History*, vol.20 no.1 (Mar., 2009), pp.1-33。

4　Fernand Braduel, *The Mediterranean and the Mediterranean World in the Age of Philip II* (London: Collins, 1972), vol.1, pp.17-24.

5　Martin W. Lewis, Karen Wigen, "A Maritime Response to the Crisis in Area Studies", *Geographical Review*, vol.89 no.2 (April, 1999), pp.161-168; Michael Pearson, *The Indian Ocean (Seas in History)* (London: Routledge, 2003), pp.1-12; Himanshu Prabha Ray and Jean-Francois Salles (eds.), *Tradition and Archeology: Early Maritime Contacts in the Indian Ocean* (New Delhi: Manohar, 1996), pp.1-2.

6　Allan Chester Johnson, "Ancient Forests and Navies", *Transactions and Proceedings of the American Philological Association*, vol.58 (1927), pp.199-209; F. W. O. Morton, "The Royal Timber in Late Colonial Bahia", *The Hispanic American Historical Review*, vol.58 no.1 (Feb., 1978), pp.41-61; Charles F. Carroll, "Wooden Ships and American Forests", *Journal of Forest History*, vol.25 no.4 (Oct., 1981), pp.213-215; Lawrence Sondhaus, "Napoleon's Shipbuilding Program at Venice and the Struggle for Naval Mastery in the Adriatic, 1806-1814", *The Journal of Military History*, vol.53, no.4 (Oct., 1989), pp.349-362。例子尚多，不贅列。而近年來，有關清政府為軍工（即修繕戰船）在臺伐木的論述可謂推陳出新。僅舉數例如下：李其霖，《清代臺灣軍工戰船廠與軍工匠》（新北：花木蘭出版，2013 年）；焦國模，《中國林業史》（臺北：渤海堂文化事業有限公司，1999 年）；溫振華，《清代東勢地區的土地開墾》（臺北：日知堂事業文化中心，1992 年）；簡炯仁，《屏東平原的開發與族群關係》（屏東：屏東縣立文化中心，1999 年）；陳國棟，〈臺灣的非拓墾性伐林（約 1600－1976）〉、〈「軍工匠首」與清領時期臺灣的伐木問題〉收於《臺灣的山海經驗》（臺北：遠流出版社，2005 年）；簡炯仁，〈清代枋寮軍工廠與枋寮地區的開發〉，《臺灣史料研究》，第 33 期（2009 年 6 月），頁 2-33。本文將以上述研究為基礎，處理相關課題。

7　「第三邊疆」一詞最先由德國漢學家 Bodo Wiethoff 提出，見其 *Chinas dritte Grenze:*

Der traditionelle chinesische Staat und der küstennahe Seeraum (Wiesbaden: Otto Harrassowitz, 1969), p.79。

8 Robert Greenhalgh Albion, *Forests and Sea Power: The Timber Problem of the Royal Navy, 1652-1862* (Annapolis, Md.: Naval Institute Press, 2000), pp.1-7; Virginia Steele Wood, *Live Oaking: Southern Timber for Tall Ships* (Boston: Northeastern University Press, 1981), pp.1-3；另參上海交通大學上海市造船工業局造船史話編寫組：《造船史話》（上海：上海科學技術出版社，1979 年），頁 2。

9 見連橫（1878－1936）：《臺灣通史》（臺北：大通書局，1984 年），卷 30，〈藍廷珍列傳〉，頁 788。

10 Gerald Noxon, "The Bayeux Tapestry", *Cinema Journal*, vol.7, (Winter, 1967-1968), 29-35; John D. Anderson, "The Bayeux Tapestry: A 900-Year-Old Latin Cartoon", *The Classical Journal*, vol.81 no.3 (February to March, 1986), pp.253-257.

11 見《左傳》，〈襄公二十九年〉，二月 · 癸卯，載阮元（1764－1849）校：《十三經注疏》（上海：上海古籍出版社，1995 年）。

12 司馬遷（前 145 年 / 前 135 年－前 86 年）：《史記》（北京：中華書局，1959 年），卷 113，〈南越列傳〉第 53，頁 2967。

13 劉禹錫：〈西塞山懷古〉，載其《劉夢得文集》（上海：上海古籍出版社，1994 年），卷 4，葉 1 上－下。

14 詳參李昭祥（1547 進士）：《龍江船廠志》（南京：江蘇古籍出版社，1999 年），卷 1，〈訓典志〉；卷 2，〈舟楫志〉。

15 有關鄭和下西洋所動用的人力與物力，可閱孔遠志、鄭一鈞編撰：《東南亞考察論鄭和》（北京：北京大學出版社，2008 年），頁 57-147；又有關鄭和出使海洋始末的史料（包括《太宗實錄》與《宣宗實錄》等），見趙令揚、陳學霖等（編）：《明實錄中之東南亞史料》（香港：學津出版社，1968 年〔上冊〕、1976 年〔下冊〕）；陳得芝：〈鄭和下西洋年代問題再探——兼談鄭和研究中的史料考訂〉，載北京師範大學史學研究所〔編〕：《歷史科學與理論建設——祝賀白壽彝教授九十華誕》（北京：北京師範大學出版社，1999 年），頁 260-275。

16 《欽定福建省外海戰船則例》（收錄於《臺灣文獻叢刊》〔臺北：大通書局，2000 年〕，第 125 種），卷首，〈奉天外海戰船造法〉，頁 1-2。

17 同上注，頁 21。

18　劉良璧：《重修福建臺灣府志》（收錄於《臺灣文獻史料叢刊》〔臺北：大通書局，
　　2000 年〕，第 2 輯，第 23 卷），卷 10，〈兵制〉，〈附船政〉，頁 326。

19　有關「軍工匠首」的研究，可閱陳國棟：〈「軍工匠首」與清領時期臺灣的伐木問題〉，
　　《人文及社會科學集刊》，第 7 卷，第 1 期（1995），頁 123-158；程士毅：〈軍工匠
　　人與臺灣中部的開發問題〉，《臺灣風物》，卷 44，第 3 期（1994），頁 13-49。

20　王璣：〈奏為戰船宜歸營修據實直陳〉，載《雍正朝硃批諭旨》，第 3 函，〈王璣〉，葉
　　10 下。

21　Hirota, N. and Hiroi, M., "The Later Studies on the Camphor Tree: On the Leaf Oil of
　　Each Practical Form and its Utilisation", *Perfumery and Essential Oil Record*, vol.58
　　(1967), pp.364-367; Lawrence B. M, "Progress in Essential Oils", *Perfumer and
　　Flavorist*, vol.20 (1995), pp.29-41.

22　劉寧顏總纂：《重修臺灣省通志》（南投：臺灣省文獻委員會，1989 年），卷 4，〈經
　　濟志〉，〈林業篇〉，頁 88。

23　周鍾瑄：《諸羅縣志》（收錄於《臺灣文獻史料叢刊》〔臺北：大通書局，2000 年〕，
　　第 1 輯，第 12 卷），卷 10，〈物產志〉，〈木之屬〉，頁 217。

24　王瑛曾：《乾隆重修鳳山縣志》（收錄於《中國地方志集成》〔南京：江蘇古籍出版社，
　　1999 年〕，第 4 卷，〈臺灣府縣志輯〉第 5），卷 11，〈雜志〉，〈物產〉，〈凡木之屬〉，
　　頁 84。

25　陳培桂等纂修：《淡水廳志》（收錄於《臺灣文獻史料叢刊》，第 1 輯，第 18 卷），卷
　　12，考 2，〈物產考〉，頁 320。

26　穆彰阿纂修：《清一統志臺灣府》（收錄於《臺灣文獻叢刊》，第 68 種），〈山川〉，頁
　　12。

27　李仙得：《臺灣番事物產與商務》（收錄於《臺灣文獻史料叢刊》，第 9 輯），〈論樟腦
　　一種〉，頁 40。李仙得亦在報告書中比較日本和臺灣的熬樟技術，說明臺民「法極簡
　　妙，不似日本之鈍也」；且在文後附上臺民「製樟腦爐」的圖式，詳述熬樟之步驟，頁
　　40-42。

28　黃叔璥：《臺海使槎錄》，（收錄於《臺灣文獻史料叢刊》，第 2 輯，第 21 卷），〈番俗
　　六考〉，頁 108。

29　藍鼎元：《東征集》（收錄於沈雲龍主編：《近代中國史料叢刊》〔臺北：文海出版社，
　　1976 年〕，第 41 輯），卷 3，〈覆制軍臺疆經理書〉，頁 103。

30　朱仕玠：《小琉球漫誌》（收錄於《臺灣文獻史料叢刊》，第 1 輯，第 8 卷），卷 3，〈海東紀勝〉下，頁 29。

31　有關軍工匠伐木的地點，可參陳國棟、李其霖、陳秋坤、簡炯仁等人的研究。

32　《內閣起居注》，〈康熙令酌定海洋貿易收稅則例〉（康熙二十三年六月初五日），載中國第一歷史檔案館：《明清宮藏中西商貿檔案》（北京：中國檔案出版社，2010 年），卷 1，頁 127。

33　《內閣起居注》，〈康熙議准海上貿易〉（康熙二十三年七月十一日），載中國第一歷史檔案館：《明清宮藏中西商貿檔案》，頁 129。

34　可參〈平定羅剎方略稿本·康熙帝命寧古塔將軍巴海修造戰艦記載〉（康熙二十一年十二月十六日己丑），載故宮博物院明清檔案部編：《清代中俄關係檔案史料選編》（北京：中華書局，1979 年），第一編，上冊，頁 49；〈福建水師提督施世標謹奏為據實陳奏·奏陳調度補修船隻炮械事〉（康熙五十二年四月十一日），載國立故宮博物院編：《清宮宮中檔奏摺臺灣史料》（臺北：國立故宮博物院，2001－2002 年），卷 1，頁 50-52；〈兩廣總督楊琳奏摺·條陳海禁事宜〉與〈兩廣總督楊琳奏摺·出海民船通行編號〉（雍正元年七月廿六日）；〈兩廣總督孔毓珣奏摺·酌議廣東海防務〉（雍正三年十一月十五日），載中國第一歷史檔案館：《明清宮藏中西商貿檔案》，頁 209、219、285。

35　Jung-pang Lo, "The Decline of the Early Ming Navy", *Oreins Extremus*, vol.5 (1958), pp.149-168; Edward L. Farmer, *Early Ming Government: The Evolution Dual Capitals* (Cambridge, Massachusetts: Harvard University Press, 1976)；郭淵：〈《籌海圖編》與明代海防〉，《古代文明》，第 3 期（2012），頁 67-73、113；宋烜：〈明代海防軍船考——以浙江為例〉，《浙江學刊》，第 2 期（2012），頁 50-58；董健：〈明朝登州海防建設概述〉，《南昌教育學院學報》，2012 年第 5 期，頁 194、196；陳怡行：〈封舟與戰船：明代福州的造船〉，《政大史粹》，卷 11（2006 年 12 月），頁 1-54。

36　孔毓珣清楚説明：「（相對明季），本朝沿海設立水師鎮（總兵）、副（副將）、參（參將）、游（游擊），分地管轄戰船，羅列要口，安設炮臺，內禦已固。」；「……俱經糾効舟師，望飭汛口，盤察嚴緊，炮臺報修堅固完工者已九分餘……」見〈兩廣總督孔毓珣奏摺·酌議廣東海防務〉及其〈訪問日本情形及廣東洋面防範〉，載《明清宮藏中西商貿檔案》，頁 286、350。

37　如李其霖曾以「清代前期沿海的水師與戰船」（國立暨南國際大學歷史學系博士論文，

2009 年）為題，説明康熙平臺時期，「水師重點以福建地區為主」；雍乾時代「水師部署方才『回歸常態』，重視各地均衡」；嘉慶以後，「廣東的重要性隨之取代福建成為海防重心」，且提出「清代的戰船發展，重速度，不重視船舶大小」等分析，頗具參考價值。

38 見高拱乾，《臺灣府志》（南投：臺灣省文獻委員會，1993 年），頁 76。

39 黃叔璥：《臺海使槎錄》，卷 2，〈赤嵌筆談〉，〈武備〉，頁 36。

40 同上注；另參劉良璧：《重修福建臺灣府志》，卷 10，〈兵制〉，〈附船政〉，頁 327。

41 〈巡視臺灣監察御史景考祥奏陳海疆情形〉（雍正四年五月二十日），載國立故宮博物院編：《清宮宮中檔奏摺臺灣史料》，卷 1，頁 645。

42 黃叔璥：《臺海使槎錄》，卷 2，〈赤嵌筆談〉，〈武備〉，頁 36。

43 Huang Guosheng, "The Chinese Maritime Customs in Transition, 1750-1830", in Wang Gungwu, Ng Chin-keong (ed.), *Maritime China in Transition 1750-1850* (Wiesbaden: Harrassowitz Verlag, 2004), pp.169-190; Kenneth Pomeranz, "Commerce", in Ulinka Rublack (ed.), *A Concise Companion to History* (Oxford: Oxford University Press, 2011), pp.121-122.

44 有關海盜擾邊的情況時有奏報，如廣東巡撫楊文乾便在奏摺中説明廣東海海口「奸匪出沒」的問題（參其〈粵東盜賊甚多非他省可比摺〉〔雍正四年二月十二日〕，載《雍正朝硃批諭旨》〔京都大學文學研究科圖書館特藏〕，第 2 函，葉 21 上）；兩廣總督孔毓珣亦報，「洋盜據秀山劫潮陽商船」等事（見〈奏為彙報擒獲洋盜事〉〔雍正四年五月二十八日〕，載《雍正朝硃批諭旨》，第 1 函，葉 86 下 -85 下）；鎮守廣州將軍石禮哈亦上表言及「海上強竊盜賊較之各省甚多」云云（參其〈奏謝在案伏思提督職〉〔雍正五年二月十二日〕，載《雍正朝硃批諭旨》，第 1 函，葉 78 上 - 79 上）。至於討論十八世紀末以至十九世紀，活躍於華南一帶的海盜問題與相關研究，可閱 Robert J. Antony, *Like Froth Floating on the Sea: The World of Pirates and Seafarers in Late Imperial South China* (Berkeley, California: Institute of East Asian Studies, 2003）。

45 孔毓珣：〈修葺沿海炮臺營房事〉（雍正六年三月二十二日），載《雍正朝硃批諭旨》，第 1 函，〈孔毓珣〉，葉 26 下 -27 下。

46 見〈山東巡撫陳世倌、登州總兵官黃元驤奏為敬陳採訪事宜〉（雍正四年八月初四），載《雍正朝硃批諭旨》，第 8 函，〈黃元驤〉，葉 90 上 -93 上。

47 署理江南江西總督范時繹在雍正年間已注意到日本有意犯海疆的問題。他在奏摺中提

及：「日本不甚安靜，頗有蹤跡，不惜重貲聘中國人教習弓箭籐牌，偷買盔甲式樣，打造戰船二百餘號，操練水師，聘一杭州武舉教射……」見其〈據淮揚道報稱奏聞事〉（雍正六年八月二十二日），載《雍正朝硃批諭旨》，第 1 函，〈范時繹〉，葉 67 下 -69 上。

48　查弼納的建議收錄在劉良璧：《重修福建臺灣府志》，卷 10，〈兵制〉，〈附船政〉，頁 327。

49　周凱：《廈門志》（南投：臺灣省文獻委員會，1993 年），頁 153。

50　趙爾巽：《清史稿》（北京：中華書局，1977 年），頁 9903。

51　周鍾瑄的原文尚未找到，然上述引文則可見於黃叔璥：《臺海使槎錄》，〈番俗六考〉，頁 108。

52　周元文：〈詳請臺屬修理戰船捐俸就省修造以甦民困初詳文稿〉，載其《重修臺灣府志》（收錄於《臺灣文獻史料叢刊》，第 1 輯，第 3 卷），卷 10，〈藝文志〉，頁 328。

53　單看上引《淡水廳志》，《臺海使槎錄》，《諸羅縣志》，《臺灣番事物產與商務》等史料中的〈風物〉、〈物產〉等章節，足資證明臺灣並非「百物不產」。

54　見「巡視臺灣陝西道監察御史」覺羅柏修與「巡視臺灣兼理學政兵科掌印給事中」高山的〈奏為敬陳軍工船隻宜歸內地修造摺〉（雍正十一年三月初二），載國立故宮博物院編：《清宮宮中檔案奏摺臺灣史料》，卷 2，頁 3331。

55　同上註，頁 2331-2333。

56　此部分莊吉發、李其霖皆撰有表格可提供參考。見莊吉發：〈清代臺灣土地開發與族群衝突〉，《清史論集》（八），頁 156-160；李其霖：《清代臺灣軍工戰船廠與軍工匠》，頁 124-129。

57　同上註，頁 2335。

58　中國第一歷史檔案館編：《雍正朝漢文諭旨彙編》（桂林：廣西師範大學出版社，1999 年），第 8 冊，〈雍正十一年八月三十日上諭〉，頁 67。

59　同上註。

60　事實上，清廷對臺灣土著族群，大多以安撫和保護的政策為依歸。除非萬不得已，才會考慮用兵進剿。相關討論見呂實強，許雪姬：〈清季政治的演進：制度政治與運作〉，載臺灣省文獻委員會編：《臺灣近代史 · 政治篇》（南投：臺灣省文獻委員會，1995 年），頁 40。

61　郝玉麟、趙國麟：〈奏為臺灣戰船仍應臺廠修造〉（雍正十二年五月二十二日），載國

立故宮博物院編：《清宮宮中檔案奏摺臺灣史料》，卷 2，頁 3677。

62　同上注，頁 3683-3686。

63　《大清高宗純（乾隆）皇帝實錄》（臺北：新文豐出版公司，1978 年），卷 139，〈三月二十二日（丁亥）〉一節便載述：「工部議准：『閩浙總督宗室德沛奏：桅木為戰艦首重，購買艱難、挽運不易，委任微員恐致貽誤；請照雍正年間令各道採辦。』」至於臺澎軍工廠碑記，於乾隆四十二年立碑，位處現在的臺南市。重建軍工廠的原因是因為舊廠破舊局小，遂選址擴建。石碑上的部分內容現選輯如下：「臺澎水師各營額設戰艦八十有一，分編平、定、澄、波、綏、寧等字號。巨者領運餉金，渡載戍士；次亦防守口岸，常邏洋面是資，蓋重務也。方今聖化熙洽，海宇又安，鯨波鯢浪之間，高艫大艒，所在閒置。然於無警之時，亦有不弛之備。是故有造有修，厥依年例，勿曠也；動帑於藩庫，稽覈於內部，勿浮也；慎乃攸司，法纂備矣。夫務重則欲其固而弗窳，法備則欲其循而毋失，是有賴典領者之惟此兢兢焉。從前，承造承修，每無常員；而專其任於觀察使，則自雍正三年始。督理既歸重臣，程功宜有定所；顧就海壖隙地，僅以庫屋數椽楮柱其間，趨事者罔所萃止，飭材者失所儲藏，即省試者亦臨蒞局促。於課工簡料數大端，無以施其精審，何怪乎兵胥因緣舞智、工匠乘此營私耶？…… 是役也，匪僅為侈規模、新堂構計也；蓋重其務，不能不舉所重以肅觀瞻；備其法，不能不申所備以昭守。雖以予謬權斯任，而軍國所寄，勿敢怠遑。用是藉手經營，庶幾少盡厥職云爾。是為記。」由此可見，乾隆對於海洋事故、洋面監控等事均未見鬆懈。即時海面「無警」，亦未有疏忽了事，縮減修造戰船的規模。

64　中國第一歷史檔案館編：《乾隆朝上諭檔》（北京：中國檔案出版社，1998 年），第 14 冊，〈乾隆五十二年十二月十七日上諭〉，頁 254。

65　《大清高宗純（乾隆）皇帝實錄》，頁 559。另參程式毅：〈軍工匠人與臺灣中部的開發問題〉，頁 127-130。

66　林春成校：《岸裏大社文書》（臺北：鯨奇數位科技有限公司，2006 年），頁 145。

67　有關臺灣部分樟林區在十八世紀所受到的生態破壞，相信也是一個饒有意思的課題。

68　Benjamin A. Elman, "Naval Warfare and the Refraction of China's Self-Strengthening Reforms into Scientific and Technological Failure, 1860-1895" (paper presented at the conference "The Disunity of Chinese Science" organized by the University of Texas, Austin), p.34.（經同意後引用）

69　例如王家儉便表示：「與西方國家相反，（清代）中國卻依然孤立於東亞大陸，閉關

自守，以天朝上邦自居⋯⋯是世界上陸權（land power）的大國。」，見其《李鴻章與北洋艦隊：近代中國創建海軍的失敗與教訓》（臺北：國立編譯館，2000 年），頁 27；孫光圻亦在説明清代為陸上帝國時，把盛清時代歸納為「航海的中衰時期：明中葉至清鴉片戰爭」，彷彿與海洋世界絕緣。見其《中國古代航海史》（北京：海洋出版社，1989 年），頁 10；黃順力亦在其近著毅然把清皇朝定位為「重陸輕海」，參閱其《海洋迷思：中國海洋觀的傳統與變遷》（南昌：江西高校出版社，1999 年），頁 168-172。

70　比如 Roderich Ptak 在討論盛清政府的邊防方略時，也刻意指出海疆領域在清代治國藍圖上的關鍵性，提醒讀者不要忽視盛清皇朝的籌海意識。見其編著的 *China and Her Neighbours: Borders, Visions of the Other, Foreign Policy, 10th to 19th Century* (Wiesbaden: Harrassowitz Verlag ,1997), ix-x。

71　有關這方面的例子眾多，現僅舉數例如下：劉中民雖嘗説明清季水師有其淵源，但卻沒有提及十九世紀和十八世紀的籌海方略有何關係，見其《中國近代海防思想史論》（青島：中國海洋大學出版社，2006 年）；楊東梁在書寫福建水師的歷史時，也重點著墨在它的「覆沒」部分，且未有討論它在盛清政府的海洋方略下，地位若何，參其《大清福建海軍的創建與覆沒》（北京：中國人民大學出版社，1989 年）；戚其章在敍説清代海軍的沿革時，也只著重鴉片戰爭以後，清廷有感海疆重要方才大力興辦水師，詳閱其《晚清海軍興衰史》（北京：人民出版社，1998 年）；姜鳴雖有意重構自清初代以來的海軍史，但其論述卻明顯往清季百年的歷史傾斜，見其《龍旗飄揚的艦隊：中國近代海軍興衰史》；同樣地，John L. Rawlinson 在討論清代建造水師的歷史時，也彷彿未曾注意到鴉片戰爭以前，滿清政府對海洋軍事化所作出的努力。Rawlinson 遂總結清代之所以重視海疆主權，且有感海洋領域實關乎國家安危的原因，無非帝國主義時代的從西歐而來的外力衝擊。見其 *China's Struggle for Naval Development, 1839-1895* (Cambridge, Massachusetts: Harvard University Press, 1967)。其他例子尚多，不贅舉。

72　僅舉數例：Bodo Wiethoff, *Chinas dritte Grenze: Der traditionelle chinesische Staat und der küstennabe Seeraum* (Wiesbaden: Otto Harrassowitz, 1969), p.79；Claudine Salmon, "Coastal Maps from the Beginning of the Qing Dynasty: With Special Reference to *Qingchu haijiang tushou*", in Angela Schottenhammer and Roderich Ptak (eds.), *The Perception of Maritime Space in Traditional Chinese Sources* (Wiesbaden:

Harrassowitz Verlag, 2006), p.177；C. K. Woodworth, "Review Article: Ocean and Steppe: Early Modern Empires", *Journal of Early Modern History*, vol.11 no.6 (2007), pp.505-506；Paola Calanca, "Piraterie et contrebande au Fujian: L'administration face aux problemes d'illegalite maritime (17e-debut 19e siecle) "(Unpublished PhD dissertation, Paris: EHESS, 1999), vol.I, pp.32-33。

73 誠然，不少學者如 Paola Calanca（柯蘭）、王宏斌、李其霖、楊金森、范中義，盧建一等人也注意到相關論題，並作出相關研究，非常值得參考。

第二章
海戰與炮臺 —— 以第二次鴉片戰爭時期三次大沽海戰為中心

侯杰　秦方

一、引言

在近代中國，天津海防體系的重心就在大沽炮臺，因此屢遭外國侵略者的肆意攻擊和劫掠。對於第二次鴉片戰爭時期所發生的三次大沽之戰，已經有學者進行了比較集中的論述。其中，茅海建所撰寫的〈大沽口之戰考實〉一文，從清軍在大沽口的兵力佈置和調配方面入手，展開了頗為詳盡的討論。[1]

單寶撰寫的〈僧格林沁與第二次大沽口之戰〉，闡述了僧格林沁在戰爭中的作用以及第二次大沽之戰的具體過程。[2] 馮士砵、于伯銘聯名發表的〈大沽保衛戰與僧格林沁〉一文，著重分析了三次大沽之戰以及僧格林沁在戰爭中的表現。[3] 侯杰在《紫禁城下之盟 —— 天津條約、北京條約》一書中則闡釋了三次大沽之戰的具體進程及其結果和對中國社會的深刻影響。[4] 于輝、張東甲在《大沽炮臺》一書中翔實地記述了以大沽炮臺為中心的防禦體系的歷史發展、演變等。[5] 劉國軍在〈大沽口炮臺 —— 見證近代中國海防的歷史〉一文中揭示了大沽炮臺與近代海防中的關係。[6] 王

令強在〈淺議李鴻章對大沽炮臺的近代化建設〉一文中，探討了作為直隸總督兼北洋大臣的李鴻章對大沽炮臺的建設。[7] 周寶發在〈保護與開發大沽炮臺的思考〉一文中，從歷史文物保護的角度，對大沽炮臺的現代價值展開了梳理。[8] 此外，夏燮的《中西紀事》[9] 以及《籌辦夷務始末》（咸豐朝）[10]、中國史學會編輯的中國近代史資料叢刊《第二次鴉片戰爭》[11] 等書或作了一些專題性的探討，或彙編了大量的原始資料，為人們解讀這段歷史提供了極大的便利。

儘管前輩和當代學者已對有關戰爭過程、兵力配置以及某些歷史人物在戰爭中的實際作為進行了論述，但是對於炮臺本身構成的防禦體系在近代海防和海戰中所起到的作用等方面卻缺乏深入剖析。因此，本文擬以第二次鴉片戰爭時期的三次大沽海戰為中心，通過對這三次大沽之戰的詳細分析，從炮臺設置、火炮實力的變化以及防禦措施的實行來審視大沽炮臺防禦體系在戰爭中所起的作用，解答炮臺與海戰等相關議題。

二、大沽炮臺的戰略價值

眾所周知，天津是北京的海上門戶，而大沽炮臺又是天津海防體系的關鍵所在，因此，備受清朝統治者的重視。在第二次鴉片戰爭中，為了逼迫清朝統治者以獲取更多侵略權益，英法聯軍把大沽炮臺作為進攻的重要目標。早在 1858 年 1 月，英法聯軍佔領廣州後，就妄圖以武力逼迫清朝統治者接受更多的侵略要求。於是，他們蓄謀攻擊大沽炮臺，然後進犯天津、北京。咸豐皇帝非常清楚天津的防衛直接關係到首都北京的安危，而大沽炮臺的得失又決定著天津的存亡。因此，他於 3 月派直隸總督譚廷襄和地方官員佈置防務，以加強戒備。「天津係畿輔重地，商

賈輻湊，亟應嚴為之備，以免疏虞。著譚廷襄……於海口各要隘，不動聲色，嚴密防範。」[12] 然而，實事求是地說，當時大沽及其附近地區的防禦體系乃十九世紀四十年代訥爾經額等人籌設的大沽炮臺和周圍北塘、新城、營城等地的炮臺，基本上是第一次鴉片戰爭時期存留下來的，非常薄弱。且不說這些炮臺先進與否，就是原先所具有的進攻和防禦能力由於多年失修也有所降低。譚廷襄奉命來到天津，為了加強海防，守衛北京和天津，遂採取了一系列的措施。譚廷襄認為：「海口南北兩岸炮臺，惟北岸炮臺尤當重要……先已派員往勘地勢，以便隨後修理兵房衙署。」[13] 可見，他對於炮臺和火炮的建設工作還是比較重視。這說明，不管是最高統治者咸豐皇帝，還是清朝官員如譚廷襄等人，對於大沽炮臺的整修以及海防體系建設的重要性還是有所認識的。

　　毋庸諱言，當時大沽炮臺的建設水準還是比較低的，如海口南北兩岸共有炮臺 4 座，其中南岸 3 座，分別是第一舊炮臺、第二中炮臺和第三南炮臺。炮臺高 4 米多，寬 2 米多。3 座炮臺直接面向海口，炮口向外。北岸 1 座，是訥爾經額在廢棄原有舊炮臺的基礎上建立的。它與南岸炮臺遙遙相對，相隔大約 1 公里。每座炮臺的外面以大約 0.6 米厚的三合土（即白灰三成，土七成混合而成）包裹起來加固，以增強炮臺的抗攻擊力。炮臺上面的火炮，用木架加以固定。火炮多以銅、鐵製成。共有大銅炮 5 門，鐵噴炮 5 門，大炮 200 門，每個炮臺上放置 5 門到 9 門不等的火炮。譚廷襄還採納了天津商人張錦文的建議，在炮臺前面用葦席包土，海繩束之，建成土壘，並在其中「安設炮眼，架炮於內，既可避其來鋒，又可擊其來船。」[14] 另外，他還在大沽附近的郝家莊、海神廟、浮橋口等處設置了炮位和雁排槍，增強防禦能力。此後，咸豐皇帝還特意派工部尚書等官員到海口進行了一番視察。

4 月底至 5 月中旬，尚處於戰爭狀態的英、法等國艦隊陸續到達白河口。其中，屬於英國的軍艦有「加爾各達號」（Calcutta）、「煽動號」（Pique）、「憤怒號」（Furious）、「鸕鶿號」（Cormorant）、「納姆羅號」（Nemrod）等 15 艘艦船，其中絕大部分是蒸汽炮艇和蒸汽炮艦，還有火炮 185 門，士兵 2,032 人。屬於法國的軍艦有「普利姆蓋號」（Primauguet）、「霰彈號」（Mitralle）、「火箭號」（Fusee）、「雪崩號」（Avalanche）、「龍騎兵號」（Dragonne）等 11 艘艦船，火炮 164 門，士兵 600 人。此外，還有美國艦船 3 艘，炮 100 門；俄國輪船 1 艘，炮 6 門。[15]

由於英法聯軍充分認識到炮臺在近代海戰中的重要作用，所以在戰前，已經對大沽防禦體系進行了偵察，針對大沽炮臺比較原始，設備簡陋，火炮力量不足，不能發揮強大攻擊力等弱點，有針對性地制定了進攻戰略，選定落潮時從正面發起進攻，以避免重大傷亡。5 月 19 日傍晚，英、法兩國艦船 8 艘，闖入攔江沙內，「與先已停泊之火輪船八隻，聯絡並泊，鳴鼓懸旗，又有舢板船約二十餘隻同至」，[16] 美國和俄國也各派出 1 艘船相繼跟進。20 日上午 8 時，英法聯軍發出最後通牒，要求清軍在兩個小時之內交出大沽炮臺，否則將付諸武力。10 時，英法聯軍突然向大沽炮臺南北兩岸同時發起了猛烈的正面進攻，並兵分兩路，攻打炮臺。一路以英國的「鸕鶿號」、法國的「霰彈號」和「火箭號」組成，攻打南岸炮臺，另一路以英國的「納姆羅號」、法國的「雪崩號」、「龍騎兵號」組成，攻打北岸炮臺。

由於咸豐皇帝曾經下令：「不得先行開炮」，所以直到英法聯軍開炮轟擊後，守備南北炮臺的清朝官兵才開始抵禦敵人的進攻。[17] 清政府的官兵前仆後繼，奮起抵抗，連英法聯軍都不得不驚歎於他們的勇猛。「他們

的炮手一個接著一個地被我們靈活的射手所擊中，然而卻立即就有人替補。」[18] 然而由於炮臺本身的簡陋，存在很多缺陷，使得清軍的頑強抵抗最終也沒有辦法挽回敗局。塞默爾司令在 5 月 21 日寫給英國全權大使額爾金的信中，描繪了戰爭的進程。「10 點過後不久……隨著指揮艦「鸕鷀號」向河口方向駛去，中國人進行了一番還擊，但只過了幾分鐘，就被聯軍的炮火擊敗。在大約一小時十五分鐘的猛烈轟擊之後，炮臺完全被發射準確的英法炮船所摧毀。」[19]

　　的確，在這場戰爭中，清朝官兵的戰鬥力還沒有完全發揮出來，就遭到幾近毀滅性的打擊。「北炮臺三和土頂，被轟揭去，南炮臺大石鑲砌，塌卸小半，炮牆無不碎裂。」[20] 而火炮的「炮架被打壞了，許多大炮也就倒在地上，或炮口都給打碎了，這樣就全都不能使用了。」[21] 這場戰鬥最終以清軍的失敗而告終。清軍僅僅勉強支撐了兩個小時左右，就被徹底擊潰，炮臺也被英法聯軍侵佔並遭到徹底的破壞。在這場戰爭中，英軍死亡 5 人，受傷 17 人；法軍死亡 8 人，40 人受傷，還主要是「由於北岸炮臺內某火藥庫的爆炸」[22] 所造成的。

　　這一結果充分暴露出大沽炮臺防禦能力的落後與不足，火炮都固定在木架上，無法靈活轉動，只能射向固定的距離和方向；炮口的高度以漲潮水位為準，但是英法聯軍卻選在落潮的時候發動進攻。因此，火炮大多沒有命中目標。「看到炮彈每隔五分鐘或十分鐘才有規則地打過來，顯然都是出自一尊大炮，在越過我們頭上後就都落到後面幾百碼的水中去了。後來才知道大炮都是裝在不能移動的木架上的。」[23] 再加上火炮的數量不多，火力無法集中，對敵人的殺傷力也很有限。「萬斤及數千斤之炮，轟及其船板，僅止一二孔，尚未沉溺。」[24] 而戰前建成的土壘，由於是用葦蓆構築的，在敵人的炮火面前，更是不堪一擊，根本沒有發揮出

什麼實際作用。其間,清軍也從海口順流施放了約 50 隻火船和火筏,但有些火筏被聯軍艦隊派出的小艇撥開,[25] 並未發揮效力。因此,在這場戰爭中,清軍損失慘重。據統計,炮臺守軍陣亡 291 名,受傷 170 名,「單在一個炮兵陣地上就有 29 個炮手躺在他們的大炮旁。」[26] 至於負責戰事指揮的譚廷襄等人則早已經向天津方向逃竄。

第一次大沽之戰的失敗,宣告了大沽海防的失敗。1,200 名英法聯軍乘坐 12 艘兵艦趾高氣昂、耀武揚威地溯河而上,於 26 日抵達天津。沿途竟沒有遇到一兵一卒的阻攔。[27] 咸豐皇帝不得不派大學士桂良、吏部尚書花沙納為欽差大臣,赴天津與聯軍議和,並分別和俄、美、英、法四國簽訂了不平等的《天津條約》,對中國社會造成不利的影響。

三、重建後的大沽防禦體系

大沽之戰失敗的結局逼迫咸豐皇帝不得不承認清政府和英法侵略者在軍事實力上確實存在著不小的差距。因此,他於 1858 年 8 月任命僧格林沁為欽差大臣,到大沽等地加強海防,重建包括炮臺在內的大沽防禦體系。

鑒於大沽南北兩岸的 4 座炮臺在第一次大沽之戰中已經被英法聯軍破壞殆盡,因此僧格林沁決定在原址重新修建 5 座炮臺。經過四個月的施工,在南岸建了 3 座炮臺,高度為 9 米到 15 米不等,分別是威字型大小、鎮字型大小和海字型大小。這一組炮臺群面向海口。在北岸建起 2 座炮臺,命名為門字型大小和高字型大小,意思是威武鎮守在海門高處。高度為 15 米和 9 米,僧格林沁在把炮牆加寬培厚的同時,還在後牆安設小炮臺 25 座。另外,在離北岸炮臺約 0.5 公里的石頭縫(地名)處新建

一座高約 9 米的炮臺。僧格林沁還加強了北塘的炮臺建設，其中南岸炮臺寬約 40 米，長約 30 米。北岸炮臺寬約 40 餘米，長約 28 米。每座經三合土和石子加固之後，變得十分堅固。他還在雙港修建炮臺 13 座，每座高約 10 米。

值得指出的是，大沽炮臺在外形上有了方形炮臺和圓形炮臺兩種。方形炮臺分為臺基、臺身和臺頂三部分。在臺基處開闊有長 65 米、寬 7.5 米的馬道，直接通往臺身。臺身分為上下兩層，下層是一個長方體，高 3 米多，周長 160 餘米，中間有一寬約 3 米的水盤；上層呈梯形狀，高約 8 米，下邊周長是 132 餘米，上頂長近 100 米。順階梯而上，可達臺頂。臺頂上有圍牆，長 7 米多，寬 27 米多。[28] 大沽南岸的海字型大小炮臺就是這種類型。

圓形炮臺在體積上要比方形炮臺大得多，結構上也要複雜得多。它也分為臺基、臺身和臺頂三部分。它的馬道長 83 米多，寬 4 餘米，並且可以直達臺頂，臺基上還有鐵窗若干，由臺門而入，並有方便階梯。臺身開大炮門若干，分為上下兩個圓梯形。下層坡高 4 餘米，上周長約 165 米，下周長約 205 米，中間的水盤寬 4 米，上層坡高 10 米，上周長約 90 米，下周長約 132 米。臺頂上還有幾座炮篷。[29]

炮臺不僅在設計上有所創新，在火炮裝備上也有所加強。僧格林沁特意在通州鑄造一些大中型鐵炮，並從京局處調集銅、鐵炮，還在海口購置少數的西洋鐵炮。一些愛國人士，主要是商人也捐助和購買幾門西洋鐵炮。於是，在 6 個炮臺之上共安設火炮 60 門，其中 12,000 斤大銅炮 2 門，10,000 斤大銅炮 6 門，5,000 斤銅炮 2 門，西洋鐵炮 25 門。炮臺支架也特意選用結實的杉木做成。而在大沽南岸的前炮臺和中炮臺各安置了 3 門大炮，分別重 12,000 斤、10,000 斤、5,000 斤，後炮臺安設 5,000 斤銅

製大炮 1 門，大沽北岸每座炮臺上也設有 3 門大炮，另外在石縫炮臺還放置了 3 門大炮，同時，一些小炮被安設在炮臺下邊的隨牆處，用於近距離攻擊登陸的敵人。北塘的防務得到了極大的加強，「（北）炮臺列炮五尊，正當河口，地勢為最佳。銅炮起八千斤至二千餘斤，共八尊。南岸炮臺七尊，北岸僅八千斤一尊。」[30]

在炮臺的前方，僧格林沁還修建了高約 10 米、寬約 6 米的長圍，並在上面豎立木壘。另外，他還在河口沿岸，以「內外各豎合抱大木一層，加幫小木十餘層，中以牛皮裹土實之」[31]，建成營壘，「以避火攻」[32]。僧格林沁專門派人從察哈爾火速購買了質地較好的牛皮 1,000 張，運送到天津大沽炮臺。

此外，僧格林沁還製造了一些攔河工具。他親自監督製造「鐵鍊百丈者三根，用松杉八十根，鑿三孔，鐵鍊納入之，每丈一根，取松質輕浮，以托鐵鍊」，[33] 間隔一定距離並排排列起來。還在河道處設置一些鐵柱（又稱鐵戧），「正身長二丈五尺，入土三尺，上長二丈二尺，為鼎腳式，兩旁鐵柱二枝，長一丈六尺二寸」，「重二千一百零三斤」。[34] 它的底部由三根鐵腳成鼎狀組成，所以能夠穩固地站立，戧尖從鐵腳的交叉處向外延伸，在交叉點上，一個端頂低於戧尖頂部的東西以傾斜的角度向前伸出。

僧格林沁精心建構的大沽炮臺防禦體系在第二次大沽之戰中經受了考驗。1859 年 6 月，英政府為了進一步擴大自己在中國的侵略權益，於是又再次聯合法國，以進北京與清政府互換《天津條約》為藉口，共同進犯大沽。17 日，英國駐華海軍司令何伯（James Hope）率領艦隊連同法國幾艘軍艦來到大沽口外。此次英國共派出艦船 20 艘，其中有「高飛號」（Highflyer）、「鸕鶿號」（Coromandel）、「負鼠號」（Opposum）、「佛里斯

特號」（Forester）、「高貴號」（Haughty）等蒸汽炮艇和運兵船，共有火炮
168 門，士兵 2,146 名，法國也有「迪歇拉號」（Du Chayla）蒸汽巡洋艦
和「諾爾札加拉號」（Norzagray）蒸汽炮艇，大炮 50 門，士兵 60 名。另
有「托依旺號」（Toeywan）等 3 艘美國艦艇前來助戰。

22 日，咸豐皇帝在得知英法聯軍到達大沽口外的消息後，採納僧格
林沁的建議，要求英法公使從北塘海口登陸，進入北京換約。可是英法
聯軍並不願意服從清政府的安排，執意要駕駛艦船直接從水路進京。守
備大沽的清軍則告知英法軍隊「現在大沽海口已節節設備，如輕易入口，
恐致誤傷」[35]，並派人給船上的人送去蔬菜和食物。但是，英法侵略軍最
終還是在 24 日夜晚先行挑釁。英軍先派出蒸汽炮艇越過攔江沙，到達大
沽口外，用炸炮轟斷了兩根攔河的大鐵鍊。但是，駐守海防的清軍並沒
有給予反擊，僅僅是派出士兵把斷掉的鐵鍊重新繫上。

25 日早晨大約 7 點到 9 點的時候，英法聯軍進入大沽口，並派出「負
鼠號」、「佛里斯特號」、「高貴號」強行拆除鐵戧，「負鼠號」「悄悄地靠
近鐵戧，用大纜索套緊其中的一個，倒轉引擎開駛，拖著鐵戧離開，把
它放到一邊」[36]。在先後拉倒了十餘座鐵戧後，英法聯軍於下午 2 點左
右清除了第一道障礙，隨後撞向鐵鍊，向岸上的守衛炮臺的清朝官兵攻
擊。在僧格林沁的命令下，炮臺守軍奮起抵抗，「頓時炮彈、霰彈、槍彈
和火箭從南岸所有的炮臺裏打來，如雨而下」[37]，成功地打退了侵略者的
水路進攻。大約在下午 7 點左右，600 多名英法侵略軍又從陸路發起進
攻，企圖以武力佔領南岸炮臺，清軍以小火炮、擡槍、鳥槍等土製武器
進行回擊，戰前挖好的壕溝也發揮了作用，有效地阻止了外國侵略者的
陸路進攻。到 26 日凌晨 1 點左右，英法侵略者被迫撤離。這場戰鬥以清
政府勝利、英法聯軍失敗而告終。

　　事實充分證明，在這場戰爭中，大沽炮臺發揮了非常重要的作用。首先，由於僧格林沁加強了大沽炮臺防禦體系，因此，在這場戰爭中清軍可以採取比較靈活的戰略，基本上控制了戰爭的局面。僧格林沁利用敵人大意輕敵的心理，先隱藏自己的真正實力，然後，當敵人發起進攻後，才給予迎頭痛擊。「飭令官兵在暗處瞭望，炮臺營牆不露一人，各炮門俱有炮簾遮擋，白晝不見旗幟，夜間不聞更鼓……止見營壘數座，不見炮位官兵……令其無從捉摸。」[38]

　　其次，從炮臺建設而言，火炮的數量有了很大幅度的增加。這樣，在戰爭過程中，由於火力比較集中，對敵人的殺傷力亦有所增強。「中國的炮火……完全集中於英軍艦隊司令的座艦以及最靠近他的艦船上。由於他（英軍艦隊司令）的指揮艦已經無力前行，而船員又受到重創，他將旗幟轉移到第二艘艦船上。在第二艘船遭遇到和第一艘船相同的命運之後，他（英軍艦隊司令）又一次把旗幟移到「鸕鶿號」上。「鸕鶿號」是較大的運輸汽艇之一。再一次地，炮火集中射向這位勇敢的司令的旗幟……到下午 4 點時，他的艦隊中的一些艦船已經被擊沉」。[39] 當一位年輕的英國士兵來到美艦「托依旺號」（Toeywan），向觀戰的美國東印度艦隊司令達底拿（J. C. Tattnall）求助時，根據達底拿的描述：「（這位士兵）說：『無畏的司令身負重傷，身邊只有六個人了。』他在來見找的途中，兩艘船都被擊沉了。」[40] 連英法侵略者自己都不得不承認：「（清軍）的炮火無論就其炮彈的重量來講，或就其射擊的準確來講都達到了這樣的水準，以致參加過中國戰役的人……沒有一個人在以前曾經領教過。」[41] 在這場戰爭中，英國的炮艇幾乎沒有全身而退的，「洋輪入內河者皆已中炮，不能駕駛，惟一艘遁至攔江沙外。」[42] 其中「茶隼號」（Kestral）、「庇護號」（Lee）被擊沉，「鴴鳥號」（Plover）和「鸕鶿號」受到重創，只

能在河灘上擱淺以免沉沒，但是最後仍然被清軍轟爛。而英軍的傷亡人數，和上一次戰爭相比，有明顯增加。在參戰的 1,100 多名士兵中，從水路進攻的，被擊斃 25 人，受傷 93 人，其中司令官何伯也身受重傷；而登陸部隊中傷亡情況更加嚴重，64 人死亡，252 人受傷。法軍共派出 64 人加入戰爭，也被打死 4 人，受傷 10 人。

再者，在防禦方面，大沽炮臺起到了重要的作用。從火炮的生產者來看，除了中國自己用銅、鐵製造而成的大炮外，還有一些西洋鐵炮。另外，火炮的噸位也都有所增加。有 12,000 斤、10,000 斤不等。從炮臺來看，炮臺結構嚴謹，而且也比第一次戰爭時要結實很多。炮牆還加高加寬培厚。這樣，敵人的射擊就不能有效地傷害炮臺守軍，「我們的炮彈儘管也打得很準，然而相對來說，只在土牆上略為造成了一些破壞而已」[43]。到戰爭結束時，清軍參戰的 4,454 名士兵中，只陣亡了 32 人，其中包括直隸提督史榮春、大沽協副將龍汝元等軍官 7 人。比起第一次大沽口之戰，傷亡可謂減少了許多。而且炮臺本身損壞的情況也不是十分嚴重，炮牆只是略有損壞，「炮位亦間有震裂」。[44] 從作戰時間長短來看，第一次大沽之戰進行了大約 2 個小時，而第二次戰爭從 6 月 25 日下午大約 2 點 30 分正式開始，直到次日凌晨 1 點 30 分才最後結束，一共持續了11 個小時左右。戰爭時間的延長，也從側面證明了炮臺本身發揮了很大的作用。而鐵鍊、鐵戧等攔河工具確實在阻攔敵人的進攻、爭取戰爭的勝利等方面產生很好的效果。「這（鐵鍊）是一種巧妙的辦法……而且它鋪放得很深以致無法使得人能夠看到它是怎樣確切起作用的。」[45]「當河中水位升高的情況下，這個尖端（指鐵戧的頂端）就淺淺地沒在水中，對於一艘來臨的艦艇的底部將會是一種嚴重的打擊。」[46]

在這次戰鬥中，還有一個顯著的變化，就是一些官員和社會精英人士

開始意識到中國的兵器不如外國兵器，而要想抗擊英法聯軍的侵略，就必須以敵之矛攻敵之盾，於是，購置並使用了西洋武器，從而加強了自己的戰鬥力。雖然清軍所擁有的西洋武器數量並不多，但是在戰爭中所發揮的作用卻是比較明顯的。由此可見，人們對於外來事物的認識發生重要改變，由拒絕轉為接受。

四、大沽炮臺的最後一戰

第二次大沽之戰後，被挫敗的英法聯軍並不甘心。特別是戰敗的消息傳回英國、法國之後，迅速掀起了一陣戰爭狂潮。英國決定進一步擴大侵華戰爭：「可以從北直隸灣和白河逼近它（清朝中央政府）……期待河口炮臺的攻佔，或者要是那種行動雖然成功，但仍不能使它屈服，則沿白河進攻至天津可能會強逼中國皇帝和中國屈服而達到和平。」[47]法國政府與英國政府沆瀣一氣，決定繼續聯合進攻中國。

而中國在取得第二次大沽之戰勝利之後，似乎並沒有放鬆戒備。僧格林沁除了加強兵力部署外，還對在戰爭中損壞的大沽炮臺進行了一系列的修繕和加固，並把敵軍沉船上的 8 門洋炮從水中撈出，安置在炮臺上。不僅如此，他還在南岸炮臺的東面、南面和西面以及大沽村外挖了深深的濠溝，並在大沽海口放置了重達 10,000 斤的鐵戧。另外，他在于家堡、塘沽築起一道濠牆，並在營城建了一座炮臺。因此，這一階段的防禦設施相對於第二次大沽之戰來說得到明顯加強。但遺憾的是，僧格林沁改變了對敵鬥爭的戰略，萌生了撤掉北塘海口的海防守備，待敵人登陸後以馬隊抄襲的防務思想，「彼（侵略軍）以船來，不能多攜馬隊，俟其登岸，我以勁騎蹙之，可以必勝」。[48]這種思想和戰略，實際上是把

海防變成陸戰。在這種思想的指導下，處於海防陸戰交接地位的炮臺自然無法發揮最大的效用。更可悲的是，他不顧其他官員的勸阻，把北塘的防務全部撤掉，火炮、官兵都移往他處，僅僅是在炮臺前面埋上地雷和火藥以阻止敵人進攻。這就為後來戰爭的失敗留下了隱患。

相反，英法聯軍早在 1860 年 3 月間就派人了解大沽及其附近地區的清軍防務情況。鑒於大沽炮臺火力威猛，他們認定從正面進攻並不是明智的方法，所以，法國遠征軍總司令孟托班提出「最好能在北塘炮臺大炮射程之外進行登陸，並繞過炮臺，從背牆處進攻這些炮臺，因為⋯⋯那裏沒有什麼防禦工事。」[49] 7 月 29 日，英法聯軍在大沽口和北塘口的海面集結。這次，英法兩國都進行了比較充分的準備，動用了強大的兵力。其中英國派出了各種艦船 79 艘，士兵 20,499 人，以及輸送士兵的民船 126 艘。法國有艦船 65 艘，士兵 7,620 人。[50] 據兩江總督何桂清隨奏摺附上的「新聞紙」說，「英國發來中國之兵，現又加增，除水手外，現發黑白兵各 1 萬。法國日前發兵 8 千，現亦加 2 千，湊成 1 萬之數。總共英、法兩國登岸交戰者，有 3 萬之眾。」[51]

8 月 1 日下午 1 點多，英法聯軍在北塘登陸。大約有英軍軍官 419 名，士兵 10,491 人，馬匹 1,731 匹，騎兵 1,023 人，戰馬 945 匹，炮兵 1,565 人，拖馬 747 匹，工兵 488 人。登陸法軍共計 7,367 人，另有馬匹 1,200 匹，火炮 28 門。[52] 3 日上午 6 點多，英法聯軍派出先頭部隊，從北塘出發，向新河方向攻擊。駐守在新河、塘沽一帶的清軍馬隊正面應敵，經過 4 個小時的激戰，到上午 11 點時，聯軍退回北塘，清軍獲得了勝利。在這次戰爭中，清軍受傷 3 名，而英法聯軍受傷約 10 多名。清軍有力地粉碎了聯軍妄圖佔領塘沽營壘的計劃。此後多日，英法聯軍在營城等處多次派出艦船窺伺，但是都被大沽炮臺的清朝守軍擊退。到 8 月

12 日清晨，英法聯軍兵分兩路進攻新河。一路在英軍騎兵和炮兵的掩護下，沿北塘到軍糧城的道路，從新河以西發起側面進攻。另一路英軍在法國軍隊的配合下，沿北塘到新河發動正面進攻。清軍分別給予回擊。一隊騎兵主動出擊，企圖把從側面進軍的侵略者攔腰截斷。而迎戰另一路英法聯軍的清軍則利用濠牆，以火炮等予以還擊。由於英法聯軍這一次是有備而來，帶來了許多先進的陸戰火炮，因此，兩路清軍最後都慘遭失利，退守塘沽，使得英法聯軍趁機佔領了新河。

14 日清晨 6 點時，英法聯軍又向塘沽發起了進攻。雙方展開了激烈的炮戰。英法聯軍以 30 多門火炮向炮臺進行轟炸。而清軍除了用炮臺的火炮加以還擊之外，駐守在海河對岸大樑子村的部分清軍以及停泊在海河上的兩艘清軍水師戰船也用炮火給予支持。但是，不久，大樑子村和海河上的炮火就被迫停止射擊。大約 7 點 30 分的時候，英法聯軍發動了總進攻，逐漸向炮臺方向逼近。經過 2 個小時的對抗，在 9 點左右，炮臺守軍被迫撤退到大沽北岸炮臺，塘沽被聯軍所佔領。這樣，在大沽炮臺的側面以及後面都被敵人佔據。大沽南北兩岸的炮臺面臨著十分嚴峻的形勢。15 日，僧格林沁向朝廷奏稱：「現在南北兩岸，惟有竭力支持，能否扼守，實無把握。」[53]

就在清軍一籌莫展的時候，英法聯軍繼續擴大侵略戰爭的規模。18日，英軍出兵佔領了新河對岸的大、小樑子村。而 21 日清晨在大沽北岸的石縫炮臺一戰，是這一次戰爭中最為悲壯的一次戰鬥。石縫炮臺距離大沽北岸炮臺約有 0.5 公里，始建於 1858 年第一次大沽戰爭後。炮臺很小，高約 9 米，守兵也不多，「以石縫地稍偏，非關緊要。」[54] 而在這一次戰爭中，它卻成為一個主要戰場。當聯軍 2,500 人（其中英軍 1,500人，法軍 1,000 人）以 47 門火炮進行攻擊時，守軍展開了激烈的反擊。

大沽北岸中炮臺和南岸後炮臺也以火炮進行支援。雙方交戰了大約 3 個小時。以後，守軍的炮火減弱，而英法聯軍則派出步兵進攻。清軍於是就用土製武器如擡槍、鳥槍和弓箭打擊敵人。他們一直堅守到大約中午時分，炮臺才被敵人完全佔領。

　　此後，英法聯軍利用石縫炮臺的有利地勢和火炮，向北岸炮臺發起進攻。到下午 2 點左右，北岸炮臺被佔領。據英國司令格蘭特說：「炮臺工事（北岸主炮臺）面海的一面十分強大，靠陸地的一邊卻非常薄弱」，「僅有一道薄牆，牆上沒有射口」。[55] 在這種情況下，僧格林沁不得不撤到通州。而南岸炮臺則被直隸總督恆福送給了英法聯軍。「總督起初是不動搖的，要知道交出炮臺也就意味著喪失他的家產，斷送他的地位，甚至可能把他的命也給送掉。然而當額爾金勳爵的代表，巴夏禮先生很有邏輯地用有力的語言把他眼下所處的困境一一加以陳述後，他也就讓步了。」[56] 對此，恆福卻振振有詞地為自己辯解道：「防兵既撤，炮臺空虛，與其為該夷攻佔，不若即允退出，免致擾害民居。並可穩住該夷。」[57] 22日，英法聯軍排除了在大沽口設置的攔河設施，駛入海河。24 日，佔領天津。至此，僧格林沁在大沽及其周圍地區所進行的海防建設以及所付出的心血完全付諸東流，「王所經理三載之工程，與數百萬之帑金，悉置無用之地」。[58]

　　這場戰爭似乎和炮臺本身並無太大關係，實則不然。問題的關鍵是，大沽炮臺在這場戰爭為什麼沒有發揮應有的作用？這主要是因為：

　　第一，英法聯軍為什麼會採取從大沽炮臺側面以及背面進攻清朝守軍的戰爭策略，主要是因為顧忌到大沽炮臺所能發揮的巨大攻擊力以及他們在進攻過程中必須面對的重重障礙。採取這種迂迴戰略，不僅避開了清朝守軍的鋒芒，致使炮臺沒有完全發揮出應有的力量，而且收到奇

效，直接用於奪取大沽北岸炮臺的時間不過 2 個多小時，而大沽南岸炮臺更沒有費一兵一彈。

第二，僧格林沁採取了錯誤的戰略方針，把炮臺的弱點暴露給了侵略者，這才使得他們有機可乘。「禦寇不於藩桓而於堂奧，失計已甚。」[59] 由於他對大沽炮臺的正面進攻和防禦力量過於自信，輕率地撤掉了炮臺後方的防務，犯了戰略上的錯誤。這使得炮臺本身的攻擊和防禦作用都沒有充分發揮出來。在英法聯軍進攻大沽北岸炮臺時，由於炮臺「炮穴外向，不能反擊」[60] 無法發揮威力，炮戰持續的時間很短；最終變成肉搏戰。尤其是石縫炮臺之戰，清朝守軍甚至用土製武器，在相當近的距離，與敵人展開肉搏。對此，英法聯軍方面也有所記述：「當我們勇敢的士兵越過重重障礙的時候，敵人也把手頭所有的炮彈、石頭、箭、長矛都向他們扔過去，企圖阻止他們向前進；有些人想推倒梯子，另外一些人則猛撲過來和我們肉搏。」[61] 這種情形在第二次大沽保衛戰中是未曾發生過的，說明炮臺沒有能夠把敵人消滅在海上，起到海防的作用。

在這場戰鬥中，法軍參加有將近 400 人，其中 40 人被打死，160 人喪失了戰鬥能力，而英軍的損失和法國差不多。但是，清軍傷亡人數增加，僅石縫炮臺一戰，英法聯軍「在炮臺內找到了包括司令官在內的成千具韃靼人的屍體」[62]。事實證明，大沽炮臺防禦體系威力的喪失，是戰爭失敗的重要原因。

五、結論

綜上所述，以大沽炮臺為主的大沽海防體系，在三次大沽之戰中發揮了截然不同的作用。儘管清朝守軍統帥的戰爭策略以及官兵的表現與戰

爭結局關係密切，但是就客觀條件而言，大沽炮臺等防禦體系在整個戰爭進程中的作用還是十分明顯的。

　　首先，炮臺建設的優劣往往決定和影響了敵我雙方在戰爭中所採取的戰略。在這三次戰爭中，英法聯軍和清軍戰略思想的制定，可以說都考慮到炮臺的實際情況。在每次戰爭之前，英法聯軍都派人對大沽及其附近地區的防守情況進行細緻的勘察。在第一次戰爭時，由於他們了解到大沽炮臺力量並不強大等訊息，所以，他們採取正面進攻的方法，取得了勝利，而清軍卻高估了自己的實力，和敵人正面相對，所以慘遭失敗。而第二次戰爭時，英法聯軍雖然也進行了窺探，但是，僧格林沁隱藏起自己的實力，並在戰爭中充分發揮出炮臺的威力，挫敗了侵略者。而在第三次戰爭時，英法聯軍放棄正面進攻炮臺轉而從側翼進攻，攻打炮臺的後方，使得炮臺的威力不能夠發揮出來，最後獲勝。

　　其次、炮臺建設的好壞，對於海防來說至關重要。就攻擊而言，不僅打擊敵人更加有力，而且還有助於取得戰爭的某些勝利。從防禦來說，既能夠延長作戰時間，減少士兵的傷亡，又可以提高官兵士氣，奮勇殺敵。「軍心愈壯，人思敵愾，自可日期穩固。」[63] 如第二次大沽之戰。而一些攔河工具的使用，對於豐富和完善海防體系是有效的和必要的。

　　再次、炮臺本身的作用能否發揮，以及這種作用發揮得是否很充分，除了和炮臺等海防設施的建設有關外，與指揮者的指揮戰爭的思想、策略和能力也有一定的關係。畢竟，炮臺只是一種軍事防禦設施，而如何運用它們，在很大程度上則取決於指揮者。如果指揮者的策略出現偏差，即使炮臺再牢固，也不能發揮其禦敵的功能。第三次大沽之戰的失敗，就和僧格林沁錯誤指揮關係極大。在炮臺力量有所加強的情況下，他執意要放棄北塘的守務，誘敵深入，然後用自己所擅長的馬隊迎敵。

事實證明，這種做法並不能達到其預想的目的。

綜上所述，在第二次鴉片戰爭中，以大沽炮臺為重心的天津海防體系顯示出其重要的國防價值。在海防建設中，炮臺處於一個極為特殊的地位。它連接海路和陸路，進攻者若從海上進入陸地，就必須越過這一道障礙。而防守者要是希望禦敵人於海上，就必須加強炮臺建設。而清朝統治者對海防重視與否，在一定程度上決定了戰爭的範圍和進程，乃至結局。而是否重視海防，不僅體現在思想上，更重要的是要落實到實踐中。只有不斷加強海防，不斷更新以炮臺為重心的防禦體系以及各種設備和武器，才能保證其有效地發揮力量。

在這一時期，將先進的西洋武器用於海防也是不可避免的。在第二次和第三次大沽之戰中，清政府自覺或不自覺地使用了西洋鐵炮。這說明王朝統治者和政府官員已經認識到要想在戰爭中取勝，就必須採用先進的武器。

注釋

1　茅海建:〈大沽口之戰考實〉,《近代史研究》,第 6 期（1998）,頁 1-52。

2　單寶:〈僧格林沁與第二次大沽口之戰〉,《歷史教學》,第 10 期（1986）,頁 57-58。

3　馮士砵、于伯銘:〈大沽保衛戰與僧格林沁〉,《中州學刊》,第 2 期（1985）,頁 119-124。

4　侯杰:《紫禁城下之盟 —— 天津條約、北京條約》（北京:中國人民大學出版社,1993 年）。

5　于輝、張東甲:《大沽炮臺》（天津:百花文藝出版社,1990 年）。

6　劉國軍:〈大沽口炮臺 —— 見證近代中國海防的歷史〉,《軍事歷史》,第 4 期（2006）,頁 58-59。

7　王令強:〈淺議李鴻章對大沽炮臺的近代化建設〉,《軍事歷史研究》,第 3 期（2011）,頁 97-102。

8　周寶發:〈保護與開發大沽炮臺的思考〉,《天津成人高等學校聯合學報》,第 1 期（1999）,頁 51-54。

9　夏燮:《中西紀事》（長沙:岳麓書社,1988 年）。

10　《籌辦夷務始末》（咸豐朝）第 2 冊（共 8 冊）（北京:中華書局,1979 年）。

11　齊思和等編:《第二次鴉片戰爭》（共 6 冊）（上海:上海人民出版社,1979 年）。

12　《籌辦夷務始末》（咸豐朝）第 2 冊,頁 667。

13　同上,頁 670。

14　〈襄理軍務紀略〉,《第二次鴉片戰爭》第 1 冊卷 1,頁 500-501。

15　馬士:《中華帝國對外關係史》第 1 卷,（北京:生活‧讀書‧新知三聯書店,1957 年）,頁 582。

16　《籌辦夷務始末》（咸豐朝）第 3 冊,頁 796。

17　侯杰:《紫禁城下之盟 —— 天津條約、北京條約》,頁 52。

18　德巴古贊:〈遠征中國和交趾支那〉,《第二次鴉片戰爭》第 6 冊,頁 149。

19　Admiral Seymour, "The Report to Lord Elgin of the Taking of the Taku Forts", in *Modern Chinese History Selected Readings*, Vol.1, ed. Harley Farnsworth Macnair (The

Commercial Press Limited), p.280.

20　《籌辦夷務始末》（咸豐朝）第 3 冊，頁 805。

21　德巴古贊：〈遠征中國和交趾支那〉，《第二次鴉片戰爭》第 6 冊，頁 149。

22　〈兩個世界雜誌的年鑒〉，《第二次鴉片戰爭》第 6 冊，頁 153。

23　丁韙良：〈中國六十年〉，《第二次鴉片戰爭》第 6 冊，頁 152。

24　《籌辦夷務始末》（咸豐朝）第 3 冊，頁 805。

25　參見于輝、張東甲：《大沽炮臺》，頁 91。

26　德巴古贊：〈遠征中國和交趾支那〉，《第二次鴉片戰爭》第 6 冊，頁 150。

27　參見侯杰：《紫禁城下之盟 —— 天津條約、北京條約》，頁 54。

28　資料來源於于輝、張東甲：《大沽炮臺》圖一，（天津：百花文藝出版社，1990 年）。

29　資料來源於于輝、張東甲：《大沽炮臺》圖二。

30　《郭嵩燾日記》第 1 冊（咸豐時期），（長沙：湖南人民出版社，1982 年），頁 220-221。

31　贅漫野叟：《庚申夷氛紀略》，國家圖書館藏稿本。

32　《籌辦夷務始末》（咸豐朝）第 3 冊，頁 1096。

33　《郭嵩燾日記》第 1 冊（咸豐時期），頁 235。

34　同上，頁 236。

35　《籌辦夷務始末》（咸豐朝）第 4 冊，頁 1423。

36　費舍：〈在中國服役三年的個人記述〉，《第二次鴉片戰爭》第 6 冊，頁 197。

37　香港《中國郵報》，1859 年 7 月 22 日。

38　《籌辦夷務始末》（咸豐朝）第 4 冊，頁 1439-1440。

39　J. C. Tattnall, "The Report To the Secretary of the American Navy Department", in *Modern Chinese History Selected Readings*, Vol.1, ed.Harley Farnsworth Macnair(The Commercial Press Limited), p.299.

40　同上，頁 300。

41　香港《中國郵報》，1859 年 7 月 22 日。

42　薛福成：〈書科爾沁忠親王大沽之敗〉，《庸庵海外文編》（臺北：文海出版社，1973 年），頁 1460。

43　香港《中國郵報》，1859 年 7 月 22 日。

44　《籌辦夷務始末》（咸豐朝）第 4 冊，頁 1448。

45　費舍：〈在中國服役三年的個人記述〉，《第二次鴉片戰爭》第 6 冊，頁 193。

46　同上，頁 192-193。

47　諾利斯編：〈格蘭特爵士私人日記等〉，《第二次鴉片戰爭》第 6 冊，頁 246。

48　薛福成：〈書科爾沁忠親王大沽之敗〉，《庸庵海外文編》，頁 1464。

49　〈孟托班將軍，八里橋伯爵回憶錄〉，《第二次鴉片戰爭》第 6 冊，頁 510。

50　茅海建：〈大沽口之戰考實〉，《近代史研究》，第 6 期（1998），頁 43。

51　《籌辦夷務始末》（咸豐朝）第 5 冊，頁 1847。

52　參見茅海建：〈大沽口之戰考實〉，《近代史研究》，第 6 期（1998），頁 44。

53　《籌辦夷務始末》（咸豐朝）第 6 冊，頁 2083。

54　《郭嵩燾日記》（咸豐時期）第 1 冊，頁 218。

55　茅海建：〈大沽口之戰考實〉，《近代史研究》，第 6 期（1998），頁 49。

56　《第二次鴉片戰爭》第 6 冊，頁 286。

57　《籌辦夷務始末》（咸豐朝）第 6 冊，頁 2141。

58　薛福成：〈書科爾沁忠親王大沽之敗〉，《庸庵海外文編》卷 4，頁 1466-1467。

59　同上，頁 1463。

60　同上，頁 1466。

61　夏爾·德米特勒西：〈中國戰役日誌（1859－1861）〉，《第二次鴉片戰爭》第 6 冊，頁 280。

62　布隆代爾：〈1860 年遠征中國記〉，《第二次鴉片戰爭》第 6 冊，頁 280。

63　《籌辦夷務始末》（咸豐朝）第 4 冊，頁 1465。

第三章
海底電纜鋪設艦「飛捷號」重研

馬幼垣

一、前言

　　在專為鋪設海底電纜的船隻成為特別設計的船種以前，[1] 這工作經常由改裝的軍艦來負責，故此等艦船是武裝的。自從專業的電纜鋪設船面世以來，[2] 即使船是海軍的正規單位，而非民用的，也鮮聞有裝配固定武器的（手提武器不算）。[3] 清末民初，中國有一艘非民用的電纜鋪設船，因其原先是備武的，且曾參加軍事行動，故宜稱之為艦。此艦當時在中國固屬獨一無二，要在十九世紀七十年代以來其他國家找非民用的武裝電纜鋪設艦恐亦不易。然而在中國海軍史的著述裏，此艦幾乎無蹤影可尋。「幾乎」指容有例外。

　　最顯著的例外，見於那本在行頭裏人手一冊的 Richard N. J. Wright, *The Chinese Steam Navy, 1862-1945* (London: Chatham Publishing, 2000)（以下該書簡稱 *Steam Navy*）。韋理察（非其自訂漢名，因其不懂中文）在書中多處談及此艦，正反映此書之優劣何在。彼以英文資料為論據所依（法、意、德文資料僅點綴式地用些，日文資料更了無痕跡，難說合國際研究水準的尺度），這新鮮的格局，加上書中蒐集了不少珍貴照片，使此

書甚為研究者所樂用。惟因韋理察無法參據任何中文素材，不管是一手還是轉手，書中為數不少的錯誤即恆導源於此。其講述這艘電纜鋪設艦便是得賴中文資料始能理解的課題，不然就難免左錯右誤之一例。以此書流通之廣，沿襲其失者料非罕見。這是就本人依經歷而說的話，涉及的正是因跌進韋理察失實報導那艘鋪設艦所產生的陷阱。修訂不宜片段為之，故茲就該艦有關諸事作整體重研，畢竟對該艦所知委實有限，能為其整理出一份較齊備的記錄當是治海軍史者應擔起的責任。

二、艦名問題和初建後來華時的狀況

因為這艘艦是向英國訂購的，故訂艦原委、建造過程，初建時的基本數據，以及東航來華的經過，早期英文文獻均恆有記錄。此等記錄可按直接和間接的來源分為三類：船廠記錄、英海軍部記錄、艦來華時所經海港的報導。根據此等一手資料，自訂購至建成來華的發展輪廓不難重構。由於這時段有其獨立性（即艦尚未在華執勤以前），宜先處理，待交代來華後諸事時就可供比較。這時段中之訂購原委一項還得押後才講，因不純按次序去處理始易顯示解釋艦名之困難，和得以明白韋理察如何因不懂中文而製造陷阱，以及容待補述購買經過時可辦得到一氣呵成。

這些解釋過了，說明艦名問題的複雜程度和找出答案的經過是時候了。

此艦的英文名稱看似簡單。早期英文文獻統一稱之為 *Fee-cheu*。偶見出現異拼，如 *Fee-chen*、*Fee-chew* 之類均易解釋為手民之失、看錯、不知該如何發音等情形的結果。問題的核心夠明顯。該艦必先有漢名，才會有拉丁字母拼音。不管 *Fee-cheu* 究竟代表什麼漢字，發音的依據怎也不

會是官話、粵語、閩南話，或上海話。在當時慣用的各種拉丁字母拼漢字法也找不出答案。[4] 在有機會解釋指認經過之前，本文就暫用 *Fee-cheu* 為該艦之名。

重構 Fee-cheu 在華執勤前諸事，所用的早期英文文獻包括：

（1）*Information from Abroad (General Information Series)*, 6 (June 1887), p.277; 7 (June 1888), p.323. 這是美國海軍情報單位的報告。

（2）*Hong Kong Daily Press*, 10 February, 5 August, 20 September 1887. 這是《香港孖剌沙西報》。

（3）*Straits Times*, 10 September 1887. 這是新加坡報紙。

（4）*China Mail*, 19, 20, 22 September 1887. 這是香港的《德臣西報》。

（5）*Celestial Empire*, 5 October 1887. 這是上海的《華洋通聞》週報。

（6）*North China Herald*, 27 October 1887. 這是上海的《北華捷報》週報（以下該報簡稱 *NCH*）。

（7）*Marine Engineer*, 8 (April 1886 – March 1887), p.381; 9 (April 1887-March 1888), pp.66, 144.

（8）*Western Electrician*, 1:25 (December 1887), p.301.

（9）*The Naval Annual*, 1887 (Portsmouth: J. Griffin and Co. 1888), p.320.

（10）*Electric Engineer*, NS2 (July – December 1888), p.111.

（11）*Lloyds Register of British and Foreign Shipping*, 1890 edition, vol.1, pp.FED-FER; 1893 edition, vol.1, pp.FAV-FEL; 1898 edition, vol.1, pp.FEB-FEN.

（12）Admiralty (Great Britain), Intelligence Department, *China: War Vessels and Torpedo Boats* (London: Her Majestys Stationery Office, 1891), pp.28-29, p.127（以下該書簡稱 *China War Vessels*）。此書是英國海軍

部在甲午戰爭前不久調查中國海軍實況的情報彙報。

其中雖有出版於 *Fee-cheu* 來華以後者，但因述事鮮及該艦來華後，故這些資料應歸屬一組。

根據這組資料，*Fee-cheu* 的要項很容易便能開列出來：

造船所	英國東北海岸巽德蘭（Sunderland）的博士福造船所（William Doxford and Sons）[5]
艦種	武裝海底電纜鋪設艦（telegraph ship and armed cruiser）
設計特徵	通甲板；艦首艦尾均裝置鋪設電纜用之滑輪；前兩主桅依 front-and-aft schooner 帆船模式配縱帆
下水	1887 年 4 月 23 日
試航	1887 年 6 月 18 日（成功）；前後建造日期四個月，自安龍骨算起
離英來華	1887 年 7 月 27 日離倫敦東航，艦長為陸嘉（Lugar）
經新加坡	1887 年 9 月 10 日，僅在海上添煤補糧，當日便續航前往香港 [6]
經香港	1887 年 9 月 17 日抵港，22 日離港赴臺
抵基隆	1887 年 9 月 27 日抵基隆，查驗後交收
排水量	1,034 噸
長寬吃水	220 x 32.1 x 20 呎（另艙深 16 呎）
指示馬力	1,100 匹（indicated horsepower），單軸
最高時速	13 浬（按：海里的舊稱）
艦殼建材	3/4 吋厚鋼板
電纜倉	三個均灌水的倉 [7]，容量分別為 3,451 立方呎（前倉），4,754 立方呎（主倉），4,047 立方呎（後倉）。東航時該艦攜電纜長 200 哩
武器	單裝 6 吋阿摩士莊（Armstrong）來復線後裝炮一型（Mark 1）2 門，分置為艦首炮（bow chaser）和艦尾炮（stern chaser）。艦尾炮的射界（arc of fire）為 68°。另或有小口徑輕炮（口徑不詳）4 門分置兩舷下甲板

　　此艦數據蒐集至此程度已超過一般艦艇誌的要求矣。隨後談下去，有別的資料出現時就可供比對之用。

三、該艦的漢名和其是否隸屬海關的問題

　　僅稱此艦為 *Fee-cheu* 只可以是臨時權宜之法，續說下去總得指認其漢名。

　　中國軍艦當然會先有漢名，才會續有採拉丁字母拼出來的洋名。商船則容有例外（隨後的正文和附錄均有這樣的例子）。*Fee-cheu* 長期無法指認的情形前面講過了。這就做成一個難突破的困局——縱使在中文文獻中見到該艦的記錄，也領會不出這就是 *Fee-cheu*，從而把中英艦名和相關資料串連起來。

　　不知該艦究屬何單位亦帶出同樣困局來。一旦單位指認不對，搜索範圍若非隨而收窄，便是朝錯誤方向走。

　　說至這裏，是時候回到本文開始時介紹的 *Steam Navy* 了。此書替中國近代海軍史的研究拓展至以艦隻為討論核心的新境，不論成績如何，功勞可以肯定。書中特設海關一章（pp.188-194），把海關巡艦名正言順地帶進海軍史的範圍，且做到圖文並茂的境界，更是一大突破（治海軍史而不忘海關亦有武裝艦隻，這觀念的肯定尤重於此章的實際收穫）。

　　此章和書中別處（如 p.124, p.189, pp.193-194）屢講及 *Fee-cheu*，所說一般都夠準確，卻帶出足以產生誤導的兩大錯失。其一為指 *Fee-cheu* 又名 *Foochow*。其二為毫不猶豫地撥 *Fee-cheu* 為海關巡艦，因而在海關章內就此艦大講特講。

Foochow 只可能解作福州，另無選擇。我在記述美國大白艦隊支隊訪問廈門時，因在港中充作迎賓陣容一部分的 Fee-cheu 號的漢名時仍無著落，遂採韋理察 Fee-cheu 別稱 Foochow 之說，逕呼 Fee-cheu 為「福州」。[8] 這是輕信與一時不察兼有之失。上文說過，這就是為何要寫這篇〈重研〉來求補贖。後來才知道在大陸治海軍史的劉怡（1986－　）早已跌入此陷阱，還跌進去兩次，更兼另添上他因讀不通英文而發明出來的變本加厲之失。[9] 此外，中國第一歷史檔案館的屈春海（1953－　）不交代來源便把劉怡視「福州號」為展示艦的無根發明搬進自己的文章裏去。[10]

　　我自五十年代後期念高中時開始留心海軍史，至第二次退休後執筆寫那篇廈門文時，涉獵所及，稱得上有越半世紀的積聚。採 Fee-cheu 又名 Foochow 之說時，竟仍忘記了一常識。要說清季有一艘武裝的非民用艦船取名「福州」或又以「福州」為別稱是絕對找不到可靠文獻支持的，尤其是中文文獻。職是之故，欲指 Fee-cheu 即「福州」，就非得有毫無疑問的原始史料為據不可，而不是光靠引本近年出版的洋書便足證的。這裏還明顯違背邏輯。一艘艦船倘同時有兩個可容隨意換用之名（而不是說原用一名，後易為另名），必導致誤會叢生，意外頻仍，實情可果如此嗎？既重重犯了此等治學基本法條，由我負起修正之責自不可辭。

　　何以韋理察指 Fee-cheu 又名 Foochow，他沒有交代。這事本該已令人警覺而不可輕信之。找出其致誤之由遂成為首要之務。

　　這次冷靜處理，很快便自寒齋藏品中找到答案。包唐穆（Thomas Brassey, 1836-1918）創辦，並與其子包敖農（Thomas Allnutt Brassey, 1863-1919）相繼主編好一段時間的年鑒 The Naval Annual 久享盛譽，所載信息恆被視為原始史料（所載數據的準確程度卻不統一）。此年鑒沒有收錄

Fee-cheu，而於若干期，如 1890 edition, p.278；1891 edition, p.204；1892 edition, p.204；1893 edition, p.216；1894 edition, p.280，收了一艘所列數據與上開 *Fee-cheu* 者相當近似之艦，記其名為 *Foochow*。這就解釋了何以韋理察說 *Fee-cheu* 又名 *Foochow*。包氏父子所編之 *The Naval Annual* 是西方人士談十九世紀末年世界各國海軍艦隻的必然參考物。韋理察對這套年鑒不可能不熟悉（其徵引書目就引了出來，p.200）。他知道 *Fee-chow* 的存在，又知其基本數據，見 *Foochow* 數據的近似，卻不懷疑 *The Naval Annual* 所提供的消息可以有誤（各期所列的 *Foochow* 數據就不夠準確），遂綜合起來用，指 *Fee-cheu* 又名 *Foochow* 了。

至此僅補贖了所犯前失之半，最終仍得確指 *Fee-cheu* 的漢名是什麼。這點還是待先否決了 *Fee-cheu* 與海關的關係才談。

我雖大意誤從了 *Fee-cheu* 又名 *Foochow* 之說，尚微幸沒有照單全收韋理察之言，不致也瞎指 *Fee-cheu* 為海關艦隻。

此艦不屬海關十分明顯。在總稅務司英人赫德（Robert Hart, 1835-1911）統領海關的長久歲月裏（自 1863 年末至其逝世），購艦之議必原發自赫德，不時更由他圈定艦的設計模式，然後始由其在英的助手（前為福貝斯〔Charles Stuart Forbes, 1829-1876〕，後為金登幹〔James Duncan Campbell, 1833-1907〕）執行實際的訂購和監製事宜。[11] 這樣的程序必然會留下足供追查的記錄。在積聚數十年的赫德 — 金登幹龐大通訊紀錄中，*Fee-cheu* 之名未嘗一見（更莫說 *Foochow* 用作艦名了）。[12]

還有一件更直接的否定證據。清季海關自 1875 年便有每年夏季刊佈職員錄的傳統。書中「海班」（Marine Department）部分記載的雖然是職員動向，而不是艦名單，但因要詳記各人在何艦艇居何職，艦名還是

無遺漏地提供的。這種年刊式的職員錄的書名為 *China, Imperial Maritime Customs, Service List* (Shanghai: Statistical Department of the Inspectorate General)。到目前我已集得一可觀數目，雖尚未全有。*Fee-Cheu* 1887 年秋抵華，立即開始服役，剛巧隨後 1888、1889、1890 這 3 年的職員錄均包括在我現在能用得到的 30 本之內。答案一查即有，*Fee-cheu* 之名並不見於其間！憑何指 *Fee-cheu* 是海關之艦？

　　另還有類似的證據。中國海關有長期刊行各關雙年報告彙冊的習慣。1882－1931 年間出版的這種取名 *Decennial Reports of the Trade, Navigation, Industries, etc., of the Ports Open to Foreign Commerce in China and Korea……* 之彙冊現均全看得到。在這組積聚得極為浩繁的報告裏，海關巡艦雖未嘗作為專題來處理，各艘巡艦之名和其活動則經常出現。在這 50 年間所刊的各關雙年報告裏，*Fee-cheu* 之名（或 *Foochow* 作為巡艦名）從未出現過一次。連同上言 *Service List* 的情形，面對這廣泛程度的長期空白，何由宣稱海關曾有巡艦取名 *Fee-cheu* 或 *Foochow*？

　　章理察在指稱 *Fee-cheu* 隸屬海關以前，並未用過任何一期 *Service List* 或 *Decennial Reports*（在其注釋和參考書目裏就無此等資料的任何蹤影），那麼他的指稱基於什麼？章理察為寫 *Steam Navy* 用過不少英文資料是事實（其他語言的外文資料則嚴缺），但即使以英文資料為限其所用仍遠未足夠同樣是事實。邇來中國讀者（包括成名學者）對外文資料的運用恆採如下的態度，即甫見有人用若干外文資料，儘管用的程度遠談不上充分和透徹，便震驚得有如跌落馬下，拜為天人，只識襲用而不疑（也就難免納別人之錯為己失）。這是絕無此需的態度和立場。

　　說到這裏不妨先透露一點隨後會講清楚之事。*Fee-cheu* 是「臺灣爵撫憲劉」向英訂購的，其非海關之艦還用費辭多說嗎？

不免又得再問那老問題，因何韋理察會斬釘截鐵地指 *Fee-cheu* 是海關之艦？這也是可以解釋的。他據以談述 *Fee-cheu* 的資料包括 B. Foster Hall（海關給他的漢名是郝樂）的遺著，*The Chinese Maritime Customs: An International Service, 1854-1950* (London: National Maritime Museum, 1977)。這點關連 *Steam Navy*, p.204 有說明。然而郝樂此書僅在一處提及 *Fee-cheu*，即此艦為 p.42 所表列的 11 艘海關巡艦之一。就算取最後一艘的建成年份（1927 年）為表的收錄下限期，即不理海關於三十年代大量添置巡艦這事實（該時段的新增艦確沒有一艘見於單內，而郝樂書敘事講到四十年代），該表所收仍逃不了貧乏之譏。表中只提供四項數據：艦之英文名、建成年份、排水量、艦種，但表中的 11 艦僅 4 艘列足此微微 4 項。郝樂對海關巡艦的認識顯屬大成問題，不能單憑其表中毫無解釋便列出 *Fee-cheu*，即以為 *Fee-cheu* 果真是海關之艦。要否決之仍得明白何以指郝樂講及 *Fee-cheu* 之言不可信。

郝樂列 *Fee-cheu* 為海關巡艦破綻重重：（一）該艦之訂購過程與海關毫不相涉，其特徵（尤其是重武裝這方面）更與赫德統領海關時置備巡艦的原則格格不相入。[13]（二）起碼在清季，該艦的所屬單位記錄明確，從未嘗歸海關所有。這點隨後會講清楚。（三）海關怎有理由需要擁有專為鋪設海底電纜而設計的艦船？此事若果真發生，豈非鬧盡方枘圓鑿的極限？（四）1913 年 10 月始在中國海關任職的郝樂，[14] 對海關巡艦的認識相當膚淺。這點可繼上段續說下去。他開列的單子雖不注明涵蓋時段（即前後可以包括很長的時期），單子卻十分短，連海關巡艦總數之半也未到。[15] 這是難信賴的表徵。倘仍以為其言可信，理由恐只有一個，即該艦入民國以後撥歸海關名下。就目前看得到的資料而言，這樣辯說純屬推測。韋理察信之，遂在海關章內說了不少 *Fee-cheu* 如何如何。劉怡不

察，遂納其失為已有。復要討劉怡便宜的屈春海，就更不消提了。

揭曉時候到了。我發現了一組不僅標明該艦由誰訂購和開始時所屬單位，還同時並列其中英艦名，可容論者收一石數鳥之效，再理想不過的早期文件。

在 1937－1940 年間，海關在其舊檔中選出大量足以反映其自始至何時段運作情況的文件，陸續分刊為 7 巨冊的 *Documents Illustrative of the Origin, Development, and Activities of the Chinese Customs Service*。內裏保存了不少即窮搜山積的赫德與金登幹長期通訊記錄，但也找不到太多事件原貌之信息。我幸有機會 7 冊全都細讀過，集得的珍貴資料當中有一組正足解決好些與 *Fee-cheu* 有關的問題。

Fee-cheu 抵華後不久，自臺載貨赴滬，憑其為官船，企圖闖關，不受海關檢查和納稅。此事教江海關稅務司好博遜（Herbert Edgar Hobson, 1844-1922）大發雷霆，向赫德投訴。*Documents Illustrative* 出版於 1937 年的首冊為記錄此事收了一組文件（pp.591-593, pp.598-603），內英文者一件，中文者三件。中英文者各有所用。那件英文的對現正進行的討論十分關要，因它把 *Fee-cheu* 的中英文艦名並列出來，毫不含糊：*Fee-cheu* 漢名「飛捷」，不是那不見於任何中國原始資料，而大概由 *The Naval Annual* 發明出來，復由 *Steam Navy* 散播開去的「福州」。

不妨從另一角度去看此問題。不管是英海部的記錄，還是船務專業學報的報導，抑或該艦首途東來，經過新加坡和香港時當地英文報紙的記述，悉稱此艦為 *Fee-cheu*。閱讀所及，*Foochow* 一名在當時（其實已是稍後）的英文資料內出現就僅得那幾期 *The Naval Annual*。情形既如此，正誤遂不難判斷。

簡單說來，*Fee-cheu* 就是 *Fee-cheu*（認不出那兩個漢字是研究尚未做得圓滿，並不是錯失），絕非 *Fee-cheu* 等於 *Foochow*，單靠原始英文資料已不會致誤。何以僅用英文資料的韋理察會失察（非圖作雙關語）在先，致惹起廣泛負面連鎖反應？關鍵在他的英文資料閱讀範圍太有限，年份也不夠早。他既要在書中給海關巡艦整章的篇幅，卻悉數不理海關長期出版的大套刊物。*Service List*，*Decennial Reports*，*Documents Illustrative* 這樣就全錯過了。不單如此，上文用來重構 *Fee-cheu* 初建和來華情況的12 款英文資料（報紙可以不止一日的，期刊亦可以多過一期），他僅接觸過兩款，甚至連這兩款（*NCH* 和 *The Naval Annual* 也用得不夠徹底 [16]）。從這事可以領會得出，網羅外文資料，尤其是發掘前未嘗有人用過的，並非洋人獨擅的專利。找洋資料，成績超過洋人絕對可以辦得到。世上沒有萬善的研究環境，各地總有不同的局限，肯否力謀突破環境的局限去網羅資料才是成敗關鍵之所在。專賴挪用和抄襲何由能突破？

本著這一原則，逐步從新考究，才終有上述的報告。前因指認不出 *Fee-cheu* 代表什麼漢字，貪一時之便，取用韋理察的說法，遂稱該艦為「福州」，這錯失希望已算補贖了。

好博遜的投訴書尚另有妙用。*Documents Illustrative* 刊佈這份文件時所附的中文文件說出一項十分重要的事：「飛捷號」是首任臺灣巡撫劉銘傳（1836－1895）向英訂購的。有了這認識，為何「飛捷」甫開始運作，便因與海關欠默契而發生衝突，就不用解釋了。「飛捷」不屬於海關，更不必再耗費筆墨。上文說此艦來華，以香港為境外最後一站，抵港後稍事停留便遂赴基隆。這看似不易明白的航程，現也顯得理所當然了。

這樣一來，劉銘傳主導自然成了續談下去的新方向。

好博遜呈赫德的投訴書

No. 929.
　　　　　　　　　　　　　　　　CUSTOM HOUSE,
　　　　　　　　　　　　SHANGHAI, *2nd February* 1888.

SIR,

　　I enclose copy of a correspondence between the Shanghai Superintendent and myself respecting the Formosan transport or, more properly speaking, telegraph steamer *Feecheu* (飛 捷), which on a recent visit to this port shipped a quantity of cargo, said to be on Government account, prior to the issue of Government Stores Certificates, and whose officers (Europeans) resented interference on the part of Customs officials, their argument being that the vessel was on Government service.

　　In this connexion I beg most earnestly to draw your attention to the necessity for the early decision of the Yamên as to the status of Government transports (chartered or otherwise) *vis-à-vis* the Customs. As things exist at present, it is open to the Provincial Authorities to suddenly advise through the Superintendent that such and such a steamer is appointed for "*kuan-ch'uan*" service. The vessel is in all probability officered by Europeans, manned by a Chinese crew used to the ways and doings of a merchant vessel only, and in sole charge of a Weiyüan or a comprador, who is either ignorant of Customs rules and regulations, or feigns ignorance in order to try and avoid them and save himself trouble. That a wide door is open for smuggling under the circumstances is at once apparent; and I beg to recommend, therefore, that instructions be issued at as early a date as possible to the effect that while transports are not to be held liable to Tonnage Dues, yet they are required in the interest of the Revenue to comply implicitly with the two simple rules which I append draft of herewith, or with some of similar import.

　　　　　　　　　　　　I have, etc.,
　　　　　　　　　　　　(signed)　H. E. HOBSON,
　　　　　　　　　　　　　　　　　Commissioner of Customs.

To
　SIR ROBERT HART, K.C.M.G.,
　　　　Inspector General of Customs,
　　　　　PEKING.

四、「飛捷艦」的訂購經過以及劉銘傳為臺購置的其他船隻

　　臺灣孤峙海外，風濤阻隔，颱暴屢襲，跨峽文報耗時殆甚，苟遇兵戎，險惡劇增，是故自沈葆楨（1820－1879）掌臺政事始，繼任丁日昌（1823－1882），悉視鋪設閩臺海底電纜為政綱要項，[17] 惟惜以種種因由久未得實踐。配合機緣，積極從事，迅成其事者，劉銘傳之功也。「飛捷

號」的購置與運用，正是此事得成之一大關鍵。[18]

光緒十年（1884）閏五月，劉銘傳以巡撫銜督辦臺灣事務抵基隆，[19]備禦法兵犯臺之警，旋即發覺海上防務猶如虛設，僅得「永保」（1,358噸，1873年）、「琛航」（1,358噸，1874年）、「萬年清」（1,370噸，1869年）、「伏波」（1,258噸，1871年），數艘殘舊失修，兵商難分之艦船供用。劉遂請遣回福州船政搬調赴兩江的「澄慶」（1,268噸，1880年）、「登瀛州」（1,258噸，1876年）、「靖遠」（572噸，1873年）、「開濟」（2,200噸，1883年），以便撥歸臺灣之用。在疆臣普遍視自保為正務的心態下，請求並無所獲。[20]然此事即使成功，四艦齊獲撥臺，其於臺海防務仍不會帶來實質成效。[21]隨後抗拒法人犯臺，靠的惟陸上行動和租用外輪來突破法海軍的封鎖。

無法掌握臺峽交通和操控海防之難這教訓，劉銘傳緊記於心。法事結束後不久，臺灣便於光緒十一年（1885）九月初五建省，劉銘傳改任首屆巡撫。[22]他旋即謀求落實鋪設臺海電纜計劃。

劉銘傳委三品銜浙江候用知府，時為臺北通商委員的李彤恩（？－1889）主持此事。在臺任職長久的李彤恩通洋務，善與洋人交，[23]是擔任此務的理想人選。然而李彤恩備受爭議，被指為中法戰爭時導致基隆失守的關鍵人物，因而捲入湘、淮兩派在臺權力之爭，遭湘派頭子左宗棠（1812－1885）嚴劾，得「革職回籍，不准逗留臺灣」之罰判。幸劉銘傳惜才，力保之，仍可在臺任職。尤更幸者是，左宗棠旋卒，而湘派在臺最與劉銘傳較勁之臺灣道劉璈（？－1889）又遭革職，抄家，充軍，爭鬥由是告終，未構成鋪纜工程之阻力。[24]

中國鋪設海底電纜必須借助西方的知識和經驗。談下去自得明白西方的知識和經驗何所指。

到了十九世紀八十年代中期，鋪設遠洋海底電纜仍是由英國執牛耳的新興事業。[25]那時在東亞、東南亞、南亞，以及澳大利亞一帶壟斷這行業者為英國的大東電報公司（Eastern Extension, Australiasia and China Telegraph Company）和丹麥（背後是俄國資本）的大北電報公司（Det Store Nordiske Telegraf-Selskab）。這兩家公司既競爭又合作，地盤劃得清楚 —— 大東公司不超越上海以北，大北公司不超越香港以南，上海香港之間則是兩公司合作分享的地段。[26]鋪設閩臺海底電纜自然歸入港滬之間這地段。

臺灣首任巡撫劉銘傳

　　基於這情況，劉銘傳先遣李彤恩赴滬與大東、大北兩公司相討，得出的結論卻是索價過昂和懼將來的維修工作會受制。李彤恩亦與德商瑞生洋行（Buchheister and Company）談論此事，[27] 很快便覺得該行的建議最有道理。該洋行強調「水線損斷，無船可修。中國『沿海』只大東、大北公司修理電線輪船一隻」，[28] 遂順理成章地推薦應採自備武裝電纜鋪設輪之策。如此鋪纜、維修、運輸、巡防全可一船照料，一舉數得，物盡其用。劉銘傳和李彤恩都是處處務求精打細算之人，面對如此周全的建議，怎能說「不」！

　　原則決定了，李彤恩便著地亞士洋行（H. M. Schultz and Company）等 7 家商行開出預算。結果德商泰來洋行（Telge and Company）、英商怡和洋行，和瑞生洋行 3 家報價最廉。沿此發展下去，很快便跟怡和簽約了。約內所列關於那艘武裝鋪設艦的各項細目與上文所記該艦初建的狀況並無明顯差別。船廠確按合約規定去建造該艦。[29]

　　值得注意之事起碼有四項：

　　（一）大東、大北公司索價 155,000 兩，另加 3 年包修費 30,000 兩，合共 185,000 兩。怡和的合約費 220,000 兩，貴了 25,000 兩，又無三年包修期。如果那三年包修值 30,000 兩，就等於說怡和的合約貴了 65,000 兩。但大東、大北的報價只是鋪纜的工料費和 3 年包修費，並不包括訂購艦船，而且這開始的 3 年一過，以後的維修又另計了。怡和的合約包括一艘完全屬於買方的武裝鋪設艦，況且起碼就原理來說，以後的維修就僅是正常運作的費用而已。從這角度去看，怡和的合約就便宜得多。

　　（二）艦的基本特徵出自瑞生洋行的構思（雖然艦得有武裝之見當原發自買方的海防要求，但怎樣武裝則當是瑞生洋行的主意，如一開始

便圈定炮要 6 門，艦身的長度和寬度也始終是瑞生提出來的數字）。這就得把事情往深處看。瑞生洋行是家獨立的仲介公司。它長期代理的機構包括怡和及阿摩士莊。[30] 那麼何以怡和得合約和艦上那 2 門主炮聲明要阿摩士莊的後裝 6 吋炮，就不必找解釋了。

（三）以上這一點觀察還可以談下去。並非從事電纜業的怡和洋行（它是賣鴉片起家的），得了這椿交易後亦僅能扮演仲介的角色，故在英國得另找經理人去負責覓船廠、監製等事務。[31] 就算以後有長期維修的生意可做，他們亦僅可能把大東、大北這類有專業船隊的公司配搭起來，變成兜一個大圈子而走回原路。對怡和來說，安排買方購備特種艦船，讓其多擔起日後的維修工作，未嘗不是較易處理之策。反過來說，大東、大北不會有興趣助買方得一艘專業艦船來絕自己往後的財路，所以他們的報價僅包括鋪纜的工料和 3 年的包修。

（四）按記錄，1880－1884 年之間在上海、福州、香港、澳門、馬尼拉幾處從事鋪設海底電纜工程的專業輪船起碼有 3 艘，均較要訂購的「飛捷」大：「卡拉布里亞」（Calabria，3,231 噸，1869 年）、「蘇格夏」（Scotia，3,871 噸，1879 年）、「阿思本」（Sherard Osborn，1,429 噸，1878 年）。這些全是大東公司的船。還不必加上在不遠的地方作業（如仰光、新加坡、馬六甲、檳榔嶼、爪哇），不難調往中國沿海的其他大東公司之船。另還得算入大北公司在香港以北作業的船，如「奧斯特」（見注 2）和「大北」（Store Nordiske，882 噸，1880 年）[32]。怎可說兩公司合起來只得一艘！瑞生洋行分明編織故事，駭人聽聞，來企圖達到促成生意的目標。嚴缺專業洋務知識的劉銘傳和李彤恩如何能避免跌進陷阱？

此等事情查究起來真能揭露清季洋務運動先天不足，後天失調的局限

本質。[33]

　　這些說過了，還得交代很重要的一點。這艘船的設計雖顧及武裝的層面，但按其訂購的過程以及並不涉及駐英使節這特點，它顯非海軍的單位（更無可能屬於半獨立的海關系統）。它隸屬劉銘傳為照料船務設施而成立的臺灣商務局（Taiwan Trading Company）。[34] 劉銘傳和臺灣商務局是「飛捷艦」的訂購者這一點，上文講該艦初建時狀況時所引早期英文記錄多已說得夠清楚。可惜僅用少許英文資料的韋理察全錯過此等英文記錄，更附和到海關去，再引致某些文鈔公跌入陷阱。

　　說到這裏可在時間上接回到上文講「飛捷艦」建成後於 1887 年 9 月 27 日抵基隆。這也是適當時候讓讀者看清楚「飛捷艦」的面目了。此艦雖尚未知有照片存世，倒幸有很精細的模型藏於英國利物浦的默西賽郡海事博物館（Merseyside Maritime Museum, Liverpool）。已公佈的照片也不止一張。

初建時的「飛捷」的模型。特別注意艦首艦尾的主炮，和舷邊的小炮門。

然而訂購過程尚未講完，還有兩事要交代。

劉銘傳對「飛捷」抵臺並不高興，既控訴電纜品質次於合約所指定者，復斥交收時沒有安排他參加。怡和對這項交易也不滿意。原先為了爭取合約，報價太低，賠了 14,400.33 兩，而且事後又沒有帶來續約的新生意（這也是替買方置備自己的艦難免的結果）。[35] 這是第一事。

另得問艦既取名「飛捷」，為何西名竟會是不依從當時有的漢語拉丁化系統以及難找到方言對音的 Fee-cheu？官話固然讀不出 Fee-cheu 來，可以聯繫到的方言，如上海話（瑞生洋行總部所在）、粵語（怡和的重要機構在香港）、閩南話（臺灣關係）、合肥話（劉銘傳是合肥人）都不會讀「飛捷」作 Fee-cheu。後來把注意轉往李彤恩，才終找出答案。從現用的文獻僅知李彤恩是浙江人，但浙江方言夠複雜，若不能詳李彤恩的籍貫仍無法攻破。幸好我的兩位嶺南同事，許子濱精方言，汪春泓是地道寧波人，一問才確知寧波話讀「飛捷」作 Fee-cheu。看來經過是這樣子的：訂購事有了中文合約（中英兩方分別簽署的中文合約均尚未注出「飛捷」之名），仍得有隨後另簽署的英文合約，訂購程序才能真正開始進行。在英文合約裏，那艘艦總得有個西文名稱。當洋人問及艦名時，李彤恩潛意識地用家鄉話說了出來：Fee-cheu。從此就在西方文獻上登了記錄。復因 Fee-cheu 代表什麼漢字久久無從理解，旋便訛為 Fee-cheu = Foochow，更由英文報告演衍回歸到中文報告上去（包括我的）。未知讀者諸君有無更好的建議去解釋 Fee-cheu 代表「飛捷」的由來？

劉銘傳治臺 7 年，時間不算長，林林總總的艦船卻置備不少。其中因武裝稱得上是艦者只有「飛捷」一艘。其他的大多僅知其名，而尚無法道其任何細節。「飛捷」以外的船隻，茲僅就兩艘既有知名度，復有事可述者，在此試作交代，算是代表劉銘傳的置船成績。

　　這兩艘是姊妹船「駕時」和「斯美」。它們同是偶見中國輪船先有洋名，然後自此衍出漢名的例子。「駕時」在英文記錄上始終是 S. S. *Cass*。「斯美」的情形亦同，西名一直沿船廠的建造紀錄作 S. S. *Smith*。

　　事出光緒十四年（1888）二月於臺灣商務局籌備之初，盛宣懷（1844－1916）督辦之輪船招商局認股 2/3，而以認額之款（220,000 兩）向英訂購此二船，並指定由招商局代臺經營。惟臺灣商務局營運不善，虧損甚鉅，盛宣懷改變投資策略，撥「駕時」、「斯美」二輪予臺，由臺負責以後運作費用。這就是此二輪歸臺所有之由來。[36] 因此簡化地謂劉銘傳或臺灣商務局直接購入此二輪不是正確的說法。

　　複雜的背景尚可按此情形從簡，研治海軍 / 海防史必須給予的艦船照料則不可過分簡化。這兩艘姊妹船的基本數據可按項分列如下（兩艘數據相同）[37]：

中介公司	美商旗昌洋行（Russell and Company）
造船所	英國泰恩新堡（Newcastle-upon-Tyne）的 R. & W. Hawthorn, Leslie and Company
在英經理	Hopkins Dun and Company
廠號	Cass，278；Smith，279
下水	Cass，1888 年 1 月 31 日；Smith，1888 年 2 月 29 日
試航	Cass，1888 年 3 月 22 日
排水量	總，1,394 噸；淨，705 噸
長寬吃水	284 x 38 x 18 呎
指示馬力	2,200 匹，雙軸
時速	15 浬

數據項目得知者雖有限，但因代表初建時的狀況，可供與日後發生之事作比較。還有重要的一點。以盛宣懷決定訂購的日期，比對下水和試航日期，不難看出訂購時建造程序已進行了一段時日。這就是說，買的是半現成船。

說下去得試理解一樁神秘事。訂購期間，駐英使節曾參入行動，為何船會自始就來兩個純洋名，以致後來才出現的漢名也得跟隨？正面解釋的文獻尚未見，史威廉則建議（他並不堅持），西名出自兩個在臺貿易圈子裏活躍的旗昌洋行（這次訂購的仲介公司）高級職員 Francis Cass 和 Charles Vincent Smith。[38] 是否可信，不易決定，因得考慮如何解釋訂購時二輪的建造程序已開始這件與船名有關的事實。

這兩艘造得品質有問題，[39] 在中國運作時又無特別表現，反而意外頻仍（「斯美」參加過一次軍事行動，但僅扮演極邊緣的角色；此事後會提及），然因「駕時」的後身曾有一次奇跡般的遭遇，成為轟動全球的消息，兩船也就在世界航運史上佔有一頁。「駕時」值得有份始末較齊全的記錄。[40]

「駕時」在臺灣的名義下服務多久尚不得知。可知者為其在中國沿海運作至 1901 年，但這包括一段頻頻易主換名的日子──「亞瑟」（Arthur，1894 年）、Cass（第二次用此名）、「寧州」（Ningchow，1896 年）、「哈定」（Hating，1899 年）。更名得如此密，每次在新主之手時間諒均頗短，新主也必多是外國公司，而整個中國沿海服務期僅 12 年許。到了 1901 年初，加拿大太平洋鐵路公司（Canadian Pacific Railway Company）對它有興趣，於 3 月 1 日購入。隨後一年該輪仍用「哈定」舊名，後於 1902 年 3 月易名為「玫公主」（Princess May），成為該公司北美洲西北地區沿海航運的「公主」系列的一員。[41]

「玫公主」於 1910 年 8 月 5 日發生轟動全球的海難。海難時有，原不足奇。這次該輪擱在阿拉斯加州站崗島（Sentinel Island, Alaska）岸邊的石頭上，全船畢露，船底有一百多呎毫無支持地騰空，最高處離水三十多呎，卻無嚴重損破，所有門窗均能打開。照片即時廣散全球，人人歎為觀止。因此有人以為從這張照片可以看清楚劉銘傳的「駕時」（以及其姊妹船「斯美」）的真貌了。這是莫大的誤會！

加拿大購入「哈定號」時，其長寬吃水和排水量與初建時無異，可見多次易主並未帶來大改變。關鍵在 1906 年該輪改建，長寬吃水雖仍舊，但因大增客房，上層建築面目大異，終至總排水量變為 1,717 噸（即增了300 多噸）。很明顯不可以把「玫公主」的騰空照片視為看清楚「駕時」的機會。其間的變化幸好有一連串的照片為證。

不用多說，「駕時」和改建後的「玫公主」不可以在外貌和排水量上劃上等號。若要知道「駕時」（以及「斯美」）的外貌大概是怎樣子的，「哈定」的照片可提供可靠的約念，甚至相當高的舊觀保持程度（因相信直至賣往加拿大時尚沒有大變動過）。

1919 年，「玫公主」易主不易名地改往加勒比海（Caribbean Sea）地區運作。1930 年此輪復再易主兼易名，且改建為汽車運船。1935 年前後，這艘老船便用自沉之法報銷了。

加拿大太平洋鐵路的航業部分是著名的船公司（其在中國營業的部門漢名昌興火輪船公司），「公主」系列又是知名的船隊，加上那張騰空照片的魅力，遂使「玫公主」成為世界航運史上的名輪。這一切使「駕時」的後身得到充分的紀錄。沒有這些奇遇的「斯美號」，來華後不久便銷聲匿跡了。

劉銘傳治臺時間不長，還得減去抗法那段身不由主的日子，其置備艦

騰空站在石頭上的「玫公主」

從船首看改建後的「玫公主」

改建後之「玫公主」的舷側全貌

購入後仍用「哈定」舊名時的舷側全貌

船成績是有的。因乏專業知識而犯的不少錯失恐亦難免。評價劉銘傳再不可用邇來恆見的那種只知擡捧，不實事論事的態度。

五、「飛捷艦」來華後的事功和其所屬單位的變更

以鋪設閩臺海底電纜為訂購主因的「飛捷艦」抵臺後的首務自然是迅即投入此工作。迅速至何程度可從工程的主要日期之緊湊看得出來。

海底電纜最後決定的路線，在臺一端為滬尾（今淡水），在閩一端為福州連江縣的芭蕉山（川石山，Sharp Peak）。[42]「飛捷」於 1887 年 9 月 27 日抵基隆後，查驗交收總要花時間，而 9 月僅得 30 天。10 月 1 日的天津 Chinese Times 已報導「飛捷」完成了滬尾一端的鋪設工程。[43] 進行的速度還得從昔日電信傳遞需時，臺峽尚無海底電纜這一角度去看。福州這一端 10 月 8 日鋪就，繼而鋪設安平（今臺南）至澎湖一段。10 月 13 日臺峽全線正式公告完竣。[44] 整項跨海工程充其量僅用了半個月便大功告成矣。

鋪設電纜怎也不可能是常規工作，維修即使確是常規性的，在當時要求物盡其用的環境裏，這艘特向英國訂購之艦假若鋪設工程一過，就僅剩下維修（且僅限於臺峽範圍）可做也難辯說不浪費了。鋪纜工程過後，原先已視為其基本任務所在的運輸與巡海也就當順理成章地變為活動主項了。

上文所說，1888 年之初「飛捷號」載貨往上海闖關，企圖憑官船招牌之威避過海關檢查和納稅，不論主其事者心態正誤與否，仍可作為該輪在鋪纜工程後以運輸為常規活動之一例。

此輪以後仍有頗常規的運輸活動，那是意料中事，可不必多說。倒是常規性巡海記錄迄尚未見。但這並不是說「飛捷」未嘗參加軍事行動。鋪

纜後不到一年，「飛捷」便有機會在一次大規模軍事行動中扮演一角色。

　　撫番是當時臺灣的長期大問題。番事背景複雜，因素縱錯，施行的種種方策又恆利弊相混，成效不彰。是故在劉銘傳治臺短短幾年間，番務事件頻密接連，東起西發，難有寧日。於此劉銘傳的基本政策是撫剿兼施。能撫最好，撫不了則遣兵清剿（不免想起美國開發西部時，處理番事撫剿齊施的策略）。苟逢番事已見血刃，劉銘傳便循其畢生戎馬本色，絕不示弱，必舉兵以應，規模更可以頗大，復恆有不留餘地之勢。這就難免不時得遣重兵往荒僻海岸。[45] 遇到這種情形，「飛捷號」自然是劉銘傳可用籌碼之一。

　　這樣講未免流於空泛。那就不如引番事最烈之一回來作說明之例。

　　光緒十四年六月二十五日（1888 年 8 月 2 日），埤南（今臺東）呂家望番社滋事，圍攻廳治，聚眾數千人，全臺震驚。[46] 劉銘傳先遣無武裝的「威定輪」運兵往鎮壓。此輪候至七月十日（8 月 17 日）始回。劉銘傳再於七月十四日（8 月 21 日）另派「伏波艦」續帶兵前赴。後復命三營增兵並炮隊乘「飛捷」等輪前往支援（顯非「飛捷」一艘能提供足夠運載空間，且「威定」、「伏波」、「飛捷」三艘起碼分三次出發，不是同一天之事）。

　　雖採了此等行動，劉銘傳顯然預知不足，故早已在七月初向李鴻章請援。李命北洋水師天津鎮總兵丁汝昌（1836－1895，時北洋海軍仍未成軍，丁汝昌亦非提督）率來華不久的英製姊妹巡洋艦「致遠」和「靖遠」（均 2,310 噸，1887 年）往助。二艦於七月二十日（8 月 27 日）抵臺。其後清軍多次行動，包括騎兵出身的丁汝昌親自領隊，帶同「快炮」入山追剿。待事情終結已是八月末了，即此役前後維持了近兩個月。

　　記此役講了不少細節，因得說清楚「飛捷」所扮演的角色。這次確是

頗具規模的軍事行動，也是武裝的「飛捷艦」抵華後首次參加的軍事行動，有人遂以為「飛捷」終有機會怒射那兩門 6 吋炮了。雖尚未敢斷言此說之非，真相卻大有可能是不僅「飛捷」無開炮，連隨後增援而來的兩艘新英製巡洋艦也沒有發射它們的 6 門 21 公分克虜伯（Krupp）後裝炮。冷靜想想，就不難明瞭當時的情況。這次固然是軍事行動，但絕非兩艦隊對峙的海戰。對手只是要靠山區自然環境提供的掩護始能行動的土著。「飛捷艦」的 6 吋炮之最大射程為 4.2 哩（見下節的交代）。艦自海上向陸射擊，總得與岸邊保持一段距離（算一哩吧）以防擱淺。那麼「飛捷」的炮就只有 3 哩左右的發揮效能區域。「致遠」、「靖遠」兩艦所用的口徑 21 公分倍徑 35 的克虜伯後裝炮之射程雖尚待查考，仍可估計不易超過 5.5 哩，即較「飛捷」的英製炮所增射程仍頗有限，總不致足以改變大局。「伏波」的主炮是門 5 吋前裝炮，[47] 就更不消提了。[48]

丁汝昌搬出來的殺手鐧並非運用兩巡洋艦的主炮，而是帶隊攜自艦上卸下的輕炮入山追剿。劉銘傳說丁自艦上卸下「快炮四尊」來供此用。快炮就是速射炮（quick-firing gun）。「致遠」和「靖遠」所備炮械可撥入這項目者計各有 6 磅彈炮 8 門、3 磅彈炮 2 門、1 磅彈炮 6 門，以上 3 款均為哈乞開斯（Hotchkiss）產品，理解起來不難。[49] 另有「格林」(Gatling)機關槍各 6 座或亦可歸入此類。[50] 其中 6 磅彈炮太重了，難運 4 門之多入山區使用（還得考慮也要攜帶彈藥）。1 磅彈炮威力不足，起不了多大作用。恆稱為格林炮者實際上是早期機關槍，並不是炮，也與劉銘傳所說「丁汝昌取快炮驟轟，聲震陵谷」之言不吻合。混合不同之炮械更屬不可能，因會大增所攜彈藥之煩。因此丁汝昌帶入山區用者必為 3 磅彈炮無疑。[51] 於此，「飛捷」連提供炮械的小忙也幫不上，因它並沒有按原計劃裝上任何輕炮（這點下節有解釋）。丁汝昌帶上岸者只可能是「致遠」、

「靖遠」二艦合共剛有的 4 門 3 磅彈炮。[52]

在這次歷時兩月的埠南事件中,「飛捷」擔起的是純運輸任務。[53] 它的活動難容說含有作戰成份在內,連抽撥炮械供投入戰事隊伍之用,或艦員徵召組配登陸部隊,這類間接作戰行動也沒有。

接著下來的大事,就是上節所說臺灣商務局經營不善,欠債纍纍,與盛宣懷集團結下混淆不清、盤根交錯的關係。這些變化導致輪船招商局出資訂購的「駕時」和「斯美」二輪轉屬臺灣所有,這點上節已講過。尚未講的是,「飛捷」連同閩臺海底電纜都變成了盛宣懷督理的中國電報總局(背後仍是招商局)的資產。臺灣借用時得納租金。易主的日期不會遲過光緒十五年(1889)五月初。[54]

此後「飛捷」有一段以運輸、通報,和迎送為務的日子。運輸和通報是理所當然的活動,不用細說。迎送之事見記錄者可不少,值得留意,因迎送對象若非洋人,便是權貴。[55] 最顯著之例就是送歡迎美國大白艦隊(The White Fleet)訪華的福建布政使松壽(1849－1911)去廈門。[56] 何以「飛捷」配擔起這種特殊任務?關鍵在訂購時提出的一項特別要求:

> 船後艙面應設客座一間,傢伙俱照半洋半華式。外有臥房一間,留有床榻地位。艙下有客廳一大間。兩旁各有客房數間,均照圖式,不得參差。[57]

豈非早已為迎送之務預作安排,連隨從的房間也照料了!

說下去尚有幾事得交代。

撥「飛捷」給電報局當是一時權宜之策。以後如何作長久性之安排自然是問題。答案是「飛捷」終調往福建水師。時間不會後過 1896 年 4

月。[58] 光緒三十三年（1907）曾普查海軍艦隻（尚非遍及全國），「飛捷」在這份報告裏簡列一次，詳列一次，說它是駐馬江的運船，其間提供的資料頗有用。[59] 內「炮位」一項，記曰：「船頭、兩旁設有炮位，未嘗安炮」。這樣說等於清楚表明，拆卸炮械已久，軍中連艦首和艦尾均曾裝上口徑相當之炮也全不知道了。條項內不提鋪纜和維修工具，大概也拆掉了。

到光緒末年，「飛捷」沒有炮械已好一段日子，上引文獻已足徵，但要確知其何時解除武裝則難寄厚望。若僅圖多知一點，機會仍是存在的。

門人周政緯讀書偶見一條「飛捷」的資料，知必有用，便立刻通知我。驟看即知值得追看下去。孰料一經接觸，便一事帶一事地接連浮現，不單可助理解「飛捷」何時尚有炮械的問題，還揭露一椿糅事重重疊疊的糊塗公案。

那份文件是李鴻章於光緒二十年八月十五日（1894 年 9 月 14 日）發給南洋大臣劉坤一（1830－1902）的電報：[60]

　　　　新嘉坡黃總領事元電：有英國船滿載藥彈，本日出口往倭。⋯⋯此船後桅黑色，名「李得斯得拉」云。鴻因該船必經過澎湖、臺北海面一帶，即電臺撫設法截拿。頃接邵帥電：「接元電即傳諭各管駕，如解拿到，立賞銀十萬，越級保升。奈敝處只南洋派來二船，（內）『威靖』，窳舊畏縮，已同廢物。[61] 惟『南琛』可用。『飛捷』管駕林文和奮勇，可同行。此外，商船無炮，不得力。已電峴帥於『南瑞』、『開濟』中酌派一船相助，便可成行。未知鈞處可電囑峴帥成此事高舉否？」望酌派一船赴臺，會同『南琛』、『飛捷』在香港附近海面尋蹤邀截。此照公法，商船無炮能拒。倭兵船皆在韓島，無暇遠顧，希酌辦電覆。鴻。

　　這封電報雖看似簡單，本身已含有不少問題。一旦試圖理解此等問題，便連鎖般帶出別的問題來，可參用的資料也同時積聚得很快。但資料本身也可能正誤莫辨。例如有看似可信，且恆為治近代史者所喜用的上海《申報》，說「飛捷」在臺灣海峽追截英輪，開炮逼令其停航。[62] 待追查下去始知此為道聽途說採為信史之例。惟此類問題既知者已不少，追查下去必會帶出其他尚未察覺的問題來，致令篇幅比例陷於嚴重失調。更何況此事還有不簡單的尾聲。茲僅略陳與「飛捷」有關的部分結論，考核過程容另為文詳述。這簡單結論是：「飛捷」固然參加追截行動，但它僅扮演幫襯的角色，開炮逼令英輪停航者也不是它，而是德製巡洋艦「南琛」（2,200 噸，1884 年）。由是不可以據《申報》之言來證明到了甲午戰爭時期「飛捷」仍是武裝的。觀此艦在是役表現之次要，說它當時已沒有了炮械倒似較近情理（雖尚不足視為實證）。

　　那時的「飛捷」看來仍是電報總局的產業，[63] 臺灣可以租用而已。

　　在那場攔截英輪事件中，中方在場的還有非武裝的「斯美輪」。它扮演角色的低微尤在「飛捷」之下。

　　在要求物盡其用的環境裏，「飛捷號」在其不短的歷史中確做到變易身分來適應圖存。始終配不上預期用途，反成負累的竟是原先設計者刻意務要安裝的艦首艦尾炮（這點下節會講明）。諷刺的是，待拆除了那兩門炮（這看似不是拖了很久才採取的行動），沒有了武裝的它反顯得更妾身不明，變成充其量只是艘無武裝的海軍運船，不然就不時淪為迎送工具。加上艦齡已大，就只剩下捱日子的殘餘時間了。入民國後它仍存在一段時日，但活至何時和扮演什麼角色則無從說實。最後見到它的記錄，日期是 1915 年 9 月。[64]

六、「飛捷艦」所備的炮械

　　肩負臺海防務是訂購「飛捷艦」的原意之一，故要求此艦備武並非意料外事。甚至可以說鋪設海底電纜是應某項工程之所需，每項工程總有終結之日，復不能期望工程可以一項接一項地長久下去，巡護洋面任務的執行則可以是常規不息的。劉銘傳和李彤恩都是經歷甲申戰事，與法人搏鬥多時的人，他們對巡邏艦隻備武的觀念顯然大別於赫德力謀海關巡艦僅宜有輕武裝以避嫌的立場。如何備武在「飛捷」的設計過程中必是一個考慮點。「飛捷」來華後亦確嘗參加軍事行動，故其如何武裝自然是述其艦史者所宜究心。

　　上文據以重構「飛捷艦」初建時情況的資料當中，那冊英海軍部對中國海軍狀態的情報彙報可望講炮械較別的資料為詳。但因限於該書體制，僅說出原計劃以阿摩士莊 6 吋炮 2 門分置艦首艦尾以及 4 門小口徑炮裝在下甲板，寥寥幾句話。這和李彤恩簽署的中文合約在副炮方面稍略互有增補消息而已。若非香港報紙在該艦抵港時報導其裝置了那 2 門主炮，就難確知其離英東航時是否已果有此 2 門 6 吋炮（下甲板的小炮仍說得模棱兩可）[65]。

　　「飛捷艦」的武力既集中在艦首艦尾那 2 門主炮，論者自得明白這款炮械的特點和性能。製造廠和口徑早知道了，再加另一項消息，追查的線索便足。「飛捷」建造於 1887 年春夏之間，其所備炮械的生產期遂有了明顯的下限。循此方向去找，所得的數據如下：[66]

研發期	1879 年
口徑	6 吋（152.4 毫米）
身倍	26
型款	一型（Mark 1）
炮身重量	4.06 噸
來復線	28 條
炮座	瓦瓦士（Vavasseur）型，8 噸重[67]
仰角	13°
俯角	-8°
彈重	穿甲彈、通常彈均 80 磅（36.29 公斤）
拋射火藥	42 磅（19.05 公斤）
初速	1,880 呎（573 公尺）/ 秒
炮口能量	1,900 呎（579.1 公尺）/ 噸
穿透熟鐵力	炮口 10.7 吋（271.78 毫米）
最大射程	7,400 碼（6,766.41 公尺），13°29'

　　光看數據未必能明白這款炮是否設計成功。這裏幸有旁敲側擊之法可助理解。這款炮英海軍採用的數量很少，而且後來全換上別的炮械。出廠的這款炮除了 2 門裝在「飛捷艦」上外，其餘就主要用來配備那時尚未獨立的澳大利亞殖民地海軍（澳海軍獨立於 1901 年 3 月）。[68] 英海軍對這款炮作出的半棄選擇和遠遣之往殖民地怎也反映當局的評價。採用這款炮的澳艦，體積最大、活動最與中國有關，[69] 其備武情形最易助明瞭「飛捷」的主炮問題者為「保護者號」（HMCS Protector，960 噸，1884 年）。[70]

　　英海軍部安排多艘澳艦裝上這款 6 吋炮主要是 1884－1886 年間所採的行動。[71] 例外只有在 1888 年的一次，涉及的炮僅 1 門。[72] 這就是說，英海軍部讓「飛捷」於 1887 年裝置那 2 門 6 吋炮時，那款一型炮已是倉底剩餘物資了，豈非廢物利用！

　　英海軍部沒有說「飛捷號」選錯炮械，卻指炮械的裝置使「飛捷」的艦體負荷不了。[73] 這是很嚴重的負面批評。要明白「飛捷」置炮的毛病出自何處（即英海軍部僅認為毛病出自艦的設計，而不在那款炮本身），「保護者號」提供適作參考的平衡例子。

　　早 3 年建成的「保護者號」，較「飛捷」輕小，然其備炮竟多至難作比較：口徑 8 吋倍徑 27 炮一門、那款 6 吋炮達 5 門之多、哈乞開斯 3 磅彈速射炮 4 門。其中 4 門 6 吋炮為各配暗炮臺（casemate），射界 60° 的舷炮。

初建時的「保護者號」。以後曾改建，故得聲明這是初建時的樣子。

「保護者號」初建時的炮械分佈。那 4 門作為舷炮的 6 吋炮，各配暗炮臺。

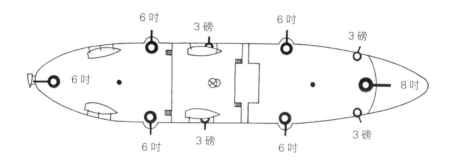

現存的「保護者」艦 6 吋炮一型。原有的瓦瓦士炮座亦存。「飛捷號」所置的 6 吋炮一型，連同安裝法，當與此十分近似。

　　體積較「飛捷」小，而炮械卻多出至難以倍數計算的「保護者號」在澳海軍服役很久（1924 年除役），且曾遠道參戰，其原有炮械用至 1912 午才因彈藥斷產而更換，其間從未有艦體負荷不了之評。較大的「飛捷」只有 2 門 6 吋炮（那 4 門小口徑炮就算確按計劃裝上去不會帶來嚴重影

響），怎會負性效應大至艦體受不了的程度。現用得到的資料既沒有提供答案，暫不妨作如下估計：（一）「保護者號」是造艦經驗豐富的阿摩士莊廠的產品，博士福廠則遠不屬這層次。按現所知者，博士福在接受「飛捷」的訂單前十多年曾造過兩艘海軍艦隻，經驗怎也算不上豐富。[74] 至於建造電纜鋪設船，這次還是破題兒第一遭。[75] 這兩要素合觀產生不出強烈的信心感（恐怕廠內的設計人員亦有此感覺）。（二）備武與鋪纜這格格不相入的兩要求，不易在艘稍過千噸的小艦上調節合度。

除了不明白追求的目標和科技所能實踐之間必有差距外，熱心有餘而洋務專業知識不足（就此例而言，不理解委託船廠的業務性質和經驗。選擇或者根本就由仲介公司的在英代理一手決定），以致受掮客所愚，[76] 不單是產生這艘怪胎艦的原因，更是清季洋務運動帶不出如日本明治維新一般之真正新境的主因。

不管「飛捷艦」怪胎至何程度，要理解其炮械裝置的全貌還得對那 4 門小口徑輕炮多知道些。這點不易突破，因早期英文記錄或僅說是 4 門小口徑輕炮，甚或說只是計劃裝上這類小炮而已，餘無較確實的消息。這樣長期含糊也就始終弄不清楚究竟「飛捷」抵華時有無這些輕炮。

這情形倒與李彤恩簽署的中文訂艦合約中的有關條項吻合：[77]

此船本意為安放修理海線之用，惟無事之時兼可巡查各口，應於船頭船尾各置 6 吋口徑阿姆斯特郎後膛炮各 1 尊。該兩處船身須與兵船一式堅固。兩旁亦應開有炮門，闊 60 度，以備中國將來隨時安置小炮。炮由臺灣自備。

拿交代過的資料來和合約比讀，不少含糊之處都較前清楚了。起碼可

以說，交收時的「飛捷號」只有艦首艦尾的阿摩士莊 6 吋 80 磅彈後裝炮 2 門，下甲板雖備了 4 個炮門，仍未裝上合用的輕炮。

　　主炮的製造廠、口徑、款式（在炮管後端裝彈、非速射，故彈頭外，須另用火藥包）、數目、安裝位置，原來合約早限定了。船廠設計起來就大受圈制，加上造艦經驗有限和陳舊（隔了十多年），建電纜鋪設船更談不上有經驗可言，嚴重的毛病如何能免？中文合約簽署於 1886 年 6 月 20 日（料還有隨後簽署的英文合約，然後才啟工，因簽中文合約時，「飛捷」之名尚未選定，故不見合約之中），那時英海軍部撥此款 6 吋炮一型入半棄品之列，並定之為澳艦的常規武器，全已是過去之事矣。這款炮怎樣也是次貨。然而不管這款炮優劣如何，其品質絕非如劉銘傳、李彤恩諸人能知道的，特別因為它是英海軍本身不用，復生產數量有限的冷門貨。聲明要這款炮只可能是聽從為怡和洋行服務的捐客（瑞生洋行）的推薦之結果。有人或會說，合約僅聲明要裝上阿摩士莊廠出產的 6 吋後裝炮，並沒有限定用一型，而那時已有在英海軍裏通用多了的二型（Mark II）和三型（Mark III）。但二型和三型的重量已增，復用 100 磅彈，[78] 經驗再缺乏的船廠設計師也不會莽然把它裝在一艘僅過千噸的艦船的首尾部分，而在這兩端還得計劃安裝鋪纜的工具。說來說去始終是主事者熱心有餘而洋務知識不足難免帶出來的困局。

　　圈定艦首艦尾要安裝怎樣的主炮，刻意要船廠按此去設計，下甲板的小炮則留空，待抵臺後才選配，卻又要船廠先造出某款炮門來，是極不合邏輯的。

　　其實無論在船廠就裝上那些下甲板小炮，抑或待抵臺後才慢慢配備，選擇都很有限（除非隨便在臺找 4 門小土炮裝上去），因為那 4 個炮門委實太小，太簡單了（從模型去看）。那些炮門並不像「保護者號」用來配

搭 6 吋舷炮的暗炮臺，而僅是在舷邊開四個配門的小口。該問的問題很簡單，能與這小窗口配搭的炮械究竟有多少選擇？

假如確要為那四個小窗口配上輕炮，「保護者號」的情形仍可用作參考。該艦除了一門 8 吋炮和 5 門 6 吋炮外，還有 3 磅彈速射炮 4 門（置在甲板）。[79] 這種哈乞開斯廠出產的口徑 47 毫米倍徑 40 的 3 磅彈炮最大射程為 4,000 碼（3,657.56 公尺），每分鐘可射 20 發，[80] 作為地區性艦隻的舷炮夠威力的了。

配上炮盾的哈乞開斯 3 磅彈速射炮裝在「保護者號」的甲板上，是怎樣子的，幸從存世照片尚能看出概念。

裝在「保護者號」甲板上配炮盾的哈式 3 磅彈速射炮

這種 3 磅彈速射炮現尚有好些存世，甚至有仍能發射的。它們大多數用作建築物的裝飾品，也有擔起特別任務的。香港每天用哈乞開斯 3 磅炮來燃放午炮便是此等古典炮仍擔起特殊用途之一例。從這門怡和洋行

主理的香港午炮（Hong Kong Noonday Gun）可以看出裝置這款炮是較簡單的事。

香港午炮，這門 1901 年出廠的哈乞開斯 3 磅彈炮曾參加第一次世界大戰海役 [81]

　　然而「飛捷艦」採用了哈乞開斯 3 磅彈炮為下甲板舷炮的可能性可說幾近為零。劉銘傳、李彤恩諸人固然不會知道澳艦「保護者號」的備炮情形（連該艦的存在亦不能期望彼等知道），那些捐客和船廠人員同樣未必知道，因「保護者號」畢竟是遙遠殖民地的單位。最關要的是，捐客和在船廠執行這訂單者絕無理由去做合約聲明不要做之事（即費用不在預算額內）。還有，艙深僅 16 呎之「飛捷」在上甲板下的面積只可能是有限的，既要撥出空間來佈置迎送貴賓和其從員的特房，復要另騰出合計 12,252 立方呎的空間給 3 個灌水的倉後，尚有多少餘位可裝 4 門較大的舷炮？不過，無論哈乞開斯 3 磅彈速射炮如何合用，「飛捷」始終沒有在下甲板裝上舷炮來配合那 4 個造好了的炮門的可能還是相當高的。在未見到該艦抵

臺後確曾裝上舷炮的實證前，也就得視之為從未裝配舷炮。起碼現已足證「飛捷」離英時沒有舷炮，那麼英海軍部評其所置炮械嚴重影響艦體的負荷能力，問題就全源出於那 2 門中方訂艦時嚴格規定只可如何如何的艦首艦尾主炮了。

　　考釋「飛捷艦」的備炮情形怎也得不出這是份優秀，甚至僅求合格的訂艦成績之定論。邇來論洋務人物及其事功時幾必套上「偉大、偉大、又偉大」的結論。此等論者不僅不敢懷疑傳統看法，更只怕傳統看法尚說得不夠誇張，仍未真正一面倒，遂做成時下只許讚，不容斥的不健康局面。如此立場怎能發掘真相！就事論事，不管得出來的結論是褒是貶，一律以講求真相為務，該是時候了吧。

七、結語

　　「飛捷」僅是中國近代海軍史上的一艘邊緣艦，其可述之事同樣邊緣。但其特徵（備炮的電纜鋪設船）獨一無二，艦史也夠殊異（備炮時不屬海軍，拆除炮械後倒終成為海軍單位），還曾不止一次參加軍事行動，而目前惟一就此艦多說幾句的報告（Steam Navy）卻講得正少誤多，故值得為其艦史備一較全的可用之稿。於此，本文諒算達標矣。

　　中國海軍自西化以來，備艦數目不算少，但數據和所涉史事容易查檢者僅寥寥幾艘而已。近年雖陸續有好些艦艇誌刊行，然距有艦隻大小不遺（儘管圈定地域和時限），數據資料按預定格式逐項填報的辭典式工具書離可用之境仍甚遙遠。[82] 這缺憾從自同治末年至抗戰爆發這漫長時間裏邊緣艦隻消息普遍嚴乏可以看得出來。任何國家不論有多少研究者悉力參加海軍或海防史的探索，也不計個別專題的考論成績可發展至何層

次，倘沒有齊全兼易用的整套艦隻資料隨時備檢，該國的海軍或海防史研究就尚未臻英、美、日、法、德、意等國已達的水準。

通俗文學（我的學位論文以包公文學為題）和古典小說（特別是《水滸傳》）是我的本行專業（花時間在海軍史是業餘嗜好）。古典小說（與通俗文學重疊若干）和海軍史這兩行業在中國時間相若，均僅百年上下，但論質論量，海軍史的成果遠不可與古典小說者比擬。究其原因，啟端有一很大分別。小說研究有扎實而無華的開業基礎。篳路藍縷的學者如馬廉（1893－1935）、鄭振鐸（1898－1958）、孫楷第（1898－1986）、阿英（錢杏邨，1900－1977）、王古魯（王鍾麟，1901－1958）、長澤規矩也（1907－1980）、劉修業（1910－1993）肯避開專題探索的吸引，銳意先替行頭備好一套整齊的小說書目和版本資料（這些東西可以相當枯燥的）。基礎既立，後之研討者就大得其利，可藉以迴避頻出的陷阱（這點對採文學批評角度去治理小說者尤其重要。彼輩對書目和版本既乏興趣，復無能耐自行處理此等必然頻現的問題。如讓他們無助地去面對此等問題，捉襟見肘的尷尬就會變成是常規插曲）。書目紀錄和版本考釋之於小說研究與艦艇誌之於海軍或海防史，功能和關鍵作用是一樣的。但上述稗學開山諸賢的建基貢獻，與海軍史研究最接近的池仲祐（1861－1923）以後搬出來的那些千瘡百孔貨色比較，何啻天淵之別。現今治埋海軍或海防史者人數並不少，究竟有幾多人肯長期花功夫去追查艦隻？其餘的話就不必說了。

要是同意雖晚了仍須終擁有合國際水準的艦艇誌來鞏固行頭的基礎（better late than never 之義也），就得要求志同道合者按點、線、面的積累程序，以認可的艦艇誌規格為模範，去分工進行。何謂認可的艦艇誌規格？觀念並不含糊，因水準早立。那就是 Oscar Parkes（1885－1958）

[83]，James Joseph Colledge（1908－1997）[84]，Henry Trevor Lenton（1924－　）[85]，Edward Hunter Holmes Archibald（1927－1998）[86]，David John Lyon（1942－2000）[87]，Nicholas Dingle[88] 等人長期分向分段整理，終至任何英艦一檢即有的境界；Paul Harold Silverstone（1931－　）獨力分時段重整美國自革命時期至最近幾年全部艦隻的記錄，[89] 以及 Norman Friedman（1946－　）按艦種去詳記各時段的美艦；[90] Jean-Michel Roche 用兩鉅冊自刊本的方式替 1671－2006 年間的法國艦隻做一份完整記錄。[91] 以上所舉僅是英、美、法海軍艦艇誌的若干顯例，[92] 並非全單，但作為說明之例已足，不用另列德、意、日者了。[93] 總之，艦船誌的準則絕非得賴慢慢推敲才可望能知端緒的模糊觀念。[94]

　　時間已不容我擔起整套中國艦艇誌的工作，連僅負責一主要部分也同樣不可能（我居住的地方沒有任何研究中國海軍史的主要史料，幾乎什麼都要靠外求，對專治考證、卻已百病纏身的古稀老人其難可想見）。但我仍覺得有責任要盡綿力去防範那種單靠抄湊來源狹窄、性質均一的資料來成書的冒充假貨再度出現。憑我尚有的兩條件，經驗和毅力，做些示範工作來鼓勵不畏難、敢突破地域限制去網羅資料（而不是只圖佔身旁資料的便宜）、肯不避繁瑣而務必逐步交代研究過程的年青人繼續幹下去，應是耗餘力的理想方式。這篇處處得從第一步做起的「飛捷」追探文章希望足為示範。讓建基工程終能開始吧。

附錄：「飛捷艦」和招商局首置輪「伊敦號」的照片齊遭誤認

　　「飛捷艦」的盧山真面目雖然上文已交代清楚了，但這並不等於行內此前公佈此艦照片時所犯之失已得到訂正。錯誤之由是要解釋的。更何

況另有不少人以為那張照片中之船實為招商局開業時的首置輪。此說同樣大謬。重疊錯指不易一一說明。正文容不下，繫為注釋又太長，故在此別為附錄。正文所說也可援此得以充實。

劉傳標（1960－　），《近代中國海軍大事編年》（福州：海風出版社，2008年），上冊，頁305，在講劉銘傳如何購置「飛捷艦」時，附上照片，指為該艦。

劉傳標眼中的「飛捷艦」，另有人以為它是招商局的首置輪（詳後）。

這張照片中之雙煙囪四桅輪不管是什麼，怎也不會是專意設計來鋪設海底電纜的。操作這任務的艦船必須在船首（甚至在船尾也有，「飛捷」即如此）裝配的特製滑輪在哪裏？不妨從誇張的角度去看看那類滑輪會是怎樣子的（誇張的程度和拍攝的角度息息相關）。

美海軍「海神號」的艦首

　　從上文介紹的「飛捷艦」照片可以看出，該艦的艦首和艦尾都有這種
裝備，雖然採用的設計說不上誇張。再看艦首部分沒有拍攝得像「海神
號」（見正文注3）那樣誇張的另一例吧。

美海軍「山核桃樹號」（Shellbark），1944 年，1,275 噸。

這艘「山核桃樹號」艦首的鋪設電纜滑輪雖仍大過「飛捷艦」所用者，形式亦有別，尚算差可比擬。

指那張來歷不明不白照片中之船為「飛捷艦」，劉傳標根本就不曉得鋪設海底電纜是怎樣一回事。

默西賽郡海事博物館所藏「飛捷艦」模型附簡單標貼，而該館的庋藏宗旨以與該區有關的文物為主。劉傳標所用的照片來源不清不楚。兩張照片的可信程度由是差得很遠。模型代表的是艘單煙囪、雙桅（均配縱帆）、備炮，以及艦首艦尾均有鋪纜設備之艦。劉傳標那張照片中的那艘船是雙煙囪四桅（前兩桅配橫帆），看不出有炮械，船首更是尖尖、空空的，什麼鋪纜工具也沒有（船尾部分雖看不出來，卻無理由相信那裏有任何鋪纜設備）。哪艘是「飛捷」，哪艘不是，何用再費辭。

話仍不能就此結束，因為通行得很，人人爭看的（劉傳標的書即肆無忌憚地大量拿取其照片）中國軍艦博物館網，http://60.250.180.26/home.html（下按網主姓氏簡稱姚網），把那張雙煙囪四桅船完全一樣的照片放在招商局項下，指為該局開業時的首置輪「伊敦號」。那張照片之船雖然不是「飛捷」，那麼它會否是「伊敦」？姚網處理這張照片與其慣常凡例無異，不交代來源，可用程度就等如讀者肯相信的程度。若按一般考述程序固不宜早早說出答案來。這次卻應視為例外，因相信此為「伊敦輪」的照片者顯然還有別人，而這看法帶出一連串的糊塗公案來。先說出答案會大利行文。這張照片中之船怎也不可能是「伊敦號」。

起初我還以為如要找招商局首置輪的照片當以該局頻頻發佈的紀念特刊為追尋目標，遂通過圖書館互借制度，找來數十本講招商局歷史的書。這過程讓我把該局在上海刊行的七十五周年紀念冊（1947 年），以及在臺按時出版的八十五、九十、百年特刊全看過。首置輪的照片從未嘗

在此等刊物以及其他講招商局歷史的書內出現。這情形不難解釋 ── 首置輪若非從未拍過照片，便是照片早佚了。1949 年遷臺的那部分招商局於 1995 年併歸陽明海運公司，走入歷史多年，尚未撥交博物館的舊文獻恐不必期望矣（或者那張誤以為是「伊敦號」的照片已陳列於博物館，而成為日後散播出去的來源也說不定）。

　　招商局留在上海的 1949 年以前舊資料很多，但相信首置輪的照片充其量只有被誤認為「伊敦」，復另遭人說成是「飛捷」，清晰程度談不上滿意的那一張。彼等遂於 2004 年委託上海海事大學去復原。該校亦鼎力為之，研製出不止一張大同小異的彩色復原照，隨後好一陣子凡是招商局協助出版的局史刊物便恆把此等復原照放進去，[95] 用來炫耀彼等尊為代表民族企業的招商局甫始便是何等偉大。

招商局委託繪製的「伊敦號」復原照

　　這分明是無知透頂者搬出來的無聊把戲。且不說「伊敦號」無可能體積如此大，這艘所謂復原輪也委實太新穎、太現代了。這樣設計的郵船

總要入了二十世紀好一段日子才可能在海洋上出現。那時的船再無需備帆來借助風力。難道現今招商局內竟無人知道「伊敦號」的前身是 1856 年的產品（下詳）？「伊敦號」前身的建成期和那艘復原船的風格所代表的時代遙隔超過半世紀。祭出此等活劇者如此根柢，怎樣治理航運史？海事大學的教授們懂得的是現代科技，並不具備科技史、航運史的知識和研治經驗，遂斗膽憑幻想去創作，而稱其所獲為復原。或者應公平地說，要求海事大學諸教授及其助手們去做非彼等專業之事，咎不在他們。在招商局負責整理局史者總得具備世界性輪船發展史的起碼常識，見了如此顛倒歷史的復原結果怎可以不單逕然接受，還任意放在一連串的刊物內四出宣傳！這是嚴缺正誤判斷能力的表現。

活劇仍續上演。原來復原所得者不僅是幾張繪照，還有偌大的立體模型！該模型先放在深圳的招商局歷史博物館作為特品展出，[96] 後來招商局送那座模型給上海的中國航海博物館（或者造了兩座模型，兩博物館都有也說不定）。該館竟視之為貨真價實的寶貝，欣然拿來公開展覽。不論曾否先鑒定才展出，結果同樣可怕。據一位艦船知識卓越的朋友看後的估計（僅宜作如下引錄）：

> 航海博物館的那件「伊敦」模型是龐然大物，模型長度大約在二米以上，高度可能接近一米。以這種體量規模以及船上舺裝品的情況（主要是看舺板數量之龐大，貨艙口之多，舷窗排佈之密集），實船總得是在萬噸以上的巨輪才會有如此形象。

那班胡搞之輩哪曉得「伊敦號」只有幾百噸重（詳後）。涉及這些層層糗事的各單位搬出來者，何止是活劇相接，簡直是糊塗牽出新糊塗，

更連環嘉許前失，所做成的謬誤散播還能避免嗎？

　　要把事情說明白，自然得從「伊敦號」的船史入手。

　　招商局於 1872 年創辦之初，一切始自零。應急的置船法就是買現貨。第一艘買來好讓公司可以迅即運作者，為就近向英國火輪船公司（Peninsula and Oriental Steam Navigation Company，為求行文簡便，以下該公司採其慣用簡稱作 P&O）購入其走中國沿海線的「亞丁輪」（Aden）。該輪易手後，以「伊敦」為名，諒帶業務伊始之義，也有若干音譯成份在。此輪之洋名（如見於涉外文件和英文報紙時所用之名）則仍沿用 Aden 舊名。這就是正文所說商船可能先有洋名，後才有由此發展而來的漢名之例。

　　「伊敦輪」是購自 P&O 的二手貨並非秘密消息，許多記述招商局歷史的書都有講。以上那幾句提要話已夠照料這裏得說明的背景了。那麼第一步追查工作當為撿西方學者研究 P&O 歷史成果的現成便宜。我用得到的 P&O 船譜有四種，內已包括鉅細不遺的厚冊。[97] 這樣基本的順藤摸瓜手法不獨在招商局負責整理局史者不曉得利用，連那班身為學界高級人士的海事大學教授，飽享今日全球資訊暢順環境之益，亦同樣懵然不知道。這事還得從適當的角度去理解。P&O 不僅是一家經營地區包括中國的航業公司，在一段很長的時間裏，它更是執西太平洋和印度洋整個地域航運業牛耳的機構。任何在這地域經營航運業的公司都必然和 P&O 有千絲萬縷的關係。熟悉從而可得知 P&O 在遠東運作諸輪數據的船譜，起碼懂得需要時去查的門徑，自然是研究中國近代航運業者務得掌握的常識。足用的 P&O 船譜早在上世紀三十年代已有，除非長期閉門造車，不然這樣子不聞不問，只知亂點鴛鴦譜地去瞎猜盲碰（何以如此嚴厲指斥，看下去便知），可如何解釋。這一切反映出來的是普遍研究水準低落

的景象。

　　從這些船譜很易便得知 P&O 時期的「亞丁輪」並無照片存世。「伊敦號」的正常服務時期很短，僅約一年半，便淪入貶作躉船等廢物利用形式的階段。[98] 這短短的正常服務期又逢上是招商局開業甫始，百事待舉之際，這情形大減「伊敦」有照片留下來的可能。另還值得留意，入民國以前中國人沒有替艦船拍照的習慣（現在看得到的清季艦船照片幾乎盡是外國人拍攝的）。該輪在「亞丁」時期尚且無照片留下來，又怎能期望作為「伊敦號」的短暫日子可能有照片存世？

　　可能性（probability）當然不是尋求確切不移答案之法。要查究那張被指為「伊敦」的照片的真相還得從別的門徑去找答案（它絕不會是「飛捷艦」已講夠了）。進入此階段以前，總得先弄清楚「亞丁」或「伊敦」的基本數據（招商局購得該輪後，便立刻安排其投入運作，未經大事改建，故就性能而言，「亞丁」的數據就是「伊敦」的數據）[99]：

造船所	英國南安普敦（Southampton）之 Summers, Day & Co. ❶
船式	鐵殼郵船（頭等客 112 名、二等客 22 名）
下水	1856 年 5 月 21 日
建成	1856 年 8 月 23 日
排水量	總，812 噸；淨，507 噸
載貨量	590 噸
長寬吃水	257.6 x 29.8 x 18.5 呎
指示馬力	954 匹
時速	12 浬
易主日期	1871 年 11 月 25 日（同治十一年十月二十五日），
售價	15,029 鎊（規銀 50,397 兩）❷

❶ P&O 直接向該船廠訂購。原名「三角洲」(Delta)，建造期間易名「亞丁」。這是 P&O 擁有輪船的第 79 艘。

❷ 中方記錄，見陳旭麓（1918－1988）等編，《輪船招商局 —— 盛宣懷檔案選輯之八》（上海：上海人民出版社，2002 年），書首插圖 2 及頁 10。

　　上已說過，「亞丁」時期也好，「伊敦」的日子也罷，該輪並無得知的照片存世，連品質不佳者亦尚未有出現。剛開列的數據雖不涉及外貌，仍可另找到證據，足容斷言該輪絕非如那張冒用照片所顯示的是艘雙煙囪四桅輪。只有數百噸的小輪倘勉強配上雙煙囪四桅杆，就會變成方枘圓鑿的怪胎！「亞丁」或「伊敦」僅是艘單煙囪三桅的小輪！怎容這樣說？注 3 列為首項，那本在世界航業史研究界至今仍享盛譽，恆見引用的 Boyd Cable（筆名）老書裏，保存了一張「亞丁輪」的側面影像圖（p.251）。圖雖簡單，已足證「亞丁」（以及易手後的「伊敦」）是艘單煙囪三桅（配縱帆）船。

「亞丁輪」或「伊敦號」的側面影像圖

　　Cable 此書並非奇僻的冷門貨，在書中找出「亞丁輪」的線圖只可算是讀書小心而已，絕不應視為發現。Cable 是著作等身，雖辭世即將 70 年，不少作品至今仍不斷複印以應市場之需，興趣廣闊的多棲作家和學者。不知道其 P&O 書的存在是閱讀範圍不廣者難免局促的印證。[100]

　　現在所知者自然較七八十年前大增。P&O 在其 150 年的歷史裏（算至 1987 年）擁有過輪船 833 艘之眾，故單就此公司船隊之演化已足反映航業所用輪船的發展軌跡。更幸運的是，這些船絕大多數都有照片存世（在整體 P&O 歷史裏，尚找不到照片的船僅一小撮而已，不幸「亞丁」就在其中）。根據此等資料，可以試做二事：（一）1856 年前後，P&O 添置的新船一般風格如何，設計觀念如何。（二）那艘拿來充作「伊敦」或「飛捷」的雙煙囪四桅輪究屬何時代。

　　第一題，我用四艘船來說明（排水量均用總噸位）：

「舟山號」(Chusan)，700 噸，1852 年。

「喜瑪拉雅山脈號」(Himalaya I)（第一代），3,427 噸，1853 年。

　　　隨著就是 812 噸的「亞丁號」之增置（1856 年）。

「錫蘭號」(Ceylon)，2,110 噸，1858 年。

「奧立沙號」（Orissa），1,647 噸，1858 年，採印度地名為船名。

　　從這四例，不難看出 P&O 在十九世紀五十年代所添之船，不論是較「亞丁號」稍小的「舟山輪」，抑或倍出的「奧立沙號」，以至大上兩倍半的「錫蘭」，甚至大四倍有餘的第一代「喜馬拉雅山脈號」，全均只有一個煙囪和三枝桅杆，風格亦相當統一。總之，這四艘船沒有一艘容說和被人拿來充作「伊敦」或「飛捷」那艘絲毫近似。

　　第二題可用釜底抽薪之法去解說。雖然目前尚不能直指那艘遭人張冠李戴之船是什麼，但可從 P&O 的船隊裏找到幾艘差可比擬的，從而可指出其所屬的時代：

「迦太基號」（Carthage），5,013 噸，1881 年，取北非古國名為船名。

「海洋號」（Oceana），6,610 噸，1888 年。

「世外桃源號」（Arcadia），6,601 噸，1888 年，以古希臘一山區為船名。

「喜馬拉雅山脈號」(Himalaya II)（第二代），6,898 噸，1892 年。

　　這 4 艘後「亞丁輪」三四十年，重超過 6 至 8 倍的輪船風格和設計（特別是甲板上的上層建築和均配橫帆）高度統一，尤其是都配以雙煙囪四桅杆，且與那艘被指為「伊敦」或「飛捷」之船絕對夠近似。其中「世外桃源號」的近似程度尤高。如果留意到那艘張冠李戴船後部的亭子狀物體只是用帆布造成的臨時通風筒，一旦拿走，近似程度復會再提高。這並不是說被搬來冒充的船就是「世外桃源號」。但這 4 艘大船之間的諸多共同特徵已足證那艘遭拿來充認的船屬於十九世紀八九十年代，怎也不會輕過 5,000 噸！那艘冒認船與「亞丁輪」風馬牛不相及。

　　在交通和運輸深切依賴船隻的當日，輪船發展迅速，三四十年一過，建造技術、風格時尚、設計重點，都會有很大的變化，故指十九世紀五十年代的稍過八百噸小輪為不下五六千噸，基於大異觀念來建造的別一後時代之船是無知透頂、顛倒乾坤的莽舉。搬出幾張僅能用幻覺來支持的復原照來惑眾尚不知止，還刻意造座可代表過萬噸巨輪（較十九世紀八九十年代船又再新穎了一大截，遠離「亞丁輪」的時代更不可以道里計），極端複雜的立體模型來放在博物館裏公開展覽，宣揚招商局開業時

的首置輪「伊敦號」的原貌就是如此遠遠超過時代的偉大樣子。散播毒素之烈，荒謬的程度，以至非筆墨所能形容的田地！資源足夠的招商局諸人處理自己的歷史，表現尚且如此，餘不必說了。

　　把 P&O 船隊的時段風格、建成年份、排水量等因素綜合起來看，指「亞丁」或「伊敦」的外貌和體積當與上舉的「舟山號」小輪差可比擬，應可信。

　　希望透過此例能說明單為找艦船照片去找照片是笨而大增誤認可能的法子，特別是忘記了從文獻入手之不可或缺，很易便會因而迷失於錯綜的歷史和背景。近年不考辨照片便任意用作插圖之風橫行，以及藉貪多亂抄一頓來炫耀，肆意使盡「拿來主義」的伎倆，左抄右湊，不管不同來源的東西難免會有矛盾，一律全採，即使網上照片蓋了印亦連印也奉旨照用不誤，而不肯花功夫去向原始來源追溯原照片。此舉另還有相似的惡行，即抄錄別人的注釋和參考書目為己有，製造出未碰過的資料（特別是檔案和未刊稿）大都用了的假象。此等流弊無論如何務要掃除，學術始能健康發展。

注釋

1   電纜是結構複雜，直徑粗闊的 cable，不應從中文原始資料普遍所用的電線。電線是
     結構簡單，直徑細小的 wire。民間和一般建築內部用的是 wire，發電廠輸送電力用
     cable。鋪設電纜的艦船一般稱為 cable-layer (telegraph ship 是不用已久的舊名詞)，
     從未見有人採用 wire-layer 之稱。

十九世紀後期所用海底電纜樣本

2   世上第一艘按專業要求而設計的電纜鋪設船是丹麥製「奧斯特號」(H. C. Oersted，
     749 噸，1872 年)；見 K. R. Haigh, *Cableships and Submarine Cables* (Washington
     D. C.: United States Underseas Cable Corporation, 1968), p.15, pp.354-355; *The
     Great Northern Telegraph Company: An Outline of the Company's History, 1869-
     1969* (Copenhagen, 1969), p.49; Kurt Jacobsen, *Fra prikker og streger til tele-og
     datakommunikation* (Copenhagen: Det Store Nordiske Telegraf-Selskab, 1994), pp.25-
     26; Norman L. Middlemiss, *Cableships* (Newcastle-upon-Tyne: Shield Publications,
     2000), p.17, 126。

3   自 1953 年購入和改建後，服役美國海軍近半世紀，至 1991 年才除役的「海神
     號」(Nepture，4,410 噸，1953 年) 便是電纜工作艦不備武之例；見 *Dictionary of
     American Fighting Ships*, Volume V (Washington D. C., United States Government
     Printing Office, 1970), pp.44-45; Norman Polmar, *The Ships and Aircraft of the
     U. S. Fleet*, 13th Edition (Annapolis: Naval Institute Press, 1985), p.298; Norman

Middlemiss, *Cableships*, p.106。

4　查勘當時有的各款拉丁字母拼漢字法，有本很方便的書：Ireneus László Legeza, *Guide to Transliterated Chinese in the Modern Peking Dialect* (Leiden: E. J. Brill, 1968-1969), 2 volumes. 其中專講諸過時拼音法的第二冊尤合用。

5　該造船所的歷史，見 J. W. Smith and T.S.Holden, *Where Ships All Born: Sunderland, 1346-1946 — A History of Shipbuilding on the River Wear*, Revised edition (Sunderland: Thomas, Read and Company, 1953), pp.62-71. 另 Norman L. Middlemiss, *British Shipping Yards*, Volume 1: *North-East Coast* (Newcastle-Upon-Tyne: Shield Publications, 1993), pp.146-166，亦有頗詳細的記述。

6　該艦在新加坡海上添煤補糧後便即續航往香港，消息見《叻報》，1887 年 9 月 14 日。

7　電纜存放在船倉時，倉得灌水，這需要見 G. R. M. Garratt, *One Hundred Years of Submarine Cables* (London: His Majesty's Stationery Office, 1950), p.37。

8　馬幼垣：〈美國艦隊清末兩訪廈門史事考述 —— 為美國大白艦隊訪問廈門一百周年而作（下）〉，《九州學林》，春夏季號（2010），頁 86。

9　劉怡：〈黃龍旗下的倉皇過客 —— 鮮為人知的大清海關艦隊〉，《艦載武器》，81 期（2006），頁 44。該文基本上只是生吞活剝地把 Steam Navy 講海關巡艦那一章譯過來加以排次，遠非劉怡企望讀者相信的獨立研究成果。即使僅為了避免盜名之嫌，為何不老實來篇標明為翻譯的文章？該文後又整體移為氏著，《借西風 —— 中國近代海軍發展史（1862－1945）》（臺北：知兵堂出版社，2008 年），頁 102-112（那就更分明是偷盜了）。劉怡指漢名為「福州」的 Fee-cheu 隸屬海關，就是悉本諸韋理察。至於其畫蛇添足而發明出來的錯誤，見注 8 所引馬幼垣，〈美艦隊兩訪廈門（下）〉，頁 87。清季海關巡艦大多入民國後仍長期服役，自十九世紀七八十年代服役至二十世紀三十年代後期，甚至進入四十年代者（盧溝橋事變過後好幾年）不乏例子。不改變運作性質（不是降為躉船之類）的服役可長達六七十年，就算僅計清季一段也可達四十年，物盡其用。如此遠超過一般艦隻的正常服役期，怎容貶此等海關巡艦為過客？難道倉皇也可以這樣長久嗎？

10　屈春海：〈1908 年美國艦隊訪華〉，《中國檔案》，第 11 期（2008），頁 58。此文大小錯誤，比比皆是，目不忍睹。這是在部分學者筆下，苟遇涉外史事，幾必錯漏百出的慣常現象。

11　海關巡艦「飛虎號」（Feihoo，354 噸，1870 年）的訂購可作為這程序的實例。我曾

詳究其事，見未刊稿〈《孤拔元帥的小水手》辨偽──兼考海關巡艦「飛虎號」的訂購過程及其真貌〉。該稿將會作為〈讀中國近代海軍史箚記六題〉中的第二題發表。

12　*Fee-cheu* 1887 年夏建成，秋間來華，那時福貝斯離世過 10 年矣。如 Fee-cheu 是海關向英訂購的，在英的負責人就只可能是金登幹。

13　赫德為海關添置巡艦的準則和設計觀念，注 11 所列的未刊稿內有說明。

14　孫修福：《中國近代海關高級職員年表》（北京：中國海關出版社，2004 年），頁 625。

15　包括入民國以後海關擁有巡艦的總單子（內可以有僅存於清季時段之艦）迄仍未見，恐亦未必曾有過這樣的全單。個人得見的較全單子為《申報》，1934 年 8 月 16 日，所載之〈財部劃定全國緝私區域〉條，內按區域列出主要巡艦 24 艘。這當然不是全單，因限於斯時正服役者，已除役者固然不收，尚服役者也有遺漏，如 1937 年初仍服役的「專條號」(379 噸，1888 年) 就不在單內。晚至 1937 年初，「專條」仍服役這一點，見《九龍海關志》（廣州：廣東人民出版社，1993 年），頁 329。無論如何，郝樂開列清季民國時期諸巡艦，僅舉得出寥寥 11 艘，其中還包括難以取信的 *Fee-cheu*，此君對巡艦認識的膚淺不必強調。如果指 *Fee-cheu* 為海關屬艦者其所說確始於郝樂，還是不信為妥。

16　按 *Steam Navy* 書中各部分所引用的，韋理察對 *NCH* 和 *The Naval Annual* 並不陌生，但 *NCH* 最關係 *Fee-cheu* 的那篇長報導（見注 44）他未用過，1887 年出版的 *The Naval Annual* 他亦未用過。洋人用洋資料不夠徹底，不是沒可能的，故切勿以為執著一兩本近年出版之洋書抄之譯之，便足威耀中土。英文書尤其如此，現在怎還會有足稱知識分子者卻讀不通英文的（最流通的歐美文字）。引申下去，譯刊英文資料，而不從事鼓勵進修英文，是助滋愚蒙的逆向反效果行動。再說在別處已講過的話。二十世紀初，日本學界已廣泛直接用各種西文資料。進入二十一世紀好一段日子了，中國學界卻仍忙於譯刊英文資料，哪有更自傷顏面之事！

17　《劉壯肅公奏議》（光緒三十二年刊本），卷 5，葉 11 上，〈購辦水陸電線摺〉（光緒十二年八月十八日）；王彥威、王亮輯：《清季外交史料》（民國二十一年版），卷 10，葉 12 上 -13 上，〈閩撫丁日昌奏擬將省城電線移至臺灣片〉（光緒三年四月十四日）。此件復以另題見原刊於 1940 年之丁日昌（李鳳苞編），《百蘭山房政書》（揭陽：丁日昌紀念館，2009 年），卷 8，葉 17 下 -18 上，〈奏臺灣設立電線片〉。沈葆楨和丁日昌先後對鋪設閩臺海底電纜所付出的努力，有簡明的考述，見 Erik Baark, *Lightning*

Wires: The Telegraph and China's Technological Modernization, 1860-1890 (Westport, CT: Greenwood Press, 1997), pp.109-112, 129-131, 134-138, 155。

18　鋪設閩臺間海底電纜的研究是冷門課題，齷齪者難為功。幸有一篇異常扎實的學位論文可供參考：林於威，〈閩臺海底電線與中日交涉之研究（1895－1904）〉（臺北：國立政治大學碩士論文，2010年）。我查檢「飛捷艦」訂購經過，於茲得助不少，為免過分瑣碎，不一一注出。讀者應整篇看林於威這份精彩的論文，特別因為這條閩臺海底電纜本身並不是本文討論的重點。

19　胥端甫：〈劉銘傳年譜〉，《文獻專刊》，第4卷1、2合期（1953），頁9；羅剛（1901－1977）遺著，《劉公銘傳年譜初稿》（臺北：正中書局，1983年），上冊，頁415-416。

20　《劉壯肅公奏議》，卷3，葉3下-4下，〈請飭南洋遣回四輪片〉。

21　問題可分硬件和軟件兩方面去看。劉銘傳要求調撥者悉為福州船政的產品，除了較新的「開濟」可另歸類，其餘幾艘難期望會較已在臺的3艦（首製艦「萬年清」難免試驗成份重，可以不計）有夠明顯的改善。其中「靖遠」一艘，論艦齡，與「永保」和「琛航」相若，講排水量，竟未及臺灣已有諸艦任何一艘之半數！更重要者為艦上官兵的素質問題。在戰火已燃眉的處境下，有信心彼等能戰嗎？考驗旋即來臨，這4艘要求艦當中有2艘（即半數）包括在南洋於1895年2月遣派援閩之5艦當中。5艦之指揮甫遙見法艦，一炮未發，便即急往附近水道縱橫的海灣躲避（「三十六策，走為上策」也）。「澄慶」還旋在混亂中自毀！硬件軟件配合如此之艦，劉銘傳要來幹嗎？

22　羅剛：《劉公銘傳年譜初稿》，下冊，頁696。胥端甫：〈劉銘傳年譜〉，頁11，則誤作六月初五。

23　William Miller Speidel, "Liu Ming-ch'uan in Taiwan, 1884-1891" (Unpublished Ph.D. Dissertation, Yale University, 1967).

24　此事的背景和經過異常複雜，惟因與訂購「飛捷」無直接關連，而頗佳的研究報告已有不少，有興趣的讀者可直接取閱，故僅在此列舉其要者以作指南已足。李恩涵：〈同治、光緒年間（1870－1885）湘、淮軍間的衝突與合作〉，《中央研究院近代史研究所集刊》，第9期（1980），頁321-346（以下該刊簡稱《近史所集刊》）；許雪姬：〈二劉之爭與晚清臺灣政局〉，《近史所集刊》，第14期（1985），頁127-161；姚永森：《劉銘傳——首任臺灣巡撫》（北京：時事出版社，1985年），頁118-129；邱展雄：〈中法戰爭中基隆失守的是與非〉，《益陽師專學報》，第13卷3期（1992），

頁 20-23；李恩涵：〈左宗棠與清季政局〉，《近史所集刊》，23 期上冊（1994），頁 207-236。

25　按 1892 年的數據，居此行業全球首位的是包括殖民地在內的大英帝國，以下順序為 美、法和丹麥。但二、三、四位者的業務總和合起來尚未到英國之半數；見 Daniel R. Headrick and Pascal Griset, "Submarine Telegraph Cables, Business and Politics, 1838-1939", *Business History Review*, 75:3 (Autumn 2001), p.560。

26　Jorma Ahvenainen, *The Far Eastern Telegraphs: The History of Telegraphic Communications between the Far East, Europe and America before the First World War* (Helsinki: Suomalaoner Tiedeakatemia, 1981), pp.49-52.

27　Arnold Wright, et al., ed., *Twentieth Century Impressions of Hongkong, Shanghai, and other Treaty Ports of China: Their History, People, Commerce, Industries and Resources* (London: Lloyd's Greater Britain Publishing Company, 1908), pp.746-747，有瑞生洋行的簡要介紹。

28　《海防檔》（臺北：中央研究院近代史研究所，1957 年），丁：電線，#850（光緒十二年九月十四日），頁 1325。語雖見劉銘傳的奏摺，實必原為瑞生洋行之言，因大東、大北在華（包括香港）的專業船隻並不少，必要時自新加坡等不遠之處增撥也不難。瑞生洋行出此言分明是搶生意的招法（這點隨後正文會再講清楚）。熱心有餘，卻不知就裏的劉銘傳和李彤恩都中招了。

29　此段以及隨後四端的討論所據的原始素材，見《劉壯肅公奏議》，卷 5，葉 11 上 -12 下，〈購辦水陸電線摺〉（光緒十二年八月二十八日）；《海防檔》，丁：電線，#850（光緒十二年九月十四日），頁 1325-1327；#851（光緒十二年九月十八日），頁 1328-1333；#1007（光緒十二年八月二十三日），頁 1599-1604。

30　John King Fairbank, *et al.*, ed., *The I. G. in Peking: Letters of Robert Hart, Chinese Maritime Customs, 1868-1907* (Cambridge, Massachusetts: Harvard University Press, 1975), vol.1, #102 (26 June 1874), Note 1.

31　那人就是倫敦的魏鐸（James Whittall）。他是英國麥加利銀行（The Chartered Bank of India, Australia, and China）的一名理事。該銀行現通稱為渣打銀行（The Standard Chartered Bank）。有關資料，可看 *The Investor's Monthly Manuel*, 15:1 (30 January, 1885), IV; *Marine Engineer*, 9 (April 1887- March 1888), p.144; *The Economist: Commercial History Review*, 49: 2,478 (21 February 1890), Supplement, p.40。

32　K.C.Baglehole, *A Century of Service: A Brief History of Cable and Wireless Ltd., 1868-1968* (London: Cable & Wireless Limited, 1968), pp.44-48; *The Great Northern Telegraph Company*, p.49; K.R.Haigh, *Cableships and Submarine Cables*, pp.50-51, 119, 354-355; Norman Middlemiss, *Cableships*, pp.46-48, 126（後三書，前注 2 曾引）。

33　李鴻章居主導地位搞了大半輩子洋務，到頭來仍不能掌握任何一種西方語言，事事要靠翻譯，無法直接看資料，何嘗不是這種情況的反映。

34　關於臺灣商務局這機構，可看 Samual Chu 朱昌峻（1929–　），"Liu Ming-ch'uan and Modernization of Taiwan", *Journal of Asian Studies*, 23:1 (November 1963), pp.44-45; William M.Speidel, "Liu Ming-Ch'uan in Taiwan", p.342. 這裏倒出現一件怪事。在由善考稽的許雪姬總策劃，厚約 1,800 頁的兩冊精裝本《臺灣歷史辭典》（臺北：行政院文化建設委員會，2004 年）裏，臺灣商務局竟連一條短短的條項也沒有。李彤恩亦無條項。

35　雙方不滿意這回事，史威廉（William Miller Speidel, 1935-　）自怡和的檔案中發掘出來，見其學位論文 "Liu Ming-ch'uan in Taiwan", pp.341-342, 366-367. 研究劉銘傳雖看似人多勢眾，其實絕大多數只是趕墟市般搖旗吶喊，踵事增華，不做真功夫而希望得些便宜而已。自史威廉首用怡和檔案去研究劉銘傳，半世紀過去了，竟仍無第二人。

36　「駕時」、「斯美」二輪訂購與撥臺之經過，見《海防檔》，丁：電線，#1097 之〈照錄清單〉（光緒十五年五月初八），頁 1605-1606。

37　*Marine Engineer*, 9 (April 1887- March 1888), p.418; 10 (April 1888- March 1889), p.196；薛福成（1838–1894），《出使英法意比四國日記》（長沙：岳麓書社，1985 年），頁 202（光緒十六年七月二十九日，即遲至 1890 年 9 月 12 日始得聞而錄入日記）；*Lloyd's Register of British and Foreign Shipping*, 1893 edition, Vol 1, pp.CAR-CAS, SMI-SOD; Norman R. Hacking and W. Kaye Lamb, *The Princess Story: A Century and a Half of West Coast Shipping* (Vancouver: Mitchell Press, 1974), p.191, 341; J. F. Clarke, *Power on Land and Sea: 160 Years of Industrial Enterprise on Tyneside – A History of R. & W. Hawthorn Leslie & Co., Ltd. Engineers and Shipbuilders* (Newcastle-upon-Tyne: Hawthorn Leslie (Engineering) Ltd., 1979), p.111.

38　William Miller Speidel, "Liu Ming-ch'uan in Taiwan", p.368. 至於那兩個旗昌洋行的高

級職員,生平資料計罕見。在 Harold M. Otness, *One Thousand Westerners in Taiwan to 1945: A Biographical Dictionary* (Taipei: Preparatory Office, Institute of Taiwan History, 1999), p.28,僅 Cass 有丁點兒消息,謂其於 1875 年以後 "later headed the Russell & Co. office in Xiamen". Smith 則無條項。

39　William Miller Speidel, "Liu Ming-ch'uan in Taiwan", pp.343-344, 368-369.

40　以下所講「駕時」及其後身之事,據 Norman Hacking and Kaye Lamb, *The Princess Story*, pp.191-193, 205-207, 209, 221-222, 227, 254, 341; Robert D. Turner , *The Pacific Princesses: An Illustrated History of Canadian Pacific Railway's Princess Fleet in the Northwest Coast* (Victoria, British Columbia: Sono Nis Press, 1977), pp.41-43, 111, 234; George Musk, *Canadian Pacific: The Story of the Famous Shipping Line* (Newton Abbot: David & Charles, 1981), p.253; en. wikipedia.org/wiki/princess_may_ (Steamship)。

41　「公主」系列諸輪的公主都是擬設名字,惟獨這艘 *Princess May* 是例外。*Princess May* 就是英國德克公主瑪利(Mary of Teck, 1867-1953; Teck 在德國),即英皇喬治五世 (George V, 1865-1936)之妻,今英女皇的祖母。Mary of Teck 的小名是 May。

42　鋪設閩臺海底電纜所採路線,除了林於威不可或缺的學位論文外,可看羅剛:《劉公銘傳年譜初稿》,下冊,頁 959-960。

43　*Chinese Times*, 1 October 1887.

44　*Chinese Times*, 8 October, 22 October 1887. 另外 *NCH*, 27 October 1887, "An Account of the Laying of the Submarine Cable between Sharp Peak and Tamsui and from Anping to Pongchow", 有自「飛捷艦」的建造講至跨海電纜鋪設成功的整體始末報導。這份報告特意點出外國技術人員的諸多貢獻。這點對平衡報導很重要,因為在民族掛帥的大環境下,現今的學術報告一般都不會顧及這層面。

45　統述劉銘傳的剿番行動,先有 William Miller Speidel, "Liu Ming-Ch'uan in Taiwan", pp.289-303, pp.312-314,講得既簡明復透徹,繼有兩篇考述細節的專題學位論文。那兩篇論文為楊慶平,《清末臺灣「開山撫番」戰爭(1885-1895)》(臺北:國立政治大學碩士論文,1995 年),和吳宗富,《劉銘傳在臺撫番之研究》(臺北:臺北市教育大學碩士論文,2006 年)。感謝張力兄代我網羅這些在臺灣以外甚難得讀的學位論文。至於時人的考述,則以楊慶平:《清末臺灣「開山撫番」戰爭》,頁 90-95、111-117,所列細節最清楚。後十一年完成之吳宗富:《劉銘傳在臺撫番之研究》,頁 94-

97，除了提要楊慶平之言外，增益殊有限。

46　以下所講整個埤南事件的經過，史源出自顧廷龍、戴逸主編：《李鴻章全集》（合肥：安徽教育出版社，2008 年），冊 22，頁 381-369、372、375、379（以下該書簡稱《李鴻章全集》），所收李鴻章、丁汝昌、劉銘傳、總理各國事務衙門、海軍衙門之間的電報；《劉壯肅公奏議》，卷 4，所載〈埤南叛番圍攻廳治派兵解圍摺〉、〈攻克後山叛番並北路獲勝請獎官紳摺〉。

47　*China War Vessels*, p.114.

48　然而「伏波」確曾開炮射擊岸上滋事土著，見蔣師轍（？），《臺灣通志》（臺北：臺灣銀行經濟研究室，1962 年），頁 897，之記事。事發初時，滋事土著必在岸邊，軍方才有採對岸射擊之策的可能，因「伏波」用的聲明是射程必有限的開花彈。

49　*China War Vessels*, p.10，便有這三款哈乞開斯炮足用的數據。

50　Peter Brook, *Warships for Export: Armstrong Warships, 1867-1927* (Gravesend, Kent: World Ship Society, 1999), p.62.

51　池仲佑，《海軍大事記》（民國七年海軍部本），葉 8 下，記此役作：「十四年戊子……六月，臺灣呂家望番社叛。經軍隊剿辦，半年未平。嗣請『致遠』、『靖遠』兩艦往剿。幫帶劉冠雄、陳金揆率帶 6 磅炮 2 尊，槍隊 60 名，登岸進討。不十日，平之。是役陣亡副頭目 1 人，傷兵士 8 人」，講得動聽和夠傳奇意味。然而池仲佑諸書，除《西行日記》按日記事，錯不到那裏去外，其餘盡為千瘡百孔、誤奪漏者比比皆是的劣品。悉僅可用作輔證，而不可採為主證。還要事事先核實，方可引用（因為池仲佑之言經常太不可靠了）。若不能核實，就寧缺勿濫，棄之不用。指丁汝昌命手下帶 2 門 6 磅炮上岸，分明錯了。劉銘傳有明確紀錄，移為岸用的艦炮共 4 門，池仲佑憑何減半？

52　丁汝昌和劉銘傳筆下尚未見有明言丁汝昌帶何種快炮入山區之紀錄。時任臺南府知府的唐贊袞在其《臺陽見聞錄》（臺北：臺灣銀行，1958 年），卷下，〈埤南呂家望社滋事〉條，謂丁汝昌率往臺的「致遠」、「靖遠」兩艦，「帶有 6 磅快炮 4 尊，幫同攻擊」（頁 104）。這樣說帶來不少疑問：（一）「致遠」、「靖遠」所備 6 磅彈炮遠不止 4 門，而是有 16 門之多。如方便拆下，攜往山區，為何僅 4 門？（二）從下附美艦「密西西比號」（Mississippi，13,000 噸，1908）以及十九世紀末英艦所備 6 磅彈炮的兩張照片不難看出，此款炮由於重量、長度（805 磅，8 呎 3 吋，還未算炮座）等因，殊費周章的裝置得特別鞏固，配人手也眾，不是可以隨意拆卸，移往陸上流動運作

的。即使拆去炮座後，換上輪子，仍難保證能應付未開發山區的地理環境。3 磅彈炮
（507 磅，6 呎 8 吋）則可較易更換運作環境。因何丁汝昌反會選用運作和事後復原困
難得多的 6 磅彈炮呢？（三）「致遠」、「靖遠」各備的 2 門 3 磅炮，聲明可移往艦載
艇上用，其裝置法必較簡易，何以不該是丁汝昌的選擇？以上所言需要的依據，單是
China War Vessels, p.10, 47，就夠用了。這些論點，加上兩艦正共有 4 門 3 磅彈炮，
故斷言丁汝昌移為陸用者就是這款炮。有一事得明白。哈乞開斯 6 磅彈和 3 磅彈速射
炮外貌基本一樣，主要不同在大小之別。清季官吏難於分辨。

美艦「密西西比號」所用的哈乞開斯 6 磅彈速射炮

十九世紀末英艦上裝配的附炮盾哈乞開斯 6 磅彈速射炮。此照收入 H.Garbett, Naval
Gunnery (London: George Bell and Sons, 1897)，故年份有明確下限。「致遠」、「靖遠」
二艦裝在舷邊，每邊各 4 門的 6 磅彈炮也是有炮盾的。

53　蔣師轍,《臺灣通志》,頁 902,僅說「『飛捷』輪船分裝中、後兩營,隨後進發」,
　　並沒有說該艦曾在任何時間發炮射擊。

54　《海防檔》,丁:電線,#1097 之〈照錄清單〉(光緒十五年五月初八),頁 1605-
　　1606。

55　例見 NCH, 27 April 1889; 8 April, 1892; 13 May 1892; 16 September 1892。

56　《申報》,1908 年 10 月 15 日,〈廈門預備歡迎美艦彙誌〉。

57　《海防檔》,丁:電線,#851(光緒十二年九月十八日),頁 1332。

58　NCH, 14 July 1896.

59　《光緒三十三年海軍調查表》,收入茅海建編,《國家圖書館藏清代兵事典籍檔冊彙覽》
　　(北京:學苑出版社,2005 年),冊 98。「飛捷」詳列於頁 535-537。

60　《李鴻章全集》,冊 24,頁 331,〈寄南洋大臣劉〉(光緒二十年八月十五日)。

61　《李鴻章全集》的編輯標點這句為「奈敝處只南洋派來二船『威』、『靖』,窳舊畏縮,
　　已同廢物」,這樣句讀所得出的含意與事實不符。如此標點必須南洋除擁有一艦名「靖
　　X」外,還在不計「威靖」(1,000 噸,1870 年)之餘另尚有一艘「威 X 號」。事實
　　很簡單,南洋於「威靖」外,並沒有另一艘「威 X」艦,而「靖 X」只可能是早於光
　　緒十四年(1888 年)已調回福州船政,改建為練船,即不可以再東撥來增強臺防的閩
　　製「靖遠」(572 噸,1873 年);改建事見張作興主編:《船政文化研究 —— 船政奏議
　　彙編點校輯》(福州:海潮攝影藝術出版社,2006 年),頁 371,所收的〈調回「靖遠」
　　輪船改設練船摺〉。事情的真相並不複雜。在攔截英輪事件發生前兩三個月(不會遲
　　過六月中旬),劉坤一已調撥「南琛」、「威靖」二艦赴臺協防;見《劉坤一集》(北京:
　　中華書局,1959 年),冊 2,頁 800-801,〈籌備海防摺〉(光緒二十年六月二十七
　　日);頁 818-819,〈查覆兵船分段駐巡實在片〉。臺灣巡撫邵友濂(1834－1901)談
　　及手上兵力時,省去可用的「南琛」不提,而單強調「威靖」無異廢物。就文法而言,
　　若在「威靖」艦名前加一「內」字便會清楚多了。「威靖」是前此二十多年江南製造局
　　的實驗性產品;見魏允恭:《江南製造局記》(光緒三十一年版),卷 3,葉 55 上。到
　　了甲午戰爭時,它已成廢物並不足奇。

62　《申報》,1894 年 9 月 28 日,〈論嚴禁偷運〉。但僅過了幾天,此報又說開炮的是「南
　　琛」了;見《申報》,1894 年 10 月 7 日,〈詳記運船被獲情形〉。

63　NCH, 6 July 1894,仍記「飛捷」為 Chinese Telegraph Company 的產業。

64　《申報》,1915 年 9 月 19 日,〈王祖同查覆許案之大要〉。

65   *Hong Kong Daily Press,* 20 September 1887.

66   *Manual for Victorian Naval Forces, 1890* (http://www.cerberus.com.au/fclick.
       php?id=131), pp.22-25, pp.245-249; *Manual for Victorian Naval Forces* (Melbourne:
       Robert S. Brian, Government Printer, 1887); *China War Vessels*, p.9; N.J.M.Campbell,
       "British Naval Guns, 1880-1945, No.10", *Warship*, 27 (July 1983), pp.26-28; Peter
       Brook,*Warships for Export,* p.228; http://en.wikipedia.org/wiki/BL_6_inch 80_pounder
       _gun.

67   配合 4 噸重 6 吋後裝炮的瓦瓦士炮座,見 *The Naval Annual*, 1886 edition, pp.364-
       385; *Manual for Victorian Naval Forces*, 1890, pp.96-98。

68   那時的澳海軍是按邦的分劃來經營的。這種處理方法可以從繫於艦名的前置詞看得出
       來,如 HMCS 是南澳(South Australia)之艦,HMQS 是昆士蘭(Queensland)者,
       HMVS 是維多利亞(Victoria)的。澳海軍獨立的經過,見 Tom Frame, *No Pleasure
       Cruise: The Story of the Royal Australian Navy* (Crows Nest, NSW: Allen & Unwin,
       2004), pp.71-82。

69   庚子事變時,澳海軍北遣赴華的戰鬥性艦隻僅此一艘(另徵用一艘商船來運送 500 名
       海軍陸戰隊)。該艦庚子年間的在華活動有專書述之:Bob Nicholls, *Bluejackets and
       Boxers: Australia's Naval Expedition to the Boxer Uprising* (Sydney: Allen and Unwin,
       1986);另看 Tom Frame, *No Pleasure Cruise*, pp.65-70。

70   「保護者」的長寬吃水為 180x30x12.5 呎,任何一項均小於「飛捷艦」。這艘在當時
       為澳海軍的主要單位之艦有足夠的參考資料:John Bastock, *Australia's Ships of War*
       (Sydney: Angus and Robertson, 1973), pp.14-16; Ross Gillett, *Warships of Australia*
       (Adelaide: Riqby, 1977), pp.111-112; Ross Gillett, *Australia's Colonial Navies* (Garden
       Island, NSW: The Naval Historical Society of Australia, 1982), pp.59-68; Colin Jones,
       Australian Colonial Navies (Canberra: Australian War Memorial, 1986), p.61; Bob
       Nicholls, *Bluejackets and Boxers*, pp.148-150; Peter Brook, *Warships for Export*,
       pp.214-216. 恆為海軍史研究者信賴之 Roger Chesneau and Eugene M. Kolesnik, ed.,
       Conway All the World's Fighting Ships, 1860-1905 (London: Conway Maritime Press,
       1979) 記此艦卻不夠準確(p.113),該艦的 5 門 6 吋炮全變成透明不存。

71   炮艦「巴祿麻」(HMQS *Paluma*,360 噸,1884 年)、「嘉雲德」(HMQS *Gayundah*,
       360 噸,1884 年)、「艾伯特」(HMVS *Albert*,350 噸,1884),以至雜牌武裝船,

如垃圾／挖泥船（Hopper barge/ dredge）「勤務兵」（*Batman*，387 噸，1883 年）、「科勒」（*Fawkner*，387 噸，1883 年），若非初建已裝上那款 6 吋炮，便是後來更換為那款炮。總之過程都不出 1883-1886 年這時段；見 John Bastock , *Australia's Ships of War*, pp.7-10, 22-23, 28; Ross Gillett, *Warships of Australia*, p.109, 114, 117; Ross Gillett, *Australia's Colonial Navies*, pp.31-51, 98-103, 134; Colin Jones, *Australian Colonial Navies*, p.61, 79, 109; Peter Brook, *Warships for Export*, p.33, pp.35-36。

72　例外的一次為炮艦「維多利亞號」（HMVS *Victoria*，530 噸，1884 年）初建時並沒有採用那款 6 吋炮，到 1888 年更換機械時才改用那款炮為艦尾炮；見 Ross Gillet, *Australia's Colonial Navies*, p.106; Colin Jones, *Australian Colonial Navies*, p.65; Peter Brook, *Warships for Export*, p.34。

73　*China War Vessels*, p.127.

74　博士福廠在接受「飛捷」訂單前造過的海軍艦隻，按查得出的紀錄僅有 455 噸的「小天鵝」（*Cygent*）和 2,120 噸的「貓眼石」（*Opal*，原名「女巫」[*Magicienne*]，入役前易名）2 艘，前者建成於 1874 年，後者於 1875 年；見 David Lyon and Rif Winfield, *The Sail and Steam List: All the Ships of the Royal Navy, 1815-1889* (London: Chatham Publishing, 2004), p.289, p.297; J. J. Colledge and Ben Warlow, *Ships of the Royal Navy: The Complete Record of All Fighting Ships of the Royal Navy from the 15th Century to the Present* (London: Chatham Publishing, 2006), p.87, 250。上引 Lyon 和 Winfield 合撰書尚有一事可述。該書 pp.320-327 有附錄 "Warships Built in the UK for Export, c. 1840 to 1889"，內沒有列出 *Fee-cheu*，也無説博士福廠曾造過任何出口艦。在當時英國的艦船業裏，博士福廠顯非以建造武裝艦船見稱。聽由層層掮客的安排去委託該廠造「飛捷號」，本身就是洋務運動決策過程的一大諷刺和弱點的暴露。舶來品也有優劣之別，絕非必然佳質。這是辦理洋務運動諸人鮮能理解之事。

75　注 2 所引之 K.R.Haigh 及 Norman Middlemiss 二書收錄歷年各地所造電纜鋪設船相當齊全，並沒有記下博士福廠在接受「飛捷」訂單前曾造這款須滿足專業要求的船。

76　與洋人交涉，李彤恩經驗豐富，但擁有建艦造船的專業知識至不會受掮客所愚的程度是截然不同的另一回事。

77　《海防檔》，丁：電線，#851（光緒十二年八月二十三日），頁 1332。

78　N. J. M. Campbell, "British Naval Guns", 1880-1945, No.10, p.28.

79　3 磅彈炮（3 pounder）是習用的簡稱。哈乞開斯廠出產的這款單管速射炮所用的通

常彈重 3 磅 3-5 盎司；見 *China War Vessels*, 10; I.V. Hogg and L.F.Thurston, *British Artillery Weapons and Ammunition, 1914-1918* (London: Ian Allen, 1972), p.33; Norman Friedman, *Naval Weapons of World War One: Guns, Torpedoes, Mines and ASW Weapons of All Nations* (Barnsley, S. Yorkshire: Seaworth Publishing, 2011), p.118。

80　關於這款 3 磅彈炮的基本參考資料，除上注所引三書外，另可用 *The Naval Annual*, 1886 edition, p.385; Bob Nicholls, *Bluejackets and Boxers*, pp.150-151; Peter Brook, *Warships for Export*, p.231。

81　M. P. Cocker, *Frigates, Sloops and Patrol Vessels of the Royal Navy, 1900 to Date* (Kendal: Westmorland Gazette, 1985), p.107; en.wikipedia.org/wiki/noonday_ gun.

82　切勿以為《中國戰史大辭典——兵器之部》（臺北：國防部史政編譯局，1996 年），二冊，和鍾堅，《驚濤駭浪中戰備航行——海軍艦艇誌》（臺北：麥田出版，2003 年），就是可用（即使不夠標準）的艦艇誌。這兩本都是劣書，而前者尤特劣。它們僅是憑只有一個來源的檔案（即文件性質相同，倚賴這樣性質的材料難辯説不是治學的大忌）做的搬字過紙，填充式的機械化習作。前者的執筆人難説對中國海軍史具備最起碼的認識。後者講五十年代以後的臺灣海軍艦隻。那些艦絕大多數都是美海軍的淘汰品，編著者卻完全不用美方資料。這是無端端自箍在頭上的限制。若干艘艦是日本來源的，也該用日方資料才對。若要談國際研究水準，就得滿足此等要求的，不能執著一個來源的資料便以為是有求必應的聚寶盆。另外，這本標明是海軍艦艇誌之書卻隻字不提任何一艦的武裝情形，豈非變成極端文不對題！結果此書尚可提供的獨有消息，就是某艦某時的艦長是誰，何時更調所屬單位，這類就臺灣海軍而言可以變動頻仍而影響有限的小異，但迄未見任何歐美或日本的艦艇誌曾管及這類極度邊緣的消息，更不可能煞有介事地用流水帳的方式來作必然的定規記錄（特別在不理艦載武器所構成的強力對比下）。在這兩本所謂艦艇誌裏，沒有一艦的記事可以説是負責人獨立研治的成果。這樣嚴厲指斥要舉實證的。我有一篇不短的未刊稿，〈迷信檔案之害——以兩種臺刊艦船誌為説明之例〉，會收入我下次出版之書內。符合西方艦艇誌準則之中國艦隻紀錄，目前除應紹舜專講臺灣艦隻，卻極難購備的系列外，就僅得陳悦，《中國近代軍艦圖錄——第一卷（1855－1911）》（北京：現代艦船雜誌社，2011 年），以及此書之繁體字擴大本，《中國近代軍艦史——清末卷（1860－1911)》（香港：商務印書館，2013 年）。從書的標明時段去看，陳悦會寫下去的。

83　Oscar Parkes, *British Battleships: Warrior 1860 to Vanguard 1950*, Second edition (London: Seeley Service and Company, 1966).

84　J.J.Colledge, *Ships of the Royal Navy: An Historical Index* (Newton Abbort: David and Charles, 1970), 2 vols，是這本十分有用之書的初版。以後此書專講戰鬥性艦隻（combatants）的第一冊修訂過好幾次，每次均刊為獨立之書。Colledge 逝世後，Ben Warlow 又再修訂一次，刊為二人合名之 *Ships of the Royal Navy*（見前注 74）。惟專講輔助艦船的初版第二冊始終沒有修訂過，使之變成異常珍貴的稀見書，特別因為不管非戰鬥性的輔助艦船幾乎是各國海軍艦船誌之通例。

85　H.T.Lenton, *British and Empire Warships of the Second World War* (London: Greenhill Books, 1998).

86　E.H.H.Archibald, *The Fighting Ship of the Royal Navy, pp.897-1984*, Revised edition (New York: Military Press, 1987).

87　David Lyon 畢生著述甚豐，看他兩本超大型開本鉅著，便知他對籌備英海軍艦船誌貢獻之偉了：*The Sailing Navy List: All the Ships of the Royal Navy: Built, Purchased and Captured, 1688-1860* (London: Conway Maritime Press, 1993); David Lyon and Rif Winfield, *The Sail and Steam Navy List*（見前注 74）。

88　Nicholas Dingle, *British Warships, 1860-1906: A Photographic Record* (Barnsby, South Yorkshire: Pen and Sword Books, 2009).

89　Paul H.Silverstone 用了 40 年的時間寫就這一連串自成系列之書，不必全錄下來，舉三本就夠了：*Civil War Navies, 1855-1883* (Annapolis: Naval Institute Press, 2001); *The New Navy, 1883-1922* (New York: Routledge, 2006); *The Navy of the Nuclear Age, 1947-2007* (New York: Routledge, 2008). 他還另有一本講世界各國（包括中國）鐵甲艦和主力艦的 *Directory of the World's Capital Ships* (New York: Hippocrene Books, 1984)。

90　自十九世紀後半以來美國海軍曾擁有的所有艦種，Norman Friedman 已全分冊逐種照料了，並無遺漏，這裏列舉三例就夠了：*U. S. Battleships: An Illustrated Design History* (Annapolis: Naval Institute Press, 1985)；*U. S. Small Combatants, Including Pt-Boats, Subchasers, and the Brown-Water Navy: An Illustrated Design History* (Annapolis Naval Institute Press, 1987); *U. S. Destroyers: An Illustrated Design History*, Revised edition (Annapolis: Naval Institute Press, 2003). 他還有餘力去照料英海軍的艦種，講

巡洋艦者兩本，驅逐艦者一本。

91　Jean-Michel Roche, *Dictionnaire des bâtiments de la Flotte de guerre française de Colbert á nos jours*, Tome I: *1671-1870* ; Tome II: *1870-2006* (Toulon, 2005).

92　此段各注釋所列之書，寒齋全有，而且僅是寒齋所藏講西方和日本海軍資料很少的一部分而已。希望可以藉此說明治理中國海軍史不當把中國海軍孤立來看，而應分神去理解世界海軍的發展。

93　*Conway's All the World's Fighting Ships* 系列記載各國海軍在 1860－1995 年間擁有的艦隻，自 1975 至 1995 年分冊出版，十分有名，用者很多。惟這系列諸書講大海軍國的主要艦隻尚算不差，談那些國家的輔助艦已往往甚不足用（見前注 70），其記錄小海軍國更經常僅得聊備一格的照料，錯誤不少，而漏得很厲害（民國海軍所得待遇就是如此）。這套書不足代表艦艇誌的準則。

94　很難相信注 82 所說的那兩本掛名艦船誌的負責人曾讀過此段各注所列諸書，包括那套雖不足用，卻異常流行的 Conway 系列。

95　此等復原照散見以下各書之中：胡政（1956－　）主編，《招商局畫史——一家百年民族企業的私家相簿》（上海：上海社會科學出版社，2007 年；胡政主編，《招商局珍檔》（北京：中國社會科學出版社，2009 年）；胡政、李亞東點校，《招商局創辦之初》（北京：中國社會科學出版社，2010 年）：胡政主編，《招商局與中國港航業》（北京：社會科學文獻出版社，2010 年）。

96　委託復原的經過和模型放在深圳展出，見胡政，《招商局與中國港航業》，頁 37。

97　Boyd Cable (Ernest Andrew Ewart, 1878-1943), *A Hundred Year History of the P&O: Peninsular and Oriental Steam Navigation Company, 1837-1937* (London: Ivon Nicholson and Watson, 1937); Duncan Haws, *Merchant Fleets in Profile-Vol 1: The Ships of the P&O, Orient and the Blue Anchor* (Cambridge: Patrick Stephens, 1978); Norman L.Middlemiss, *P&O Lines* (Newcastle-Upon-Tyre: Shield Publications, 1979); Stephen Rabson and Kevin O'Donoghue, *P&O: A Fleet History* (Kendal, Cumbra: The World Ship Society, 1988).

98　H.W.Dick and S.A.Kentwell, *Beancaker to Boxboat: Steamship Companies in Chinese Waters* (Canberra: The Nautical Association of Australia, 1988), p.191，有夠齊全的「亞丁」或「伊敦」船史。此事不在本文討論範圍之內，讀者可自檢看。

99　參考資料並不複雜，注 97 所列的幾種 P&O 船譜加上注（注 98）所引的 Dick and

Kentwell, *Beancaker*, p.191，就夠用了。

100　其實即使不曉得 Cable 書以及其他 P&O 船譜的存在，要知道「伊敦號」的排水量相當有限仍不乏門徑。Kwang-ching Liu, "British-Chinese Steamship Rivalry in China, 1873-85", in C. D. Cowen, ed., *The Economic Development of China and Japan: Studies in Economic History and Political Economy* (New York: Frederick A. Praegers, 1964), pp.49-78，出版了 50 年，文內早已列明洋名作 *Aden* 之「伊敦號」的淨重量為 507 噸（頁 76）。劉廣京（1921－2006）是兩岸極為尊重的航運史專家，作品向有廣泛讀者，為何治理招商局史者會不理會此文？或者彼等處理涉外史事慣偏用翻譯而迴避外文原件。劉廣京這篇舊文雖由其高足黎志剛（1953－　）漢譯為廣事流通的〈中英輪船航運競爭，1872－1885〉，初收入中央研究院近代研究所編刊：《清季自強運動研討會論文集》（臺北，1988 年），下冊，頁 1137-1162；可惜原文所附的一張十分有用的 1873－1883 年間招商局擁有的輪船單，內注明每艘船的淨重量，竟全遭刪去。後復收入劉廣京：《經世思想與新興企業》（臺北：聯經出版事業公司，1990 年），頁 525-570，又放回那張輪船單（頁 567-570）。這裏涉及好幾件可汲取教訓之事。參用外文資料，不論是原始史料，抑或是研究報告，只宜直接用原文，才可避免逼得作出選擇和跌進譯件經常附有的陷阱。不過這次的例倒夠明顯，上海諸人根本從不知曉前後刊行了幾十年的行頭內基本讀物，劉氏原文以及那兩種譯文版本一概未用過。早早便可得知「伊敦號」僅淨重 507 噸的機會也就錯過了。

第四編

建設十年、退守臺灣
——抗戰結束後的國民黨海軍

導言

　　甲午戰敗後，清政府縱然有心重振軍備，但國力江河日下，再難有大興作。之後十數載改編的艦隊最終在辛亥革命爆發之後，連同大部分設備和人才都轉移中華民國。然而南北混戰隨即展開，各派軍閥各自為政，無法負擔大規模的海軍建設。1918 年後世界各國決定對中國實施武器禁運，中國海軍發展幾乎停頓。直到北伐完成，南京政府建立海軍署，以陳紹寬為海軍部部長兼總司令，統籌重建海上武力。加上 1928年各國恢復對華售武，海軍有望擴展。可惜受限於經費和人事種種因素，地方海軍又未全歸中央統領，海軍部編制更是一再更動，建軍計劃難以實行。直至抗戰前夕，國民海軍雖擁有四支艦隊，可配合陸軍防衛疆土，但實際上離原先制訂的建軍目標仍遠，實力和其他海軍強國大有距離，甚至難以匹敵強鄰日本。抗日戰爭期間，國民海軍折損嚴重，至1945 年，早已軍不成軍。內戰結束，國民政府遷臺，海軍幾乎從頭開始。

　　中央研究院近代史研究所張力教授，精通中國近代外交和軍事史，尤嫻熟民國檔案。他著的〈追擊「重慶艦」〉一文，道出 1949 年 3 月底，國共內戰末期，國民黨為免火力強大的「重慶艦」投敵，以空軍將之摧毀。此時國民政府頹勢而成，一手打造，而且在大小戰役多少出力的名艦，落得如此下場，令人感歎。

　　劉芳瑜和洪紹洋兩位年青學人，用新銳的眼光開發了兩個重要課題。海戰的守方，為了阻敵，會用上魚雷，自沉船隻堵塞港口河道等方法，

到戰爭結束，疏濬問題是更大的挑戰。抗日戰爭結束，國民政府原本面
對同樣的問題。但因國共雙方戰況激烈，無暇兼顧。劉芳瑜的〈戰後中國
閩粵地區的疏濬問題（1945－1949）〉有趣地指出這些險阻，無意中「成
為阻擋共軍解放臺灣的一道防禦屏障」。戰爭令生靈塗炭，令人聞之色
變，但戰爭帶動科技發展，也是不爭之論。戰爭過後，軍事工業倘能轉
化為民營事業，裨益大眾，未嘗不是一種補償。洪紹洋的〈海軍與戰後臺
灣造船業的發展〉正指出國民黨海軍對戰後臺灣造船業的貢獻。

第一章
追擊「重慶艦」

張力

一、前言

　　1949 年 2 月 25 日上午，隸屬國民黨政府（以下簡稱國府）海軍的「重慶號」軍艦，其副長牟秉釗（青島海校 1937 年第四屆航海班）在南京洽公完畢，回到上海，與 24 日休假過夜的官兵三十餘人，同在補給碼頭等候「重慶艦」派來接運官兵回艦的小汽艇，卻久候不至。一直等到當天下午，才得知該艦已經他往，於是眾人改赴上海的海軍第一軍區司令部報到。滯留上海並接受軍區司令部安頓的「重慶艦」官兵，共有 44 人。[1]

　　「重慶艦」是在 2 月 22 日才完成約 3 個月的修理作業，當日移錨吳淞口擔任警戒。此時青島的海軍第二軍區司令梁序昭（1904－1978，煙臺海校 1925 年第十七屆駕駛班），鑒於青島駐港僅有接收自日本的「潮安」、「武彝」、「29 號」等 3 艘軍艦，各艦火力和速率相差無幾，乃電請海軍總司令桂永清（1901－1954）派「重慶艦」到青島，以加強控制，並震懾黃海和渤海海面。24 日桂永清回覆，「重慶艦」另有任務，他準備派將在 3 月 10 日完成維修的「靈甫艦」到北方去。[2] 因此 25 日「重慶艦」應該停泊在吳淞口。該艦突然離去，顯得很不尋常。

「重慶艦」原是由英國樸資茅斯造船廠（H. M. Dockyard Portsmouth）於 1936 年 8 月 20 日下水，1937 年 11 月 12 日建成服役，艦名 HMS *Aurora*。該艦排水量 5,207 噸，裝備的主要武器，有 6 吋平射炮（射程 16,000－24,800 碼）6 門，4 吋高射炮（射程 15,000－19,000 碼）8 門，40 厘米機關炮（射程 1,700－3,800 碼）8 門，20 厘米奧利根機關槍（射程 1,200－2,650 碼）8 挺，三聯裝 21 吋魚雷放射管 2 座，及 7 座雷達。可裝燃料重油 1,117 噸，速度 13.5－30.5 節，航續力 3,000 浬，編制人數官 52 員，兵 645 員。2 月 25 日「重慶艦」失去音訊時，艦上還有 587 名官兵。以當時國府掌握的海軍而言，「重慶艦」無疑是最大且火力最強的軍艦。

出走的「重慶艦」不久被證實為投共，雖然該艦在 22 天之後，就被國府空軍轟炸至不堪使用，但此一事件的爆發，對窮於應付內戰的國府來說，自是雪上加霜。中共雖然未能運用此一降艦，投入戰爭，但該艦之「起義」，仍可作為宣傳的利器。

風光來到中國的「重慶艦」，卻在幾個月後幾乎沉於渤海灣內，實是近代海軍史上的一場悲劇。「重慶艦」投向中共，長久以來有關此一歷史事件的敘述，不免主要依據大陸方面的說法。[3] 亦有採用「紀實文學」方式書寫的作品，這類作品由於並未注明史料來源，以致內容真假難辨。[4] 近幾年來，仍有一些滯留大陸的原「重慶艦」官兵或其家屬，繼續追探這段歷史，或試圖澄清某些爭議，如究竟是哪些人領導「起義」。[5] 更有透過電子郵件發送的期刊《「重慶艦人」簡訊》，披露一些不同於過去官方的起義經過說法，以及 1950 年以後部分起義官兵的坎坷遭遇。[6] 相對而言，「重慶艦」「叛逃」給予內戰失利的國民黨是又一打擊，過去在臺灣也就少談這段歷史。本文應用當時處理此一事件留存的檔案、報紙報導與英國檔案，探討國府如何適應此一突發的事件。

二、「重慶艦」抵華

　　國民政府在第二次世界大戰後期，向英、美兩國交涉租借艦艇，準備參加太平洋戰爭，因而有了重建海軍的機會。經過駐英海軍武官周應驄（1900－1985，煙臺海校 1921 年第十三屆駕駛班）與英國海軍部的商談，先在 1945 年 2 月獲得英方贈與的 925 噸炮艦 HMS *Petunic*，即為「伏波艦」。英國並答應在歐洲戰事結束之後，撥交中國一艘萬噸級或較新的巡洋艦，以及其他類型的艦艇，作為英國海軍贈送中國海軍的禮物。不過戰爭結束後，英方決定撥贈的是 HMS *Aurora*，此艘輕型巡洋艦較原先預定贈送的大型巡洋艦要新，因此中國政府認為是英國的美意。英國另借與中國 1,000 噸的驅逐艦 HMS *Mendip*（後改名為「靈甫號」）。接艦官兵的考選在 1945 年間舉辦，錄取人員於 1946 年送往英國，接受接艦訓練。[7]

　　1948 年 5 月 19 日，中華民國駐英大使鄭天錫（1884－1970）代表中國政府，在樸資茅斯港接受「重慶」、「靈甫」兩艘軍艦的移交，英國代表為其海軍總司令（Admiral of the Fleet）福來塞（Bruce Fraser, 1888-1984）。鄭天錫當時「觀察兩艦設備，均頗愜意。我官佐士兵精神既佳，體格亦健，活潑整齊，愉快非常。」[8] 5 月 26 日兩艦駛離樸資茅斯港，經直布羅陀、馬爾他、波賽、亞丁、孟買、可倫坡、新加坡、香港等港口。但在新加坡與香港停留期間，共有 23 名士兵逃亡。[9] 8 月 12 日下午，兩艦駛抵吳淞口外暫泊，其後海軍代總司令桂永清登艦，隨同兩艦於 14 日午後抵達下關，隨即舉行記者招待會，由「重慶號」艦長鄧兆祥（1903－1998，煙臺海校 1923 年第十四屆駕駛班）報告兩艦在英交接情況與沿途經過，並組織記者參觀兩艦之各個部門。[10] 其後十餘日間，兩艦官兵在南

京、上海兩地參與歡迎活動,而自 1946 年 11 月 12 日起擔任代理總司令的桂永清,也於 8 月 18 日由國防部公佈真除為海軍總司令。[11]

桂永清對於兩艦擔負的任務,也有了初步的規劃。他認為「『重慶艦』艦型較大,航行時消耗油料頗巨;『靈甫』艦係屬租借性質,主權仍屬英方,不便調赴作戰」,所以準備將兩艦用作訓練正在裝備中之接收日本驅逐艦所需官兵。[12] 原本「重慶艦」準備駛往臺灣,桂永清且安排陳誠(1898－1965)搭乘該艦赴臺。[13] 不過後來是「靈甫艦」開往臺灣,作為練習艦,「重慶艦」則是加入海軍第二軍區服役,駛往青島。[14] 10 月初轉赴渤海,參加護送蔣介石總統巡視葫蘆島,及協同錦西陸軍攻擊塔山作戰,與掩護煙臺、營口、葫蘆島陸軍撤退。蔣介石曾在 1948 年 10 月 5 日至 7 日登上「重慶艦」,視察渤海灣內的陸海軍作戰情況,他當時感覺「重慶艦」「艦髒非常」,認為海軍未能愛護該艦,辜負了英國贈予良艦的美意,遂嚴斥桂永清。[15] 11 月 14 日「重慶艦」返回上海修理,至 1949 年 2 月 20 日。[16] 該艦出走時,艦上除原存彈藥外,又在上海的第一補給總站領取 6 類彈藥共 8,206 顆。[17]

三、出走後的處置

2 月 25 日,上海的海軍第一軍區司令董沐曾(煙臺海校 1916 年第十屆駕駛班)獲知「重慶艦」他駛,立即報告總部參謀長周憲章(1897－?,煙臺海校 1916 年第二十屆)。由於「重慶艦」的移動,需要得到總司令核准,周憲章遂於 2 月 26 日中午電詢正在「長治艦」上巡視蕪湖至安慶一帶江防的桂永清,是否為其下令該艦開出,[18] 桂永清立即回覆「並無電令開動」。桂永清原本以為「重慶艦」是修艦後試車,但當時並無試車之

命令，他也未接獲該艦之報告，於是開始懷疑該艦之行動。27 日回到南京後，他才進一步得知「重慶艦」是在 2 月 25 日上午 5 時擅離吳淞口，不知去向。[19]

　　「重慶艦」不告而別，海軍急切想要掌握該艦的行蹤。26 日周憲章電詢桂永清的同時，也以桂之名義致電「重慶艦」見習艦長盧東閣（青島海校 1934 年第三屆將校班），詢其「現在何處，開往何地，希立即電覆」；另致電「信陽艦」艦長白樹綿（青島海校 1937 年第四屆航海班），告知總部原有令「重慶艦」開往滸浦（白茆河上游）駐防的指示，但董沐曾報稱該艦 25 日離滬後，電訊中斷，不知是否到達，因此命「信陽艦」立即駛往滸浦查看該艦是否已到，並火速報部。[20] 27 日清晨「信陽艦」由劉海沙下駛，經滸浦鎮至白茆河，直到當日中午仍未發現「重慶艦」蹤跡。[21] 海軍總部亦向青島的第二軍區與基隆巡防處詢問，兩地均未發現。[22] 次日海軍總部再電告距上海較遠的廣州海軍第四軍區司令楊元忠（青島海校 1931 年第三屆航海班）、左營司令李國堂（福州船政後學堂 1902 年第十六屆駕駛班）與青島的梁序昭，如獲得「重慶艦」消息，應立即報告。[23] 另外一種搜尋方式為出動空軍，海總第三署作戰處處長段一鳴（電雷學校 1934 年第一屆航海班）就在 27 日上午飛抵青島，準備搭乘專機從空中尋找。[24] 海軍此時也許還抱著該艦只是開往仍在國府控制下的其他基地的希望，並未投共。

　　國府海軍雖然還不能確定「重慶艦」有無投共意圖，卻不能不做最壞的打算。「重慶艦」若是叛逃，途中遇上國府海軍艦艇的攔阻，極有可能反抗。該艦裝備和性能優於其他艦艇，萬一交戰，現有的國府艦艇均非其對手。因此，周憲章以密電在 26 日發往「永順艦」的海防第一艦隊司令馬紀壯（1912－1998，青島海校 1934 年第三屆將校班）、「峨嵋艦」艦

長曹仲周（1909－1995，青島海校 1931 年第三屆航海班）、「太康艦」艦
長黎玉璽（1912－2003，電雷學校 1934 年第一屆航海班）、「太平艦」艦
長蔣謙（1910－2002，青島海校 1937 年第四屆航海班），告知「重慶艦」
「未奉命令開出吳淞口，確實行蹤現尚不悉」，並命令「峨嵋艦」如果尚
未離開青島，暫緩出航，如已啟航，應盡速返回青島，在青島的各艦艇
則暫時一律不許出港，而在海上執行任務者需注意戒備。[25] 顯然因為實力
懸殊，海軍並不指望所屬艦艇能攔截「重慶艦」。

接獲總部電報的各艦，也回報了各自的狀況。「太康艦」艦長黎玉璽
2 月 27 日回電表示，「重慶艦」出走應是受到少數人脅迫，並非全體所
為，且在大海中航行期間，艦上可能會發生變化，「太康艦」遠航高速有
19 浬，可否由「太康艦」追捕。[26] 曹仲周說明「峨嵋艦」於 2 月 26 日離
開青島，沿途平安，將於 2 月 28 日夜間駛過長江口。該艦所裝之特種器
材及麵粉最好在臺灣卸下，且大部分官佐軍士眷屬均隨船赴臺，如能早
日安置，可使官兵安心服務，故而請求繼續前駛高雄，獲得總部同意。[27]
馬紀壯則數度提請桂永清對長山島今後的地位予以考慮，[28] 似乎認為「重
慶艦」若是投共，則國府海軍在華北海域將趨於劣勢。

國府海軍還有進一步的應變措施，2 月 28 日周憲章在總部召開臨時
會議，針對參謀總長顧祝同（1893－1987）的指示，研究「重慶艦」事件
發生之後果與預防。具體作法包括：（一）擬電報試呼「重慶艦」；（二）
由第三（計劃作戰）署研究以後艦艇行動控制辦法，每日應報船位；（三）
自美返國的「太和」、「太昭」兩艦抵達東京時，應特別秘密，並派人攜
送密電本；（四）通令全軍各艦，如有「重慶艦」電信誘致，不得接受；
（五）「重慶艦」官兵在上海的眷屬，宜分別訪問及調查，環境困難者予以
安撫，並將其情況設法播告「重慶艦」，以分化該艦官兵心理；（六）各

艦成立反間核心組織，並酌給經費；（七）在上海各艦如有不可靠等情事，即予停役不用（此為顧祝同電話指示）；（八）現洋不可擱置船上，已擱置者，財務處應有計劃酌提存岸上；（九）造具「重慶艦」官兵名冊及家世，由第一（人事）署交予情報處參考。[29]

　　空中的搜索很快就發現「重慶艦」的行蹤。搭乘空軍飛機的段一鳴於28 日上午 11 時，找到停泊在煙臺浪垻外港內的「重慶艦」，另有大小兩艦。此一發現證實了「重慶艦」確實已經投共。段一鳴認為勸回該艦實無可能，如果延遲，則可能有外籍飛機掩護「重慶艦」進入租界，因此他建議「速請轟炸，萬勿姑息」。[30] 段一鳴當日連發六電，強調「如無處置辦法，將有動搖之勢」，強烈希望總部勿再姑息，速作緊急處置。[31] 於是桂永清立即報請參謀總長顧祝同，轉飭空軍火速前往轟炸。他並提醒，海軍之「永順艦」近日就在煙臺港外監視，該艦僅 1,000 噸，請空軍注意聯繫，以免誤炸。[32] 不過他認為炸沉「重慶艦」恐怕不易做到，且仍抱著挽回該艦的希望，便要求周憲章「應於炸傷後從空中或艦上連絡，囑該艦官兵體念建軍艱難，痛自猛省，開回青島，准予從新整頓。」[33] 另一方面命令馬紀壯由長山島派員乘漁船潛入煙臺，企圖勸該艦官兵回軍。並得知中共已將艦上官兵二百餘人調駐煙臺玉皇頂集訓，改派共軍官兵二百餘人登艦監視，艦上不同意者曾被拘禁，並槍傷一人。[34]

　　「重慶艦」出走的消息，是在 3 月 2 日才公諸於世。即使如此，桂永清在上海回覆記者詢問時，仍只是答稱：「此艦現已駛至渤海灣，已電令艦長即日駛返此間」，並未證實該艦已投共。倒是英國遠東艦隊的官員開始和桂永清頻繁接觸，外界認為此種舉動和英國借予中國五年、與「重慶艦」同時抵華的「靈甫艦」有關。[35] 其實，桂永清在決定轟炸「重慶艦」後，就在 3 月 1 日電請原總統府第三局局長俞濟時（1904－1990）向

蔣介石報告「重慶艦」出走情形。他說明「重慶艦」是被少數軍士劫持潛逃，該艦有 30 萬元亦被劫走。由於該艦僅有 800 噸燃油，只有大連可以加油，現已決定徹底轟炸，如能消滅該艦或擊傷後救回，並不影響大局。他又在當日稍後發給俞濟時的電報中指出：據「重慶艦」24 日請假下船的官員報告，艦長鄧兆祥於 22 日晚下令，以 17 海里速度燒 6 個汽缸，準備開行。23 日清晨 6 時出吳淞口，遇大霧折回。24 日照常放假 44 人，約定 25 日正午接請假官兵回艦。但該艦於 25 日 5 時離吳淞口。桂永清指出，鄧兆祥為廣東人，此一事件顯然與李濟深有關。聽說該艦對空雷達損壞，一時不易修復，因此空軍行動不致提早發現。[36] 桂永清的此一說法，似在暗指鄧兆祥有發動叛逃的嫌疑。

蔣介石已在 1949 年 1 月 21 日下野，返回故里浙江奉化；他雖然過著似乎悠閒的日子，但仍關心國事，政府官員與高級將領亦絡繹於途。空軍副總司令王叔銘（1905－1998）曾於 2 月 27 日來到溪口，3 月 1 日晚間飛回南京。次日可能由空軍方面傳來消息，王叔銘得知「重慶艦」於「二月廿五日逃走，泊煙臺」，[37] 遂以電話通知溪口的蔣經國（1910－1988），所以蔣介石是在 3 月 2 日，始由蔣經國處得知「重慶艦」現「逃泊在煙臺港內，預定本月派機轟炸」。對此事件的發生，他有如下的感慨：

> 此為我海軍之奇恥大辱，誠無顏以見世人，更無顏以對英國贈此艦之厚義也。預料敗事者必桂永清，今果驗矣。此責故在辭修知人不明，而余既知其不行，而又不早自決心撤換，今已悔莫及矣。惟亡羊補牢，應思有以防其後也。余對陸、海軍之灰心絕望已極，在下野之前，本已作為被人消滅之劣品，故亦無所惜也。[38]

　　次日，他從報紙上得知「重慶艦」已經駛入煙臺港內，乃斷定復回無望，只有將之炸沉。他猜測中共沒有安排「重慶艦」駛入大連或旅順港，是因為該艦目標太大，駛入大連或旅順，恐怕遭國府空軍轟炸而引發中俄戰爭，故而俄人一定會拒絕。他想到即使炸沉了「重慶艦」，仍是愧對英國，因而對桂永清的指責更為嚴厲，說他「若不請求治罪或自戕，其誠無恥之極矣。」[39]

　　至於「重慶艦」為何叛逃，蔣介石當時也有以下的解釋：

　　　　海軍「重慶號」旗艦逃投共匪，其原因以調換艦長初到，桂又令舊艦長仍留艦中協助新任，而且日前裝載現銀卅萬圓於該艦，因之舊艦長突起惡念，自動投匪。而桂永清昏昧疏粗，毫不組織，亦無防範，屢戒不聽，鑄成此奇恥大辱。[40]

　　他再次批評陳誠識人不明，該負第一重責。而他自己明知桂永清不行，還任其所為，不加注意，也難辭其咎。[41] 顯然蔣介石得知「重慶艦」已在共軍控制的港口出現後，反應相當激烈。

四、偵察與襲擊

　　國府空軍在 3 月 3 日派遣 B-25 機 5 架，並由海軍的段一鳴隨機前往煙臺轟炸，但以 2,000 公尺之差，並未命中「重慶艦」。次日國府空軍續派飛機前往偵查，則已不見該艦蹤影。[42] 蔣介石對空軍於發現該艦三日之後方行轟炸，卻又不中，十分不滿，認為非常可恥。他預測該艦將會避入旅順或大連，進行改裝，潛入北韓。故而他「懸重賞，勒令空軍必須覓

獲該艦,炸沉而後已也。」[43] 王叔銘也認為這次任務失敗,是空軍之恥,而失敗原因在於陸空通訊不佳,且南京的 B-25 機亦未起飛。[44]

「重慶號」消失無蹤,國府只好繼續在茫茫大海中搜尋,並猜測可能去向。對於不可預測的海上遭遇,海軍總部再次提醒華北海域的艦艇留心戒備,然而見過「重慶艦」或了解其性能的海軍官兵並不多,總部遂應馬紀壯、梁序昭之請,提供「重慶艦」性能表,使官兵有所認識。[45] 空軍為了有效實施飛機偵炸,也由總部作戰科請海軍總部協助三件事:(一)將吳淞口至黃海、渤海區的全套海圖送予空軍總部,並在各海圖上繪明艦艇可航行之線及可停泊之港灣,以便飛機偵查;(二)電飭梁、馬兩司令等,每日定時將艦艇動態通報空軍駐青島指揮所,以免誤炸;(三)電飭梁序昭於每次飛機起飛時,派員隨機偵查,俾協助辨別海上艦艇。[46] 海軍總部迅即送去海圖,並立刻協調馬、梁兩人配合。

繼續搜尋「重慶艦」,似乎有了更周全的準備,然而搜尋過程仍是困難重重。[47] 據空軍之掌握,3 月 3 日「重慶艦」仍在煙臺,此後即離煙他駛。3 月 5 日清晨空軍在蓬萊水道附近發現一艦,但不敢斷定是否為「重慶艦」,乃請求海軍總部派員同往。但據馬紀壯報告,該艦可能是開往隍城島的 202 炮艇。[48] 之後空軍再向渤海區海面及大沽、煙臺、秦皇島、葫蘆島等地搜索,仍未發現該艦蹤跡,故而預料可能已經逃到旅大區內。桂永清得自美方未經證實的報告稱,「重慶艦」已逃至大連,因此準備透過外交部,請蘇聯將之扣留,並命馬紀壯選派漁船去大連打探實情。而馬紀壯得到的另一情報稱,「重慶艦」將派帆船自大連來長山島,接洽歸順事。種種跡象顯示,「重慶艦」極可能已經靠泊大連。於是空軍就在 3 月 10 日派機飛往旅大偵視,卻遭到兩架俄機由旅順升空干擾,以致空軍認為此種偵視可能引發事件,帶來外交糾紛,應先予研究考慮。此時周

憲章從美國武官處獲得美國駐大連領事館的消息,「重慶艦」並未到大連,也未有赴旅順的消息。[49] 因此這一搜尋方向毫無結果。

　　另一方面,海軍也是針對不同的消息來源,進行判斷。桂永清在 3 月 6 日獲知「重慶艦」已移至登州,就指示馬紀壯「就近派人接洽,勸該艦官兵體貼建軍艱難,勿使世人看吾人笑話。」並轉告他們所有問題均可從長計議,存放於該艦的 30 萬銀元即可作為賞金。[50] 兩天之後,又有來自美軍的消息指出,「重慶艦」和另一艘驅逐艦可能在周內到青島港附近。[51] 到了 3 月 14 日,馬紀壯再向桂永清報告,煙臺之漁船於 3 月 9 日離港時,「重慶艦」仍在煙臺港擋浪塤外停泊,該艦官兵在陸上行走。10 日該艦曾向成山島方向航行,請空軍嚴密偵察轟炸。當日馬紀壯將「永順」、「泰安」兩艦,北移至砣磯島探查確實消息。在砣磯島上,一位邵姓營長將他派人探得的消息報告馬紀壯,「重慶艦」於 10 日離開煙臺,開往葫蘆島,調原有官兵二百餘人登岸,另派共軍官兵二百餘人登船。原籍龍口、黃縣的 28 名士兵返鄉,均掛紅彩,受到全城歡迎。[52] 而據梁序昭探得消息,3 月初「重慶艦」停泊煙臺遭到國府空軍的轟炸威脅後,官兵就要求他駛,共軍則以派駐武裝部隊為條件,故該艦已有武裝共軍五百餘人。[53]

　　對於「重慶艦」初抵煙臺的情況,在這段期間也有了進一步的了解。據梁序昭 3 月 9 日呈報,有一平民於舊曆年年底返回煙臺,3 月 1 日來到青島,曾目擊「重慶艦」,他的印象是:(一)「重慶艦」到煙臺時,當地人極為驚疑,認為海軍既然不怕共軍攻擊,而突然投降,可能是為了和談任務;(二)是日見「重慶艦」官兵登岸,結隊行動,由武裝共軍陪同觀劇,形同監視,並不能同人民講話;(三)第一夜及次夜均由市長設筵招待官員,估計四五席;(四)第一夜市長向人民徵集被褥,表示招待官

兵所用，第二天又徵集較佳者；（五）第一日即拆高射機槍數門移岸；（六）共軍調炮兵二營駐煙臺山，監視該艦；（七）是日煙臺即宣佈防空，夜間滅燈；（八）煙臺港內時有英輪由香港運軍火汽油，換裝糧食；（九）蘇聯輪亦間運軍火到煙臺；（十）國府空軍有一次轟炸港內。[54]

3 月 17 日參謀總長顧祝同命周至柔（1899－1986）：「對於失蹤之『重慶號』，希盡力不斷設法搜尋，並於發現時不再待命應予摧毀」，此外，「凡能確實炸毀失蹤各艦之工作人員，應予重賞。」[55] 不過空軍已於先一日偵查發現「重慶艦」泊於葫蘆島，且在偵察飛行時，遭猛烈炮火射擊。[56] 海防第一艦隊司令部王參謀亦乘機偵察「重慶艦」靠葫蘆島碼頭，並請求派大批飛機轟炸，他建議以重賞低飛，方能收效，如果該艦逃出葫蘆島，則必來長山島。[57]

空軍在青島基地集中了 B-24 重轟炸機和其他機型的飛機，由第二軍區司令陳嘉尚（1909－1972）負責指揮。轟擊行動於 3 月 18 日展開，當日出動 B-24 4 架次、B-25 2 架，及 P-38 1 架、C-47 1 架，計投彈 20,000 磅，有 1 枚 1,000 磅炸彈直接命中艦之尾桅部，立即引發濃煙大火。執行任務的飛機也曾遭遇地面和艦上猛力高射炮火射擊。3 月 19 日出動 B-24 7 架次，P-38 1 架次，計投彈 30,000 磅，有 3 彈直接命中，炸毀艦上蓄油艙，該艦持續起火燃燒。3 月 20 日因氣候惡劣，僅有 B-24 飛往觀察，發現「重慶艦」傾側，因此判斷已將之擊毀。[58]

襲擊「重慶艦」的任務完成後，馬紀壯安排帆船潛赴葫蘆島，於 3 月 26 日出發，希望能帶回「重慶艦」不願投共官兵，以明了叛變真相。[59] 他本人也於 31 日率「永順」、「泰安」兩艦，出巡秦皇島、葫蘆島、塘沽、蓬萊等處，再回長山島。[60]

五、獎懲與檢討

　　炸毀「重慶艦」，空軍論功行賞。周至柔於 3 月 26 日召集參與此次轟炸任務的各部隊長和各單位代表開會，決定蔣介石犒賞的 10 萬銀元獎金分配方法。以獎金全數的 95.2% 獎予直接參加攻擊的作戰部隊，包括第八、十、一、廿等大隊，及第十二中隊；獎予參加之各地面指揮及勤務機構，包括青島指揮所、青島供應分隊、供應總處、第四供應處、406 通信大隊。其中在煙臺港及葫蘆島發現「重慶艦」之偵察機 C-47 機，與三次直接炸中該艦的 B-24 機，其機組人員獲得重獎。[61]

　　海軍方面，「重慶艦」之叛逃責任由桂永清一人承擔。他在 3 月 3 日以自己「身荷重責，領導無方，致使海軍首要軍艦變出意外，辜負寄託，無可辭咎」，呈請參謀總長顧祝同、國防部長徐永昌（1887－1959）「從嚴議處，以示懲戒，而肅紀綱」。[62] 顧祝同則於 3 月 10 日指示，對此叛逃事件將組調查組進行調查，給予桂永清撤職留任並降一級的處分。[63] 16 日監察委員孫玉琳、張定華（1904－1961）以事前未能防範，且對於該艦官兵未能予以合理待遇，對桂永清提出糾舉，並廣徵委員簽署。後由曹德宣（1895－1966）、盧鳳閣兩位委員負責調查。立法委員李雅仙（1893－1991）也在 3 月 22 日的院會中，提出臨時緊急動議，請國防部長、參謀總長、海軍總司令當日列席立法院，報告「重慶艦」投共原因和責任。但因新閣甫經組成，各部會首長尚未就職，改於 25 日再議，後再延至 30 日下午。[64] 3 月 30 日，桂永清在立法院做了「重慶艦」案的報告。[65] 到了 4 月 11 日，由代總統李宗仁（1891－1969）發佈命令，指稱桂永清「事前疏於防範，並對該艦人事處理亦欠妥善，實屬咎有攸歸，唯念該總司令久膺軍職，夙著勳勞，該艦出亡之日，是在巡行期間，防止不及，應予

從寬議處」，給予「撤職留任」的處分。[66]

「重慶艦」出走前，國府已發生多起陸軍部隊叛變事件，空軍則有超過 10 架飛機飛往共區，海軍「黃安艦」和「201 號」艇也在不久前叛逃成功，尚在處理中。而「重慶艦」是英國贈與之巨艦，具有戰後中國海軍重新出發的指標性意義，該艦於內戰方酣之時竟然投共，自然引起中外關注，且立即就出現各種傳言。有人說，海軍總部作戰署長就在艦上，中央銀行尚有黃金白銀存留艦上。對此傳言，海軍總部政工處長陶滌亞（1912－1999）於 3 月 3 日否認。又有路透社報導，某位「靈甫艦」士兵自稱返國後被迫離開海軍，只得在上海百貨公司充當店員。但「靈甫艦」艦長鄭天杰也即刻否認，並表示此項談論當係有人冒充捏造。[67]

「重慶艦」和前此出走的「黃安艦」、「201 號」艇不同，叛逃事件發生時，「黃安艦」艦長和「201 號」艇長均不在船上，而是由部分官兵控制艦艇後駛往共區，但是「重慶艦」長鄧兆祥和見習艦長盧東閣均在艦上，有可能是鄧兆祥下令啟航嗎？鄧兆祥在海軍之中頗具人望，抗戰前他奉派赴英受訓，留學期間成績優異，獲得英方好評。抗戰期間福州海校遷到貴州桐梓，鄧兆祥於 1942 年至 1945 年擔任海校訓育主任，他以身作則的管理方式，贏得海校學生的普遍敬意。故而他之雀屏中選，奉派赴英接艦，成為「重慶艦」首任艦長。如果該艦出走是出自鄧兆祥的命令，對於節節敗退的國民黨軍隊，又是一次沉重的打擊。

桂永清受到懲處的原因，只是含糊提到疏於防範與人事處理欠妥善。既然監察院要進行調查，立法院亦要求報告，海軍與桂永清本人都必須有更詳細的說明。桂之部屬曹仲周與馬紀壯，也都對「重慶艦」叛逃因素，提出個人意見。[68] 海軍總部監察處長為他準備的參考資料，列舉出遠因（主因）和近因。遠因包括：（一）該艦士兵為高中以上學生，頗具

自由思想，對主義信仰是否堅定，不無問題，且可能受近來政局動盪影響；（二）該艦士兵返國後，因待遇菲薄，生活較苦，時有怨言，要求請假退役者因不准所請而趨消極；（三）出路方面：該艦士兵均係大中以上學校學生，當日赴英受訓均抱欲望、目的，返國後生活既感刻苦，而士兵工作亦感苦悶。近因則有：（一）任務方面：該艦為輕級之正式巡洋艦，一般官兵因未明上峰計劃，以為有意將該艦降格，亦有不平不滿表現；（二）而該艦艦長亦不能確實掌握，致士兵日有潛逃，軍風紀尤為頹廢。總部有鑒及此曾派員協助，最近擬調該艦長為第一署副署長，該艦長目的原希望為艦隊司令，現既失望亦消極不滿；（三）最近總司令擬將政府給與之白銀分發全軍官兵，嗣奉代總統命令暫行緩發，曾一度引起全體官兵之憤慨，其後總司令部將一部分白銀交該艦，擬運赴臺灣，不免引起該艦官兵盜劫之心。[69] 桂永清雖曾隱約提及鄧兆祥有背叛意圖，但也不願進一步揣測其原因。故在向立法委員的口頭報告中，僅強調海軍官兵待遇只有國營商船服務者的 1/10，對於曾在國外受訓接艦回國服務的官兵，更容易引起刺激。[70]

　　來自海軍之外的批評則比較直接。監察委員曹德宣認為「重慶艦」出走，主要原因是海軍派系摩擦，由青島系的新艦長盧東閣代以馬尾系的舊艦長鄧兆祥，激起鄧兆祥和馬尾系官兵不滿，憤而出走，既非待遇原因，亦非共黨陰謀煽動。鄧兆祥可能是臨時預謀，故而派非馬尾系的副長在滬開會，另命四十餘位非馬尾系船員登岸。22 日就以試航為藉口出走，因大霧折返，可以看出其為有意出走。[71] 最後在糾舉書中指出，桂永清利用派系互相傾軋，作為控制之術，因派系摩擦，造成「重慶艦」出走遠因；而鄧兆祥被免職，要求做一法制委員而不可得，僅發表其為第一署副署長，為「重慶艦」出走的近因。[72]

六、英國的反應

　　英國海軍方面在 1949 年年初，即對中國可能的情勢發展有所注意，並尋求應對之道。1 月間，新加坡總督詹遜（Sir Franklin Charles Gimson, 1890-1975）在回覆英國海軍部詢問，是否應提供設施給前來避難的國府海軍時，就表示若是同意國府海軍避難，會引起強烈批評與親共碼頭工人的破壞；香港總督也有同樣的看法。[73] 到了 1 月 28 日，海軍部明確告訴外交部，若是國府獲贈和租借的英國軍艦很可能落入中共手中時，英國要採取立即措施。對於中國租用的「靈甫艦」，將力勸桂永清勿堅持三個月以前的通知，而要求立即歸還。至於已屬國府海軍的「重慶艦」和八艘小艇，若英國政府無意承認未來取代國府的中國新政府，則僅建議這些艦艇歸還英國。如果情勢發展甚快，則由英國駐華大使和遠東海軍司令逕行處理。海軍部相信，萬一這些艦艇落入中共手中，除了引起一些國內外的批評外，不會造成太大影響，因為沒有後續的英製和美製的零件與裝備，這些艦艇很快就發揮不了作用。[74]

　　「重慶艦」2 月 25 日的出走，英國駐華海軍武官是在 2 月 28 日向海軍部報告 HMS *Cossack* 艦所得到的消息，不過當時研判「重慶艦」的目的地是基隆。[75] 3 月 2 日《泰晤士報》（*The Times*）刊載「重慶艦」未奉命令，已於 2 月 25 日潛離長江下游，逃往煙臺投共的消息，英國海軍部非常關心，當日下午 4 時海軍部情報司長邀請中國駐英海軍武官陳粹昌面談，詢問以下五事：（一）「重慶艦」原配員兵是否調動過？是否多為華北籍？思想如何？（二）聽說鄧兆祥艦長調任，新的艦長學能資歷思想如何？（三）官方已否證實逃艦消息？如已證實，中國海軍如何處置？（四）是否已進行「靈甫艦」的防衛？（五）「重慶艦」是否有可能逃往旅順或

大連港？[76] 駐英大使館也急電廣州的外交部，詢問《泰晤士報》的報導
是否確實。[77] 桂永清在 3 月 9 日分別致電外交部次長董霖（1907－1998）
和駐英海軍武官陳粹昌，證實「重慶艦」逃往煙臺，該艦被炸後離煙他
駛，仍在偵查中，至於細部情形，英國遠東艦隊總司令 Vice Admiral Sir
E. J. Patrick Brind 已明瞭。[78] 而 Brind 於 3 月 2 日拜訪桂永清，由其口中證
實「重慶艦」駛抵煙臺的消息時，他觀察到桂永清顯然極為震驚，而不
知下一步該如何做。桂永清甚至提議請英國軍官幫忙勸回「重慶艦」，並
相信由於油料不夠，以及部分軍官仍效忠政府，「重慶艦」有可能自動返
回。[79]

　　英國海軍部雖然關切「重慶艦」的去向，他們更注意「靈甫艦」的問
題，因為「靈甫艦」的主權仍屬於英國，萬一該艦投向中共，就會使英國
處於尷尬的立場。[80] 3 月 19 日「重慶艦」在葫蘆島被炸沉，23 日英國外
務部就在給中國駐英大使館的照會中，引用〈中英租借協定〉之規定，要
求中國自 21 日起的三個月內，將「靈甫艦」歸還英國。海軍總部積極進
行暫緩交還之交涉，但並無效果。中英雙方遂於 5 月 27 日完成「靈甫艦」
交還英國的手續。[81]

七、結語

　　1949 年年初國共內戰的戰場上，中共已囊括長江以北大部分地區，
正準備揮師渡江。國府即使繼續保有「重慶艦」，也無法挽回大局。不過
當時中共尚未建立海軍與空軍，處於優勢地位的國府海、空軍，尚能於
必要時支援陸軍作戰，或協助軍民撤退。「重慶艦」為當時國府最大的軍
艦，自然能夠發揮其功效。不料「重慶艦」突然投共，雖然中共短期內

還不能將之運用自如,但是該艦一旦投入內戰,國府海軍將立即居於劣勢,甚至威脅到國府陸軍的作戰。因此炸沉該艦,以免為敵所用,實為國府痛苦的選擇。蔣介石認為炸沉該艦有其嚇阻作用,「此於海軍今後之心理影響甚大,料其不敢再如過去之大膽逃投共匪,而間接使各種商船亦不敢被匪煽動圖降」。[82] 馬紀壯也表示「叛艦被誅,同感欣慰,從此奠定海軍團結之基石,粉碎匪方分化企圖。」[83] 不過這種看法未免太樂觀,隨著戰局的惡化,國府海軍續有艦艇投共。

「重慶艦」投共,對當時和以後的國府海軍至少產生三種影響。第一,加速內戰期間國府海軍主力的南移,尤其是移向臺灣。桂永清於 3 月初開始實行蔣介石交代顧祝同的計劃,即將 1,000 噸以上及 1,000 噸以下能在外海行駛之軍艦,全部集中臺灣,徹底整頓。[84] 美國贈送的「太和」、「太倉」兩艘護航驅逐艦,奉令逕行駛往臺灣。[85] 而原以長山島為基地的海防第一艦隊,也將其艦艇陸續駛離。第二,「重慶艦」叛逃,又遭炸沉,英國政府與海軍持續關切此事,多次透過駐英使館向國府索取訊息,桂永清也將詳情以口頭和書面形式,向英國遠東艦隊司令 Brind 說明。英國借予中國的「靈甫艦」原打算駛往廣州,作為訓練之用,英國決定提前收回。海軍總部雖在是年 4、5 月間極力爭取,但英國態度強硬,國府海軍只得交還。此後雙方亦無進一步的海軍合作。第三,「重慶艦」叛逃之後,馬紀壯和梁序昭分別擔任長山島和青島的指揮官,兩人不僅沒有受到此一最大戰艦出走的影響而動搖,反而與總司令桂永清積極聯繫,提供情報,達成擊毀叛艦任務。桂永清卸任之後,馬、梁兩人先後接任國府海軍總司令,或許與其在當時的表現受到肯定有關。

「重慶艦」雖然未能為中共所用,但在大陸出版的海軍史著作中,「重慶艦起義」和鄧兆祥的介紹,可以經常見到。不過此一事件直接有關的檔

案文件，卻未能得見，以致目前近似「紀實文學體」的著作，出現了甚多
臆測性的內容。本文藉由臺灣所藏檔案，大致可以釐清以下幾件史實：
（一）桂永清並非在南京得知「重慶艦」之出走；（二）蔣介石更是遲至
3月2日才在溪口得知；（三）蔣介石對處理此一事件，的確介入甚深，
海、空軍總司令亦經常向他報告。不過並非蔣介石下令將桂永清撤職留
任。總之，現藏臺灣的檔案，只能部分釐清「重慶艦」出走後國府的處理
情形。該艦之出走應係中共地下黨最先發動，其行動如何執行，鄧兆祥
是「突起惡念」還是遭到劫持，並未參與行動的官兵於過程中如何反應，
以及該艦到達共區後的中共處置情形，或許在大陸相關檔案開放後，才
有可能進一步研究與澄清。

注釋

1　〈1949 年 2 月 27 日周應驄電海軍總司令部〉,《國軍檔案》622.1/2010/1（臺北,檔案管理局藏；以下同）,「重慶黃安兩艦叛逃案（一）」（本案共兩卷,以下分別簡稱「叛逃案（一）、叛逃案（二）」）。《申報》,1949 年 3 月 21 日,頁 4。

2　〈1949 年 2 月 22 日梁序昭電桂永清〉、〈1949 年 2 月 24 日桂永清電梁序昭〉,「叛逃案（二）」。

3　老冠祥:〈「重慶艦事件」與近代中國〉,李金強、麥勁生、蘇維初、丁新豹主編,《我武維揚:近代中國海軍史新論》（香港:香港海防博物館,2004 年）,頁 314-328。

4　郭金炎:《大海之子鄧兆祥》（濟南:黃河出版社,1996 年）。陳明福,《重慶艦舉義紀實》（北京:九洲圖書出版社,1997 年）。王頤槙編,《重慶艦起義:永不磨滅的歷史記憶》（青島:青島出版社,2012 年）。

5　紀墨編著:《重慶艦人》第一輯（出版地不詳,2011 年）。王頤槙編,《重慶艦起義:永不磨滅的歷史記憶》（青島:青島出版社,2012 年）。

6　《「重慶艦人」簡訊》原為紐約發送的電子期刊《縮版海俊通訊》之附件,但最近兩年筆者未再收到。

7　張力:〈1940 年代英美海軍援華之再探〉,李金強、麥勁生、劉義章編,《中國近代海防史國際學術研討會論文集》（香港:香港中國近代史學會,1999 年）,頁 285-287。

8　〈1948 年 5 月 25 日桂永清呈顧祝同〉,「英國政府以十三艘艦艇移交我國」,外交部檔案（臺北國史館藏）,檔號:02000003802a。

9　〈桂永清呈蔣總統 8 月 20 日簽呈〉,「蔣中正總統文物」（臺北國史館藏）,檔號:00202040000049039001。

10　《中央日報》,1948 年 8 月 15 日,頁 4。

11　《中央日報》,1948 年 8 月 19 日,頁 2。

12　〈桂永清呈蔣總統 8 月 20 日簽呈〉,「蔣中正總統文物」,檔號:00202040000049039001。

13　〈1948 年 9 月 7 日陳誠致譚祥函〉,「陳誠家書」（臺北國史館藏）,檔號:00801020100016002003。

14　《中央日報》，1948 年 9 月 15 日，頁 4。

15　《蔣介石日記》，1948 年 10 月 7 日。

16　桂永清，〈重慶案報告書〉，「叛逃案（一）」。

17　〈1949 年 3 月 7 日第六署第二處呈報〉，「叛逃案（一）」。

18　〈1949 年 2 月 26 日桂永清電盧東閣〉、〈1949 年 2 月 26 日周憲章電桂永清〉，「叛逃案（一）」。

19　桂永清：〈重慶案報告書〉，〈1949 年 2 月 26 日桂永清電周憲章〉，「叛逃案（一）」。

20　〈1949 年 2 月 26 日桂永清電盧東閣〉、〈1949 年 2 月 26 日桂永清電白樹綿〉，「叛逃案（一）」。

21　〈1949 年 2 月 27 日白樹綿電桂永清〉，「叛逃案（一）」。

22　〈1949 年 2 月 26 日桂永清電梁序昭〉，「叛逃案（二）」；〈1949 年 2 月 27 日梁序昭電桂永清〉〈1949 年 2 月 28 日桂永清電許承功〉，「叛逃案（一）」。

23　〈1949 年 2 月 27 日桂永清電楊元忠、李國堂、梁序昭〉，「叛逃案（一）」。

24　〈1949 年 2 月 26 日桂永清電梁序昭〉，「叛逃案（二）」。

25　〈1949 年 2 月 26 日桂永清電馬紀壯、曹仲周、黎玉璽、蔣謙〉，「叛逃案（一）」；〈1949 年 2 月 26 日桂永清電梁序昭〉，「叛逃案（二）」。

26　〈1949 年 2 月 27 日黎玉璽電桂永清〉，「叛逃案（一）」。

27　〈1949 年 2 月 28 日桂永清電曹仲周〉，「叛逃案（一）」。

28　〈1949 年 2 月 27 日馬紀壯電桂永清〉、〈1949 年 2 月 28 日馬紀壯電桂永清〉，「叛逃案（一）」。

29　〈臨時會議記錄〉，「叛逃案（一）」。

30　〈1949 年 2 月 28 日段一鳴電桂永清〉，「叛逃案（一）」。

31　〈1949 年 2 月 28 日段一鳴電桂永清、周憲章〉，「叛逃案（一）」。

32　〈1949 年 2 月 28 日桂永清電顧祝同〉，「叛逃案（一）」。

33　〈1949 年 2 月 28 日桂永清電周憲章〉，「叛逃案（一）」。

34　桂永清：〈重慶案報告書〉，「叛逃案（一）」。

35　《申報》，1949 年 3 月 3 日，頁 2。

36　〈1949 年 3 月 1 日晨桂永清電俞濟時〉、〈1949 年 3 月 1 日申時桂永清電俞濟時〉，《國軍檔案》542.9/2010，「重慶長治黃安叛艦偵炸案」（以下簡稱「偵炸」）。電文中鄧兆祥之名誤記為鄧兆幟。

37 《王叔銘日記》（臺北中央研究院近代史研究所檔案館藏，以下同），1949 年 3 月 2 日。

38 《蔣介石日記》，1949 年 3 月 2 日。「厚義」疑為「厚誼」之誤。

39 《蔣介石日記》，1949 年 3 月 3 日。

40 《蔣介石日記》，1949 年 3 月 5 日後之〈上星期反省錄〉。

41 《蔣介石日記》，1949 年 3 月 5 日後之〈上星期反省錄〉。

42 〈1949 年 3 月 11 日桂永清報告李代總統〉，「叛逃案（一）」。

43 《蔣介石日記》，1949 年 3 月 5 日後之〈上星期反省錄〉。

44 《王叔銘日記》，1949 年 3 月 4 日。

45 〈1949 年 3 月 8 日桂永清代電梁序昭〉，「叛逃案（二）」。

46 〈1949 年 3 月 5 日空軍總部林科長來電〉，「叛逃案（一）」。

47 根據大陸出版品所載，「重慶艦」於 3 月 3 日晚 6 時駛離煙臺港，4 日上午早上 6 時左右抵達葫蘆島。見蘇小東等編：《怒海驚濤—— 中國共產黨人與民國時期的海軍》（北京：解放軍出版社，2002 年），頁 180。

48 〈1949 年 3 月 5 日梁序昭電桂永清〉、〈1949 年 3 月 6 日馬紀壯電桂永清〉，「叛逃案（一）」。

49 〈1949 年 3 月 11 日梁序昭電桂永清〉，「叛逃案（二）」。

50 〈1949 年 3 月 6 日桂永清電馬紀壯〉，「叛逃案（一）」。

51 〈1949 年 3 月 8 日梁序昭電桂永清〉，「叛逃案（二）」。

52 〈1949 年 3 月 14 日馬紀壯電桂永清〉，「叛逃案（一）」。

53 〈1949 年 3 月 15 日梁序昭電桂永清〉，「叛逃案（一）」。

54 〈1949 年 3 月 9 日梁序昭電桂永清〉，「叛逃案（一）」。

55 〈1949 年 3 月 17 日顧祝同代電周至柔〉，「叛逃案（一）」。

56 〈1949 年 3 月 16 日梁序昭電桂永清〉，「叛逃案（一）」。

57 〈1949 年 3 月 16 日馬紀壯電桂永清〉，「叛逃案（一）」。

58 〈空軍總部 20 日代電〉，「叛逃案（一）」；〈1949 年 3 月 21 日周至柔函蔣介石〉，「偵炸案」；《申報》，1949 年 3 月 20 日，頁 1；《申報》，1949 年 3 月 21 日，頁 1。

59 〈1949 年 3 月 22 日馬紀壯電桂永清〉，「叛逃案（一）」。

60 〈1949 年 3 月 27 日馬紀壯電桂永清〉，「叛逃案（一）」。

61 〈1949 年 3 月 31 日周至柔函蔣介石〉，「偵炸案」。本次會議同時決定炸沉黃安艦之一萬銀元獎金分配辦法。

62　〈1949 年 3 月 3 日桂永清報告〉，「叛逃案（一）」。

63　〈1949 年 3 月 10 日 21 時顧總長電話〉，「偵炸案」。

64　《申報》，1949 年 3 月 17 日，頁 1；1949 年 3 月 23 日，頁 2；1949 年 3 月 26 日，頁 2。

65　《中央日報》，1949 年 4 月 1 日，頁 1。

66　《申報》，1949 年 4 月 12 日，頁 1。

67　《申報》，1949 年 3 月 4 日，頁 2。

68　2 月 28 日「峨嵋」艦長曹仲周認為，「重慶艦」突變，恐怕是因為待遇難以維持生活，人事又經變動，以致軍心意志動搖。他建議桂永清速作斷然處置，提高待遇，裁汰冗員，人事補給以熟識的人主持，以減少艦隊隔膜，才能安軍心、定危局。馬紀壯得知桂永清將向立法院就「重慶艦」叛變經過，提出報告，他提出以下可供說明的原因：（一）艦長管教不嚴；（二）軍官與士兵脫節，下情不能上達；（三）因待遇與商船比較太低，一般情緒不安，易受煽動；（四）少數武裝暴侵威脅艦長及高級軍官，行使非法職權；（五）信仰不堅定，思想訓練不夠；（六）缺乏情報主管，不能隨時應付；（七）新自國外歸來，素質較高，不滿意現實；（八）主管缺乏魄力與親信，幹部無法抑制臨時變亂。〈1949 年 2 月 28 日曹仲周電桂永清〉、〈1949 年 3 月 28 日馬紀壯電桂永清〉，「叛逃案（一）」。

69　〈重慶巡洋艦事件調查之參考資料〉，「叛逃案（一）」。

70　〈重慶案報告書〉，「叛逃案（一）」；《中央日報》，1949 年 4 月 1 日，頁 2。

71　《申報》，1949 年 3 月 26 日，頁 2。

72　《申報》，1949 年 4 月 12 日，頁 1。

73　FO 371/75883, pp.5-6.

74　FO 371/75886, pp.6-7.

75　FO 371/75883, p.14.

76　〈1949 年 3 月 2 日陳粹昌函桂永清〉，「叛逃案（一）」。

77　〈1949 年 3 月 6 日董霖函桂永清〉，「叛逃案（一）」。

78　〈1949 年 3 月 9 日桂永清電董霖〉、〈1949 年 3 月 10 日桂永清電陳粹昌〉，「叛逃案（一）」。

79　FO 371/75883, p.17.

80　FO 371/75883, p.10.

81　張力：〈1940 年代英美海軍援華之再探〉，頁 292-295。

82　《蔣介石日記》，1949 年 3 月〈上星期反省錄〉。

83　〈1949 年 3 月 20 日馬紀壯電桂永清、周憲章〉，「叛逃案（一）」。

84　〈1949 年 3 月 4 日桂永清電俞濟時〉、〈1949 年 3 月 5 日俞濟時呈蔣介石〉，「偵炸案」。

85　〈1949 年 3 月 4 日桂永清電俞濟時〉，「偵炸案」。「太和」與「太倉」兩艦同於 1949 年 3 月 21 日駛抵左營軍港，見 http://navy.mnd.gov.tw/Publish.aspx?cnid=868&p=10375&Level=2。

第二章
戰後中國閩粵地區的疏濬問題（1945－1949）

劉芳瑜

一、前言

　　福建、廣東兩省位於中國華南地區，航運相當發達，人民往來各地多利用船隻通航，為中國重要對外貿易之地。而在廣東附近的香港，因地理位置和政治上的因素，兩地的關係相當密切。中日戰爭爆發後，雖然香港保持中立，但從外國輸入中國的重要物資多經由香港而轉進廣州，以此支援中國的戰爭，若此條管道被截斷，對於中國的戰局影響甚大，重要性不言而喻。[1] 而日軍也深知此補給線對中國戰事的影響，為了切斷中國華南的補給線，遂進攻福建與廣東，封鎖大陸沿海援給，並從沿海向內陸進攻。而中國海軍為了抵擋日海軍的攻勢，在考量自身的狀況下決定自沉船隻、敷設水雷形成封鎖線，抵抗、拖延日海軍的攻擊。而兩軍在交戰之際，雙方時有船艦受損沉沒而成為另一種阻塞線。在戰爭末期，美軍為使日本投降，採取封鎖策略，在日本本島、佔領區等重要補給線上拋放大規模的水雷，廣東、香港等港口皆為盟軍佈雷的重要區域，另一方面中國配合盟軍的策略，中國軍隊也從重慶、廣西向外推進，[2] 日軍為抵擋中國的反攻，遂在廣東、香港、福建進行反封鎖，同樣

採取敷設水雷的戰略。因此，在戰爭結束後，掃除水雷和打撈沉船成為恢復對外航運的首要工作。

　　雖然航道的疏濬本屬戰後復員工作一環，但在現有的研究中卻少被關注。目前有關戰後中國的疏濬工作，除筆者所著之《海軍與臺灣沉船打撈事業（1945－1972）》，[3] 以及〈戰後長江航道的疏濬（1945－1948）〉一文之外，[4] 僅有《當代中國救助打撈史》，[5] 以及部分地方志曾論述中國內河、沿海的救撈工作，但這些作品只論及 1949 年後中國打撈業的發展情況，並未深入探究 1945 至 1949 年中國究竟如何進行河道、港口疏濬。因此，為了了解航道疏濬對於戰後重建的重要性，筆者以福建、廣東及香港地區為討論中心，[6] 運用臺灣檔案管理局所庋藏《國防部檔案》及相關檔案、資料，了解國民政府的復員政策規劃，外國勢力如何協助閩、粵及香港掃除水雷，而該區打撈沉船的情形究竟為何，最後再進一步分析政府的規劃與實際運作的差異情況，軍隊的角色，以及掃雷和打撈沉船這兩種疏濬工作對於這些地區的影響。希望藉著另一種課題，反映戰後中國的多樣的風貌。

二、戰時中日海軍在閩粵水域的攻防

　　早在戰爭爆發之前，中日之間的關係已一觸即發，日軍在沿海一帶的舉動，已受到中方的注意。1937 年 7 月戰事爆發後，日本海軍隨即進攻福建、廣東沿海一帶。我方海軍考量中國海岸線甚長，海軍數量和力量不足，尚無法全面抵擋日海軍的攻擊。但為拖延日海軍往內推進，軍事委員會決定以要塞作為防禦的重心，以沉船阻塞和鋪設水雷阻擋日海軍與陸軍配合作戰。在福建沿海一帶，海軍總司令部（以下簡稱海軍總

部）已要求馬尾要港司令部李世甲（1894－1970）及廈門要港司令林國賡（1886－1943）注意防範，運用閩口、廈口的炮臺抵擋日軍的進攻。同年9月更徵調「靖安」、「建康」、「閩海」、「同利」、「寧安」、「華興順」等商輪，集結碼頭船、警艇、帆船，將船載滿沙石開往長門外福斗島附近自沉，並投以石塊，形成鞏固的阻擋線。海軍總部派「正寧」、「撫寧」、「肅寧」三炮艇負責防禦、監視敵軍，「楚泰艦」戒護南港（烏龍江）。[7]

　　1937 年 9 月日軍轟炸機首在福建廈口重要據點進行空襲，海軍在廈門的重要基地幾乎全毀，金門被日軍佔領。隔年 2 月，海軍總部為加強廈門的防禦，派先前在江陰作戰的高憲申（1888－1948）擔任廈門要港司令，雙方持續激戰 3 個月，當時廈門的《福建民報》、《江聲報》，香港的《華字日報》皆對兩軍對戰的消息有頻繁的記載。[8]1938 年 5 月海軍在廈門的據點被攻陷，閩口情勢轉而危急。[9]同月底，日軍對閩口進行轟炸，正寧、撫寧、肅寧三炮艇給予回擊，但撫寧炮艦受到嚴重的轟擊而沉沒，隔日日軍再度來襲，將其餘二炮艇擊沉。炮艇沉沒後，海軍將原炮艇官兵組成閩口巡防隊，繼續負責閩口防禦任務。[10]然而，日軍持續不斷地進攻，進入長門、福島海域受阻塞線和炮火攻擊而撤退，之後日海軍在福建進行封鎖，並聯合空軍在閩江沿岸進行轟炸，導致我方海軍在馬尾的重要機關受損嚴重。[11]

　　由於廈門已被日軍佔領，中方加強在閩江的軍事防禦，1938 年 5、6 月在福斗江、梅花水道、烏豬水道佈置水雷。中央也派兵到閩支援，針對現有的防守區域馬尾要港司令部重新擬定「第四戰區福建分區對日作戰計劃」，將海軍主力配置閩江口北岸，調配陸戰隊防守下歧、烏豬一帶。閩江江防司令部則將陸戰隊調至福州東側，與陸軍八十師會合，並將海軍分配到閩江各據點，希望藉由層層軍力佈署及江岸炮臺所形成之防禦

線能順利防止日軍攻擊。[12] 而在日軍不斷攻擊下，1939 年 4 月我方又在長門江、梅花水道、烏豬水道加佈水雷，再度增強福建的防禦功能。[13]

1940 年 1 月日本驅逐艦連同轟炸機炮轟福斗島、閩口長門，且追擊民船，海軍陸戰隊予以還擊，日軍暫時撤退，不久之後又派遣轟炸機空襲陸戰隊駐紮地。[14] 同年 2、3 月，日本軍艦再度來犯，向漁船開炮將其焚毀，並駛入阻塞線用機槍掃射破壞江面上的水雷，中方發現後隨即反擊，將其擊沉。之後幾乎每月日軍不時來犯，期間雖有一度登陸，但仍受到中方的對戰抵抗而離去，一直到 1941 年初日軍南進企圖逐步明確，在福建的攻勢也日益密集。[15] 該年 4 月，日軍派遣更多的兵力攻擊福斗、琅歧兩島及閩口兩岸炮臺，終不敵日軍的進攻。接著，日軍在炮火猛攻之下往閩江推進，並攻陷福州、馬尾。中方為防止日軍運用馬尾基地設備，均將其毀壞，將擱淺於福州南港的「楚泰」軍艦鑿沉，海軍部隊則遷往閩江上游南平，派人在江上放置漂雷，藉江順流而下主動攻擊日軍。之後，由於中日軍在福建地區的戰事膠著，日軍在考量後退出福州、馬尾等地，中國海軍隨即克復該地，並與佔據長門、川石等島日軍進行對抗。在擊退日軍後，海軍立即重新進行江防佈署，派佈雷隊在長門佈雷。[16] 1942 年 1 月，海軍陸續在閩江福斗、壺江、烏豬、梅花等地佈置水雷區，3 月日軍再度來犯，僅攻占川石島，其餘各地攻勢受阻，故使日軍暫停對福建各地的攻擊。1943 年 1 月至 1945 年 8 月日軍投降之前，多次發起攻擊，中方多在閩江水面佈雷。然而，就日軍而言，亦在佔領區佈置水雷；如日軍在廈門鋪設 1 至 2 米的水雷，及九龍江石碼潛佈水雷，以對中國海軍進行反封鎖。[17]

在廣東方面，戰事開啟後，日海軍主要派遣「吳竹」、「疾風」等驅逐艦，配合轟炸機執行大轟炸，我方「海周」、「海虎」、「肇和」、「海

維」、「江大一號」、「舞鳳」、「堅如」等艦中彈沉沒，戰力大損，僅剩一些河用炮艇。1938 年 10 月海軍雖在珠江虎門、橫門、崖門設置三道封鎖線，並在珠江口自沉 6 艘商輪封鎖防止日軍登陸，又在虎門頭、虎跳門、大刀沙、潭州外海等地敷佈觸發水雷，另外也利用時間性漂雷襲擊日本軍艦。但因佈雷時間較晚，在 10 月 12 日日軍從大亞灣登陸，沿路進攻至廣州，虎門要塞因而淪陷。同年 11 月，我方水雷隊在淡水河佈放漂雷準備襲擊虎門要塞日海艦，卻遭受敵軍轟炸，致使 8 艘佈雷艇被炸沉。不過在粵桂江防部陸續佈雷之下，日軍無法順利從廣東各港進入內陸，縱然期間有登陸，但其船艦時常在掃除我方佈置水雷時觸雷沉沒，日本軍艦受到水雷襲擊而受損，減緩了攻擊速度。[18]

迨 1939 年初我軍撤出廣州後，駐軍前往西江集結，粵桂江防部進行第二期的佈雷，首在西江肇慶峽內外置雷。該年夏季在肇慶峽至三水一帶，完成永安、沙浦、桃溪等雷區封鎖線，並在兩軍交戰前線不時放置水雷，防止日軍西進。其後至 1940 年秋，海軍總司令部亦派佈雷隊駐防肇慶，協助高要縣、德慶縣、郁南縣、對川縣等沿江地區實行佈雷封鎖，致使兩軍在此對峙長達 5 年，期間日軍雖有意從三水進軍高要，卻始終未能穿越佈雷區。1939 年 11 月日軍另從欽州灣登陸佔據南寧，往桂南進攻，我方海軍則在邕江上下游佈雷，且在賓陽會戰獲得極大的效果。之後日軍雖繼續往廣西挺進，但始終未能全面掌握該地的戰勢。[19]

在東江部分，我方海軍首在下游惠陽、博羅、東莞等縣佈雷，1941 年 12 月日軍攻擊惠陽，經大田壩雷區時，其中 1 艘裝甲電船觸雷而毀。在鮀江、韓江地區，最初先於汕頭馬嶼口鋪設視發水雷，1939 年 6 月在揭陽錢江口敷設觸發水雷。汕頭淪陷後，為防止日軍從此道進入內地，1940 年秋季後海軍派水雷隊至鮀江、韓江河道各處佈置水雷，1942 年 10

月數艘日軍河面警備艇就因觸及我方施放的漂雷而沉沒。[20]

　　然而，在英國統治的香港地區，中日交戰時英國一直維持著中立。但隨著日軍佔領廣東各地，英軍也提高警戒，加強香港的防備，直至 1941 年 12 月 8 日日軍對香港英軍展開攻擊，英日兩國才進入敵對狀態。由於英軍在港人數有限，又非英國遠東戰場的中心，故在同月 25 日就被日本佔領。[21] 但隨著戰爭時間的延長，戰區的擴大，日軍的負擔倍增。為迫使日本投降，美軍在戰爭末期實施封鎖戰，展開飢餓戰役計劃，以水雷封鎖日軍的港口、海峽和航道，切斷其海上交通線，藉此癱瘓日本的經濟與生產。美軍除了在日本國內投下大量水雷，在中國戰區也進行封鎖，中國廣東沿海港口、內河與香港成為拋放水雷的重點區域。[22]1944 年 9 月美軍首次在香港水道拋放 MK26-1 型的水雷，下月底又在香港、廣州施放漂雷，12 月和 1 月則在香港拋放 4 次水雷，且時效甚長。[23] 又，此時中國軍隊配合盟軍作戰，策劃總反攻計劃，準備奪取廣州，以增加盟軍戰爭物資供應的管道。[24] 在種種策略的合作之下，日軍不但必須防備盟軍空拋和敷設的水雷，還需用水雷防止對方的進攻。最終，隨著日本的投降，戰時在航道上鋪設的水雷便成為戰後復員上的一大問題。

二、海軍的掃雷業務與外國的合作

　　在戰爭期間，在航道放置水雷和沉船形成封鎖線，是中日雙方抵擋對方進攻的方法，也是美軍封鎖日本的重要戰術。在戰爭末期，中國軍隊一面從內地往沿海推進，另一面軍事委員會已將清除水道障礙物列為海軍 7 項重要復員業務的項目之一；[25] 並命由海軍總部、軍令部，及交通部共同負責，一同著手規劃如何疏濬航道，以恢復航運安全與暢通。[26]

航道的疏濬可分成掃雷與打撈沉船兩種，兩者又以清除水雷為首要工作。海軍總部根據當時中國海軍人力和水道阻塞情況，認為將會遭遇 4 項困難：第一，有關人力配置問題，由於海軍佈雷隊分駐各地，就當時交通阻滯的情況，部隊器材難以迅速轉運到達各水雷區，無法符合復員的需要。第二是器材問題，掃雷所需要的器材，其中若有缺漏，就無法執行業務。第三則是水雷種類問題，由於日軍在撤退時曾沿江、沿岸設置水雷，阻擋軍民推進，若鋪設觸發引爆型水雷，掃除較易，若為磁性水雷、音浪水雷、磁音混合水雷，則需有相當的經驗和特殊器材。第四為沉船打撈問題，軍方認為封鎖線所沉船艦歷時數載，輕小型船隻可能被水沖走無存，而大型或深陷水底船隻，或已改變位置者，必須花費相當人力，徹底打撈或破壞，才可恢復航行。雖然如此，海軍總部仍全力調配人力清除航道障礙，決定由其轄下 4 個佈雷總隊 28 個大隊依照原本佈雷總隊所負責放雷及駐守地點，進行業務的分配，並允許每一個總隊可自行覓僱 20 名潛水人員，以增強其工作能力。在各水道阻塞清除計劃中，福建各江的掃除工作，由第二佈雷總隊負責掃除區域內的水雷。[27] 至於廣東地區，則將粵桂江防佈雷總隊 [28] 編入復員計劃，由其處理該區清雷事宜。[29]

　　負責清理福建地區水雷的第二佈雷總隊，管轄 7 大隊，總隊駐福建崇安，所屬各大隊分駐閩、浙、贛，計有軍官 143 人，官兵 670 人。該總隊派駐閩浙贛各一大隊分別就地清掃各原有雷區，其餘 4 隊前往九江上下游和上海南北近海搜索漂雷。[30] 因此，第二佈雷總隊指示駐閩第三大隊處理閩江口雷區，[31] 掃除之水雷由佈雷隊自行保管報備總部即可。[32] 而粵桂江防佈雷隊設有特務隊、通訊隊、水雷第一大隊（含第一、二中隊）、水雷第二大隊（含第三、四中隊）、輸送排及永福電船各部，計有軍官 110

人，士兵 833 人，處理廣東省內的水雷拆除作業。[33] 此外，海軍總部考量航行安全，特別要求佈雷隊儘先清掃首要航道；且為了防止掃除水雷後仍有爆炸情況發生，規定佈雷隊清除水雷後需設立鮮明標誌，在必要時也可由各雷區佈雷隊負責引航，以保航行安全。[34] 至於掃雷使用的器材，除由海軍第一工廠（後來在 1947 年 7 月改編為海軍漢口工廠）製造外，則向美方申請撥運。掃雷所需輪船，因需具有高速率、吃水淺、拖力大的功能，臨時租僱不易，擬向重慶民生船廠洽商製造。[35]

不過，縱然海軍對於河道疏濬制定了全方面的規劃，但就海軍當時的設備和技術，仍然無法應付沿海一帶由日軍和盟軍所佈的傳音與磁性水雷，此類水雷須由專門掃雷艦艇清除。因此中國當局便向美、英、日海軍提出請求，三方必須協調處理戰爭末期在中國沿海及河川佈放的新式水雷。[36] 以下分別就福建和廣東、香港的實際情形，作一討論。

（一）福州、廈門、汕頭及臺灣海峽沿海一帶

二戰結束後，福建一帶的水雷原由第二佈雷總隊駐閩第三大隊和日軍一同處理。根據調查第二佈雷總隊在 1938 年 6 月至 1943 年 10 月間，在閩浙贛水域共敷設 1,782 具水雷，並先處理福州南日島附近定雷區，於 1945 年 10 月中旬已被清乾淨。[37] 在廈門方面，日本原本預估廈門港灣的水雷在 1945 年 10 月 20 日可初步處理完成，並對戰時廈門港所沉之船隻進行調查。[38] 但在 1945 年 9 月英國太平洋艦隊司令福拉塞（Bruce Fraser, 1888-1981）在香港時，我方曾初步請求協助清除閩粵水雷。10 月初，海軍總司令陳紹寬遂與英太平洋艦隊司令福拉塞在重慶達成協議，由英派掃雷艇前往福建廈門和廣東汕頭等港掃雷。[39] 但蔣介石認為此事仍需等美國同意後才可執行。[40] 為此，中國徵詢美方意見，美軍第七艦隊司令托

馬斯·金凱德（Thomas Cassin Kinkaid, 1888-1972）贊成英軍可處理閩粵地區港口航道的水雷問題，並建議英軍可先處理福建廈門、廣東汕頭一帶水雷，以先恢復臺灣海峽通路為首要任務，其次再掃清廣州、香港、海口水雷區，是故中方遂同意英軍對於華南等地的掃雷規劃。[41] 不過，海軍內部對於這樣的安排卻有不同的意見，故向軍事委員會建議英軍掃除廈、汕兩地的水雷後，剩下地區的掃雷工作則交由美軍負責。[42] 此外，針對美、英方介入除雷工作而使日軍停止清雷工作。何應欽則表示應趁日海軍未完全進入集中營之前，令其繼續清掃。[43]

於是英軍接手日軍的掃雷工作，自 10 月 9 日起，英軍斯特瓦薩、波頓兩少校分別搭乘姆里號、福利滿脫號從香港前來，派遣多艘掃雷艇及掃雷隊二百餘人在廈門港、汕頭港內外進行掃雷。[44] 1945 年 10 月底，汕頭、廈門兩地初步完成清除工作，負責該區工作的費雪將軍希望能以廈門為基地，將英第 21 艦隊派往臺灣海峽掃雷，故與廈門要港司令劉德浦（1896－1979）商量此事，且乘坐私人飛機在沿海勘查，後飛機降落汕頭，與負責接收汕頭的閩粵贛邊區副總司令歐陽駒（1896－1958）中將洽談在掃雷期間英國海軍軍用機可自由降落機場事宜。[45]

11 月初，英軍在廈門、汕頭附近水面定雷區掃雷。6 日英掃雷艦 Bailavax 號雖因誤觸美國機雷，導致船體受損，但廈門和汕頭定雷區的掃雷工作在 11 月 10 日之前已掃除完畢，並開始掃除廈門口至汕頭沿海航道的水雷。[46] 廈門口水雷區英派澳洲掃雷艦前來處理，在完成工作後，11 月 14 日隨即開往香港。雖然廈門附近海面與廈門口水雷已清除完畢，但因廈門口連接臺灣海峽的海域仍有水雷，故美軍第七艦隊決定親至廈門處理此項工作，[47]12 月 5 日首次到臺灣海峽水雷佈設線除雷，掃獲日本九三式水雷，並加以轟炸破壞，但部分受海浪影響漂流無蹤。[48] 而在 12

月 17 日美第七艦隊特別派 Bjarnason 中校擔任指揮官，率領 8 艘掃雷艦艇
到廈門掃除廈門沿海（北緯 24 度 25 分東經 118 度 6 分至北緯 24 度 20 分
東經 118 度 10 分）800 碼水道的磁性水雷。[49] 然而，由於船隻誤觸水雷的
情況不斷發生，因此中方再次向美軍表示必須將沿海水雷徹底掃除，並
要求日軍全力協助美軍進行掃雷業務。[50] 最後，廈門一帶水雷終在 1946
年 4 月掃清，並公告各界。[51]

（二）廣州與香港

在戰爭末期日軍為防止盟軍進攻登陸，在香港和廣東附近水域製作水
雷壩，盟軍也不時在此區空拋水雷，故在戰爭告結之後，日軍開始拆解
設置的水雷，粵桂江防佈雷總隊也獲得戰末美軍在中國水域的佈放水雷
的位置圖。首先，中日先處理香港至廣州間的航道，在 1945 年 10 月底之
前已初步清掃完成一條安全航道，可供航行。此時雖然美軍向華輸入掃
雷艦，但因數量不足，加上美製掃雷艦吃水深，不適用於河港掃雷，仍
利用日本掃雷艦艇清雷。[52] 後因日軍必須往集中營集結遣返回國，英軍在
美軍的支持下，繼續協助中方在廣東和香港地區的清掃工作。[53]

然而事實上，當戰爭宣告終結，英國大使館在 1945 年 9 月就向中國
表示，英國太平洋艦隊有意運用 2 艘日本艦艇，幫忙中國清除西江至廣東
水道的水雷。[54] 不過由於西江梧州至廣州航道水雷已清除，報紙上也向大
眾公告西江航運已可下達至蒼梧的消息，故中國當局向英國艦隊表示此
段航道無須協助處理，[55] 也因此英軍將工作重心放在廣州與香港、澳門之
間的交通上。雖然先前在中日兩軍的合作下，兩地往來在 10 月底暫時已
經開闢一條安全航道，但仍只有少數輪船冒險行駛，在 11 月 8 日發生省
港線海珠汽輪在虎門三板州觸雷沉沒，以及省澳線昌明輪觸雷爆炸，一

般人更視水上交通為畏途。[56] 因此，英軍更加速處理香港附近及香港至廣州航道中的磁雷區。[57] 同年 12 月 24 日，英軍開始清除廣州珠江口水域水雷，1946 年 2 月初步完成清除業務，完成一條香港至廣州的安全航線，恢復水運之利。但英軍並不因此結束工作，繼續擴大掃雷範圍，預計將疏通完成的安全航線擴展為 1 哩的安全水道，並派 8 艘中小型配有先進掃雷器材的掃雷艦繼續處理。[58] 至於汕頭一帶，英國針對定雷區已做了清掃工作，在航道上建立了一條 800 碼安全通道，可供船隻航行。[59]

綜上所述，清除廣東和香港地區敷設的水雷是在中、日、英三方持續合作下完成。但縱然已經將大部分水雷封鎖線拆除，但因漂雷難以徹底清除，仍有一些漏網之魚遺漏在水道上，導致往後不時有船隻在珠江口觸雷爆炸，造成許多財物損失與人員傷亡。如 1947 年 1 月 10 日一艘 700 噸「臺山號」輪船，從香港開往廣州灣，卻在香港外海 8 哩處觸雷沉沒，造成多人傷亡及溺斃，船上的貨物皆沉沒海中。[60] 1948 年 7 月 9 日渡輪「孟廣號」在香港西方海域 8 哩處誤觸水雷爆炸，連帶 600 碼之外的帆船也受爆炸威力而翻覆。[61] 另一面也顯示了，雖然二戰已經結束，但戰爭帶來的餘波卻仍未停止。

四、打撈沉船業務

除了水雷影響航道安全，另一項阻塞水道者，則為戰時自沉船隻形成的封鎖線，以及被轟炸沉沒的船艦。事實上，在戰爭末期中國當局就已經注意到江河中的沉船，認為撈起沉沒於河道的船艦，可恢復河運交通，有助於軍隊的推進。又，對日抗戰已歷 4 年，嚴重破壞物資的生產，為了支援軍事反攻，中國政府必須籌措龐大的資源，特別是用來製作武

器的鋼鐵。不過由於中國重要的產鐵地區多在日軍的控制下，中國政府必須另謀方式，蒐集鋼鐵原料，於是決定利用沉沒於江河的船隻，拆解船體廢鐵煉鋼，若撈到其他物資也可提供政府使用。

為此，1944 年 1 月經濟、內政、財政、軍政四部針對打撈江河湖泊沉船和物資召開會議。四部考量政府已無多餘的人力和資源可從事此項工作，決定聯合民間力量，協助國家收集資源。雖然當時民法初步已有打撈承攬行為和撈物處置規定，但無特別針對此項工作進行管理。為了使打撈沉船、物資能夠順利進行，四部共同草擬制定〈戰時民營內河打撈業管理規則〉，規定打撈者的身分和打撈期限，明確分配撈起物資和獎金；希藉由人民之手，徵集戰略物資，開啟了打撈沉船的序曲。[62] 另一方面，在復員計劃中，海軍為了加速順利接收日本船艦，海軍總部於 1945 年 9 月 2 日訂立〈接收敵軍艦艇計劃〉，確立接收日軍艦艇的原則，將日籍沉船歸屬海軍接收。因此，戰時制訂的沉船打撈法令和海軍所擬的復員計劃和接收計劃，成為戰後中國打撈沉船的重要依據。但也因為打撈的依據不同，容易產生糾紛，故行政院於 1947 年整合法令，制訂《打撈沉船辦法》成為各種打撈船隻的法令基準，海軍依此基礎制定〈海軍打撈沉沒艦船規則〉，成為打撈日籍船艦及軍港內沉船的依據。[63] 由於檔案並非完整地記錄了當時沉船打撈狀況，筆者僅能就檔案所載之打撈沉船事跡作一陳述，並由此分析其打撈的結果。

（一）福建地區

在福建地區，日軍清掃水雷之際，同時對戰時廈門港所沉之船隻進行調查（表 1）。[64] 但因日海軍在 1946 年 1 月接到歸國的命令後，陸續集結遣返回日。而英、美軍在完成掃雷之後，陸續退出福建地區。[65] 常

理而言，在掃雷之後，理應繼續處理港口修建和打撈沉船等疏濬問題，但福建卻無積極進行沉船打撈工作。探究其因，掃雷完成航道安全被確立，若沉船位置不影響船隻進出，可能就被放棄打撈。再者，根據表1所示，日軍調查之沉船狀況，船體多完全沉沒，船隻噸位多屬於中小型船隻，船內又無具有價值的貨物，極有可能受限於打撈的難度與打撈的價值而放棄打撈，使打撈沉船工作被擱置，日人的調查終無派上用場。直至國共之間的內戰問題，1949 年 5 月下旬中共已佔領上海，長江一帶丟失後，福建一帶遂成為內戰的前線，為了作戰的需要，重新進行馬尾、廈門等海軍軍區的整修而清理航道。[66]

廈門港灣沉沒船及水中障礙物一覽表

地點	方位（度）	距離（公尺）	船名（總噸數）	沉沒情形
鼓浪嶼信號所	138	2,130	不明（3,000）	全沒，附有浮標
鼓浪嶼信號所	340	1,050	給水船（300）	露出船體
鼓浪嶼信號所	341	1,160	不明（3,000）	露出桅檣
鼓浪嶼信號所	343	1,300	油槽船（2,000）	全沒
鼓浪嶼信號所	347	1,420	油槽船（2,000）	全沒
鼓浪嶼信號所	224	1,230	油槽船（2,000）	全沒
鼓浪嶼信號所	63	600	錨鎖有切斷，投錨時恐有危險	
鼓浪嶼信號所	342	1,620	錨鎖有切斷，投錨時恐有危險	
青嶼燈臺	345	2,300	不明（50）	全沒（似有移動）

資料來源：「左近允尚正呈曾以鼎」（1945 年 10 月 15 日），〈日本海軍掃海工作案〉，檔號：0034/935/6010。

（二）廣東和香港地區

在廣東和香港方面，因為戰爭初期日軍對我方的轟炸和沉船封鎖，以及戰爭末期盟軍對日軍的轟炸，導致許多船艦沉沒，主要集中於廣東各地河道和港灣中，香港地區沉沒的船隻多屬於觸雷為主。根據目前檔案所遺留的資料顯示（參見廣東省沉船狀況調查表），廣東省的沉船資料來自於 3 個管道，分別為人民的密報、軍艦巡邏意外發現，以及我方海軍的調查。由於檔案的缺漏，無法一一就個別沉船進行討論，筆者僅就檔案較完整之「六星丸」（「祿星號」）打撈案，探究戰後打撈沉船的困難和問題。

「六星丸」的打撈問題，始於 1948 年 3 月聯合勤務總司令部發文告知交通部，因廣州黃埔港有鋼板樁和丁字型木碼頭各一座，可停靠兩艘自由輪，故認為美國援華物資有一部分可能從華南地區進口。但因黃埔港碼頭有沉船，因此要求將船撈起，以便自由輪停靠。原先交通部擬由廣州船政局打撈，卻發現該沉船位於黃埔軍港區內，必須徵求海軍同意才可打撈。[67] 海軍接獲消息後認為此船位於軍港內應由海軍自行處理或自行招商打撈，[68] 為此，海軍對此艘沉船進行查勘。經海軍的調查，海軍表示此船為「六星丸」，在戰爭期間遭盟機轟炸而沉沒，船上機器已損壞，打撈後亦不能修復使用；若交商標撈其花費甚巨，超出船艦本身價值，故認為採取水中炸解標賣船體最為有利。[69] 為此，第四軍區司令部依據規定訂立投標規則，准許合格撈商投標，由最高標獲得打撈權，投標前必須繳交國幣 10 億元的保證金，以防止得標後棄標或者未繳得標價款。海軍依照相關法令訂定投標規則，內容規定船艦本身和船上設備由撈商自行處理，若有槍炮等軍用品，則須交由軍方；至於船上的物資則由海軍和

撈商合理分配，船外物資由海軍打撈。[70]

　　1948 年 6 月當此消息公開後，天津亞細亞航運公司則向第四軍區司令部表示沉沒於黃埔軍港的「六星丸」，其實是該公司輪船「祿星號」。該船在戰時被日軍強制徵收，戰後該公司為證明其所有權，曾向天津航政局暨交通部確認該船屬民間公司所有，故希望海軍能將此船交由打撈。[71]而後經海軍調查後了解實際的狀況是，亞細亞輪船公司在 1941 年 10 月 15 日向煙臺惠通行購買「惠昌號」輪船（2,750 噸），後改名為「祿星號」。但因前船主將此船租予日本東亞海運會社，租期尚未結束故未收回自用，同年底太平洋戰爭爆發後，「祿星號」被日軍徵為使用，1943 年 11 月 27 日在廣州黃埔被盟機轟炸沉沒。海軍認為「祿星號」並非強制被日本徵用，是該公司同意下的結果。在這樣的情形下，該公司有通敵的可能，船艦就會被政府沒收。加上海軍認為該公司提供的證件皆是在淪陷時的證明，其證明有待商榷，故不同意由亞細亞航運公司打撈此船。[72]

　　亞細亞航運公司根據海軍總部的回覆，展開一連串的辯駁。第一，就證明文件而言，抗戰期間並沒有禁止人民互相買賣的法令，其購買「祿星號」時已詳查有關該船產權的正式證據，依購買常例，應該更換新證明；但因抗戰時期並非正常狀態，只能以敵偽時期的證明為主，只能等待抗戰勝利後再行換發。第二，關於船隻使用權的問題，其購買「祿星號」只為供己使用，不願租給他人，只因買受簽約日於 1941 年 10 月 15 日，而賣主與租商的租約則在同年 12 月 31 日期滿，僅差兩個半月。然而，購買時也難預料在太平洋戰爭爆發後被日軍強制徵收使用，且在租約期滿後，亞細亞航運公司未與東亞海運會社續約，也未收任何金錢，因此可以證明未以船資助日方之嫌。第三，前賣主將「祿星號」租與日本東亞海運會社，本為日商強力所迫，並非出於自願，賣與亞細亞航運公司後曾多次交涉，

但日方堅持期滿才可還船。之後卻被日軍徵用，且被盟機轟炸沉沒於廣州黃埔，此事華北同業皆知。因此亞細亞航運公司希望海軍總部能考量民商購船後血本無歸的遭遇，並提供更完善的證明，同意歸還原商打撈。[73]

然而海軍第四基地司令部則向海軍總部報告，亞細亞航運公司一面派公司代表人姚培深參與投標，總經理那濟扶又一面向海軍總部請求暫緩開標和陳情，認為該公司有意影響外界商家對此標案的觀感。[74] 於是在 1948 年 9 月 6 日海軍總部考量產權仍未確定，故發文命令第四軍區司令部暫緩開標。[75] 但在電文往來耽擱下，第四軍區司令部在 9 月 4 日前已經開標完成。後因得標者棄標，第二、三標者不願以得標價格打撈而再次招標，在此種情勢下第四軍區司令部順勢暫緩開標，待海軍總部的決定才辦理開標事宜。[76] 最後，海軍總部將此案的裁決權交由國防部決定，[77] 卻延宕許久仍未有下文，期間亞細亞航運公司數度呈文陳情皆未有結果。直至國防部將此案送行政院院會議決，在 1949 年 4 月終於做出決議，中國當局認為具呈人若不能提供確切證明，就必須按照〈海軍打撈沉沒艦船規則〉辦理，故要求亞細亞航運公司在 3 個月內提出確切證明，否則一切仍照原規則辦理，以免停頓耽誤打撈時機。[78] 從此案觀之，反映了戰後政府的接收問題，由於產權認定不清，使得此案延宕一年之久，而民商由於無法提出政府要求之確切的證明，常使得自身的產權被侵佔，而苦訴無門，日益導致民間對政府的反感。此外，「六星丸」沉沒位置位於黃埔軍港內，黃埔軍港是華南地區重要的軍事基地（1946 年 7 月被劃分為 23 個戰術基地之一，1947 年設為黃埔巡防處，1948 年 5 月原駐榆林的第四軍區司令部改遷回廣州黃埔），[79] 卻未於戰爭結束後第一時間將其撈起重整港口，應與國共內戰阻礙建設有關。

然，進一步深入探討廣東省的沉船調查，該地人民的密報和海軍勘查

多為 1948 年之後。此一方面反映廣東地區在 1947 年水雷清除後，航道就已安全暢通無虞，沉船對於航行並無重大的阻礙；另一方面也反映出國民黨在 1948 年後美軍援物資不足的問題，政府必須另謀武器來源。而沉船船體的廢鐵，就是製造武器的來源，才使得海軍針對所轄管區進行沉船調查。但 1948 至 1949 年這一年間國共內戰的激化，情勢的反轉，軍方也無暇於打撈沉船，船內機器被民眾竊取也時有耳聞。直到中華人民共和國建國之後，才始進行大規模打撈沉船，廣東地區航道才徹底疏濬。[80]

廣東省沉船狀況調查表

船名	沉沒位置	現況
未知沉船	北緯 21°28' 東經 108°46'	1948 年 3 月美頌艦在廣州灣及北海巡邏，發現 2 艘無標誌沉船。
未知沉船	北緯 21°11'9'' 東經 110°24'	1948 年 3 月美頌艦在廣州灣及北海巡邏，發現 2 艘無標誌沉船。
未知日艦	廣東南澳縣東南方	1948 年 3 月海軍總部接獲民眾舉報，廣東南澳縣東南方沉有 2 艘日艦，海軍總部擬派員前往調查沉船沉沒情形。
未知日艦	南澳縣隆澳前江	1948 年 3 月海軍總部接獲民眾舉報擱淺的日艦，海軍總部擬派員前往調查沉船沉沒情形，有無打撈價值，且須確定實際狀況後才可發給舉報獎金。
六星丸 （祿星號）	廣州黃埔軍港內	1945 年被盟機炸沉，1948 年 3 月聯合勤務總司令部因應援華物資進駐港口而要求撈起，其船艦、機器已損壞，無修復價值，擬採將船水中分解，招標打撈。
未知沉船	珠江口西南下川島	1948 年 3 月海軍第四基地司令部發現一艘沉船。
未知沉船	西江、高要一帶	1948 年 11 月 17 日第四軍區司令部派員鍾國雄前往查勘，以便往後統籌辦理。

（接上）

船名	沉沒位置	現況
1948 年 10 月海軍第四軍區司令部勘查沉船報告		
江鞏	廣東番禺縣紫泥河面	當地人士稱該艦被敵擊而沉船，目前船體破爛，內有蒸汽機兩座，1947 年已被歹徒偷拆。
執信	廣東三水縣滘口	附近居民及艇戶稱該船被敵擊中沉沒後，受流水沖移，泥石堆積成沙堆，1947 年春已撈起無存。
堅如	廣東高要縣肇慶峽西北口	該艦附近水深，船體已被泥砂掩蓋，離岸約 200 公尺，雖然水緩，但因水深恐難打撈。
新連興	廣東高要縣肇慶峽大塔腳	為前偽海軍電船，被盟機轟炸沉沒，船身散爛無存，1948 年曾有歹徒以兩小艇搜索該處河面，撈獲一座小發電機。
民德號	西江上游德慶南渡村	為日軍攻佔香港後，侵佔香港油麻地小輪船公司之過海輪船，約 120 噸，船上配有武器槍彈，後被盟機轟炸沉沒，沉沒於南渡岸邊約 50 公尺，煙筒全露水面，船體向外微側，泥砂掩埋甚少，易於打撈。
1949 年 2 月海軍第四軍區司令部勘查沉船報告		
協力	澳阿芒洲附近	600 噸炮艇，1945 年 5 月被盟機炸沉，艦身微爛尾部炸毀，艦頭船桅露出水面十餘呎，位於水勢慢流處，具有打撈價值。
舞鳳	中山神灣	400 噸炮艇，1938 年 7 月被敵機炸沉，艦身微爛艦內被泥砂掩埋，船艦露出水面，位於水勢慢流處，具有打撈價值。
海維	新會縣單水口	250 噸炮艇，1938 年 10 月被日機炸沉，船身被沙泥掩埋一半，沉沒之處水淺慢流，具有打撈價值。
修理船	南江口	80 噸修理船，1945 年 7 月被盟機炸沉，船身鐵殼、工作機器不全，但位於水淺慢流處，具有打撈價值。
小型炮艇	虎門龍穴附近	25 噸炮艇，艦體散爛，但位於水淺慢流處，具有打撈價值。

資料來源：參見〈珠江沉船調查打撈案（二）〉，檔號：0035/628.4/1519。

五、疏濬的模式與成果

　　二戰結束後，中國內河與沿海港口展開了復員計劃，清除水雷則為其中的首要任務。海軍總部結合 4 個佈雷總隊和粵桂江防部佈雷總隊處理各地掃雷工作。福建、廣東和香港地區的掃雷工作最初由中國第二佈雷總隊駐閩第三大隊粵桂江防部佈雷總隊以及日本海軍共同負責。但為加速清除水雷，中國當局向美、英請求提供協助，藉此補足拆卸人力。然而中國的掃雷單位是由佈雷總隊改制而來的，該隊成立目的即是在江面鋪設水雷，並不了解清掃水雷的步驟。加上磁性水雷、音浪水雷、磁音混合水雷皆是二戰中才發明的水雷。清除這類水雷必須具有相當的經驗與設備，中國海軍並沒有接受過此類水雷的知識，更無受過新式水雷拆解訓練及精良的設備，的確無法單獨處理掃雷的業務，故中國佈雷總隊與美、英、日軍之間的合作，可藉此提升對於水雷的認識與技術，也是必然的權宜之計。但因為如此，在美、英兩軍介入閩粵、香港地區的清雷工作後，中方不得不聽取美、英兩方的意見。至於日軍方面，日本為戰敗國，在協助除雷工作上更不具有發言權，必須接受來自美、英方的指示，並須定期呈報工作進度。此外，各方在掃雷工作上若發生意見相左的情況，中、英、日方又以美方的意見為依歸。從此看來，美第七艦隊在清除水雷工作上不僅擁有實際的主導權，又具有協調者的角色。

　　因此，閩、粵及香港得以完成掃雷工作有賴於中、美、英、日之間的合作。雖然這樣的合作方式，與戰時中國海軍制訂復員計劃有所落差。不過就戰後中國的實際情況而言，國軍除了復員、接收，還須應付與中共的內戰問題，必須投入大量的軍力與之對抗，加上多數海軍力量在戰時都已被日軍殲滅，自然不可能將海軍僅存的人力都用於掃除水雷上，

故美、英、日軍協助掃雷一事確實解決了中國海軍的困境。又，海軍在合作之時向各方學習有關新型水雷的知識和技術，有益於國軍使用接收的日式水雷，也可將先前損壞的水雷修理再度使用。[81] 在 1949 年下半年這些水雷被佈放在中國沿海港灣，特別是閩江口、廈門、金門、汕頭、廣州等地，藉此在華南沿海形成一道防護線，對抗共軍的攻勢，且防止臺灣被共軍佔領；甚至在國民黨遷臺以後，國軍仍然繼續進行水雷工作，抵抗共軍解放臺灣。[82] 因此，就國軍而言，戰後的除雷業務所提升的技術能力，意外成為國民黨軍在國共內戰中重要的防禦力量。

然而，就交通方面，水雷的清除對於閩、粵、香港交通的影響甚大；沉船並非閩、粵、香港航道阻塞的主要原因，與長江流域、臺灣的情況不盡相同。福建福州、廈門和廣東汕頭與臺灣相隔臺灣海峽，是距離臺灣最近的港口，其航運的恢復對於兩地的往來有重要的影響。例如在戰後臺灣日海軍的接收，海軍總部派馬尾要港司令部司令李世甲前往處理。於是李世甲在 1945 年 10 月 18 日從閩江搭乘海平炮艇出發，隔日就抵達基隆，得以快速處理臺灣相關接收業務。[83] 水路的暢通使其可以頻繁往返福建、臺灣處理兩地海軍事務，其實也是有益於政府業務的推展。

除此之外，戰後大陸來臺的航班，除上海外，廣州、汕頭、福州、廈門等海港也是來臺的選擇。在 1949 年 5 月共軍佔領上海後，逐步切斷臺灣—上海的交通後，中國南方沿海的對臺航線更顯重要。根據 1949 年 6 月臺灣航業公司的航班資料，當時的大陸至臺的航班主要有 5 條，分別為基隆—上海線（12 天往返 1 次，6,775 噸「延平輪」與 1,873 噸「培德輪」）、基隆—廣州線（12 天往返 1 次，3,820 噸「臺中輪」與 1,873 噸「仲愷輪」）、高雄—廣州線（12 天往返 1 次，1,873 噸「執信輪」與 1,351 噸「海杭輪」）、基隆—福州線（7.5 天往返 1 次，1,351 噸「海平輪」）及高

雄──汕頭──廈門線（10 天往返 1 次，1,351 噸「海津輪」），[84] 從此看來，廣州、福州、廈門與臺灣之間的航運交通相當密切。就貨物運輸而言，上海淪陷後，福州則成為商人貨物的集散地，當時報紙也曾刊登港貨充斥福州的消息。[85] 探究其航運的重新開展，此基礎就是建立在戰後中、美、英、日四方在福建地區除雷的合作。

由此觀之，閩、粵地區水雷的清除，在地方交通上恢復了該地的對外航運，並重新連結了與臺灣之間的關係，成為國民黨政權在 1949 年撤退時的重要途徑。在軍事上，藉由共同掃雷的經驗，中國海軍獲取新式水雷武器的知識與技術，且以此提升自己軍事能力。在國共內戰之中，國軍重新佈放水雷阻擋共軍的進攻，藉此增加政府遷臺的時間。但不可諱言地，由於水雷技術的提升，也意外造成更多的傷亡，甚至有些民船航行在沿海、內河時因誤觸水雷而沉沒或受損。而在國民黨遷臺後，國軍在沿海佈置水雷防護線，防止共軍渡海。由軍事戰略的層面而言，此項作法確為戰爭攻防時重要的計策，而使國民黨政權在臺灣得以延續。

六、結語

在中日戰爭的過程中，日軍為了切斷中國東南沿海的補給，戰爭爆發後就派遣轟炸機與軍艦襲擊福建、廣東。而中國軍隊對日本的舉動也已有所戒備。戰爭期間，中、日海軍的對峙與攻防，使許多艦艇受到飛機轟炸而沉沒。為了阻擋日軍的進攻，國軍不斷在福建內河與沿海、廣州與香港航道、珠江口、汕頭沿海及西江佈置水雷。相對地，到了戰爭末期，日軍為了防止國軍的反攻和盟軍的襲擊，也在航道中施放水雷，進行反封鎖策略。由於戰爭局勢的轉變，1944 年軍事委員會開始規劃戰後

的復員計劃，其中在海軍的復員計劃中，掃除水雷以維護航行安全是其重要的業務，因此海軍要求戰時的佈雷總隊在戰後必須負責中國境內、沿海的除雷工作。福建與廣東的除雷工作是由日軍、第二佈雷總隊駐閩第三大隊和粵桂江防佈雷總隊負責處理。但因這些地區佈有新式水雷，駐閩第三大隊和粵桂江防佈雷總隊的人力、設備和技術皆不足以應付此類水雷。於是在軍方的斡旋下，美、英軍協助處理掃除水雷工作，而日軍則聽從美、中兩國的指示進行掃雷。故在閩、粵和香港的疏濬過程中，美軍負責協調，且主導該地的掃雷工作，從中也得以見到美軍於此的重要性。

因此，該地區掃雷業務的完成，促使閩、粵、香港的航運交通重新恢復，此實有賴於各方的合作。雖然實際情況與海軍的規劃有所落差，但就戰後中國的內戰的情勢與海軍的人力調配，掃雷的工作量確實是海軍無法負擔的。美、英、日三國的協助，適時解決了海軍的困難。海軍的佈雷隊也藉由合作，獲得新式水雷的知識與技術。而這些對於水雷的知識技術在後來卻用於國共內戰之中，被用以抵擋共軍的攻勢。在 1949 年國民黨撤退臺灣後，國軍在東南沿海也佈雷形成封鎖線，進而成為阻擋共軍解放臺灣的一道防禦屏障。

就閩、粵、香港的沉船打撈工作而言，因為對航道往來影響不大，在打撈上不如長江、臺灣迫切且重要。福建地區所進行之沉船打撈是源於國共內戰共軍佔領長江一帶，福建成為內戰的前線，為了作戰的需要，才重新進行馬尾、廈門等海軍軍區的整修進而清理航道。廣東則是在 1948 年後才對沉船加以重視，希望能從中獲取廢鐵，以資戰事。而從當時黃埔軍港打撈實例，也可從中檢視戰後日產接收的問題，更可進一步了解內戰對於國家建設的影響。

注釋

1　柳永琦：《海軍抗戰史（上冊）》（臺北：海軍總司令部，1993 年），頁 691-692。

2　至 1945 年 8 月日本投降，中國軍隊已從重慶推進至廣西梧州，此為廣西進入廣東之門戶。

3　劉芳瑜：《海軍與臺灣沉船打撈事業（1945－1972）》（臺北：國史館，2011 年）。

4　可參考劉芳瑜：〈戰後長江航道的疏濬（1945－1948）〉，收錄於《2011 兩岸三地歷史學研究生論文發表會論文集》（臺北：國立政治大學歷史系，2012 年），頁 441-456。

5　中國當代救助打撈史編委會：《當代中國救助打撈史》（北京：人民交通出版社，1995 年）。

6　本文以閩、粵、香港為討論範圍，是因為戰後美國第七艦隊將這三個地區的水雷掃除工作主要交由英軍負責，加上這三個地區彼此關係密切，為了維持完整性，故一同進行討論。

7　海軍總司令部編印：《海軍抗日戰史》（臺北：海軍總司令部，1994 年），頁 261-262。

8　廈門市地方志辦公室、廈門市檔案館合編：《廈門抗日戰爭時期資料選編上》（廈門：出版者不詳，1986 年），頁 124-132。

9　「陳儀呈陳紹寬」（1938 年 6 月 8 日），〈馬尾要港作戰計劃（一）〉，《國防部檔案》，檔案管理局藏，檔號：0027/541.7/7132。以下省略《國防部檔案》及檔案管理局藏。

10　「李世甲呈陳紹寬」（1938 年 5 月 12 日），〈閩江江防部抗日作戰經過案（一）〉，檔號：0027/543.64./7713。

11　「陳紹寬呈蔣介石」（1938 年 7 月 1 日）、「李世甲呈陳紹寬」（1938 年 7 月 11 日），〈馬尾要港作戰計劃（一）〉，檔號：0027/541.7/7132。

12　「李世甲呈陳紹寬」（1938 年 8 月 31 日），〈馬尾要港作戰計劃（二）〉，檔號：0027/541.7/7132。

13　海軍總司令部編印：《海軍抗日戰史》，頁 262。

14　「李世甲呈陳紹寬」（1940 年 1 月 16 日）、「李世甲呈陳紹寬」（1940 年 1 月 20 日），

〈閩江江防部抗日作戰經過案（三）〉，檔號：0027/543.64./7713。海軍總司令部編印：《海軍抗日戰史》，頁 283。

15 海軍總司令部編印：《海軍抗日戰史》，頁 283、284。

16 海軍總司令部編印：《海軍抗日戰史》，頁 284-288。

17 「中國戰區日本海軍總連絡部呈中國海軍總司令部」（1945 年 10 月 16 日），〈日本海軍掃海工作案〉，檔號：0034/935/6010。海軍總司令部編印：《海軍抗日戰史》，頁 289-295。

18 柳永琦：《海軍抗戰史（上冊）》，頁 737-738、劉約克：《第二次世界大戰中國戰區戰史》（臺北：國防部史政編譯局，1970 年），頁 318-319、321-322。「軍事委員會海軍各水道阻塞清除計劃」（1945 年，月日不明），〈海軍復員計劃編擬案（三）〉，檔號：0033/381/3815。

19 柳永琦：《海軍抗戰史（下冊）》，頁 378-379。

20 劉約克：《第二次世界大戰中國戰區戰史》，頁 324。

21 葉德偉等編著：《香港淪陷史》（香港：廣角鏡出版社，1984 年），頁 82、85、94-95。

22 梅時雨：〈從海上武裝衝突法觀點論水雷封鎖〉，（臺北：國立政治大學外交學系戰略與國際事務碩士在職專班碩士論文，2007 年）。亦可參考：http://bbs.tiexue.net/post2_2920479_1.html（登入日期：2012/10/11）。

23 「海軍總部電各艦艇、佈雷總部（隊）」（1945 年 9 月 12 日），〈美軍在我國水域佈雷詳圖〉，檔號：0034/935/8043。

24 劉約克：《第二次世界大戰中國戰區戰史》，頁 291-292。

25 海軍的復員業務包含海軍整編計劃、海軍分防計劃、各地港塞整理計劃、海軍各學校恢復計劃、海軍兵工廠造船接收恢復計劃、海軍器材補充計劃，及各水道阻塞清除計劃七類。可參見「中央設計局公函海軍總司令部」（1945 年 4 月 25 日），〈海軍復員計劃編擬案（一）〉，檔號：0033/381/3815。

26 「海軍總司令部電軍令部、交通部」（1944 年 3 月 11 日），〈海軍復員計劃編擬案（七）〉，檔號：0033/381/3815。

27 「徐永昌代電陳紹寬」（1944 年 10 月 16 日），〈海軍復員計劃編擬案（一）〉，檔號：0033/381/3815。

28 粵桂江防司令部成立後設有水雷大隊，1945 年 5 月改編為粵桂江防佈雷總隊，後於

1946 年 7 月被撤銷，整編為廣州特務大隊。詳見「軍政部代電軍令部」（1945 年 5 月），〈海軍復員計劃編擬案（七）〉，檔號：0033/381/3815。〈海軍廣州特務大隊整編案〉，檔號：0035/584.4/3815.4A。

29　「編擬復員計劃第十三次審查小組會議記錄」（1945 年 7 月 5 日），〈海軍復員計劃編擬案（四）〉，檔號：0033/381/3815。

30　「軍事委員會海軍各水道阻塞清除計劃」（1945 年，月日不明），〈海軍復員計劃編擬案（三）〉，檔號：0033/381/3815。

31　「海軍總司令部軍事部門復員事別計劃項目（22）」（1945 年 6 月，日期不明），〈海軍復員計劃編擬案（七）〉，檔號：0033/381/3815。

32　「國民政府軍事委員會代電海軍總司令部」（1945 年 9 月 24 日），〈海軍復員計劃編擬案（三）〉，檔號：0033/381/3815。

33　「軍政部帶電海軍總司令部」（1945 年 7 月）〈海軍復員計劃編擬案（七）〉，檔號：0033/381/3815。

34　「海軍總司令部軍事部門復員事別計劃項目（22）」（1945 年 6 月，日期不明），〈海軍復員計劃編擬案（七）〉，檔號：0033/381/3815。

35　「軍事委員會海軍各水道阻塞清除計劃」（1945 年，月日不明），〈海軍復員計劃編擬案（三）〉，檔號：0033/381/3815；「國民政府軍事委員會快郵代電海軍總司令部」（1945 年 4 月 11 日），〈海軍復員計劃編擬案（六）〉，檔號：0033/381/3815。

36　「國民政府軍事委員會快郵代電軍政部」（1945 年 9 月 7 日），〈海軍復員計劃編擬案（三）〉，檔號：0033/381/3815。

37　「陳紹寬呈覆蔣介石」（1945 年 10 月 19 日），〈美英日海軍協助我軍掃雷案〉，檔號：0034/935/8043.2。「軍事委員會海軍各水道阻塞清除計劃」（1945 年，月日不明），〈海軍復員計劃編擬案（三）〉，檔號：0033/381/3815

38　「左近允尚正呈曾以鼎」（1945 年 10 月 15 日），〈日本海軍掃海工作案〉，檔號：0034/935/6010。

39　「外交部公函海軍總部」（1945 年 10 月 6 日），〈美英日海軍協助我軍掃雷案〉，檔號：0034/935/8043.2。

40　「蔣中正快郵代電陳紹寬」（1945 年 10 月 12 日），〈美英日海軍協助我軍掃雷案〉，檔號：0034/935/8043.2。

41　「抄徐永昌 11 月 2 日一亨簽 512 號代電」（1945 年 11 月 2 日），〈美英日海軍協助我

軍掃雷案〉，檔號：0034/935/8043.2。

42 「陳紹寬呈蔣中正」（1945 年 10 月 8 日），〈美英日海軍協助我軍掃雷案〉，檔號：0034/935/8043.2。

43 「海軍總司令部辦事處訓令日本海軍少將森德治」（1945 年 10 月 24 日），〈日本海軍掃海工作案〉，檔號：0034/935/6010。

44 廈門市地方志辦公室、廈門市檔案館合編：《廈門抗日戰爭時期資料選編下》（廈門：出版者不詳，1986 年），頁 763。

45 「外交部快郵代電海軍總部」（1945 年 10 月 26 日），〈美英日海軍協助我軍掃雷案〉，檔號：0034/935/8043.2。

46 「海軍總司令部電軍事委員會」（1945 年 11 月 10 日），〈美英日海軍協助我軍掃雷案〉，檔號：0034/935/8043.2。「劉德浦呈曾以鼎」（1945 年 11 月 8 日），〈日本海軍掃海工作案〉，檔號：0034/935/6010。

47 「劉德浦呈陳紹寬」（1945 年 11 月 14 日），〈日本海軍掃海工作案〉，檔號：0034/935/6010。

48 「劉德浦呈陳紹寬」（1945 年 12 月 9 日），〈日本海軍掃海工作案〉，檔號：0034/935/6010。

49 「劉德浦呈陳紹寬」（1945 年 12 月 18 日）、「陳紹寬電何應欽」（1945 年 12 月 25 日），〈美英日海軍協助我軍掃雷案〉，檔號：0034/935/8043.2。

50 「何應欽快郵代電陳紹寬」（1945 年 11 月 25 日），〈日本海軍掃海工作案〉，檔號：0034/935/6010。

51 〈本市簡訊〉，《申報》，上海，1946 年 4 月 10 日，版 3。

52 「陳紹寬電陳誠」（1945 年 10 月 28 日），〈日本海軍掃海工作案〉，檔號：0034/935/6010。

53 「左近允尚正呈曾以鼎」（1945 年 10 月 27 日），〈日本海軍掃海工作案〉，檔號：0034/935/6010。

54 「英武官函海軍總部」（1945 年 9 月 23 日），〈美英日海軍協助我軍掃雷案〉，檔號：0034/935/8043.2。

55 「軍令部快郵代電海軍總部」（1945 年 10 月 7 日），〈美英日海軍協助我軍掃雷案〉，檔號：0034/935/8043.2。〈西江航運暢通，百色放舟直下蒼梧〉，《中央日報》，1945 年 9 月 15 日，版 5。

56　「何應欽電陳紹寬」（1945 年 11 月 18 日），〈美英日海軍協助我軍掃雷案〉，檔號：0034/935/8043.2。〈我從廣州來〉，《申報》，1945 年 12 月 18 日，版 1。〈香港繁榮的裏層〉，《申報》，1946 年 10 月 3 日，版 9。

57　「海軍總司令部電軍事委員會」（1945 年 11 月 10 日），〈美英日海軍協助我軍掃雷案〉，檔號：0034/935/8043.2。

58　「陳紹寬呈蔣介石」（1945 年 12 月 20 日），〈美英日海軍協助我軍掃雷案〉，檔號：0034/935/8043.2。〈廣州香港間交通，闢出安全線，英掃雷隊繼續工作〉，《中央日報》，1946 年 2 月 3 日，版 2。

59　「曾以鼎代電陳紹寬、分電劉德浦」（1945 年 12 月 26 日），〈美英日海軍協助我軍掃雷案〉，檔號：0034/935/8043.2。

60　〈珠江口又一貨輪觸水雷沉沒〉，《申報》，1947 年 1 月 13 日，版 2。

61　〈香港一渡輪觸水雷沉沒，十餘人慘遭滅頂〉，《申報》，1947 年 7 月 11 日，版 2。

62　「行政院指令交通部」（1944 年 6 月 10 日），〈戰時民營內河打撈業管理辦法〉，《交通部檔案》，國史館藏，檔號：207/0038。〈戰時民營內河打撈業管理規則〉，《臺灣省政府公報》，1947 年秋字第 5 期（1947 年 7 月 5 日），頁 66-67。

63　「行政院令內政部」（1947 年 1 月 11 日），〈行政院頒發打撈沉船辦法〉，《內政部檔案》，國史館藏，檔號：122/43。〈打撈沉船辦法〉內容強調沉船打撈為特殊事業，規定交通部、財政部、經濟部、外交部及海軍總司令部，必須另外組織沉船打撈委員會，協調打撈工作。其次規定打撈沉船的限制與流程，此法認定可打撈者必須是因戰事沉沒的船隻，沉船若屬於中國人、盟國人，原物主必須在限期內打撈，逾期則由打撈商申請打撈或由招商局打撈；政府機關打撈的船隻，由國庫撥發打撈費用。至於打撈物資和獎金，則規定撈商在打撈時所獲得的撈貨歸其所有，但若其中有軍用物資，就必須獻給政府，政府會負擔撈商的打撈費，並給予獎金（不超過打撈費用 20%），以資獎勵。關於法令的探討可參考劉芳瑜：《海軍與臺灣沉船打撈事業，（1945－1972）》（臺北：國史館，2011 年），頁 27-43。

64　「左近允尚正呈曾以鼎」（1945 年 10 月 15 日），〈日本海軍掃海工作案〉，檔號：0034/935/6010。

65　袁成毅：〈戰後蔣介石對日「以德報怨」政策的幾個問題〉，《抗日戰爭研究》2006 年第 1 期，頁 214-217。耿承光編譯：《岡村寧次大將回憶錄》（臺北：國防部史政局，1972 年），頁 41-42。

66 「桂永清呈何應欽」（1949 年 6 月 10 日），〈修建疏濬經費申撥支付案〉，檔號：0038/250.2/2722。

67 「海軍第四基地司令部代電海軍總部」（1948 年 3 月 24 日），〈珠江沉船調查打撈案（二）〉，檔號：0035/628.4/1519。交通部必須徵求海軍總部同意的原因在於 1947 年 11 月 8 日海軍依〈沉船打撈辦法〉所規定之原則，公佈〈海軍打撈沉沒艦船規則〉，規範海軍必須負責打撈海軍所屬艦船，及沉於海軍港灣或軍事防護港內的其他沉船。這些沉船最初先必須交由海軍清港隊執行處理，除非海軍清港隊之人力、物力及時間不能配合，才可交由撈商打撈。可參考劉芳瑜：《海軍與臺灣沉船打撈事業（1945－1972）》，頁 37-38。

68 「海軍總部代電交通部」（1948 年 4 月 13 日），〈珠江沉船調查打撈案（二）〉，檔號：0035/628.4/1519。

69 「第四基地司令部代電海軍總部」（1948 年 5 月 12 日），〈珠江沉船調查打撈案（二）〉，檔號：0035/628.4/1519。

70 「第四基地司令部代電海軍總部」（1948 年 6 月 18 日），〈珠江沉船調查打撈案（二）〉，檔號：0035/628.4/1519。

71 「第四基地司令部代電海軍總部」（1948 年 6 月 29 日），〈珠江沉船調查打撈案（二）〉，檔號：0035/628.4/1519。

72 「海軍總部批簽前亞細亞航運公司」（1948 年 8 月 4 日）、「亞細亞航運公司快郵代電海軍總部」（1948 年 8 月 12 日），〈珠江沉船調查打撈案（二）〉，檔號：0035/628.4/1519。

73 「亞細亞航運公司電海軍總部」（1948 年 8 月 16 日），〈珠江沉船調查打撈案（二）〉，檔號：0035/628.4/1519。

74 「第四基地司令部代電海軍總部」（1948 年 8 月 21 日），〈珠江沉船調查打撈案（二）〉，檔號：0035/628.4/1519。

75 「海軍總部電海軍第四基地司令部」（1948 年 9 月 6 日），〈珠江沉船調查打撈案（二）〉，檔號：0035/628.4/1519。

76 「第四基地司令部代電海軍總部」（1948 年 9 月 4 日），〈珠江沉船調查打撈案（二）〉，檔號：0035/628.4/1519。

77 「海軍總部電海軍第四基地司令部」（1948 年 9 月 15 日），〈珠江沉船調查打撈案（二）〉，檔號：0035/628.4/1519。

78　「海軍總部電海軍第四基地司令部」（1949 年 1 月 2 日）、「第四基地司令部代電廣
　　州綏靖公署」（1949 年 2 月 3 日）、「國防部代電海軍總部」（1949 年 4 月 6 日）、
　　「海軍總部代電天津亞細亞航運公司」（1949 年 4 月 19 日），〈珠江沉船調查打撈案
　　（二）〉，檔號：0035/628.4/1519。

79　張力、韓祥麟、何燿光、陳孝惇：《海軍艦隊發展史（一）》（臺北：國防部史政編譯
　　局，2001 年），頁 492、502、507。

80　廣州交通郵電志編纂委員會：《廣州交通郵電志》（廣州：廣州交通郵電志編纂委員
　　會，1993 年），頁 422-430。

81　「蔣中正電桂永清」（1949 年 10 月 20 日），〈長江口佈雷案（一）〉，檔號：
　　0038/935/7173.2。

82　「周至柔簽呈蔣中正」（1950 年 9 月 12 日）、「桂永清電呈蔣中正」（1950 年 10 月 20
　　日）、「彭孟緝簽呈蔣中正」（1956 年 9 月 12 日），〈封鎖大陸沿海港灣海軍實施佈
　　雷〉，《總統府檔案》，檔案管理局藏，檔號：0038/0520/4410。

83　李世甲：〈我在舊海軍親歷記〉，收錄於中國人民政治協商會議福建省委員會文史資料
　　研究委員會編《福建文史資料第八輯（海軍史料專輯）》（福州：福建人民出版社，
　　1984 年），頁 42。

84　林桶法：《1949 大撤退》（臺北：聯經出版事業公司，2009 年），頁 260-262、265、
　　272。

85　〈港貨充斥福州〉，《中央日報》，臺北，1949 年 7 月 18 日，版 4。

第三章
海軍與戰後臺灣造船業的發展

洪紹洋

一、前言

　　戰後數十年間臺灣的經濟發展經驗，在 1980 年代曾與亞洲的香港、新加坡、南韓齊名，泛稱為新興工業化國家或地區。為此，許多論著曾對上述地區進行各項實證性的研究，或從制度面探索經濟奇跡的成因。[1] 迄今為止對臺灣所進行的實證研究，多以產業部門為主軸，探索政府產業政策、技術移轉、人力資本、殖民地經驗等因素對產業發展及經濟成長帶來的貢獻。[2] 若從市場面來看，戰後臺灣第一波發展的紡織、機電、電子等輕工業，是先以滿足臺灣島內的民生市場作為出發點，其後再銷售至國外，展開臺灣以出口貿易為主的經濟結構。[3]

　　然而，過去對早期臺灣工業化關注的重點，多集中在企業如何自國外引進技術，並以民間市場為對象進行大量生產，往往忽略軍事部門之影響力。稍詳言之，因為許多兵器及軍用品在生產過程中需要較高的技術與精密度，軍方技術人員得以接觸到先進的技術。除此之外，軍方也將部分資材委託民間生產，民間部門不僅可藉由承接軍方訂單獲利，並在接受軍方的指導下提升產品品質。從生產製程來看，軍民兩方的生產單

位具備諸多之共通點，彼此間又具備生產的上下游關係。基於上述的理由，對戰後臺灣工業化進行考察時，不應忽略軍方所扮演的角色。

　　臺灣史上軍方與工業界具有較密切的連結，可追溯自 1930 年代臺灣為配合日本帝國的對外侵略，在臺灣總督府與軍方的支持下發展軍需工業。在此背景下，原本以提供民生需求為主的工廠，開始提供軍方各項資材。除此之外，臺灣總督府與軍方為推動臺灣機械工業的自立化，規劃將各項軍事訂單交由民間工場承接，以提升本地廠家的技術能力。1943 年以後隨著戰事的白熱化，如臺灣鐵工所和臺灣船渠株式會社等較具規模的工場，則直接由陸海軍監理，提供軍方各項後援。[4]

　　至於戰後軍方與工業部門較為直接的聯繫，要至 1949 年後中華民國政府撤退來臺後，除推動民需部門的進口替代工業化外，尚在冷戰與反共的背景下發展軍備。當時較具規模的公民營工廠在軍方的委託下生產軍需品，並作為軍事工業體系的一環。[5]

　　綜言之，近現代臺灣工業界與軍事部門的聯繫，均是在戰事的背景下存在軍事需求，故促成兩方互相提攜。但推動工業發展的過程，除了所需的技術與設備外，如何募集與培育熟練的技術人員投入生產，成為不可迴避之問題。

　　戰後初期臺灣主要仰賴臺灣籍技術人員與來自中國大陸的資源委員會成員為主的技術者集團，擔任工業的復員與重建重任。進入 1950 年代後，隨著臺灣實業界的快速發展，在原有的技術人才漸不足以支應下，需尋求技術人員的補充。雖言美援計劃下曾有計劃地培育臺灣的技術人員與工人，但無法於短期間培育出發展精密與重化工業所需的技術人員。[6]政府在陷入用人孔急的困境下，僅能採取動員軍方人士投入實業生產。

　　經由上述的討論，能歸結出軍事部門可從生產與人員兩個管道，直接或間接地影響民間生產部門。本稿嘗試從軍方技術人員的角度，探索其投入工業生產之脈絡，並以海軍技術人員投入臺灣造船業作為具體之考察。

　　站在臺灣資本主義發展史的觀點來看，戰後初期臺灣歷經殖民統治與兩岸分治的背景下，技術人才包括曾接受日本教育的臺灣人與來自中國大陸的外省人。過去學界對這段時期技術者研究的爭論點，集中於公營事業的再建與技術傳承應歸功於中國大陸的資源委員會成員，或是殖民地時期的臺灣籍技術者。在薛毅的論著中，對來自中國大陸的資源委員會技術人員給予高度評價，認為其適時填補日本籍技術人員遣返後的缺口。[7] 本人對臺灣造船業規模最大的臺灣造船公司所進行分析時，提出當時不少技術人員多畢業自上海交通大學與同濟大學造船系，可說是中國經驗的移植。[8] 然而，本人對戰後初期臺灣機械公司進行之研究，發現戰後糖業機械的製造技術是傳承自戰前臺灣鐵工所時期的臺灣籍員工，原因在於 1945 年以前中國大陸的製糖業並不如臺灣發達。[9] 由此可見，戰後初期在臺的技術人員角色的爭論，迄今尚未有一定論。

　　至於海軍技術人員參與臺灣實業界的實況，劉芳瑜曾對新中國打撈公司進行的研究中，提及公司籌設過程與沉船打撈均有海軍人員參與。[10] 本人過去對臺灣造船公司進行的研究，曾簡略勾勒出海軍對臺灣造船業提供人才支援，但未對其參入緣由之脈絡深入討論。[11] 又，本人對戰後初期臺灣機械公司進行的考察，則發現該公司造船部門的實作人員是以戰前日本海軍馬公要港部的臺灣籍員工為主體。[12]

　　經由上述研究史的回顧，能夠體認到目前學界欠缺對戰後臺灣技術人員的群像，以及軍事人員在何緣由投入實業界進行討論。為此，本文將

先勾勒出軍方人員參與產業發展的背景，並具體以海軍如何投入臺灣造船業的過程進行說明。最後，再從軍事史和經濟史的觀點，對海軍投入臺灣造船業的發展歷程給予評價。

二、軍事人員參與經濟建設

（一）戰後初期臺灣技術人員群像與軍事人員投身實業界

　　戰後初期臺灣的技術人員，主要分為日治時期所培育的中高階技術人員，以及來自中國大陸的資源委員會成員兩類。日治時期臺灣技術人員的培養，最早為 1912 年由臺灣總督府民政局學務部設立的工業講習所，其後並於 1919 年改組為臺北工業學校。[13] 至於培育中階技術人員的單位，則要至 1931 年臺南高等工業學校設立後；此外，戰爭末期日本帝國考量臺灣欠缺高階技術人員的背景下，1943 年創設臺北帝國大學工學部。另外，日治時期也不乏有臺灣人為習得技藝前往日本內地留學之情形。綜言之，在日本統治臺灣約半個世紀中，培育出的臺灣人技術者數目有限。[14]

　　參照澤井實教授的研究，即能理解日治時期臺灣培育出的技術人員數目，並不足以承擔 1930 年代臺灣所推動的工業化，故需遣派日本內地的技術者前來支援。[15] 1945 年日本敗戰後，臺灣籍技術人員並無力獨自填補日本人離臺之缺口。為此，日治時期較具規模的工業設施，由來自中國大陸的外省籍資源委員會成員，銜接起日本籍技術與管理人員遣返後的職位空缺。[16] 近來的學術論著，對臺灣人與外省人兩類技術者群體所扮演之角色有所論爭。但不容否認的是，臺灣的公營廠礦能夠在短期內重建與復員，是在臺灣人與外省人的兩相合作下完成。

　　1949 年中華民國政府撤退來臺後，開始出現軍事人員在政治、經濟、國防的背景轉任經濟官僚或投入實業生產，此一現象並持續到 1970 年後半為止。

　　從政治的層面來看，原本掌管中國大陸與臺灣基幹工業的資源委員會，在 1940 年代末期多數成員紛紛投共下，促使政府起用包括楊繼曾、江杓等兵工署人員轉任經濟部門，擔任中高階技術官僚。[17] 從經濟的角度來看，伴隨政府進口替代工業化的推動，臺灣既有的技術人員除不足以支應日漸擴張的工業部門外，該如何於短期間提供高階技術人員，成為發展上的一大難題。從國防上的觀點來看，臺灣在冷戰體系、反攻大陸與外交孤立的多重背景下，如何增強整體的工業能力也成為當務之急。上述的原因，均是軍事人員轉任實業界的背景。

　　然而，一般民眾對於軍事人員的認知，多抱有驍勇善戰、赴死沙場的刻板印象。實際上，中國自晚清以來在列強欺壓的背景下，軍方即開始興辦新式的教學與生產機構，寄望藉由引進西方的先進技術，對抗西方諸國的船堅炮利。[18] 此一傳統在中華民國成立後仍獲得延續，例如在中日戰爭爆發前的十年間，國民政府自德國引進軍事技術，並開始研製兵器精密度的提升與生產流程。經由上述的討論，即能理解軍方對高階產品的生產及引進西方技術並不陌生，故 1950 年代政府撤退來臺後，軍方技術人員即能於短期間轉入實業界。

　　但戰後軍事技術人員投入臺灣實業界的源流，又能分為殖民地經驗與中國大陸經驗兩個系統。首先，1945 年以前曾作為日本殖民地的臺灣，在 1930 年代後伴隨日本帝國的對外侵略，開始召募臺灣人擔任工員，除接受軍方各項課程訓練外，並在戰時的修繕過程培養實務經驗。大致上，擔任工員的臺灣人未必具有較高的學歷，但對生產的實作部分十分

熟悉。1945 年戰爭結束後，少數臺灣人工員轉任中華民國軍隊，部分則投身實業界參與生產。

　　另一方面，來自中國大陸的軍事技術人員，部分既具備顯赫的學歷，還擁有豐富的實務經驗。1949 年伴隨政府撤退來臺後，這些人員陸續轉任經濟官僚或投身實業部門。首先，1949 年政府遷臺前後，政府除拔擢兵工署人員轉任經濟官僚外，兵工署還藉由與臺灣省政府的合作下創辦硫酸錏工廠，生產農業增產所需肥料。1950 年代前期裕隆汽車公司的創立，則是由 1941 年設立於貴州的發動機製造廠的技術人員作為骨幹，參與臺灣汽車工業的開發。[19] 1950 年代後期至 1960 年代中期，則是海軍技術人員轉任臺灣造船業的一個高峰，亦為本文所探討之重點。1970 年代臺灣在退出聯合國以及相繼與美日等國斷交下，政府決意將公營的臺灣機械公司進行轉型為兵工事業。在此背景下，1976 年政府先後聘請帶有軍系色彩的俞柏生與雷穎擔任董事長，還聘用曾任聯勤廠長和署長的侯碩擔任總經理。[20]

　　經由上述的討論，或能歸納出早期軍事人員是在臺灣技術人員缺乏下投身實業界；但 1970 年代後軍事人員因中華民國外交受到孤立，政府在決意發展國防工業下，將其調任至公營事業。在軍事人員轉任的過程中，多數為伴隨政府撤退來臺的外省籍人員，投入的工業均為資本與技術層面較高的重化工業，且是在政府的授意下轉任，帶有強烈的國家性格。其次，戰前服務於日本軍隊的臺灣籍技術者投入實業的過程中，僅有少數人才集中在軍方或轉任公營事業，多數則轉任民間企業服務。

（二）海軍與近代中國的工業化

　　近代中國海軍技術人員的培育，可追溯於 19 世紀末期列強以武力打

開長期鎖國的清朝。當時官民兩方在體認到西方的船堅炮利下，進而實施洋務運動。1866 年在左宗棠的倡議下，計劃在福建馬尾設立求是堂藝局，並興辦船政學堂。1867 年船政學堂開學後，擔任船政大臣的沈葆楨認為法國的造船技術較為先進，故在「前學堂」開設以法語教學的製造課程；此外，沈氏考量到英國的駕駛技術比較優秀，在「後學堂」開設以英語講授的管輪駕駛課。在課堂中，並分別聘用法國與英國人擔任教師。在此之下，福建船政學堂為中國培養了一批掌握西方先進技術的人才，部分學生在畢業後亦前往國外留學。[21]

　　1912 年中華民國成立後，除了陸續創設的吳淞商船學校外，也開始在大學教育設立造船相關課程。例如自 1936 年起同濟大學在電工機械系設立造船組，1943 年政府將吳淞商船學校整併入內遷重慶的交通大學，統籌設立造船工程系。[22] 另一方面，國民政府除了由中央海軍部在馬尾設立海軍學校外，尚有最初不屬於海軍部，由地方派系掌理的青島海軍學校與黃埔海軍學校。值得注意的是，1930 年代起因日本加速對中國的侵略，政府在體認到松滬地區江海防務的重要性，在 1932 年設立電雷學校。該校設立的宗旨是以建立一支水雷與快艇為主的江防力量，故該校兼具教育單位與戰鬥部隊之角色。[23]

　　從編制上來看，電雷學校並非隸屬於海軍部，但該校的畢業生往後多受到政府的重用。例如曾擔任海軍總司令的黎玉璽、海軍副總司令的崔之道；此外，郭發熬、王恩華、張仁耀曾擔任海軍軍官學校校長；王先登、袁鐵忱曾擔任海軍機械學校校長。[24] 探究其背後原因，或與電雷學校為蔣介石的嫡系有關。值得矚目的是，畢業於電雷學校第一屆的王先登，戰後曾擔任海軍機械學校校長，來臺後先服務於軍方造船廠，1960 年後則轉任公營的臺灣造船公司，對戰後臺灣造船業的影響頗深。

　　總的來說，1949 年在中國大陸培育的海軍技術人員來臺後，在臺灣造船人才出現斷層的背景下，陸續投入臺灣造船業。其中，中國大陸時期興辦的海軍機械學校撤退來臺後，成為早期臺灣培養造船人才的教育機構，畢業生對早期臺灣造船業也多有貢獻。

三、海軍與臺灣工業發展

（一）「兩個海軍」與技術人員的養成

　　戰後臺灣造船業的工廠，可分為民用與軍用工廠兩個系統。在軍用造船廠上，部分為繼承日治時期的軍方設備。大致上，澎湖馬公的第二造船廠，前身為日治時期由日本海軍設立的馬公海軍工作部。另一方面，基隆的第三造船廠，則是運用從上海江南造船廠與青島造船廠撤退來臺的物資，再向臺灣造船公司租賃第一分場的 3,000 噸船塢為基礎設立。在此之下，戰後軍方造船廠彙集了不少造船技術人員，其來源除了位於馬公的第二造船廠有較多曾服務於戰前馬公海軍工作部的臺灣人外，多數為來自中國大陸的外省人。

　　另外，日治時期臺灣的實業教育雖未設有造船工程科，但澎湖馬公要港部經由興辦養成所的方式，培育臺灣人成為專司艦艇修繕的工員。在此之下，戰後早期臺灣造船業發展的人力，除了過去本人曾討論以資源委員會成員為主的臺灣造船公司骨幹人才外，尚有日治時期馬公要港部、來自中國大陸的海軍造船人才。在人才的培育上，由於海洋學院造船工程科要遲至 1959 年才設立，故海軍興辦的海軍機械學校培育的技術人員重要性也更為明顯。

1. 馬公要港部的發展與養成班的設立

1895 年日本統治臺灣後，始在澎湖設立馬公要港部，作為日本帝國鎮守南方的要衝。但在整個日治時期中，馬公要港部要至 1941 年太平洋戰爭爆發後才具體發揮應有的軍事功能。從當時臺灣的造船設備來看，僅有基隆的臺灣船渠株式會社與馬公要港部擁有船渠設備。若就規模而論，臺灣船渠株式會社可供大型艦艇修繕；馬公要港部僅能進行小型艦艇建造、整備工事、救難作業和緊急修理工事。日本帝國開啟南洋地區的戰線後，馬公要港部的設備漸不足以因應小型艦艇修繕之業務量。為此，日本海軍一度計劃在高雄設立工作部，並計劃將營運重心移往高雄。[25]

但日本佔領南洋後，位於新加坡、泗水、馬尼拉的海軍 101、102、103 工作部，均有完善的船渠設施可供使用。在此情形下，海軍在高雄設立分工場的迫切性相形減低，故僅增建簡易的艦艇修繕設備。高雄分工場工事完工後，日本海軍旋即將馬公工作部高雄分工場更名為高雄工作部，馬公工作部則改稱高雄工作部馬公分工場。[26]

值得注意的是，馬公要港部的艦艇修繕是以臺灣人為從業主體，來源分成見習工、年少工、一般工員三種方式。在見習工的招募上，馬公要港部每年招考國民學校高等科畢業的臺灣人進入馬公海軍工作部工員養成所，以半工半讀擔任見習工的方式習得各項技藝。在課程的安排上，見習工上午到養成所修習各種科目，下午則到工場學習實地作業，以三年的時間習得各項技術，考試及格後授獲畢業證書，成為工場基層幹部。[27] 其次，海軍還公開招募高等科畢業生，以半工半讀的方式擔任年少工。在所學方面著重專門技術的講授，並於一年後結業。年少工課程相對於見習工員而言，著重實際技術之習得。至於一般工員的養成，採取師徒制方式培育，由資深工員先教導新進人員學習該單位的工作方法，

及認識一般工具的正確使用法，然後編入工作組，由資深工員帶領。[28]

　　一般來說，見習工員或年少工畢業後，均擔任二等工員。一般新進工員或臨時工員升任為工員者，亦任二等工員。二等工員在經過四年從業經驗後，再晉升為一等工員。見習工和年少工出身者，因經過嚴格的選拔，不久即被培養為各工場的基本幹部。[29]

　　1945 年第二次世界大戰結束後，部分員工仍留在中國海軍馬公造船所外，有的則投入臺灣的民間造船業。例如陳啟昌、冼自明、蔡水成等人進入臺灣機械公司服務，之後均晉升到高級主管。[30] 另外，蕭啟昌和陳泗川則進入臺灣造船公司服務，前者離職後並轉任民營公司擔任董事長。此外，尚有部分人員自行經營小型造船廠與船舶修理廠。蔡水成先生於退休後又轉任交通運輸業。[31] 綜觀戰時日本軍事單位培育的技術人員，所著重的即為實作與應用，而非高深的學理基礎。這些臺灣人技術者雖未有顯赫的學歷，在戰爭結束後將所學之技能應用至造船與交通運輸等民間工業，多中階技術職務，顯現出技術擴散之特性。

　　2. 中國海軍與戰後臺灣

　　1945 年 9 月 3 日，日本正式向盟國投降，同月 9 日並在南京向中國戰區簽署受降書。翌日，也確立中華民國海軍的接收範圍，為香港外的越南北緯十六度以北地區，以及臺灣澎湖列島，並將日本艦隊之艦船、兵器、器材和基地設備等沒收。[32]

　　海軍為策劃軍事復員，1945 年 9 月 1 日由軍政部設立海軍處，執掌海軍行政、教育、訓練、建造等事宜。同年年底又奉國防部軍事委員會命令，接收前海軍總司令部與其業務，擴大為海軍署。1946 年 6 月，政府創設國防部，同年 10 月將軍政部海軍署擴編為海軍總司令部。海軍總司令部成立後，依據領海區域劃定區界，設有海南島、青島、臺灣、上

海四個基地司令部，之後改為軍區司令部。[33]

在造船所的編制上，海軍在上海、青島、左營、榆林、馬公、黃埔和大沽均設有造船所，但具有造船能力者僅有上海的江南造船廠和青島造船廠。[34]

首先，當時上海的江南造船廠在規模或產能上均為中國最大，設立淵源可追溯至 1865 年清朝政府籌建的江南製造局時期。1945 年第二次世界大戰結束後，國民黨海軍總司令指派海軍上海辦事處負責接收，並由馬德驥擔任所長。至政府撤退來臺前，江南造船所直屬於海軍管轄，經營業務包含軍方和民間兩部門。在軍方業務上，主要為修理中國海軍與美國艦艇。此外，還承接民間商船的修理業務。1949 年國民黨在國共內戰的敗北，江南造船所的 1,000 多名員工中，有二百餘名撤往臺灣。[35]

其次，海軍接收青島造船所後，主要任務為支援北巡艦隊，並承修進出該港的所有軍、公、商船舶。值得注意的是，當時美國第七艦隊也進駐青島，與中國海軍共同使用此一造船所從事整備補給。另外，海軍成立中央海軍訓練團，並在美軍人員的指導下培養修繕美式艦艇之能力。值得注意的是，畢業於電雷學校時任海軍中校的王先登，1946 年 3 月起被指派擔任副所長。[36]

海軍在第二次世界大戰結束後接收來自美國與日本的大批艦艇與設備，在考量到欠缺負責上述資材修造的技術軍官，1947 年 2 月始在江南造船所籌設造船和造械兩速成班，計劃施以兩年專科教育，培養海軍機械技術人才。但之後海軍認為速成班修業期間過短導致所學有限，或無法肩負軍械修造之使命，乃倡議擴充體制。為此，同年 8 月 1 日海軍設立海軍機械學校籌備處，仿照軍官學校體制草擬設校計劃，並延聘江南造船所所長馬德驥兼任教育長，以及後來臺擔任左營造船所所長的柳鶴圖

擔任教務組主任，並以上海高昌廟海軍官校舊址為校區。但之後馬德驥因船廠事務繁重、柳鶴圖轉調江南造船所總工程師，相繼辭去職務。為此，海軍另外聘請時任青島造船所副所長王先登專任校長，王先登到職後即率領學生至上海於 1948 年 1 月 5 日進行入伍訓練。[37]

　　1949 年國民黨敗北，國共內戰波及南京和上海一帶時，1949 年海軍機械學校經撤退到福建馬尾、澎湖馬公，最後因當地缺乏房舍下再轉遷左營，並於 8 月 29 日復校。[38] 政府撤退臺灣後，為配合反攻大陸之需，考量艦艇修造人才和工場管理人員必需及時培育，於 1950 年夏天分基隆和左營兩地招考新生，並將投考官機兩校成績較次者列為廠務專修科。在此同時，還奉海軍命令增設技工幹部訓練班，以增強海軍船廠既有工人的品質。[39]

　　然而，1955 年「海軍總司令」依據「國防部」的指示美軍顧問團建議，進行以海軍機械學校與術科訓練班為基礎，合併籌設為海軍專科學校。綜觀 1948 年創設的海軍機械學校共招收九屆學生，共計畢業生七百餘人。[40] 政府撤退來臺初期，因臺灣大專院校未設有造船科系，使得海軍機械學校出身的人員在退伍後各界皆爭相延聘，分佈於驗船協會、大專院校、造船界和航運機構等，適時填補同時期臺灣造船工業發展期的人才缺口。[41]

（二）海軍技術人員投身民間造船業

　　就造船業的結構來看，除了生產部門之外，船舶檢驗與人才養成也是不可或缺的一環。稍詳言之，除了船舶修造等生產單位外，船舶在建造或修理均需要經由檢驗後，保險公司才願意接受保險。其次，1953 年設立的海事專科學校，為臺灣最早開辦的海洋教育大專院校。大致上，

中國驗船協會與海事專科學校的興辦，均能見到海軍技術人員的參與脈絡。再者，1957年臺船公司租賃給殷臺公司後，海軍人員陸續參與殷臺公司的營運；1962年政府收回殷臺公司產權後，海軍資深人員則陸續轉職到臺灣造船公司擔任營運高層。

1. 中國驗船協會

過去中國本身因未設置驗船協會，故船舶多委託英國勞氏驗船協會、日本海事協會、法國驗船協會、美國驗船協會辦理。自1940年代末期起，中國大陸的造船界及航運人士開始倡議籌組驗船協會，以擺脫對國外的依賴。[42]

為此，1948年7月20日，由航運界、造船界、保險界人士在上海舉行成立大會，並通過中國驗船協會章程及選舉理監事。其後於第一屆理監事聯席會議上，決定中國驗船協會的驗船工作最遲應於1949年1月開始進行。為達成此目標，中國驗船協會技術委員會依據性質設立法規、人事、財務三個小組。但隨著國共戰爭的白熱化，驗船工作亦未能正式開展。[43]

1949年前後許多伴隨政府撤退來臺的船舶，因失去中國大陸的航線面臨景氣蕭條，故紛紛選擇停航。在此之下，俞飛鵬和徐可均重新於臺灣發起成立中國驗船協會，並由唐桐蓀擔任總幹事，希望藉由中國驗船協會的籌組促使臺灣航業復甦。[44] 此項提案在獲得前交通部賀衷寒部長和臺灣省主席嚴家淦支持，並經內政部和交通部同意後，1951年2月15日中國驗船協會正式在臺北成立，由俞飛鵬擔任理事長，唐桐蓀擔任秘書長。[45]

值得注意的是，中國驗船協會成立初期，聘請當時擔任臺船公司總工程師，兼任法國驗船協會臺灣代表的齊熙擔任代理總驗船師。此外，又

聘請原任職於高雄軋鋼廠廠長，並兼任海軍機械學校造船系系主任的厲汝尚轉任中國驗船協會副總驗船師。另一方面，還借調海軍總部機校造船系畢業生冉憲雲、蔣允嘉、曲家琪及段良策等造機系畢業生擔任技術員。[46] 上述的人事安排，不難察覺當時造船界人士的欠缺，中國驗船協會在仰賴海軍人員的支援下，才得以順利創辦，顯現出民間造船技術人員欠缺的窘境。

2. 海事專科學校的師資支援

1953 年創設於基隆的臺灣省立海事專科學校，為戰後臺灣設立的第一所專科級以上之海事學校。創校初期設有駕駛、輪機、漁撈三科，1959年再增設造船工程科。其中，駕駛和輪機兩科的創科主任均由軍方轉任。探究其背後原因，或許是航海與航行技術等專業知識，在早期中國大陸和臺灣民間傳授並不普及，故有賴海軍人才的支援。[47]

首先，輪機科創科主任盧文湘，畢業於南洋海軍學校（江南水師學堂管輪科）與美國麻省理工學院，並曾任海軍上校與總工程師。其次，駕駛科創科主任鄧熙霖，畢業於廣東黃埔海軍學校航海科（駕駛科），曾任廣東省立海事專科學校教授兼教務處主任兼航海科主任。駕駛科講師林漉民，畢業於福州海軍學校（福州船政學堂管輪科），曾任海軍軍艦少校、輪機長、海軍各工廠研究室主任與工程師。復次，創校時的教務主任丁國忠，畢業於江南水師學堂駕駛科、美國潛水艇專科學校，曾任吳淞商船學校、青島海軍學校上校高級教官。至於擔任助教的陳定九，則畢業於福州船政學堂，擔任海軍少校工程師。除此之外。許多兼任教師均任職於海軍軍官學校，支援海事專科學校的各項課程。[48]

1959 年海事專科學校造船工程科設立後，科主任則由臺灣造船公司總工程師齊熙兼任。然而，最初擔任副教授，並於 1960 至 1963 年擔任

科主任的翁家駿，則畢業於青島海軍學校航海科、美國麻省理工學院造船系碩士，曾服務於海軍造船廠廠長與任教於海軍機械學校造船系。此外，1962 年起擔任助教的陳瑞則畢業於海軍機械學校造船科。[49]

日治時期臺灣並未設立海事相關之高等教育，故戰後臺灣中高階海事人才均仰賴來自中國大陸的外省籍技術人員支援。由於人才有限，政府在亟欲尋求產業發展與兼顧人才養成下，海軍技術人員的轉任海事專科學校師資，培育出戰後臺灣第一代大專院校教育下的海事人員。

3. 臺灣造船公司與海軍

至於海軍直接投入臺灣造船業的發展，可追溯至 1960 年代臺灣造船公司將廠房租賃給美國殷格斯公司，設立殷格斯臺灣造船公司（以下簡稱殷臺公司）。稍詳言之，當時臺灣在向外購置大型船舶不易下，進而將船廠交由美國船廠經營，引進技術建造大型船舶。殷臺公司初期的人員建置上，除了 11 名來自美國的技術與管理人員外，多數均派遣臺船公司時期的員工前往美國殷格斯船廠實習。[50] 之後於殷臺公司後期則調任原本擔任江南造船廠總工程師、來臺後擔任左營造船廠的柳鶴圖轉任副總經理。或許是在此緣由下，殷臺公司還從海軍借調 5 名技術人員，1 名擔任副工程師，4 名擔任助理工程師。[51]

1960 年代海軍人員大舉進入臺灣造船公司管理與技術層的緣出，可追溯自殷臺公司在體制上屬於外商公司，員工薪資相較於先前公營時期的臺灣造船公司約高 3 倍。1962 年 9 月，臺灣造船公司收回自營後，員工薪資由原本較高的薪資回復到公營事業的薪資水準，使得員工士氣受到影響。再者，當時民間企業用人惟才，競相開出高薪聘請臺船公司的資深員工轉任，也造成 1960 年代前期臺灣造船公司出現離職潮。[52]

在此之下，擔任經濟部長的李國鼎與臺灣造船公司前董事長周茂柏

均推薦曾任海軍機械學校校長、海軍第二造船廠廠長，時任海軍中將兼海軍總部副參謀長王先登擔任臺灣造船公司總經理。[53] 王先登接任總經理後，為填補離職潮帶來的人才空缺，藉助海軍機械學校培養的造船、造機、電機各系所畢業生，分別自海軍借調或徵選已經自海軍退役者，充當階段性人力骨幹。這些進入臺船公司的海軍技術人員，其後也被拔擢擔任中高階主管。[54]

另外，海軍認為有必要建立完整的造船、造艦能力，計劃運用海軍退役之充沛造船和輪機人才，在高雄市旗津八號船渠地區籌建大型船廠，並以勝利計劃之專業小組代號進行。[55]

在此之下，海軍委託日本三菱公司提出計劃方案。1969 年擔任國防部部長的蔣經國，邀請臺船公司前往預定廠址勘查，得出該地人力資源和物資運輸等條件均有限，若要設立船廠將有所困難的結論。另一方面，行政院亦提出海軍不宜對外進行營利事業，最終於 1970 年 5 月 22 日行政院第十次財經會報決定成立專案小組籌辦高雄大型造船廠，交由經濟部進行，並交由臺船公司周茂柏、劉曾適、厲汝尚擬定草案。[56]

高雄造船廠計劃確立後，所有的作業幹員均由臺船公司各主管專業人員派遣。1972 年 4 月成立高雄造船廠籌備處後，由臺灣造船公司董事長王先登兼任主任。[57] 而將此項計劃轉交經濟部進行，最終於 1973 年創設中國造船公司，並由臺灣造船公司總經理王先登兼任中船公司董事長兼總經理。值得注意的是，臺船公司許多的資深幹部，均以借調方式支援中國造船公司。其中，當時擔任臺船公司造船工場場長蕭啟昌和副場長陳泗川，均畢業於戰前日本海軍馬公要港部養成所，且為戰後第一批進入臺灣造船公司的職員。這些接受日本海軍科班訓練，畢業於養成所的臺灣人，其學歷於戰後被國民政府認定為高中畢業，進入公營事業從基

層的工務員開始任職，至 1960 年代後期則憑藉工作上的努力晉升到中階主管。[58]

經由上述的討論，不難理解 1960 年代初期臺灣規模最大的公營造船廠臺灣造船公司在資深員工相繼離職下，海軍人員在政府的認可下進入臺灣造船公司的營運與技術階層，進行人力資源填補。其後隨著海事專科學校造船工程科畢業生的相繼投入，以及臺灣大學造船研究所的創設，畢業生在累積豐富的實務經驗後，逐漸取代海軍技術人員扮演的階段性任務。另一方面，1960 年代後期海軍計劃籌設大型造船廠，部分雖從軍方出發點為考量，帶有與民爭利之性質。但回顧海軍在中國大陸時期經辦江南與青島兩間造船所的業務經辦型態，即不難了解海軍欲經營同時具備軍民需求的大型造船廠，可說深受中國經驗的影響。

四、結論

戰後數年間，臺灣歷經國民政府接收、中華民國政府撤退來臺的階段，在技術者不足又亟欲發展工業化的情況下，突顯出軍方技術人員的重要性。來自中國大陸的海軍技術人員，在政府的支持下調任中國驗船協會與海事專科學校，提供造船業的後援與培育新秀；或是轉進公營的臺灣造船公司，成為臺灣造船業的骨幹。自 1950 年代起的數十年間，海軍技術人員直接或間接地參與臺灣造船業，適時提供戰後臺灣造船業成長所需的人才。

至於殖民地時期曾擔任日本帝國海軍工員的臺灣人技術人員，因熟悉船舶修造的實作，留任公營船廠者多成為船廠的中堅分子。縱使擁有的學歷並不高，但卻憑藉本身的實作能力獲得良好的升遷，至 1970 年代後

始獨當一面，成為中國造船公司建廠的核心成員。

　　眾所皆知，技術人員的養成除了學院的基礎教育外，還需歷經長期的實作與歷練才可具備獨當一面的能力。中國大陸時期的交通大學和同濟大學等大專教育造船科系設立的時間較晚，兩校造船系資深師資又多未伴隨政府撤退來臺，使得臺灣造船人才相對欠缺。在此之下，即體現出海軍教育機關培養技術人員的重要性。

　　經由本文的討論，能夠了解探討早期臺灣技術人才對戰後臺灣經濟復興的貢獻，不應簡單地以本省與外省籍二分法視之。日治時期臺灣在戰時動員體制下為因應軍事修繕培育出以實作見長的臺灣人，如何在戰後將所學專長應用到實業界，是否影響到戰後臺灣中小企業的發展，是值得繼續追蹤的問題。另一方面，過去中國大陸時期因高等教育的繁盛，使得討論均集中在交通、清華、同濟大學等學院派出身的技術人員，往往忽略軍事機關所培育出的技術者。究竟這些軍方技術者如何在國家政策需求下將過去所學投身實業界，在此過程中政府又如何扮演促進的角色，均值得進一步加以探討。

注釋

1　Alice H. Amsden, *Asia's Next Giant: South Korea and Late Industrialization*(New York: Oxford, 1989).

2　佐藤幸人：《臺灣ハイテク產業の生成と発展》（東京：岩波書店，2007年）。川上桃子：《縮された產業発展──臺灣ノートパソコン企業の成長メカニズム》（名古屋：名古屋大學出版會，2012年）。

3　Alice H. Amsden and Wan-wen Chu, *Beyond Late Development: Taiwan's Upgrading Policies*(Cambridge: The MIT Press, 2003).

4　洪紹洋：〈戰時體制下臺灣機械工業的發展與限制〉，國史館臺灣文獻館編：《第六屆臺灣總督府檔案學術研討會論文集》（南投：國史館臺灣文獻館，2011年），頁31-56。

5　林長城：《走過東元──林長城回憶錄》（臺北：遠流出版社，1999年），頁71-72。

6　洪紹洋：〈戰後臺灣工業化之個案研究──以1950年代以後的臺灣機械公司為例〉，田島俊雄、朱蔭貴、松村史穗編：《海峽兩岸近現代經濟研究》（東京：東京大學社會科學研究所，2011年），頁119-120。

7　薛毅：《國民政府資源委員會研究》（北京：社會科學文獻出版社，2005年），頁370-384。

8　洪紹洋：《近代臺灣造船業的技術移轉與學習（1919－1977）》（臺北：遠流出版社，2011年），頁82-86。

9　洪紹洋：〈戰後臺灣機械公司的接收與早期發展（1945－1953）〉，《臺灣史研究》，第17卷第3期，頁151-182。

10　劉芳瑜：《海軍於臺灣沉船打撈事業（1945－1972）》（臺北：國史館，2011年）。

11　洪紹洋：《近代臺灣造船業的技術移轉與學習（1919－1977）》。

12　洪紹洋：〈戰後臺灣機械公司的接收與早期發展（1945－1953）〉，頁151-182。

13　鄭麗玲：《臺灣第一所工業學校──從臺北工業學校到臺北工專》（臺北：稻鄉出版社，2012年），頁1－3。

14　澤井實：〈二戰時期日本的技術人員供應〉，中村哲主編、王玉茹監譯：《東亞近代經

濟的歷史結構 —— 東亞近代經濟形成史（二）》（北京：人民出版社，2007 年），頁 347-348。

15　同上，頁 347-348。

16　薛毅：《國民政府資源委員會研究》，頁 370-384。

17　楊繼曾：《楊繼曾九十回憶》（自行出版：1987 年），頁 40。

18　夏東元：《洋務運動史（修訂本）》（上海：華東師範大學出版社，2010 年），頁 5-12。

19　發動機製造廠文獻編輯委員會：《航空救國 —— 發動機製造廠之興衰》（臺北：河中文化實業，2008 年），頁 370-373。

20　洪紹洋：〈戰後臺灣工業化發展之個案研究 —— 以 1950 年以後的臺灣機械公司為例〉，頁 119-120。

21　吳善勤、盛振邦：《從船舶到海洋工程》（上海：上海交通大學出版社，2005 年），頁 1-2。

22　同上，頁 6-9。

23　海軍軍官學校編：《海軍軍官教育一百四十年（1866－2006）》下冊（臺北：國防部海軍司令部，2011 年），頁 586-588。

24　同上，頁 586。

25　「造船官の記錄」發行幹事編：《造船官の記錄》（東京：造船會，1966 年），頁 123-124。

26　同上，頁 125-126。

27　黃有興：《日治時期馬公要港部 —— 臺籍從業人員口述歷史專輯》（澎湖：澎湖縣文化局，2004 年），頁 299-300。

28　同上，頁 300-301。

29　同上，頁 301。

30　洪紹洋：〈戰後臺灣機械公司的接收與早期發展（1945－1953）〉，頁 151-182。

31　洪紹洋：《近代臺灣造船業的技術移轉與學習（1919－1977）》，頁 242。黃有興：《日治時期馬公要港部 —— 臺籍從業人員口述歷史專輯》，頁 310。

32　包遵彭：《中國海軍史》（臺北：海軍出版社，1951 年），頁 355-356。

33　同上，頁 357-358。

34　同上，頁 358。

35　上海社科院經濟研究所編：《江南造船廠史》（上海：江蘇人民出版社，1983 年），頁

1、256、262-264、317。

36　王先登：《五十二年的歷程──獻身於我國防及造船工業》（自行出版，1994 年），頁 20-21。

37　〈海軍機械學校沿革簡史（1950 年 11 月）〉，《總統親校案（三十九年）》，移轉單位：總統府，國防部史政編譯室檔案，檔號：00023589。

38　同上注。

39　同上注。

40　海軍軍官學學校編：《海軍軍官教育一百四十年（1866－2006）》下冊，頁 996-997。

41　王先登：《五十二年的歷程──獻身於我國防及造船工業》（自行出版，1994 年），頁 24-27。

42　中國驗船協會：《中國驗船協會概要》（臺北：中國驗船協會，1955 年），頁 1。

43　中國船舶檢驗史編輯委員會：《中國船舶檢驗史》（北京：人民交通出版社，1998 年），頁 136-137。

44　唐桐蓀：〈二百天張羅籌備的始末〉，《海事》，42 號（1951），頁 2。中國驗船協會：《中國驗船協會概要》，頁 1-2。

45　中國驗船協會：《中國驗船協會概要》，頁 1-2。

46　唐桐蓀：〈中國驗船協會成立廿周年紀感〉，中國驗船協會：《二十年來之中國驗船協會》（臺北：中國驗船協會，1971 年），頁 5。中國驗船協會：《中國驗船協會概要》，頁 5。鄧運連、陳生平：〈悼念前本會顧問厲汝尚博士〉，中華海運研究協會，《船舶與海運通訊》，53 期（2008），頁 6-7。

47　吳蕙芳：〈臺灣省立海事專科學校的創建與發展（1953－1964)〉，安嘉芳編：《海大校史論集──卷首》（基隆：國立海洋大學，2012 年），頁 83、93-94。

48　同上，頁 100-102。

49　國立海洋大學造船工程學系：《國立臺灣海洋大學造船系四十周年系慶專刊》（基隆：國立海洋大學造船工程學系，1998 年），頁 14。吳蕙芳：〈臺灣省立海事專科學校的創建與發展（1953－1964)〉，安嘉芳編，《海大校史論集──卷首》，頁 114、120。

50　洪紹洋：《近代臺灣造船業的技術移轉與學習（1919－1977）》，頁 129、136。

51　同上，頁 130、153。

52　同上注。

53　王先登：《五十二年的歷程──獻身於我國防及造船工業》，頁 43-44。

54　同上，頁 66-67。

55　同上，頁 69-70。

56　洪紹洋：《近代臺灣造船業的技術移轉與學習（1919－1977）》，頁 165、166。

57　王先登：《五十二年的歷程 ── 獻身於我國防及造船工業》，頁 73。

58　洪紹洋：《近代臺灣造船業的技術移轉與學習（1919－1977）》，頁 167。

第五編

南方一隅、海角風雲

——二十世紀上半葉的香港海防

導言

　　背靠大陸，南望無際大海的廣東，擁有豐富的海洋資源，沿岸一早
發展出大批興旺的海港。明、清以來時寬時緊的外貿政策，並未阻慢其
發展勢頭，粵商的足跡遍佈東南亞，單單廣州的一口貿易就已養活鄰近
大量城鄉省市。鴉片戰爭刻畫中國近代史新的一頁，南方的一顆明珠亦
同時誕生。接過了香港島，英國外交大臣柏瑪斯頓（Henry John Temple
Palmerston, 1784-1865）賭氣地說：「這塊光禿禿的石頭。」然而不足百
年，香港躍升為英國在東方的商業和軍事要塞。孫中山先生亦以香港的
繁榮和優良管制對照滿清最後日子的腐敗和衰頹。

　　財富惹來盜賊的垂涎。嘉道年間，廣東中路，珠江流域一帶已是海
賊為患之地，到二十世紀之初，盜寇仍是剿之不絕。晚清政府早已自顧
不暇，後來新生的民國政府更是有心無力。數量有限的駐港艦隊還得肩
負起守護香港以至附近水域的責任。應俊豪〈海軍的防盜任務──1920
年代英國政府處理廣東海盜問題的困境與策略〉研究 1920 年代英國政府
在有限資源之下的對應之策：既不能冒侵犯中國主權之險，深入內地剿
匪，亦不能消極地應付來犯。如此處境之中，香港能久享安穩，是時勢
所然，是策略有效，也是幸運之神照顧。

　　新的威脅馬上出現。日本毫不掩飾其擴張大計，東方之珠如何自保？
鄺智文博士所說的「自由軍國主義」原則看似簡單，但內藏英國海軍傳
統的智慧。兵微將寡，資源有限，就只能靠新型的後裝炮和導向魚雷來

拉開雙方戰力差距。更強的陸上防線與潛艇加入隊伍,守方的信心更大了。到兩次大戰期間,戰鬥機也成為常備武器,計劃歸計劃,戰場上見真章吧!只是到了二次大戰在歐洲戰場爆發,英國處境不妙,縱有蔡耀倫所說的「莫德庇少將的香港防禦策略」,但欠缺必須的物質支援,1941年12月25日,香港仍經苦戰後淪陷。

第一章
海軍的防盜任務 —— 1920 年代英國政府處理廣東海盜問題的困境與策略

應俊豪

一、前言

　　自英國在香港建立殖民地，由於廣東沿海、內河地區海盜問題嚴重，為了確保英國商船航行安全，英國海軍很早即肩負起防範海盜的責任。[1] 1858 年中英《天津條約》再授予英國海軍在中國水域追緝海盜之權，且可與中國政府一同會商進剿海盜之法。[2] 因此，自 19 世紀起英國海軍在中國內河與周邊水域上所扮演的角色，並不局限於作為大英帝國對華戰爭和外交策略的武力執行者，防盜與剿盜同樣是其重要的任務。[3] 尤其毗鄰香港的廣東沿海與內陸水域，正是英國海軍執行防盜與剿盜任務的最主要場域之一，所以廣東政治、社會情況的穩定與否，海盜犯案的頻率、手法及其防制之道，也就成為英國海軍十分關注的議題。

　　由於 1920 年代廣東局勢持續動盪不安，內政失序現象加劇，廣州當局既無心也無力處理因社會不安而衍生出來的廣東海盜問題，故英國政府只能自求多福，尋思防範海盜劫持英船之法。雖然香港政府曾試圖以立法手段來提高輪船本身的防盜能力，例如強制規定香港往來廣東各地

的英國輪船上必須部署印度武裝警衛，[4] 但實際上對海盜的嚇阻作用極其有限。[5] 鄰近香港的廣東珠江三角洲與大亞灣水域的英船航行安全問題，幾乎仍需仰賴英國海軍的保護。甚至其他外國船隻在廣東周邊水域遭遇海盜攻擊時，也幾乎立即會透過無線電向英國海軍當局求助。[6] 因此，英國海軍在防範廣東水域的海盜問題上，扮演舉足輕重的角色。而 1920 年代英國海軍的防範海盜方略，一般而言就是部署海軍艦艇常態性巡邏於廣東內河與沿海水域，特別是西江、東江與大亞灣。如有輪船遭劫或有海盜警訊之時，則緊急從廣州、香港派遣艦艇（或就近從附近水域調派）與飛機前往該水域馳援與偵察情況。[7] 然而，此套方略非但不足以防範日益猖獗的廣東海盜，也造成位處第一線的英國海軍艦艇與人力極大的負擔，所以英國政府與海軍當局只能不斷從困境中獲取經驗，並找尋其他的可能的輔助措施來彌補缺陷之處。

本文主要利用英國政府外交部檔案（Foreign Office 371, FO371）、殖民部檔案（Colonial Office 129, CO129）、內閣檔案（Cabinet Paper, CAB）以及其他史料中有關英國海軍執行防盜任務的重要資料紀錄，來深入探究 1920 年代英國政府在面對廣東海盜問題時所遭遇的困境與籌思的因應策略。此外，必須要強調的，本文重心乃是放在香港往來廣東水路之間的海盜問題，尤其是以廣東沿海與珠江流域為主要範疇，香港本身島嶼與領海內的海盜問題並不在本文討論之列，也因此本文的主角為英國海軍，而非香港水警。[8]

二、英國規劃的防範海盜體系

根據英國駐西江高級海軍軍官馬克斯‧威爾‧史考特中校（Commander

M.R.J. Maxwell-Scott, S.N.O. West River Patrol）在 1924 年底提出的「防範海盜：現有體系」（Prevention of Piracy: Present System）報告，為了保護航運安全，英國現行的防範海盜體系一共有海軍炮艦、武裝汽艇、武裝警衛、隔離鐵窗、警察監視與搜查等五大項。[9] 雖然在實務運作上，此體系可以發揮一定程度的防範效果，但也有著一些問題：

（一）海軍炮艦

英國海軍艦艇可視情況需要，機動前往珠江三角洲及珠江流域各河川執行任務。然而，除了防範海盜之外，英國海軍還有其他重要的任務，必要時他們得照看廣州及其他通商口岸的安全，因為中國軍隊經常阻礙英國船隻通行，英國海軍艦艇就必須出面處理。一般來說，「懸掛英國國旗的海軍艦艇，必須保護所有港口的英國利益」。[10] 換言之，一旦通商口岸或其他港口的英國利益受到威脅時，英國海軍可能即無法兼顧海盜問題。

（二）武裝汽艇

為了確保香港與廣東江門之間水路的安全，香港政府提供武裝汽艇（AL, Armed Launches）來執行船隻的護航任務。其運作方式乃是排出常規班表，每天固定時間船隻組成船團集體出發，並由武裝汽艇負責擔任護航任務。基本上，只要有武裝汽艇護航的船團，就不會有海盜劫掠事件的發生。但是組成船團一來勢將造成各船隻行動上的不便，無法自由航行，同時也將導致整體航行速度的大幅減慢，因為航速快的船隻往往必須配合航速慢的船隻。此外，因為武裝汽艇多是按表出勤，其班表極易為海盜所探知，因此只要避開武裝汽艇護航的時間，仍然可以利用護航

的空窗期來劫掠船隻。所以，比較有效的方式，並非繼續既有固定航班的護航模式，而是改由武裝汽艇機動地進行有效率的巡邏任務，如此將可以防止海盜獲知武裝汽艇的出動時間，從而大幅降低海盜犯案的機會。

（三）武裝人員駐防船隻

以當時的情況來說，海盜另乘船隻從外部發動攻擊，要成功劫持商船並非易事，因此廣東海盜的犯罪手法多半屬於「內部海盜」（internal piracy）模式，亦即假扮乘客攜帶武器登船並於航程中伺機發動突襲。如要防範內部海盜，則必須部署內部的防衛機制，亦即隨船的武裝警衛。在有效的幹部率領下，船上的武裝警衛將可以阻止內部海盜事件的發生。但如果每一艘往來香港與廣東的船隻均須配置武裝警衛，其數量將非常龐大。更為有效的解決方案乃是採取船團護航與武裝警衛駐防的折衷方式：船隻組成船團，但不另派護航的武裝汽艇，各船亦不駐防武裝警衛，而將武裝汽艇上的海軍士兵全集中到其中一艘輪船上，並配備火力強大的機關槍，由其護衛整個船團，一旦發生海盜事件，即由該船上部署的海軍武力負責鎮壓海盜。如此將可以大幅縮減隨船武裝警衛的數量，也能夠減少武裝汽艇上所需的海軍人力。

（四）輪船上隔離鐵窗

在輪船上各艙房設置隔離鐵窗同樣也是為了防範「內部海盜」，可以有效防止偽裝乘客的海盜闖進艦橋、輪機、鍋爐室等重要艙房，避免其藉此劫持船隻。不過，如擴大在輪船上所有艙房均裝上加鎖的隔離鐵窗，一旦發生船難，如船隻碰撞或起火，將無法及時解開隔離鐵窗，勢將造成極大的人員傷亡。此外隔離鐵窗的設置，也會讓普通艙房的一般

乘客感受不佳，像是「被監禁的老鼠」。

（五）警察的監視與搜查

　　香港附近水域的海盜事件中，海盜多半偽裝乘客攜帶武器從碼頭登上輪船，因此只要香港與廣東各港口間的警察監視與搜查制度能夠運作無礙，應可預防海盜事件的發生。

三、質疑與困境：船艦與人力調派吃緊問題

　　但這套防範海盜方案，顯然因無法有效嚇阻海盜事件的一再發生而備受爭議。早在 1923 年 8 月英國下議院議員司徒華（Gershom Stewart）即曾針對廣東水域海盜問題在國會質詢外交部有何因應對策，以及海軍有無組成艦隊來巡邏珠江（西江）。當外交部次官答覆海軍已調派 4 艘軍艦巡邏該水域時，司徒華則質疑艦隻數量不夠，希望外交部在政府內部發揮影響力以爭取更多的海軍巡邏援助，確保英國在中國條約口岸的利益。不過，這樣的要求並非易事。[11] 英國在遠東地區主要海軍武力乃是由「中國艦隊」（China Station）組成。依據 1921 年 5 月的統計，「中國艦隊」轄下共有 39 艘各式艦艇，包括 5 艘輕巡洋艦、1 艘特別任務艦、4 艘護衛艦、3 艘潛水母艦、12 艘潛艦與 14 艘內河炮艦（另加一艘預備艦）。

1921 年英國海軍「中國艦隊」組成 [12]

艦隻種類	艦名	數量	人員定額
輕型巡洋艦 (Light cruisers)	Hawkins	5	759
	Cairo		379
	Carlisle		379
	Colombo		379
	Curlew		379
特別任務艦 (Special service vessel)	Alarcity	1	125
護衛艦 (Sloops)	Bluebell	4	104
	Magnolia		104
	Foxglove		104
	Hollyhock		104
第 4 潛艦支隊 (4th Submarine Flotilla)	Ambrose	15	229
	Titania		236
	Marzian		65
	L1, L2, L3, L4, L5, L7, L8, L9, L15, 19, L20, L23		Each 39 (468)

（接上）

艦隻種類	艦名	數量	人員定額
內河炮艦 (River gunboats)	Bee	14*	64
	Cockchafer		64
	Cricket		64
	Gnat		64
	Mantis		64
	Scarab		64
	Woodcock		26
	Woodlark		26
	Cicala		64
	Moorhen		31
	Robin		25
	Tarantula		64
	Teal		31
	Widgeon		35
	Moth（預備艦）		
總計		39*	4,500

* 另加一艘預備艦

　　「中國艦隊」麾下又轄有長江分遣艦隊（Yangtze Flotilla）[13] 與西江分遣艦隊（West River Flotilla），分別負責長江與珠江水系的巡邏勤務，並由吃水淺、能夠航行水位較低的江河水路的十餘艘內河炮艦組成。這些內河炮艦中，大約 2/3 比例配屬在長江分遣艦隊，以保護英國在長江流域的重要商業利益，剩下的 1/3 的內河炮艦則配屬於西江分遣艦隊，用以確

保香港往來兩廣地區水路的安全，並視中國現況演變與勤務狀況彼此調動支援。換言之，1920 年代初期英國海軍部署在珠江流域和西江水域的內河炮艦數量大約僅有 4－5 艘。[14] 其中，較常態性駐防西江水域的有 2 艘新型的昆蟲級炮艦（Insect-class gunboats）以及 2 艘老舊的鴨級與鷸級炮艦。另外還有 1 艘昆蟲級炮艦則作為預備艦，平時並不出勤，惟有當其他昆蟲級炮艦進廠維修時，才由艦隊另外調派人員重新啟用。除了炮艦數量有限之外，西江分遣支隊還面臨另外的挑戰。新型的昆蟲級炮艦馬力強、航速快，但因其噸位數大、吃水較深，往往無法深入水位較淺的珠江流域分支水路去執行勤務。舊式的鷸級炮艦船身小、吃水淺雖然較為適合航駛在廣東各狹小水道中，但是因其艦齡老舊，實際最大航速只剩約 7 節，故也不足以應付頻行的護航防盜之需。[15] 況且部分西江支流水道，一旦進入低水位期間，有時即使鷸級炮艦也無法駛入。[16] 為了彌補炮艦數量的不足，自 1924 年開始，香港政府也資助經費另外編組了 4 艘武裝汽艇，[17] 由英國海軍統籌指揮，以協助海軍炮艦執行香港與珠江流域之間水路的防盜與護航任務：

1920 年代初期英國海軍西江分遣艦隊編組 [18]

艦型	艦名	完工年份	排水量（噸）	馬力（匹）	航速（節）	武器裝備
昆蟲級炮艦	HMS Tarantula	1915-1916	645	2000	14	6 吋炮、3 吋空防炮、12 磅炮、機槍
	HMS Cicala					
	HMS Moth（預備艦）					
鴨級炮艦	HMS Moorhen	1901	165	670	13	6 磅炮、機槍

（接上）

艦型	艦名	完工年份	排水量（噸）	馬力（匹）	航速（節）	武器裝備
鷸級炮艦	HMS Robin	1897	150	550	13(7)	6 磅炮、機槍
武裝汽艇	Armed Launches Hing Wah Kwong Lee Wing Lee Dom Joao				9	3 磅炮（僅 *Dom Joao* 配備）、機槍

此外，在英國駐華海軍指揮體系上，乃是以「中國艦隊」司令（Commander-in-Chief, China Station）為最高指揮官，駐香港的海軍準將（Commodore in Charge, H.M. Naval Establishment, Hong Kong）負責指揮整個珠江三角洲的海軍行動，至於西江分遣艦隊則由高級海軍軍官（Senior Naval Officer, SNO, West River Flotilla）直接統率。[19]

依據 1924 年 5 月英國海軍的規劃，僅是為了執行廣東西江流域的巡邏任務，至少須部署 3 艘昆蟲級炮艦與 1 艘小型炮艦，並搭配 4 艘武裝汽艇。3 艘昆蟲級炮艦，1 艘部署在廣州、1 艘部署在江門、1 艘部署在三水梧州。小型炮艦則負責昆蟲級炮艦無法駛入的河道（因吃水較重）。一般商船則組成船團航行，並由武裝汽艇進行護航。武裝汽艇必要時還必須機動支援巡邏任務。[20] 雖然英國外交部認為「這樣的巡邏體系似乎運作的不錯」，[21] 但是對駐華海軍來說，僅是負擔西江流域的巡邏任務就必須動用 4 艘炮艦與 4 艘武裝汽艇，這還不包括東江流域的重要勤務。[22]

顯而易見的，英國海軍要在廣東附近所有危險水域均執行巡邏任務，基本上是不太可能的。下表是英國海軍西江分遣艦隊旗艦「狼蛛號」（HMS *Tarantula*）在 1924 年 5 月份的調動情況。不難看出該艦為了執行巡邏任務，頻繁往來於廣州、香港、江門等地之間，調動情況可謂相當密集。

「狼蛛號」調動情形（1924 年 5 月）[23]

地區	到達日期	離開日期
Canton（廣州）		1st
Hong Kong（香港）	1st	3rd
Canton（廣州）	3rd	7th
Junction Channel	7th	8th
Kongmun（江門）	8th	9th
Ngaomoon（崖門）	9th	10th
Kongmun（江門）	10th	12th
Yungki（容奇）	12th	13th
Hill Passage	13th	14th
Canton（廣州）	14th	26th
Kongmun（江門）	26th	29th
Canton（廣州）	29th	

　　英國海軍艦艇之所以頻繁地在珠江水域間巡邏移動，其目的在於提高軍艦在各水域的出現頻率。雖然英國軍艦執行巡邏任務時實際遭逢海盜的機會不多，但巡邏率越高，海盜的犯案率也就越低，因為可以藉此讓廣東海盜確實感到英國軍艦的存在，而投鼠忌器不敢輕易犯案。[24]

　　然而除了防範海盜之外，英國海軍還必須隨時提防廣東各地割據獨立的軍閥阻礙英國航運事業。由於軍閥們往往無視船隻國籍，任意強制徵調往來船隻用以運送軍隊或走私品，所以英國海軍艦艇經常得出動保護英船不受軍閥的騷擾。再者，原先擔任巡邏任務的英國軍艦，有時也需要額外肩負深入珠江流域上游地區宣揚國威的政治任務。其實，根據英

國海軍情報處的報告，英國艦艇在華的任務繁重，防範海盜不過只是其任務之一：

> （英國海軍）炮艦的責任當然不僅限於緝捕海盜，她們必須在河川上展示國旗，拜訪條約口岸，以及保護英國公民在該地區的整體利益。廣東的政情變動或是敵對軍閥間的突發衝突，也持續牽制了炮艦的行動自由。[25]

例如 1924 年 5 月間英國軍艦「松雞號」（HMS *Moorhen*）即受命沿珠江上駛至廣西梧州，並準備利用時機繼續深入至南寧、百色、龍州等地。英國駐廣州總領事還希望「松雞號」「應該在這些區域展示英國國旗」。[26]英國駐西江高級海軍軍官即坦承「松雞號」的上駛任務，會排擠到珠江下游水域的巡邏任務，而那些水域正是海盜最為猖獗的區域。由於船隻調派上的吃緊，使得高級海軍軍官建議挪派原先擔任船團護航任務的武裝汽艇，改從事搜捕海盜船隻的任務。很明顯，當正規海軍船艦不敷使用時，只能另外尋求解決之道。[27]

英國海軍艦艇調度吃緊以及仰賴非正規武裝汽艇協助的窘況，亦可以由 1924 年 1 月 21 日「大利輪」劫案（SS *Tai lee* Piracy）[28]發生後所引起的海軍保護爭議中窺其梗概。由於在「大利輪」劫案發生前二日，才剛有兩艘英商亞細亞石油公司（Asiatic Petroleum Company）的汽艇在珠江水域遭到海盜劫持，故幾件海盜事件接連密集發生，在香港引起輿論的關注與憤怒，紛紛痛斥廣東海盜問題日益嚴重，直陳香港政府應該在港口乘客登船時施以有效的檢查制度，更呼籲英國海軍當局應提供更多的保護。即是為了因應「大利輪」劫案所引發的輿論呼籲與防盜需求，英國

海軍乃特地將上述的預備艦——昆蟲級炮艦「飛蛾號」（HMS *Moth*）重新啟用，並從「中國艦隊」抽調人力派往「飛蛾號」上值勤。此外，香港政府並建議試辦船團護航方案，在香港往來廣州以及香港往來江門這兩條最重要的航線上將商船編組船團，由英國海軍艦艇統一提供船團護航，以進一步確保商船航行安全與防範海盜攻擊。然而，香港政府所提的試辦方案卻遭到英國海軍當局的反對，理由即是不太可能「將炮艦從珠江三角洲的例行巡邏任務中抽調出來，而目的只是為了去保護這兩條航線」；[29] 況且商船組成船團也勢將嚴重阻礙正常航運交通的進行。所以，英國海軍當局認為要防範廣東海盜問題，「最好的辦法還是去強化並改善輪船上的武裝警衛人員」。[30] 換言之，在艦艇數量有限的情況下，雖然已緊急啟用 1 艘昆蟲級預備艦應急，英國海軍終究還是無法兼顧珠江流域的例行巡邏任務以及香港往來廣州、江門間的特殊護航防盜需求。但是在民間海事從業人員的強烈抗爭與罷工下，英國海軍後來讓步，同意在艦艇行有餘力的情況下支援船團護航任務。不過，英國海軍只願意部分負擔香港往來江門的船團護航任務，因為香港往來廣州間水路寬廣，一般輪船可以快速通過，應不需要額外的海軍保護。最後妥協的結果乃是比較危險的香港往來江門航線，集中 3 至 4 艘商船一起組成船團，由英國海軍派遣武裝汽艇執行護航任務。汽艇由香港政府提供，所需人員與武器裝備則由海軍負責。[31]

1925 年初，山登子爵（Viscount Sandon）曾在英國下議院質詢海軍，是否準備提供更多的保護，以對抗中國水域的海盜問題。第一海軍大臣布里居門（Bridgeman, First Lord of the Admiralty）則表示已經啟用一艘預備艦（即前述的昆蟲級炮艦「飛蛾號」），並編組另外 4 艘武裝汽艇投入中國水域的巡邏任務：

由於（中國水域的）海盜攻擊事件日益頻繁，一艘在香港的預備艦（炮艦）已被重新啟用，目前正在執行巡邏勤務。至於由香港政府所提供的 4 艘快艇，也已經改由海軍官兵操作，執行常規的護航任務。目前正在考慮是否還要提供更多的海軍保護。[32]

根據英國海軍部湯金森上校（Captain W. Tomkinson, Admiralty）於 1924 年 6 月在英國倫敦「跨部會議」（Inter-Departmental Conference）上的發言，為了處理廣東海盜問題，英國海軍除了現有 4 艘炮艦、4 艘武裝快艇外，還準備啟封一艘預備艦，但是人力支援問題卻造成相當困擾。因為 4 艘武裝快艇上雖有香港支援的部分民間船員，但實際上還是必須抽調海軍官兵負責指揮汽艇，並操作汽艇上的武器。基本上，無論是武裝汽艇，還是準備啟封的預備艦，其所需的海軍官兵，事實上均是從既有船艦上抽調兵力支援。因此，為了補充人力，也必須從英國派遣更多的海軍人員來負責操作預備艦以及武裝汽艇。[33] 況且為了增加武裝汽艇的應變能力，英國海軍也被迫調整其人員組成。因為依照原先規劃武裝汽艇乃是由香港政府提供船隻與人力，海軍不過負責武器訓練與指揮調派，但是後來考量武裝汽艇勤務的專業性與危險性甚高，在民間人員有能力與資格應付勤務需求前，所需人員均改由海軍官兵負責支援。[34] 如此一來，4 艘武裝汽艇幾近等同於英國海軍的附屬艦艇，在人力上的負擔勢必又更行加重。基本上每一艘汽艇均須配置 1 名指揮軍官、1 名士官、4 至 5 名水兵、1 名鍋爐兵、1 名電報兵。換言之，英國海軍必須從其他正規艦艇上抽調三十餘名官兵以支援武裝汽艇的人力需求。[35]

四、1920 年代前期海軍官員的檢討建議：擴編武裝汽艇方案

此外，英國駐西江高級海軍軍官馬克斯・威爾・史考特中校也曾檢討現行的防範海盜方略的諸多利弊，他認為英國主要透過下列幾種方法來防範海盜事件：

方法一：粵英合作，共同進剿海盜巢穴；

方法二：派遣海軍炮艦，巡邏危險區域，搜索並攻擊海盜；

方法三：派遣武裝汽艇，巡邏危險區域，防止海盜犯案；

方法四：在碼頭上由警察當局加強檢查並搜索乘客行李，避免偽裝乘客的海盜登船；

方法五：在商船上裝置鐵絲網等防護隔離措施，避免偽裝乘客的海盜控制船隻；

方法六：在商船上部署武裝警衛，提高商船抵禦海盜能力。[36]

馬克斯・威爾・史考特中校檢討以往防範海盜方略，向來最著重方法一的粵英合作模式，但實際上卻經常受到廣東局勢與中英關係演變的掣肘，而呈現出不太穩定的狀態。因此，英國在處理海盜問題的主要對策上，除了應繼續努力推動粵英合作，以便能盡早剿滅海盜外，同時也應該思考如何預防海盜犯案。方法四、方法五、方法六均是強化預防海盜犯案的措施，由香港警察、港務當局與船商共同肩負起重責大任：盡量防止海盜登上輪船，同時增加輪船防禦力量，一旦海盜登船，必要時可以自衛抵禦。但是方法五與方法六，均造成船商極大的負擔與不便，故向來並不受歡迎。方法五的設置鐵絲網等防護隔離措施，在實務上不見得可以阻止海盜攻擊行動，反倒可能影響到船隻航行安全，尤其當遭遇船難或緊急事故時，將嚴重影響逃生通道、阻礙乘客求生之路。方法六

的部署武裝警衛，則因一切訓練、薪資、撫卹等幾乎全由船商負擔，大幅增加其營運成本，況且少數武裝警衛是否有能力抵禦海盜的突襲行動也不無疑問，故船商基本上均反對此法。至於方法四，在港口實行嚴密的乘客及行李搜查制度固然可以降低海盜登船的機會，但此套制度僅能在香港貫徹，而無法要求中國沿岸各港口照辦。特別是在香港往來中國各地的船隻中，海盜多半會避開香港，選擇在檢查制度鬆散的中國港口登船，如此無論香港實行多麼嚴格的檢查制度，同樣成效甚微。所以，如要預防海盜事件發生，最直接有效的方式，莫過於方法二的派遣海軍炮艦在危險水域執行巡邏與護航任務，可以大幅降低海盜犯案的機會。然而，這樣的任務卻會給英國駐華海軍造成相當大的負擔，同樣亦沒有實現的可能性。職是之故，目前最應加強，且較易達成的，應是方法三，即增設更多的武裝汽艇，且最好由英國海軍提供軍官與人員，在危險區域頻繁巡邏，將有助於降低海盜犯案的機會。[37]

　　其實早在 1924 年 10 月時，馬克斯・威爾・史考特即曾分析廣東海盜的運作模式，以珠江（西江）流域的海盜案件為例，他認為大致上屬於內部海盜類型，亦即海盜會偽裝乘客登船，待航程途中再伺機發動突襲，同時還會搭配一艘海盜汽艇作為接應。此種海盜手法，勢必大幅增加英國試圖防範海盜事件發生的難度。內部海盜模式，船員本不易察覺，縱使船上部署有武裝警衛，但匆促之間遭到攻擊往往也無法應付。而海盜得手後多半由另外一艘汽艇接應逃離，這又增加英國海軍在事後緝捕上的難度。因為海盜汽艇航速快、吃水淺，縱橫於珠江狹小水道中，吃水較重的英國海軍炮艦根本難以溯溪而上。縱使英國海軍先前曾與粵軍攜手展開聯合掃蕩行動進剿海盜，但海盜汽艇卻隱身於狹小水路間無法搜查，以致功敗垂成。所以，馬克斯・威爾・史考特建議「如要根除西江

水域內的海盜勢力，必須有系統地徹底搜查各分支溪流，但要達成此任務，則須仰賴吃水淺的汽艇與英國海軍炮艦一同合作方能奏效」。[38]

簡言之，馬克斯・威爾・史考特中校認為只要能夠盡可能地增加武裝汽艇數量，即能大幅強化現有防盜體系。因此，馬克斯・威爾・史考特建議汰除現有不太適用的 4 艘汽艇，然後另外編組 9 艘速度快、吃水淺的武裝汽艇（亦即武裝汽艇總數量由原先的 4 艘再增加 5 艘，總計 9 艘），並由海軍人員負責操控的話，就可以有效防範海盜，屆時不但可以撤除原先部署在輪船上的大批武裝警衛，輪船也不再需要組成船團護航，同時也可以大幅調整輪船上現有的鐵絲網隔離裝置，一舉數得。[39] 至於武裝汽艇所需的額外開支花費，經香港總督、殖民部與海軍部的協調，傾向由海軍部來承擔。[40]

況且就實際情況來說，武裝汽艇也的確在震攝海盜氣焰上扮演相當重要的輔助性角色，成效相當卓著。因為武裝汽艇具有攻守兼具的特色，除了平時可以執行巡邏任務與護航商船，以防範海盜犯案外，必要時還可以支援正規炮艦一同進剿海盜據點。例如在 1924 年粵英合作進剿西江海盜的多次軍事行動中，武裝汽艇均順利執行任務，上溯水深較淺的溪流水域緝捕逃逸海盜。[41]1925 年 6 月，一艘武裝汽艇（AL *Wing Lee*）又成功突襲西江一處海盜聚落，「用機關槍痛懲海盜」；稍後，另外一艘配備強大火力的武裝汽艇（AL *Dom Joao*），則動用其 3 磅炮轟擊藏匿在樹林地區的海盜。武裝汽艇的強力打擊海盜行動，一度也讓西江部分水域的海盜活動為之銷聲匿跡。[42]

不過，馬克斯・威爾・史考特中校的見解顯然不為其上司——英國海軍「中國艦隊」司令艾佛瑞特（Vice-Admiral A. F. Everett, China Station）所認可。在給香港總督的電報與給海軍部的報告中，艾佛瑞特雖然相當

肯定馬克斯・威爾・史考特中校在掃蕩廣東海盜上的成效，但還是不諱言地質疑他在評估武裝汽艇的防盜作用時過於樂觀。[43]

　　中國艦隊司令大致同意英國海軍駐西江高級軍官的觀點，但是司令指出，僅是部署額外的武裝汽艇是不可能有效確保香港沿岸南北航行交通的安全。他認為，如要廢除香港往來廣州與西江之間的船團護航體系，所需要的武裝汽艇數量，遠高於駐西江高級軍官的樂觀評估。[44]

　　其次，將現行的 4 艘汽艇換裝為 9 艘吃水淺馬力大的船隻，固然可以大幅提高巡邏能力，但是花費也勢將提高，所以武裝汽艇的相關開支問題則是另外一個必須考慮的部分。[45] 換言之，馬克斯・威爾・史考特中校雖然剴切分析了各種解決方案的弊病之處，並提出看似可行的建言，然而究其實際，依然無助於解決海盜問題。增設武裝汽艇方案，最終還是遭到「中國艦隊」司令艾佛瑞特的質疑，認為在現實層面難以達到，況且海軍也沒有充分的人力來供應武裝汽艇之需。[46]

　　尤有要者，1926 年 1 月由英國政府殖民地部召集，海軍部、陸軍部、外交部與貿易委員會共同派代表參與的跨部會議（interdepartmental conference）中，也針對英國駐西江高級海軍軍官所提的增設武裝汽艇方案進行討論，會中即認為「目前沒有必要增加或強化巡邏汽艇」，況且在經濟抵制與省港大罷工影響下，香港與廣東貿易中斷，此時還在討論是否應該要增加武裝汽艇實在是不切實際。[47]

五、1920 年代後期海軍官員的檢討建議：船團護航方案

　　省港大罷工行將結束之際，新任的英國駐西江高級海軍軍官費茲傑羅中校（Commander, J.U.P. Fitzgerald）給香港海軍準將的報告中，針對當時形勢提出新的評估。費茲傑羅認為「五卅」以前英國海軍與廣州當局的軍事合作，曾經有效打擊珠江三角洲與西江水域的海盜。但是「五卅」之後，粵英合作戛然而止，廣州當局再也無心於剿盜，而英國海軍活動也漸趨消停，主要因為粵英之間商務停止，故也沒有太多的英國商務活動需要海軍保護。[48] 不過，到了 1926 年又有了很大的變化，珠江水域航行情況日趨惡化，廣東反英運動帶給各處條約口岸內的英商極大威脅，英國海軍艦艇只能頻繁透過武力示威的形式來確保英國利益：

> 　　從 1925 年 6 月 23 日沙面租界攻擊事件後，反英抵制運動隨之而起。自此時到 1926 年秋天，英國在珠江三角洲的航運交通幾近斷絕，英國炮艦全都集中在廣州，而武裝汽艇部署在梧州、江門等條約口岸，以保護該地的英國社群。珠江上的情況也日趨惡化，隨著珠江三角洲多處區域明顯出現違法失序狀態，華人與英人的貿易均陷入停滯。英國炮艦只能致力於武力展示 ⋯⋯（以確保英商利益）。[49]

　　根據費茲傑羅的觀察，自 1926 年起珠江三角洲與西江水域的海盜案件開始急劇上升，航行在上述水域的船隻幾乎很難倖免於難，據稱「一艘中國輪船航行在梧州與廣州間時，即被海盜光顧 2－3 次」。他認為此時海盜問題惡化的主要原因有四點。其一是粵英軍事合作剿盜停止之後，導致海盜日益猖獗。其二則是廣州當局開始策劃北伐，軍隊北調，導致

部分郊區缺乏軍隊駐守，陷於真空狀態，海盜乃趁虛而入。其三是罷工期間，所謂的「罷工糾察隊」往往自行其事，社會動亂，造成原有地方秩序與社會控制力量為之瓦解，海盜叢生。其四由於香港與廣東之間貿易斷絕，許多郊區百姓生活無以為繼，只能以海盜搶劫為生。[50]

費茲傑羅有關珠江流域海盜問題惡化的判斷並沒有錯，在 1926 年 4 月廣東「中華海面貨船工會」給國民黨中央工人部的報告中，強調「向來運輸省港各埠……，前因海盜猖獗，運輸梗塞，迫得自置槍械以備自衛，亦均領有政府自衛槍械牌照」。[51] 換言之，省港大罷工期間海盜問題依然嚴重，即使工會所屬貨船在往來廣東各埠時，亦被迫只能自備武器自衛，並由廣州當局給予槍支使用牌照。

在這樣的環境背景下，一旦粵英關係趨於和緩，罷工停止，香港與廣東間貿易與商業活動也重新恢復正常之時，英國勢必得面對嚴峻的海盜問題。費茲傑羅尤其擔心「罷工糾察隊」可能導致的問題。因為「罷工糾察隊」與抵制行動組織的成員多半是苦力出身，罷工期間他們不啻是「有組織的盜匪」，為所欲為，然而一旦罷工停止，他們不太可能無法重回舊業，屆時仍可能對英商活動與貿易造成重大危害。所以費茲傑羅建議英國政府必須正視此問題，並預先規劃可能的因應方案：

　　因此，我幾乎確定的是，當英國貿易恢復之際，（廣東）海盜問題將會遠比我們以前所面對的更為嚴峻。我不太清楚香港貿易商人如何看待這個情況，但是我覺得應該盡早讓其面對海盜問題。而目前看來，惟一可行、安全的方法，就是貿易商人先前最強烈反對的：船團護航體系。[52]

由前述英國駐西江高級海軍軍官費茲傑羅中校的報告中,不難看出英國駐華海軍官員已開始未雨綢繆,就省港大罷工結束後英商必須面對的海盜問題,預先籌劃防治策略。[53]

英國海軍「中國艦隊」司令辛克來同樣也對未來珠江水域的航行安全與海盜問題感到擔憂,在其給海軍部的報告中,他表示:

> 現在珠江三角洲與西江水域貿易開始恢復之際,海盜事件已將大幅增加,以致於必須組織常規的巡邏任務,而(英國海軍西江)分遣艦隊所有的船隻都已經完全部署出去了。雖然在中國商人的緊急敦促之下,地方當局偶爾會採取行動進剿海盜,但廣州政府似乎不太可能在不遠的將來有辦法恢復秩序。安全的時間尚未到來,因為航行這些水域的英國船隻,如果沒有英國海軍在場的保護下,將不能確保安全。[54]

果不其然,在粵英關係和緩、抵制運動結束後,正當英國漸次恢復香港往來廣東各港貿易交通之際,立即就面臨著嚴重的航運安全問題。除了香港、廣州航線還算順暢外,其餘各航線都遭到廣東社會失序狀態下的直接威脅,猖獗的海盜與違法亂紀的士兵頻頻攻擊或劫持英國船隻,也導致英國船運公司視此類航線為畏途。但廣州當局的態度依然如同「五卅事件」之前,完全無意與英國合作一同解決嚴重的海盜問題。為了確保航線順暢,英國海軍最終還是只能自立圖強,亦即採取費茲傑羅建議的船團護航方式。不過,英國海軍籌劃的船團護航方案背後,還隱藏有另外目的,亦即試圖藉由只保護英船但不保護水路的作法,間接迫使廣州當局出面處理海盜問題。因為一旦英國海軍艦艇以船團方式護航英船,勢必使得海盜完全無從下手,只好轉而集中劫掠華籍船隻,等於變相將

海盜之害全數驅趕至華船身上，如此華商必然感受到極大的威脅與壓力，只能轉而遊說廣州當局出來處理海盜。

　　依照英國海軍原先的規劃，船團護航路線將含括從香港遠及廣東梧州以下的大部分航線。但如此大範圍的護航計劃實則遠遠超過英國海軍艦艇所能承擔的極限，因此試行後不久即告中止，並將保護範圍限縮至僅香港往來江門以及香港往來三水這兩條航線。到了 1926 年 11 月，受限於海軍艦艇數量，這套已限縮的護航方案同樣也難以為繼。最後，英國海軍只得向現實環境屈服，放棄船團護航方案，不再直接保護英船，而改代以分區巡邏方案。將橫門至江門之間區分成幾個巡邏區域，由武裝汽艇分別執行巡邏任務，至於三水附近水域則由英國炮艦負責。但廣東各條約口岸層出不窮的工人運動，以及軍隊的持續攻擊事件，使得英國海軍艦艇力有不逮，到處疲於奔命。特別是廣州往來西南區域的沙灣水道、大良水道等水路危險異常，而英商亞細亞石油公司卻又在該區有著重大商業利益，運送的物資多為價格高昂的油品。為避免亞細亞石油公司船隻遭到海盜劫掠而蒙受重大損失，英國海軍最終又只能勉強挪派艦艇提供該公司「特別護航」（special convoy）服務。[55]

　　簡而言之，英國海軍力圖處理廣東海盜問題，以確保香港往來廣東航路安全，船團護航方案即是一種看似有效的解決策略，不但可以直接保護英船安全無虞，還能將海盜之害全數轉嫁給華船，間接對廣州當局造成壓力。不過，要能夠確切落實船團護航方案，並非易事。因為除了必須克服英商對於船團阻礙航運的強烈反抗情緒外，也必須具備數量充足的艦艇以便負責香港往來廣東各地諸多航線的護航工作。尤有要者，在粵英關係和緩後，英商在廣東貿易量開始逐漸恢復與擴大，但英國海軍在極度有限的艦艇人力下，似乎只能縮小保護範圍甚至放棄船團護航，

而改代以分區巡邏方案，惟有在特殊情況才另外派遣船艦護航船團。

六、結語

　　1920 年代香港附近中國水域的海盜問題日益嚴重，尤其受到廣東局勢動盪不安的影響，軍隊內戰頻繁，社會失序的情況也隨之加劇，導致廣東沿海各處海盜勢力異常猖獗。香港往來中國內地各港口間的水路運輸，即經常遭到海盜的襲擊與劫掠。為了處理海盜問題，英國政府擬有一整套防範海盜的方略，包括海軍巡邏、武裝汽艇護航、派駐武裝士兵駐防商船等，而且針對情況發展，又提出檢討與改善之道。然而，受到人力、艦艇數量與經費的限制，英國海軍實際上難以做到全面防範海盜犯案的效果。香港周邊水域、珠江流域（含西江與東江）、大鵬灣、大亞灣等均是海盜高犯案率的危險水域，但過於遼闊的水域航道與無孔不入的海盜，僅憑英國海軍一己之力，根本不可能有效防堵與解決海盜問題。此外，英國海軍在執行防盜任務時也必須謹慎小心、嚴守份際，不得肆意登陸剿盜，以免引起中國的反抗與敵視，從而抵觸英國政府對華政策的基本規範。

　　其次，英國駐華海軍官員也試圖從諸多方案中規劃出看似較為可行的防範海盜之法。西江分遣艦隊高級海軍官員即先後提出了兩種方案。其一是馬克斯‧威爾‧史考特所提的擴大武裝汽艇方案。其二則是費茲傑羅建議的船團護航體系。以擴大武裝汽艇方案來說，姑且不論其成效，僅是牽涉到必須額外增加的經費開支問題就難以解決。至於船團護航方案更是一件知易行難的方案，要落實絕非易事，除了要顧慮組成船團對於商務活動的諸多阻礙與英商的強烈反抗外，還必須注意船團護航時海

軍艦隻的組成情況。特別是在英國海軍艦隻數量不足的情況下，先前多半仰賴 4 艘武裝汽艇來協助護航任務。但是在大罷工與經濟絕交期間以及之後，英國海軍部、殖民部與香港政府即已為了現有武裝汽艇的經費該由哪個單位負擔等問題，而發生嚴重的歧見，甚至影響到武裝汽艇本身的存廢問題。[56]

再者，中國水域海盜問題，本來就不應該只是英國海軍的任務，中國當局理應負有最大的責任。因此，英國與香港政府開始從其他面向，來反思海盜問題的解決方略：一方面，是否應該以更極端的手段，來迫使廣州當局出面與英國共商解決方案，另一方面，則重新檢討原先尊重中國領土主權、消極被動防範海盜的保守策略，改為採取更積極主動的報復、懲罰行動，以殺雞儆猴的方法，直接懲戒海盜與掩護海盜之人。

最後，英國海軍西江分遣艦隊雖然受艦艇與人力等限制，而無法充分發揮防盜的作用；然而必須強調的，英國海軍自己對於英國炮艦在珠江水域扮演的角色與價值，還是非常肯定的。因為究其實際，廣東海盜問題畢竟乃是幾個世紀累積下來的歷史詛咒，不可能奢望英國海軍僅憑一己之力即獲致解決。相反地，應該從反向思考，亦即在如此惡劣的情況下，面對海盜環伺，英國海軍在沒有其他外來援助下，卻能大致維持珠江水域正常航運貿易的順暢。而且諷刺的是，英國海軍甚至自信地認為他們「真正造福了珠江三角洲艱苦營生、卻無法發聲的廣大農民百姓」，使其得以維持生計，特別是作為「英國帝國主義武裝工具」的海軍炮艦，弔詭地確保了貿易活動的進行！[57]

注釋

1　王家儉：〈十九世紀英國遠東海軍的戰略佈局及其「中國艦隊」在甲午戰爭期間的態度〉，《臺灣師大歷史學報》，第 40 期（2008 年 12 月），頁 57-84。關於 19 世紀英國海軍在華扮演的角色與任務，亦可參見下列英文專著：Grace Fox, *British Admirals and Chinese Pirates, 1832-1869* (London: Kegan Paul, 1940)；Gerald S. Graham, *The China Station: War and Diplomacy, 1830-1860* (Oxford: Oxford University Press, 1978）。

2　《中英天津條約》第 52 款授權英國海軍可因「捕盜」需要，駛入中國水域，且中國當局還應給予協助；第 53 款則是當中國水域海盜影響中外商務時，可由中英雙方共同會商剿盜之法。〈中英天津條約〉（1858 年），收錄在黃月波等編，《中外條約彙編》（上海：商務印書館，1935 年），頁 6。

3　關於 18、19 世紀中國南方沿岸的海盜問題研究，可以參見 Dian H. Murray, "Pirate in the Pearl River Delta," *Journal of the Hong Kong Branch of the Royal Asiatic Society*, Vol.28 (1988), pp.69-85；*Pirates of the South China Coast 1790-1810* (Stanford: Stanford University Press, 1987）；*Pirates in the South China Seas in the 19th Century* (Connell University PhD dissertation, 1979）。19 世紀後半期英國政府鎮壓香港附近水域海盜的研究，則見 Lung, Hong-kay（龍康琪），*Britain and the Suppression of Piracy on the Coast of China with Special Reference to the Vicinity of Hong Kong 1842-1870* (Hong Kong University Master thesis, 2001）。

4　"Regulations made by the Governor-in-Council under Section 17 of the *Piracy Prevention Ordinance*, 1914, (Ordinance no.23 of 1914), for the purposes of Section 6 of the Said Ordinance, on the 17th day of September, 1914", no.361 of 1914, *Hong Kong Government Gazette*, 18 September 1914, pp.377-383.

5　"The Minority Report," January 1925, *Sessional Papers Laid before The Legislative Council of Hong Kong 1927*, (hereafter referred to as *SP 1927*), no.3, pp.95-100.

6　J.F. Brenan, Acting Consul General, Canton to the Minister, Peking, September 16,1926, FO371/11671.

7　例如 1926 年 5 月時，英商德忌利輪船公司（Douglas & Co.）的 SS *Hai Hong* 輪船在從汕頭返回香港途中，於大亞灣水域曾發現一艘輪船形跡可疑（僅是未回應英船所打的燈號），故回到香港後立刻將此情資上報。英國海軍司令獲悉，隨即下令一艘潛艦與一架水上飛機前往追緝。但後來證明該艘可疑的輪船其實是一艘法國海軍炮艦。由此例可知英國海軍的海盜因應模式：一旦有海盜警訊，即使並無確切證據，也會派遣艦艇與飛機前往查看。"Piracy Suspect: Bias Bay Fruitless Search; Naval Assistance" & "No Piracy: Bias Bay Incident Explanation," *The China Mail*, 17 & 18 May 1926。

8　關於香港水警在防盜上扮演的任務，可以參看 Iain Ward, *Sui Geng: the Hong Kong Marine Police 1841-1950* (Hong Kong: Hong Kong University Press, 1991)。此外，私人僱傭警衛也在香港防盜史上有著重要的作用，參見 Sheliah Hamilton, *Watching Over Hong Kong: Private Policing 1841-1941* (Hong Kong: Hong Kong University Press, 2008)。

9　"Prevention of Piracy: Present System," cited from "Notes on Piracy and its Prevention by the Senior Naval Office in Charge of West River Patrols," 1924, FO371/10932.

10　同上注。

11　"Oral Answers," August 1, 1923, His Stationery Majesty's Office (Great Britain), *The Parliamentary Debates: House of Commons* (London: His Stationery Majesty's Office) (hereafter referred to as HC Deb) ,vol. 167, p.1444.

12　"Comparative Statement Showing the Strength of the China Squadron, 1914 and 1921," May 4, 1921, FO371/6646.

13　長江分遣艦隊由 6 艘昆蟲級炮艦（「蜜蜂號」HMS *Bee*、「蚊子號」HMS *Gnat*、「聖甲蟲號」HMS *Scarab*、「金龜子號」HMS *Cockchafer*、「蟋蟀號」HMS *Cricket*、「螳螂號」HMS *Mantis*）、2 艘鴨級（「赤頸鴨號」HMS *Widgeon*、「短頸鴨號」HMS *Teal*）與 2 艘鷸級炮艦（「山鷸號」HMS *Woodcock*、「雲雀號」HMS *Woodlark*）組成。見 "Lancelot Giles, Consul, Changsha to Ronald Macleay, British Minister, Peking," September 22, 1923, FO371/9193；"Naval Military: Gunboats on the Yangtze," *The Times*, November 16, 1922。關於 1920 年代英國海軍長江分遣艦隊的情況，亦可參見應俊豪：《外交與炮艦的迷思：1920 年代前期長江上游航行安全問題與列強的因應之道》（臺北：臺灣學生書局，2010 年），第五章「英國的因應之道」，頁 181-234。

14　例如 1927 年 11 月時，英國駐廣州總領事館即稱英國海軍西江分遣艦隊有 5 艘炮艦

以及 3 艘武裝汽艇。"Acting Consul-General Brenan to Sir Lampson," 22 November 1927, CO129/507/3。

15 Naval Intelligence Division, Naval Staff, Admiralty, *Confidential Admiralty Monthly Intelligence Report*, no.106 (15 March 1928), p.28, CO129/507/3.

16 "Report from A.L. Poland, Lieutenant Commander, Commanding Officer, HMS *Robin* to the Commodore, Hong Kong & the Senior Naval Officer, West River," 11 November 1927, CO129/507/3.

17 "O Murray, Admiralty to the Under Secretary of Stete, Colonial Office," 16 December 1925, FO371/10670.

18 其中最主要的昆蟲級炮艦，乃英國於 1915－1916 年間建造的大型炮艦，共 12 艘，因為主要派駐在中國水域（含長江）亦常被稱為「大型中國炮艦」(Large China Gunboats)。炮艦相關資料可見 Parkes O. and Maurice Prendergast ed., *Jane's Fighting Ships* (London, Sampson, Low, Marston,1919), pp.93-94. (http://freepages. genealogy.rootsweb.ancestry.com/~pbtyc/Janes_1919/Index.html) Online Data; "Naval Military: Gunboats on the Yangtze," *The Times*, November 16, 1922。上述 *Jane's Fighting Ships* 中稱鷸級炮艦最大航速有 13 節，但根據英國海軍情報處 1928 年的報告，實際上只剩 7 節。見 Naval Intelligence Division, Naval Staff, Admiralty, *Confidential Admiralty Monthly Intelligence Report*, no.106 (15 March 1928), p.28 & 31, CO129/507/3。

19 "Vice Admiral A.F. Everett, Commander-in-Chief, China Station to R. E. Stubbs, Governor of Hong Kong," 28 January 1925, FO371/10933.

20 "Letter of Proceedings, May, 1924," by Commander and Senior Naval Officer, West River, June 4, 1924, FO371/10243.

21 "Situation in the Neighbourhood of Canton during May," Minutes of Foreign Office, August 13, 1924, FO371/10243.

22 例如 1924 年 10 月時，英國海軍為了救回一艘遭到東江水域海盜劫持的英國汽艇，而必須派遣「松雞號」炮艦深入東江上游，並與海盜交火；12 月，英國海軍又派遣「知更鳥號」與「松雞號」炮艦前往東江三角洲，準備與粵軍一同進剿該區海盜。可見英國海軍炮艦在東江水域的勤務亦不輕。見 "Letter of Preceedings, October 1924, & December 1924" from Senior Naval Officer, West River to the Commodore, Hong

Kong, 6 November & 1 January 1924, FO371/10916。

23　"Letter of Proceedings, May, 1924," by Commander and Senior Naval Officer, West River, June 4, 1924, FO371/10243.

24　依據英國海軍規劃，除必須有一般大型昆蟲級炮艦常態駐防廣州，以因應廣州局勢的變化，並隨時聽候英國駐廣州總領事館調遣外，其他艦艇則平均分佈在珠江各水域中，頻繁地執行巡邏任務，偶爾則往香港，讓艦上官兵休憩並維修保養船艦。Naval Intelligence Division, Naval Staff, Admiralty, *Confidential Admiralty Monthly Intelligence Report*, no.106 (15 March 1928), p.34, CO129/507/3。

25　Naval Intelligence Division, Naval Staff, Admiralty, *Confidential Admiralty Monthly Intelligence Report*, no.106 (15 March 1928), p.29, CO129/507/3.

26　"Letter of Proceedings, May, 1924" by Commander and Senior Naval Officer, West River, 4 June 1924, FO371/10243.

27　同上注。

28　「大利輪」雖為華人所有，但是向香港政府註冊，故取得懸掛英旗的權利。該輪在從香港前往廣東江門途中，遭到海盜搶劫。據調查，海盜乃是偽裝一般乘客在香港登船，並可能與部分船員有所勾結，待輪船行駛出海後，趁機發動攻擊洗劫船上財物。搶劫過程中，「大利輪」的英籍船長以及 1 名駐船戒護的印度武裝警衛遭到海盜殺害，多名乘客亦被海盜擄走充作人質。「China Station General Letter No 8,」from Commander in Chief, China Station, Hong Kong, to the Secretary of the Admiralty, London, January 23, 1924, FO371/10243。

29　Naval Intelligence Division, Naval Staff, Admiralty, *Confidential Admiralty Monthly Intelligence Report*, no.106 (15 March 1928), pp.29-30, CO129/507/3.

30　同上注。

31　繼 1924 年 1 月亞細亞石油公司汽艇劫案、「大利輪」劫案後，4 月初在江門航線上又先後發生「西克索輪」劫案（SS *Siexal* Piracy，音譯，懸掛葡旗）以及第二次「大利輪」劫案，其中「西克索輪」劫案有 3 名印度武裝警衛遭到海盜槍殺，至於第二次「大利輪」劫案則是幸運擊退海盜。一連串劫案後，江門航線上的輪船幹部發起罷工運動，呼籲檢討香港現行防範海盜規定，撤離印度武裝警衛，改由海軍護航保護。船員罷工運動於兩天後結束，並由英國海軍派遣武裝汽艇進行保護。見 Naval Intelligence Division, Naval Staff, Admiralty, *Confidential Admiralty Monthly Intelligence Report*, no.106 (15 March 1928), pp.29-30, CO129/507/3。

32 "Answer of Commons," 18 February 1925, *The Parliamentary Debates*, FO371/10932.

33 「跨部會議」乃是為處理香港周邊水域海盜問題而召開。"Notes of a Meeting held at the Colonial Office on the 17th of June (1924) to consider the measures which have been taken by the Hong Kong Government to deal with Piracy in the waters of and adjacent to the Colony," CO129/487. 此外，事實上，英國駐香港海軍準將 1924 年初的海軍現況説明書中，即強調作為預備艦的「飛蛾號」，其艦上官員全是由另外一艘正在維修的軍艦上抽調而來，待該軍艦維修完畢，「飛蛾號」上的海軍官員即需撤離歸建到原軍艦。見 "Statement of the Position by Commodore, Hong Kong to the Hong Kong Government," cited from "Claud Severn, Colonial Secretary, Hong Kong to the Assistant Secretary, China Coast Officers Guild & the Branch Secretary, Marine Engineers Guild of China," 22 April 1924, CO129/484。

34 "Report of an Inter-Departmental Conference on Piracy in Waters adjacent to the Colony of Hong Kong," January 1925, FO371/10932.

35 Naval Intelligence Division, Naval Staff, Admiralty, *Confidential Admiralty Monthly Intelligence Report*, no.106 (15 March 1928), p.31, CO129/507/3.

36 "Memorandum respecting Piracy Suppression received from Sir Miles Lampson," dispatch no.1030, 21 September 1927, CAB/24/202: 0024.

37 "Memorandum respecting Piracy Suppression received from Sir Miles Lampson," dispatch no.1030, 21 September 1927, CAB/24/202: 0024.

38 "Piracy and Anti-piracy Operations," Extract from Senior Officer of HMS Tarantula, 3 October 1924, CO129/490.

39 "Letter from the Senior Officer, West River," cited from "Piracy in Waters Adjacent to Hong Kong," Memorandum prepared by the Colonial Office, 5 January 1926, FO371/11670.

40 Naval Intelligence Division, Naval Staff, Admiralty, *Confidential Admiralty Monthly Intelligence Report*, no.106 (15 March 1928), p.35, CO129/507/3.

41 "Report from C.M. Faure, Lieutenant in Command, HMS *Robin* to the Commanding Officer, HMS *Cicala*," 10 June 1925, FO371/10933; "Report from V.P. Alleyne, Lieutenant Commander in Command, HMS *Cicala* to the Senior Naval Officer, West

River, HMS Tarantula," 14 June 1925, FO371/10933.

42　Naval Intelligence Division, Naval Staff, Admiralty, *Confidential Admiralty Monthly Intelligence Report*, no.106 (15 March 1928), p.35, CO129/507/3.

43　"Piracy Prevention Ordinance and Regulations," from the Commander-in-Chief, China Station to the Secretary of the Admiralty, 17 February 1925, FO371/10933; "Vice Admiral A.F. Everett, Commander-in-Chief, China Station to R. E. Stubbs, Governor of Hong Kong," 28 January 1925, FO371/10933.

44　"Piracy in Waters Adjacent to Hong Kong," Memorandum prepared by the Colonial Office, 5 January 1926, FO371/11670.

45　"Vice Admiral A.F. Everett, Commander-in-Chief, China Station to R. E. Stubbs, Governor of Hong Kong," 28 January 1925, FO371/10933.

46　"Memorandum respecting Piracy Suppression received from Sir Miles Lampson," dispatch no.1030, 21 September 1927, CAB/24/202: 0024.

47　出席「跨部會議」的前任香港總督司徒拔（R.E. Stubss）即認為武裝汽艇絲毫無助於防範海盜問題，現階段討論增設武裝汽艇方案實在沒有必要。見 "Piracy in Waters Adjacent to Hong Kong," Notes of Meeting Held at the Colonial Office on the 13th January 1926, FO371/11670; "Draft Despatch from the Colonial Office to the Governor of Hong Kong," February 1926, FO371/11670.

48　"J.U.P. Fitzgerald, Commander, Senior Naval Officer, West River to the Commodore, Hong Kong," 21 July 1926, FO371/11670.

49　Naval Intelligence Division, Naval Staff, Admiralty, *Confidential Admiralty Monthly Intelligence Report*, no.106 (15 March 1928), p.35, CO129/507/3.

50　"J.U.P. Fitzgerald, Commander, Senior Naval Officer, West River to the Commodore, Hong Kong," 21 July 1926, FO371/11670.

51　〈中華海面貨船工會上中央工人部呈〉，1926 年 4 月 22 日，中國國民黨黨史館藏，《中央前五部檔案》，檔號 14934。

52　"J.U.P. Fitzgerald, Commander, Senior Naval Officer, West River to the Commodore, Hong Kong," 21 July 1926, FO371/11670.

53　例如 1926 年 5 月底在西江上游地區即發生一件相當嚴重的海盜事件。英國亞細亞石油公司（Asiatic Petroleum Company）駐廣西南寧的代表飛利浦斯（J.M. Phillips）在

西江上游乘船時遭到海盜綁架。英國海軍立即派遣兩艘炮艦前往該處，計劃藉此施壓地方當局採取積極行動。但由於反英運動的抵制與影響，英國海軍無法在梧州僱得當地引水員，導致英國炮艦無人領航坐困當地未能順利上駛。"Telegram from Consul-General, Canton to British Minister, Peking," 19 June 1926,FO371/11681。

54 "Armed. Launches for West River," from the Commander-in-Chief, China Station, HMS *Hawkins* at Hong Kong to the Secretary of the Admiralty, 21 December 1926, CO129/506/8.

55 Naval Intelligence Division, Naval Staff, Admiralty, *Confidential Admiralty Monthly Intelligence Report*, no.106 (15 March 1928), pp.35-36, CO129/507/3.

56 "Letter from the Lords Commissioners of Admiralty to the Under Secretary of State, Colonial Office," 16 December 1925, FO371/10933.

57 此段文字乃是英國海軍情報處對於派駐在西江水域的英國炮艦所作的評價。見 Naval Intelligence Division, Naval Staff, Admiralty, *Confidential Admiralty Monthly Intelligence Report*, no.106 (15 March 1928), p.38, CO129/507/3。

第二章
從後裝炮到核武 ——「自由軍國主義」、「戰力差距」與英國在香港防務，1878－1958

鄺智文

一、引言

　　本文利用英國有關香港防務的檔案史料，討論英國以「自由軍國主義」為中心的戰略文化如何影響殖民地香港由 1878 至 1958 年間的防衛裝備，指出英國統治香港的大部分時間均嘗試利用後裝炮、潛艇、陸上防線、飛機、雷達等新科技拉開與對手的「戰力差距」（capability gap）以避免大規模長期駐軍及隨之而來的恆常開支。不少這些新科技均極為昂貴，證明英國考慮香港防務安排時，節省開支並非其惟一考慮。

二、「自由軍國主義」（liberal militarism）

　　以往有關香港防衛的研究多以探討香港的海防炮臺或英日於太平洋戰爭前的計劃為主，少有討論英國統治香港時期的防衛政策背後的意識形態影響。[1] 討論香港防衛時，不少論者雖然詳細討論各種裝備，但他們均假定英國政府以節省開支為最主要的考量，但未有深入探索英國決策者

對各種武備或科技的態度，以及香港防衛政策有否延續性或基本原則。本文即打算利用艾格頓（David Edgerton）的「自由軍國主義」（liberal militarism）[2]為框架，嘗試整理出英國在殖民地時期（1841－1997）對香港防衛政策的原則或思維。

艾格頓於 1980 年代首次提出「自由軍國主義」以解釋英國在 1880 年至 1960 年代的國防政策。他認為「自由軍國主義」是近代英國之「戰略文化」（strategic culture），具有四個主要面向：「避免採用徵兵制」、「以科技取代人力」、「不但以敵軍為目標，敵國經濟及生產能力亦為目標」、「以及用以支持一特定的世界秩序」（如不列顛和平 Pax Britannica）。[3] 具體而言，艾氏認為近代英國傾向以密集的技術投入取代人數，維持英國與假想敵的「戰力差距」（capability gap），使英國得以一面維持全球地位，同時避免實行徵兵制及隨之而來的社會結構轉變。避免人力的大量投入，使英國可以一面於全球活動，同時保持經濟增長，亦可使英國的財政體系更能支持長期的戰爭。另一方面，英國戰略文化對經濟的重視亦使其決策者重視以經濟手段打擊敵人。為保留人力於經濟體系，英國不時依賴科技取代人力。正如美國海權思想家馬漢（Alfred Mahan）指出，在英美等民主島國（insular democracies）中，「大量人口可付款予他人為其作戰（the mass of citizens are paying a body of men to do their fighting for them）」。[4]

根據艾格頓，「自由軍國主義」可分為四個主要階段，包括「海軍主義（navalism），1880－1919 年」、「空軍主義（airforceism），1919－1945」、「核武主義（neclearism），1945－1960」、以及「科技和平（Pax Technologica），1960－」。在第一階段，英國依賴皇家海軍在數量和技術上的優勢以維持其全球地位和英帝國，並於第一次世界大戰中利用海上

封鎖從經濟上擊敗了擁有強大陸軍的德國。當時皇家海軍不但擁有數量和戰技上的優勢，它亦不斷嘗試利用新科技擴大自身與假想敵的戰力差距，例如研發潛水艇和無畏艦（dreadnought）等。在兩次大戰期間，英國曾嘗試利用飛機鞏固其帝國及英倫三島的防務，並於二次大戰時寄望利用其重型轟炸機摧毀德國的工業。為維持其列強地位，英國在二次大戰後雖然逐漸失去其大部分殖民地，但仍然堅持發展核武。直至冷戰後期，英國成為美國的「小盟友（junior partner，艾格頓語）」，在自身核武及美國的保護下進入「科技和平」的時期，美國則成為「自由軍國主義」的後繼者。[5] 雖然冷戰以蘇聯崩潰作結，但科技亦未能為英美帶來持久的和平。可是，艾格頓的分析框架對描述英國在 1880 至 1960 年的防衛政策實頗為準確。

　　英國的「自由軍國主義」源於其工業和經濟實力、公共財政的融資能力、自 18 世紀以來的科技和技術優勢，以及對科技敏感的統治階層和官僚體系。英國的國家機構亦頗能控制國家經濟，而且英國雖然採用代議政制，但民選代表對國防政策的影響力仍然有限。[6] 總括而言，艾格頓打破了以往認為十九至二十世紀英國是以和平主義、防禦性、和以綏靖政策為主的印象。

　　本文主要利用英國政府的檔案資料，討論英國以自由軍國主義為基礎的戰略文化如何影響了香港的防務。從英國在香港配置的武備可見，英國國防計劃者不斷嘗試利用新科技拉開自身與潛在對手的戰力差距，以阻嚇敵人，同時避免派遣大軍駐守香港，以節省經常性開支。本文將集中討論 1878 年至 1958 年的香港防務，蓋在此階段的前後英國在香港只有少量的軍事投入（除了鴉片戰爭外）。正如布來克指出，討論軍事轉變時不能單以科技為中心，而且要留意科技變化背後的思想與意識形態面

向。本文不但希望簡單梳理香港防務的變遷，更為有關英國戰略文化的討論提供線索。

三、後裝炮與導向魚雷，1878－1909

　　1878 年，香港殖民地進行自 1841 年英國佔領香港島以來的第一次大規模防務重組。這次重組的重點，是為香港安裝後裝炮（breech-loading gun）。直至 1870 年代，香港幾乎沒有武備，只有兩個永久炮臺（美利 Murray 和威靈頓 Wellington 炮臺），香港主要由皇家海軍的中國艦隊（China Station）保護。1878 年，有見英俄關係因近東問題日趨緊張，英國政府成立首個臨時的殖民地防務委員會（Colonial Defence Committee），討論各殖民地港口的防務問題。委員會指出香港雖為中國艦隊的基地，而且對維持英國對華貿易不可或缺，但其防務極為脆弱，過分依賴中國艦隊的保護，使後者難以發揮力量投射的作用。有見及此，委員會提出增加香港的駐軍步兵數目，從 1,139 人增至 3,100 人，並增加配備前裝炮的炮臺和海防炮的數量。[7]

　　由於戰爭危機已過，英國政府除了指示港督軒尼詩與駐軍建築部分臨時炮臺外，並未採納殖民地防務委員會的建議增加守軍人數。1879年，政府成立另外一個殖民地防衛委員會，後者在 1882 年提議在香港配備當時最新型的 10 吋（254 毫米）來復線前裝炮（rifled muzzle loader, RML）、外裝水雷（spar torpedo）、水雷，但減少了建議駐軍的人數至 2,000 名步兵。[8] 可是，由於政府希望等待新型的後裝炮，因此委員會提交了報告後仍暫未有行動。在 1870 年代末，民間的阿姆斯特朗兵工廠（Armstrong Arsenal）開始生產可以發射大型爆破彈（explosive shells）而

又相對安全的來復線後裝炮（rifled breech-loading gun）。後裝炮早於 1850 年代已經出現，但由於炮栓製作技術尚未成熟，因此初期的後裝炮未被廣泛使用，直至阿姆斯特朗改良後裝炮後，英國軍方才大量將其安裝於各軍艦和重要港口的炮臺。與前裝炮相比，新型後裝炮在火力、射程、可靠性均大為超越前者。例如，9.2 吋（234 毫米）後裝炮的射程比相同口徑的前裝炮遠 3 倍，穿透力更為接近 5 倍。在 1886 至 1906 年間，英國在香港至少興建或改建了 17 座永久炮臺，[9] 全部均配備了 3 吋至 10 吋（76 毫米）的後裝炮，其中最大口徑者為 9.2 吋和 10 吋，與其他列強配置在亞洲的主力艦的主炮一樣甚至更大（例如，法國 1880 年代在亞洲的旗艦的主炮口徑為 9.5 吋，240 毫米）。部分炮臺亦備有隱沒式炮架（如鯉魚門要塞的 6 吋炮），使火炮可於裝填時收進炮臺之內。單是 1886 年，香港政府已出資 116,000 鎊為興建炮臺的費用（火炮和炮架則由英國政府負擔）。[10] 另一方面，除了炮手外，香港常備駐軍的數量則並無相應增加。

　　1892 至 1894 年間，香港引進了另一種嶄新的武器：布倫南導向魚雷（Brennan Torpedo）。可是，雖然英國政府為此付出巨額金錢，但導向魚雷從來未經實戰測試，其成效一直成謎。愛爾蘭籍澳洲工程師布倫南（Louis Brennan）最先於 1874 年研製出布倫南魚雷的雛型。雖然布氏希望皇家海軍會將其魚雷安裝於軍艦上，但後者認為其裝置體積太大，但其設計卻於 1881 年得到陸軍部的注意。陸軍希望利用布倫南魚雷節省派駐本地和海外港口的兵力和開支，遂大力支持布氏繼續改良其魚雷。魚雷造價之高曾引起國會的注意，但陸軍部以魚雷內情屬於機密為由，拒絕解釋。[11] 1887 年，陸軍部提供 110,000 鎊予布倫南（約為 2005 年的 6,500,000 鎊），與香港政府於 1886 年興建炮臺的開支幾乎相等。[12] 陸軍最後於英國本土港口、馬爾他、澳洲、以及香港興建布倫南魚雷發射

站。雖然鯉魚門發射站於 1894 年已經建成，但魚雷於 1897 年才於香港的防衛計劃中首次出現。[13] 為保密計，用以控制魚雷方向的裝置被鎖進夾萬，鑰匙由兩名軍官保管，發射前才拆封安裝，如遇上敵軍突襲維港，魚雷並不實用。[14] 雖然魚雷花費高昂，但使用不夠 10 年即於 1906 年被拆除。1906 至 1912 年間，不少自 1886 年興建的炮臺均被拆毀，維港主要由摩星嶺要塞的五門新型 9.2 吋炮 X 型（9.2 inch Mark X）和鯉魚門及白沙灣的 6 吋（152 毫米）炮保護。

四、陸上防線與潛艇，1908－1917

1899 年，英國向滿清租借新界，使香港的防守範圍擴展至深圳河以及今日屬於新界和離島區的大嶼山等地。沙田海至醉酒灣之間分隔九龍和新界的山脊當時被稱為「九龍山脊（Kowloon Ridge）」，成為英軍用以守住九龍半島的天險。由於香港的面積大增，如何利用新領土防守香港成為計劃者的主要問題。1908 年，中國艦隊司令藍敦（Admiral Hedworth Lambton）致函帝國國防委員會（Committee of Imperial Defence，有關本土與殖民地防務的常務委員會，1904 年成立），猛烈批評它忽略香港的防務。他認為 9.2 吋炮並不足以保衛香港，因為俄國、美國和日本均在亞太地區配備了數艘裝有 12 吋重炮的戰列艦。[15] 雖然英日兩國自 1902 年已是盟邦，但盟約會否於 1912 年續期在 1908 年仍未有定數，因此帝國國防委員會邀請海陸軍詳細研究香港的防衛問題。討論最初集中於海岸炮問題，其後則逐步轉向討論來自陸上的進攻。

藍敦指出香港現有的炮臺雖然可以應付敵艦的遠程炮擊，但不能阻止日軍利用鐵甲艦強行闖進維港，因此必須在維港東西兩端安裝 12 吋（305

毫米）海岸炮並於港內配置水雷。可是，海軍部並未聽從藍敦的建議，而是把 3 艘 C 級潛艇派往香港。C 級潛艇於 1906 年底開始投入現役，派往香港的 3 艘是皇家海軍首次把潛艇長期派往海外基地。接替藍敦出任中國基地司令的溫士路中將（Vice Admiral Alfred Winsloe）指：「潛艇的心理效果比其攻擊力更為重要，因為人類一向對未知之事心存戒懼」，又指：「如敵艦知道香港擁有潛艇，將不敢在港九登陸。」[16] 由於一艘 C 級潛艇只需約 5 至 6 萬英鎊，派出潛艇顯然是減少派遣大量常規武器和節省開支的做法。派遣潛艇亦可迫使敵軍在更遠的地點登陸，使英國艦隊有更多時間增援香港，免去在香港長期派遣大規模駐軍的負擔。

另一方面，駐港陸軍司令樂活少將（Major General Robert Broadwood）則指出日軍有能力動用約 48,000 人在中國境內或沙頭角海登陸，從先佔領新界和九龍，然後利用九龍山脊作觀測點，炮擊香港島北岸的設施。[17] 陸軍部應對潛在威脅的做法與海軍相似，一樣以科技取代常備兵力。陸軍部預計，如要徹底阻止日軍的陸上進攻，需要在香港派駐近 20,000 人的陸上部隊，其中約 15,000（即近一師兵力）將駐守九龍山脊。[18] 陸軍部和帝國國防委員會均認為此舉在財政和外交層面均不可行，而且陸軍需要保留兵力以介入歐洲之用（即於 1914 年派往歐洲的英國遠征軍 British Expeditionary Force），因此增兵並無可能實行。因此，帝國國防委員會只提出繼續英日同盟，並於盟約可能失效前增加皇家海軍在亞洲的兵力，以海軍保護香港。[19]

除此之外，陸軍則研究如果在不增加駐軍的情況下加強香港的防務，其焦點亦轉向以物力取代人力。1911 年，樂活的繼任者安達臣少將（Major General Charles Anderson）參考自身在西北邊境（Northwest Frontier）的經驗，計劃在香港興建一條以永久防禦工事組成的防線，

以遲滯（delay）日軍的進攻。在 1897 年的薩喇賈希之役（Battle of Saragarhi）中，21 名英印軍錫克團第 4 營（4th Battalion, the Sikh Regiment）的印兵在擁有圍牆保護的薩喇賈希村抵抗數千名備有槍械的牧民游擊隊的圍攻，不但成功抵禦了游擊隊的進攻，更殺敵數百人。在 1899 至 1902 年的南非戰爭中，英軍亦建造了大量碉堡以保護其屬地和交通線。[20] 安達臣建議從魔鬼山至荔枝角沿山興建備有野戰炮和機槍的堡壘群，使守軍能以有限兵力抵抗規模約 4,000 人的日軍或中國軍隊。可是，安達臣並不打算在防線永久抵抗，而是以防線盡量拖延時間，直至海軍的增援抵達。[21] 因此，這個計劃是基於皇家海軍在亞洲海域的優勢設計，與海軍的計劃相輔相成，但如果海軍無力增援，則陸軍以現有兵力並無長期守住香港的可能。直至一次大戰爆發，香港守軍仍只有三營（約 2,000 至 3,000 人）。[22]

雖然安達臣的「九龍防線」最終只有部分實現（例如在 1914 至 1915 年興建，在油麻地車站以北橫斷九龍半島的戰壕線），但以物力取代人力防守香港的想法則延續至戰後。

五、戰鬥機與潛艇，1919－1939

第一次世界大戰對英國及其帝國可算是一大打擊。自 1853 年克里米亞戰爭以來，英國首次大規模派遣陸軍至歐洲，更被迫於 1916 年推行徵兵制，徵召大量工人階級到歐洲參戰。大量人口參戰，使英國政治生態出現重要變化（雖然其影響並非即時出現），其象徵即為 1918 年初頒佈的《人民代表法令》（*Representation of the People Act 1918*），使所有年滿 21 歲的男性和 30 歲的女性，不論身分財產，均有權於下議院選舉中

投票。戰後，英國背負龐大戰債，又需要重建受戰爭破壞的公共財政和國際貿易。為此，財政部在 1921 年推出「十年規定」（Ten Years Rule），即所有軍事計劃與預算均以未來十年不會發生列強之間的戰爭為政策假定。1928 年，財政大臣邱吉爾更把「十年規定」無限期延長，凍結軍事開支增長至 1932 年。[23] 雖然海陸軍的開支在實際金額比戰前並無太大變化，但由於皇家空軍的出現，因此各軍種從政府手上爭奪資源的衝突亦愈演愈烈。此外，戰後英國的國防問題仍然複雜。雖然英國在大戰中消滅了德國海軍，但皇家海軍戰後一方面要面對裁軍，另一方面卻要面對美、日兩國在太平洋的競爭。軍方不但要分薄有限的兵力防衛各殖民地，更因為 1921 年簽訂的《華盛頓條約》而被迫終止英日同盟和不再增加香港的海防炮臺。[24] 因此，英國軍方自 1919 年仍不斷嘗試利用新武器保護香港，以減少人力的投入。

　　鑒於上述的內外環境，英國自 1919 年即再次研究香港的防務。1919年，陸軍部提交報告，指出如無日本協助，則英國無力守住香港。可是，英日同盟的結束使日本成為潛在的敵人。自 1920 年開始，皇家海軍已開始研究對日戰爭，其計劃（即《遠東戰爭備忘錄》*War Memorandum Eastern*）認為要迫使日本海軍進行決戰，則必須派遣艦隊接近日本，切斷日本的海上貿易。香港是與日本最近的英國屬地之一，而且有完善的海港（與更近的威海衛有別），是新加坡以外英國在亞太地區最大的軍港，因此成為計劃中的前進基地。[25] 職之是故，英國軍方雖然面對重重障礙，但仍不斷思考如何加強香港防衛，使守軍得以堅守香港（至少是香港島）直至援軍抵達。援軍抵達的時間最初預定為 90 日，1927 至 1937 年改至 44 至 54 日，然後又改至 90 日，最終於 1940 年改為 180 日，但實際上政府已認為香港不能持續防守，只是一個用以盡量拖延敵軍的「前哨」

（outpost），直至加拿大決定派兵，政策才再次轉變。

皇家空軍於兩次大戰期間曾對以飛機守住香港寄予厚望。在 1927 年的《防衛報告》，聯合計劃委員會（Joint Planning Committee）曾提出派出 12 個飛行中隊至香港，作為「徹底的威懾力量」（as complete deterrent）。[26] 在 1931 年的報告中，聯合計劃委員會更認為如果只能派出兩個中隊的飛機到香港，則必須為駐軍再增加一旅（約 3,000 人）的兵力。[27] 正是對以飛機防守的期望促使帝國國防委員會在 1927 年建議香港政府購入啟德濱土地為機場。與 1900 年代的中國基地司令溫士路中將一樣，皇家空軍強調派遣飛機至香港的威懾效果與實際效果同樣重要。在 1927 年的報告中，空軍認為雖然啟德機場不能容納大量飛機，進攻的日軍雖然可能擁有更多飛機，但由於他們未有太多使用軍機的經驗，因此皇家空軍的存在將使日軍變得更為小心，不敢妄動。雖然聯合計劃委員會自 1934 年開始已認為啟德機場不足以容納足夠飛機防守香港，但空軍直至 1935 年仍未有放棄，依然打算在新界覓地興建新機場，只是因為陸軍難以分兵防守而放棄。[28]

雖然皇家海軍在一次大戰後未能派遣主力艦長期在香港防守，但它亦在香港派駐新型的遠程潛艇和航空母艦，以迫使日本不能在靠近香港的地點登陸。在 1920 年代初至 1940 年，中國艦隊的第 4 潛水艇隊（4th Submarine Flotilla）擁有多艘潛艇，最高峰時（1939 年）擁有 13 艘。航空母艦則有「賀美司號」（HMS *Hermes*）[29] 和「鷹號」（HMS *Eagle*）[30]，它們在一定程度上彌補了啟德機場面積太小的問題。第 4 潛水艇隊在此期間的潛艇與以往的 C 級和一次大戰期間的 L 級小型近岸潛艇不同，而是特地為亞洲水域服役而設計的遠程大型潛艇。[31] 與其他武器有別，這些潛艇可直接威脅日本本土，英軍的計劃者亦認為它們的存在將迫使日軍不敢

直接在香港附近登陸，減慢他們進攻香港的速度。雖然日軍在 1938 年佔領廣州後已能直接從陸上進攻香港，但海軍的計劃者仍認為日軍仍要依賴海上補給，因此潛艇仍是有效的威懾力量。直至歐戰爆發，皇家海軍仍派駐不少潛艇在香港，一方面為阻嚇日本，一方面為收集日本海軍的情報。

六、醉酒灣防線與標識環，1930－1941

　　除了戰機、航空母艦和潛艇外，香港在兩次世界大戰期間亦築構了海上和陸上防線各一。在有關防線的檔案研究出現前，有關醉酒灣防線的詳情一直頗為缺乏。[32] 從決策者決定興建防線的討論中，亦可見防線是英國希望以物力代替人力的另一個例子。雖然固定防線並非新科技，但以標準設計的混凝土工事組成防禦地區卻是第一次世界大戰以後的產物。在南非戰爭（1899－1902）期間，英軍曾於南非各地興建大量哨站（blockhouses），但它們大多距離甚遠，以保護鐵路線為目的，不能互相支援。[33] 在第一次世界大戰期間，英德兩軍在法國北部和法蘭德斯地區（Flanders）進行曠日持久的戰壕戰，使英軍的野戰築城技術在戰爭的壓力下急速進步，特別是利用縱深和交叉火網吸收敵軍進攻並擾亂其進攻方向的技術。一次大戰後，不少歐洲國家均興建大規模防禦工事以支援陸軍，其中以法國的馬奇諾防線（Maginot Line）和捷克的貝奈斯長城（Beneš Wall）最為宏大。雖然前者成為法國於 1940 年戰敗的代罪羔羊，但其大部分陣地在該役中並未陷落。防線的設計者亦非如後人所云打算興建防線即可一勞永逸，而是希望防線可以取代部分在大戰期間損失的人力，以騰出兵力作運動戰之用。[34]

如前述，早於 1910 年代英國陸軍部和駐港英軍已打算興建陸上防線，但未有完全實行。在 1930 年，聯合計劃委員會建議在九龍山脊興建以「混凝土機槍堡」組成的防線。[35] 4 年後，委員會再次提出必須為人數不多的守軍提供「物力的支援」（mechanical aid），可見英國決策者以物代人的傾向。[36] 在這個例子中，防線比增加守軍人數更為便宜。防線的預算造價是 168,000 鎊，比在香港增加一個印度步兵營連軍營（一年經費為 78,000 鎊，兵營建築費為 362,500 鎊）相距甚大。[37] 1935 年開始，駐港英軍與民伕興建醉酒灣防線，其興建日期比英國本土的阻絕線（stop lines）更早。可是，工程在 1938 年 7 月尚未完成即被中止，理由是日軍即將奪得廣東，並控制南中國海，使香港落入日軍航空隊的活動範圍之內。英軍不但難以增援香港，而且其海港設施亦預計將被日軍摧毀。因此，英軍不再計劃長期守住新界和九龍，守軍以阻止日軍佔領港島或使用維多利亞港為目標。改變防衛目標的決定亦迫使空軍放棄在新界八鄉興建另一個軍用機場的計劃。[38]

英國軍方隨即把注意力轉向香港島，於港島興建大量機槍堡，並把位於九龍和新界的海岸炮全數遷往港島。其中赤柱炮臺的 9.2 吋炮擁有新的炮架，射程由約 19,000 米增至約 27,000 米。守軍亦獲得其他器械支援，如布倫載具（universal carriers/ Bren carrier）。布倫載具屬於輕型裝甲運兵車，有少量裝甲及一挺機槍，可安裝迫擊炮或重機槍，速度達每小時 48 公里。[39] 擁有泛用載具使守軍機動力大增，尤以香港山多地少而道路網發達，守軍必須有快速應變和行動的能力。可是，由於歐戰爆發，守軍始終未能獲得足夠的泛用載具。香港的本土部隊香港防衛軍（Hong Kong Volunteer Defence Corps）亦建造了數臺裝甲車（由黃埔船塢），其傳令隊亦備有新型的電單車。[40]

香港在戰前尚有另一條已被遺忘的海上防線。1939 年歐戰爆發後，皇家海軍在歐洲分身不暇，無法派遣大型軍艦和潛艇隊駐守亞洲。海軍部因此嘗試利用科技輔助守軍防守香港島。海軍的「防線」實際上是以「識別環」（indicator loop）組成的海底電纜線，該電纜大致在香港島南半形成條彎月型的防線，能偵測從海底接近的潛水艇，並引爆附近的水雷將之擊沉。識別環於第一次世界大戰出現，用以防衛英國本土的重要軍港，曾有炸沉德軍潛艇的記錄。[41] 歐洲開戰不久，海軍即於香港建立「識別環」防線，並運送近 1,500 顆水雷到港，部分為磁性水雷。與香港島南部的新炮臺合作，識別環和水雷在 1941 年香港戰役期間有效阻止日本海軍支援陸軍的作戰，增加了日軍進攻的困難。[42]

七、空中管制雷達與原子彈，1949-1958

當英國於 1945 年重返亞洲並從日軍手上接收香港時，其決策者再次面對其前任們於兩次世界大戰期間難以解決的問題，即如何抵抗來自陸上邊境的大規模攻擊。1946 年，參謀長委員會（Chiefs of Staff Committee）決定如英國與任何「控制大陸的列強（power）」開戰，即會放棄香港。當時，國民政府控制下的中國剛與英國擊敗日本，開戰的可能性不大，因此香港的防務問題可以暫時擱下。可是，1947 年國共內戰爆發，國府形勢日壞，使香港的北面邊境再受威脅。

在 1949 年春夏之交，人數只有 3 營的香港守軍似難阻止中共軍隊佔領香港。此時，英國政府決定派出史無前例的大軍至香港，規模自鴉片戰爭以來僅見。在 1941 年 12 月日軍入侵香港時，香港守軍只有正規軍步兵 6 營（共約 5,000 人）及為數不多的炮兵，連同香港防衛軍及海空軍及

後勤人員共約 12,000 人。在 1949 年中,香港守軍卻有步兵 5 旅(每旅約
3,000 人),並有坦克、戰機、裝甲車、野炮、雷達等支援。[43] 國防部長
亞歷山大(Secretary of State for Defence Albert Alexander)於 1949 年 7 月
前往香港視察時,他未有提到英軍人數眾多,反而強調英軍在物力方面
的優勢,尤其是空中支援和防空警戒雷達等新型裝備。[44] 與 1941 年的守
軍相比,1949 年的守軍不但擁有空中支援,而且更有當時中共軍隊沒有
的重型坦克,而且香港海域亦由皇家海軍牢牢控制。因此,守軍的防衛
計劃頗為進取,把主防禦區設於接近中港邊境的粉嶺平原,不再依賴醉
酒灣防線,以充分發揮三軍的火力。[45]

可是,由於英國戰後經濟百廢待興,加上戰後英國國防焦點轉向歐
洲、中東,馬來亞及朝鮮,因此難以維持大軍於香港。在 1952 年的國
防報告中,英國政府決定全力發展長程轟炸機和洲際導彈等核威懾力量
(nuclear deterrence),正式進入艾格頓所云的「核主義時代」,以核威懾
力量為主,常規部隊為輔。對香港而言,進入「核主義時代」代表英國不
再置重兵於香港,但為香港提供「核保護傘」者並非英國,而是其盟友美
國。正如麥志坤指出,雖然英國希望獲得美國承諾以核武協防香港,但
美國卻希望以此令英國在其他亞洲問題(特別是臺灣)上合作,因此雙方
雖然有不少討論,但始終未有正式協議。[46] 可是,由於英國堅持任何對香
港的攻擊將等同直接入侵英國本土,[47] 因此美國於開戰時亦似無選擇,必
須介入。美國亦發現英國的態度使中共清楚進攻香港將可能導致美國以
核武介入,英國亦以此阻嚇中共單方面以武力接管香港。[48] 英國採用威懾
政策防守香港後,即於 1958 年開始逐步裁減駐軍和軍事設施,即使 1967
年暴動亦對英國撤兵無甚影響。

八、結論：「自由軍國主義」與英國在港防務

　　本文不打算討論所有英軍曾於香港使用的軍事科技，主要缺席者包括皇家海軍的軍艦、電報等。它們之所以未被提及，主因是它們當時不被視為節省恆常開支和人力投入的工具。在 1878 年至 1958 年間，英國只有在 1949 至 1950 年間的一段短時間在香港投入大量陸軍。當時，第二次世界大戰剛剛結束，英國尚有不少國民兵役（National Service）人員可以使用，而且其他英國屬地和歐洲亦無即時派遣大軍的需要。即便如此，1949年前往香港的部隊所依賴者並非其數量，而是其相對於其假想敵（中共解放軍）的科技和火力優勢。綜合上文各例，可見英國在港防務是英國「自由軍國主義」的具體反映，亦可反映英國官僚機構對科技的信心。不同時代的計劃者和決策者均依賴英國和潛在對手的技術（而非數量）優勢，並以新武器代替額外需要的人力。採用這些新技術和武器不但是為了削減長期駐軍人數和經常性開支，更是為了威懾假想敵，以支援英國以「維持現狀」為重心的外交政策，避免列強之間的戰爭。這個思路對已經擁有龐大帝國的英國政府而言，誠屬至當。

　　上述各例亦證明英國政府在此時期為了保住技術優勢，大灑金錢投入到尚未證明其實用性的武器上。此點說明開支並非英國決策者考慮防務時最主要的因素，雖然它亦一直有其影響力。從上文觀之，亦可發現此時期的英國雖為代議政體，但國會對官僚機構和軍方的防衛政策和科技選擇影響有限。在二次大戰前，香港防禦設施多以阻嚇特定數量或裝備的敵人為主，使其不能或不願在皇家海軍增援抵達前奪取香港。戰後，英國因失去印度而被迫放棄在亞洲派駐龐大的海陸軍，它轉向與擁有核武的美國合作防衛香港。此決定亦可體現英國對新科技的依賴。直至英

國政府於 1950 年代末決定於 1997 年將新界交還中國並裁撤香港大部分的
軍事設施和部隊後，英國才停止以先進軍備防衛香港。

注釋

1　有關香港軍事史的史學回顧，見鄺智文：〈重檢香港軍事史論述：二次大戰期間的重要片斷〉〔電子版〕，張少強、馬傑偉、吳俊雄、呂大樂、李昊（主編）（香港：jcMotion，2013 年）http://jcmotion.tmgbook.com/index.php/tw/component/jshopping/product/view/13/23（登入日期：2014/03/19）。

2　David Edgerton, "Liberal Militarism and the British State," in *New Left Review*, I/185, (1991), pp.138-169. 埃格頓其後亦撰寫了兩本專書剖析其論述，詳見 David Edgerton, *Warfare State: Britain, 1920-1970* (Cambridge; New York: Cambridge University Press, 2006); David Edgerton, *Britain's War Machine: Weapons, Resources and Experts in the Second World War* (New York: OUP, 2011)。

3　David Edgerton, "Liberal Militarism and the British State," p.141.

4　同上，頁 147。

5　同上，頁 141。

6　同上，頁 150-161、166-167。

7　"Report of a Colonial Defence Committee on the Temporary Defences of the Cape of Good Hope, Mauritius, Ceylon, Singapore and Hong Kong," 4/1878, CAB 7/1.

8　"Third and Final Report of the Royal Commissioners Appointed to Inquire Into the Defence of British Possessions and Commerce Aboard," 1882, CAB 7/4.

9　17 座炮臺包括 1885 至 1886 年計劃的昂船洲西（Stonecutters West）、昂船洲中央、卑路乍角（Belcher）、鯉魚門、法拉角（Fly Point）、九龍船塢（Kowloon Docks）、維多利亞炮臺，以及 1900 年代初興建的砵典乍（Pottinger）、歌賦（Gough）、白沙灣、亞比安（Albion）、百夫長（Centurion）、新昂船洲中央、昂船洲東、新卑路乍、義律（Elliot）、松林（Pinewood）等。此外尚有翻新舊炮臺和臨時炮臺的工程。

10　"Despatch Respecting the Proposed Defence Works," 1/1886, *Hong Kong Government Sessional Papers 1886*.

11　"The Brennan Torpedo," UK Parliament Hansard, 10/7/1890; "The Brennan Torpedo," UK Parliament Hansard, 27/6/1892; "The Brennan Torpedo," UK Parliament Hansard,

3/5/1894; "The Brennan Torpedo," UK Parliament Hansard, 1/7/1897.

12 Edwyn Gray, *Nineteenth-century Torpedoes and Their Inventors* (Annapolis, Md.: Naval Institute Press, 2004), pp.152-154, pp.157-159.

13 "Hong Kong: Defence Scheme, Revised to May 1894," 5/1894, CAB 11/57, 40, 43.

14 Edwyn Gray, p.160.

15 "Naval Commander-in-Chief to Governor," 25/11/1908, CAB 38/17/4.

16 "Vice Adm. L. Winsloe to Maj. Gen. Charles Anderson," 7/4/1911, WO 32/5316.

17 "General Officer Commanding to Governor," 7/12/1908, CAB 38/17/4.

18 "Hong Kong – Standard of Defences: Memorandum by the Colonial Defence Committee," 10/1/1912, CAB 38/17/4, 7-9.

19 "Minutes of 100th Meeting, Committee of Imperial Defence," 24/3/1911, CAB 38/17/16.

20 Bernard Lowry, "The Gin Drinker's Line: Its Place in the History of Twentieth Century Fortifications," *Surveying & Build Environment*, vol.21, no.2. (Dec 2011), p.58.

21 "Notes on the Garrison Required for the Defence of Hong Kong Under the Condition Prescribed in the Instructions for the Preparation of the Local Defence Scheme: Namely Against a Raid by a Landing Part of Three or Four Thousand Men," WO 32/5316.

22 Alan Harfield, *British and Indian Armies on the China Coast, 1785-1965* (London: A and J Partnership, 1990), p.320.

23 Paul Kennedy, *The Rise and Fall of British Naval Mastery* (London: Penguin, 2004), 273

24 《華盛頓條約》第 19 條規定：包括香港等所有在東經 110 度以東的英屬島嶼，除澳紐、加拿大的屬島外，其海防設施與海軍基地均要維持原狀，不得新建、增加，只可維修或替換已破舊的武備。"Conference on the Limitation of Armament, Washington: Treaty Between the United States of America, the British Empire, France, Italy, and Japan, Signed at Washington, February 6, 1922." http://www.ibiblio.org/pha/pre-war/1922/nav_lim.html （登入日期：2014/03/19）。

25 Christopher Bell, *Churchill and Sea Power* (Oxford: Oxford University Press, 2013), pp.106-111; Andrew Field, *Royal Navy Strategy in the Far East, 1919-1939: Preparing*

for *War against Japan* (London; Portland, OR: Frank Cass, 2004), pp.27-29.

26　"Defence of Hong Kong: Report of Joint Planning Sub-Committee," 10/12/1927, COS 117, CAB 53/14.

27　"Defence of Hong Kong: Report of the Joint Planning Sub-Committee," 31/5/1930, COS 233JP, CAB 53/21.

28　"Strategic Position in the Far East with Particular Reference to Hong Kong," 16/9/1935, COS 403, CAB 53/25.

29　「賀美司號」1924 年開始服役，排水量 13,900 噸，速度 25 節，可載機約 20 至 25 架。該艦於 1942 年 4 月在印度洋被日本海軍擊沉。

30　「鷹號」1924 年開始服役，排水量 22,200 噸，速度 24 節，可載機約 25 至 30 架。該艦於 1942 年 8 月在地中海被德國潛艇擊沉。

31　1939 年駐港的潛艇包括 O、P、R 級，全部建造於 1920 年代末至 1930 年代初。O 級潛艇排水量約 2,000 噸，水面速度為 15.5 至 17.5 節，屬大型潛艇，其續航力高，設計亦適合在太平洋使用。P 級與 R 級則屬於 O 級的後續設計。

32　有關醉酒灣防線的檔案研究，詳見 Kwong Chi Man, "Reconstructing the Early History of the Gin Drinker's Line from Archival Sources," *Surveying and Built Environment*, vol.22 (Nov. 2012), pp.18-35。至於醉酒灣防線各機槍堡位置的研究，則見 Lawrence W. C. Lai, Stephen N. G. Davis, Ken S. T. Ching and Castor T. C. Wong, "Location of Pillboxes and Other Structures of the Gin Drinker's Line Based on Aerial Photo Evidence," *Surveying & Build Environment*, vol.21, no.2, (Dec 2011), pp.69-70。

33　Bernard Lowry, "The Gin Drinker's Line: Its Place in the History of Twentieth Century Fortifications," p.58.

34　Judith Hughes, To the Maginot Line: the Politics of French Military Preparation in the 1920's (Cambridge, Mass.: Harvard University Press, 1971).

35　COS 233JP, op. cited.

36　"Hong Kong – Plan for Defence, Relief or Recapture," 30/7/1934, COS 344.

37　"Strategic Position in the Far East with Particular Reference to Hong Kong," 16/9/1935, COS 403.

38　Kwong Chi Man, "Reconstructing the Early History of the Gin Drinker's Line from Archival Sources," *Surveying and Built Environment*, vol.22, no.1, (2012), pp.33-35.

39　泛用載具重約 3.7 噸，全車裝甲部分厚 7-10 毫米，可裝備盟軍各種機槍，最高時速每小時 48 公里。

40　見 Phillip Bruce, Second to None: the Story of the Hong Kong Volunteers (Hong Kong; New York: Oxford University Press, 1991）書中照片。

41　Richard Walding, "Indicator Loops: Royal Navy Harbour Defences – Hong Kong," http://indicatorloops.com/hongkong.htm Walding 之網站主要引用皇家海軍檔案，故頗為詳實。

42　有關日本海軍在香港戰役中無所作為，見蔡耀倫：〈日軍記錄中的香港防衛戰：第二遣支艦隊與香港攻略作戰〉，載於麥勁生編：《中國史上的著名戰役》（香港：天地圖書，2012 年），頁 340-366。

43　Alan Harfield, p.464.

44　"Visit to Hong Kong, 6th June – 9th June, 1949," 17/6/1949, CAB 129/35.

45　"Defence of Hong Kong: Memorandum by the Minister of Defence," 24/5/1949, CAB 129/35.

46　Mark Chi-kwan, Hong Kong and the Cold War: Anglo-American Relations 1949-1957 (Oxford: Clarendon, 2004), pp.40-70.

47　"The Defence of Hong Kong: Memorandum by the Minister of Defence," 15/11/1955, CAB 129/78.

48　"U.S. Policy on Hong Kong," 11/6/1957, NSC 6007/1, Paul Kesaris, Documents of the National Security Council, 1947-1977, Supplementary 4, Reel 3, 5.

第三章
「實屬不幸」——莫德庇少將的香港防禦策略

蔡耀倫 [1]

「當六營守軍中只有兩營準確了解自己的角色及任務細節時,日軍恰恰選在此時發動進攻,一切實屬不幸。」

——香港守軍總司令莫德庇少將

一、前言

1941 年 12 月 8 日,日軍第 38 師團從深圳一帶南下進攻香港,激戰達 18 日後,守軍最終不敵投降。對於這場敗仗,史家毀譽參半。香港駐軍總司令莫德庇少將（Maj. Gen. Christopher M. Maltby）在 1945 年末呈交的報告中,集中記錄戰役過程以及各部隊表現,卻未有詳細論及戰役期間各項決策的始末。縱然史家普遍批評他的防禦方式,莫德庇從未作出辯解,當初的盤算亦逐漸被遺忘。

筆者希望利用現存史料,重新回顧莫德庇最初制訂其防禦香港策略時的構想,從而了解香港戰役中守軍原本是打算如何應付即將來臨的戰事。

二、三十年代後期之香港防禦 [2]

香港眾多的《防衛計劃》（Defence Scheme）中，1936 年的《防衛計劃》可謂最為香港人所熟悉。《1936 年防衛計劃》以日本為假想敵，勾勒出一個以保護香港海軍基地、防止日軍襲擊維港兩岸並等待援軍抵達的方案。以當時正在興建的醉酒灣防線為依據，駐軍中五營兵力將會抽調出三營多的兵力駐守防線，以阻止日軍侵入九龍半島；同時以一營多的兵力守衛港島，防止敵人從南岸登陸。計劃預計日軍將以兩師左右兵力南下，在缺乏足夠兵力抗衡的情況下，計劃強調守軍必須戰至最後，以「不成功、便成仁」的方式死守香港，直至援軍抵達。[3]

由於歐洲方面局勢日壞，加上英國過度膨脹而面對軍力不足的問題，《1936 年防衛計劃》在兩年後被放棄，醉酒灣防線的重要性被大幅度調降，用於新界、九龍方面（下稱大陸方面，Mainland）的兵力被減至一營，防線只被用作拖延敵人進攻速度，防線內尚未動工的工事被中止。整體防禦重點被集中到港島之上。截至開戰前，港島的灘頭防禦及海岸防禦力量被大幅度提升，圍繞港島建有多達 72 組機槍堡，另有 10 座海防炮臺以及 7 座固定防空炮臺。

英國改變遠東防禦策略

1940 年，英國經歷了第二次世界大戰期間最嚴峻的一年，來自德國的軍事威脅迫在眉睫。法國淪陷令日本在遠東有機可乘，日本發出通牒，迫令英國關閉滇緬公路，阻止軍事物資流入中國。英國迫於形勢，只能順應日本要求，採取妥協態度。此舉雖然令香港暫時避過一劫，但英國無法阻止日本襲取法屬印支半島，令香港完全陷於日本勢力包圍之內。

　　1940 年末，空軍上將樸芳（Air Maj. Robert Brooke-Popham）出任遠東三軍總司令，試圖一改過去策略，要求英國增兵遠東，以作恫嚇日本之用。樸芳一度要求增派兩營駐軍到香港，但首相邱吉爾（Sir Winston Churchill）批評增兵香港「大錯特錯」（This is all wrong），[4] 他最終同意增加馬來亞及新加坡駐軍人數，並只有限度加強香港軍備。[5]

　　1941 年 6 月，德國進攻蘇聯。世界局勢驟變，英國所承受的壓力減少，但蘇聯甫開戰即處於下風，一旦日本從後襲擊蘇聯，後果不堪設想。為了令中國能夠在抗戰的嚴峻形勢中堅持下去，使日本無法抽身進一步擴張，英國開始考慮在遠東地區採取更進取的態度，向中國顯示英國的決心。同一時間，英、美亦開始尋求在遠東的進一步合作，以阻延日本侵略。

　　在此背景下，剛卸任的香港駐軍總司令賈乃錫少將（Maj. Gen. Arthur Grasett）返回倫敦時曾經向加拿大陸軍總參謀長加利華少將（Maj. Gen. Henry Crerar）及國防部長羅士頓（James Ralston）提及增兵香港一事。返回倫敦後，賈乃錫向倫敦方面表示加拿大願意派兵增援香港。由於遠東局勢已經有所改變，英國不復年前的孤立狀態，倫敦方面判斷日本不敢同時向中、英、美、蘇四國開戰，邱吉爾亦表示不反對增兵一事，終於促成同年 11 月加軍援港一事。[6]

三、莫德庇改變香港防禦策略

　　面對以上戰略轉變，香港的防禦部署亦作出相應更改。雖然迄今尚未發現莫德庇發出有關更改部署的正式命令，但從各駐港部隊的報告可見，1941 年 10 月左右香港駐軍開始出現大規模調動。莫德庇於 10 月提

拔第 7 拉吉普團第 5 營（5ᵗʰ Battalion, 7ᵗʰ Rajput Regiment，下稱拉吉普營）營長華里士準將（Brig. Cedric Wallis）為大陸旅（Mainland Brigade）旅長。同時重新分配大陸旅及港島旅（Island Brigade）的兵力，將皇家蘇格蘭團第 2 營（2ⁿᵈ Battalion, The Royal Scots，下稱蘇格蘭營）、第 14 旁遮普團第 2 營（2ⁿᵈ Battalion, 14ᵗʰ Punjab Regiment，下稱旁遮普營）以及拉吉普營劃入大陸旅的戰鬥序列之內；米杜息士團第 1 營（1ˢᵗ Battalion, The Middlesex Regiment，下稱米杜息士營）連同將於 11 月抵港的皇家加拿大來復槍營（Royal Rifles of Canada，下稱來復槍營）及溫尼柏榴彈兵營（Winnipeg Grenadiers，下稱溫尼柏營）則被配入港島旅內。香港防衛軍（Hong Kong Volunteer Defence Corps，下稱防衛軍）主力被配入港島旅內，於 10 月底開始招募的香港華人軍團（Hong Kong Chinese Regiment）則被派往大陸旅內。

由於大陸旅兵力由 1 個營增加至 3 個營，莫德庇決定重用醉酒灣防線。蘇格蘭營被分配至防線左翼，把守荃灣至城門水塘一線；旁遮普營扼守中央部分，包括大圍至沙田海（Tide Cove）南端一帶；拉吉普營則負責右翼，介乎大老山以北至蠔涌以東一帶。至於新界，由於缺乏足夠兵力、加上沙頭角海及沙田海對守軍側翼構成一定威脅，莫德庇只安排了兩隊前進隊（Forward Troops）破壞九廣鐵路、大埔道及青山道的橋樑，減緩日軍的行進速度。

另一方面，港島旅則主要負責港島南岸的防衛。米杜息士營負責把守沿岸幾乎所有機槍堡，但留空海軍船塢（Naval Dockyard）至柴灣一段。來復槍營及溫尼柏營則分別負責東南及西南的第二防線。防衛軍除第 1 連及部分第 3 連外，主力把守港島中央高地上各個要點，既可在敵軍登陸時作反攻之用，亦可防止敵軍滲透入市區之內。

莫氏其實無意依賴醉酒灣防線作長期抵抗，他在 1945 年致陸軍部的信件中提及「我當時認為，除非日軍對醉酒灣防線發動大規模的攻勢，否則日軍從跨越邊境至我們撤離九龍之間將需要七日或以上」。[7] 莫氏在報告中亦坦言重用醉酒灣防線是為了防止日軍利用九龍山脊（Kowloon Ridges）[8] 部署大炮轟擊港島，拖延日軍攻勢、讓工兵有更充裕時間撤離或破壞存放在九龍的物資，以及鑿沉停泊於維多利亞港的船隻。

一旦日軍攻破醉酒灣防線，守軍將會退回港島作最後抵抗。日軍在登陸後曾經先後兩度在陣亡軍官身上發現繪有守軍陣地的地圖，其中一幅經第 1 炮兵隊司令官北島驥子雄少將修正後，最終以《香港島上英軍配備要圖》（後稱《配備要圖》）之名，刊載於 1971 年出版的官方戰史叢書《香港長沙作戰》之內。圖上準確記載了所有沿岸機槍堡、守軍陣地、掩蔽體以及船艦部署位置，當中守軍陣地的位置與實際情形吻合。此圖極有可能是反映實際港島防禦策略的惟一依據。[9]

圖上可見，香港島被兩道分別為南北及東西走向的粗線分割成四大「扇形防禦地區」，其中南北走向一線沿菲林明道 — 摩利臣山 — 跑馬地 — 禮頓山 — 渣甸山 — 赤柱峽 — 紫羅蘭山 — 淺水灣坳 — 赤柱崗 — 舂坎角將港島分成東西兩半，大致與後來東西旅的分界線相若。[10] 東西走向之線則沿摩星嶺 — 太平山 — 歌賦山北麓 — 金馬倫山北麓 — 聶高遜山北麓 — 赤柱峽 — 柏架山南麓 — 柴灣將港島分成南北兩部。各「扇形防禦地區」內，標示有「步槍部隊戰鬥負責地區」、若干「輕機槍分隊部署地區」及「義勇軍軍隊部署地區」。

倘若將《配備要圖》與英軍野戰教令互相參照，所謂的「步槍部隊戰鬥負責地區」實為「前進地區」（Forward Zone），駐守此地的部隊負責封鎖敵軍前進之路，分散敵軍進攻路徑，盡可能吸收敵軍的打擊力量，使

守方有足夠時間調集部隊實施反攻。「輕機槍分隊部署地區」及「義勇軍軍隊部署地區」則為其他正規部隊以及香港防衛軍的「防禦區」（Defended Localities），各區可容納一排至一連兵力不等。防衛軍防區大多位於港島中央山脊之上，應為「前進地區」以及後方陣地的緩衝，亦可於危急時填補缺口之用。至於兩道南北、東西走向的粗線形成的「扇形防禦地區」應為「主防禦區」（Main Zone），是守軍集中兵力抵抗的位置。

　　就《配備要圖》所見，港島西南部的主防禦區（包括薄扶林、香港仔、黃竹坑、深水灣、淺水灣一帶）部署非常完備，三個「前進地區」包含西起沙灣、東及南灣的所有沙灘，共有 16 組「防禦區」在各高地及山坳之上，阻隔敵人前往維多利亞城之路。西北主防禦區（包括西環、上環、中環、灣仔以及跑馬地）主要包括了大部分維多利亞城，由於敵軍在此登陸將會捲入巷戰之中，此區不設「前進地區」，但設有 8 組「防禦區」，為守軍爭取足夠時間調動部隊反攻。東南主防禦區（包括鶴咀半島、赤柱半島、大潭灣、大潭水塘一帶）由於地形陡峭，加上交通不便，守軍「防禦區」顯得異常分散，而且集中在要道之上，一旦敵軍登陸，守軍似乎有棄守鶴咀半島及赤柱半島的可能。至於日軍將會登陸的東北主防禦區（包括銅鑼灣、北角、筲箕灣、柴灣一帶），情況更為惡劣。該處雖然地形狹長，離岸數百米即為寶馬山及柏架山形成的高地所阻，惟這片高地為九龍山脊所俯瞰，守軍的一舉一動皆可為敵人所察覺，因此無法形成有效防禦。在此主防禦區只有一個「前進地區」，另有 4 組「防禦區」，主要阻擋敵人通過要道及山坳前進之用。[11]

　　由於香港早已陷於日軍勢力包圍之內，日軍可以從任何一方發動進攻。莫德庇預計日軍會先越過深圳河南下進攻新界及九龍，再包圍港島，並從海上進攻。因此莫氏佈置出這個雙重環形防禦計劃，大陸旅負

責在新界及醉酒灣防線拖延日軍進度,港島旅則負責阻止日軍從南岸登陸。一旦日軍突破醉酒灣防線,大陸旅將會退回港島,形成另一重環形防禦。

換言之,莫德庇當時並非完全重啟《1936 年防衛計劃》,本質上他的防禦重點依舊在港島之上,只是增強了大陸旅的兵力,讓該旅可以利用醉酒灣防線作更有效的遲滯防禦。某種程度上亦解釋了為何莫德庇在防線被突破後會立即下令全面撤離九龍半島,而非如《1936 年防衛計劃》所言要大陸旅戰至最後。

四、香港守軍積極備戰

莫德庇更改計劃後,立即與各營長視察醉酒灣防線,再由各人共同制定具體的防禦計劃。由於醉酒灣防線當時仍處於 3 年前的停工狀態,皇家工兵被事先派往當地進行修整工作。[12] 10 月 29 日,蘇格蘭營移駐新圍軍營,將港島駐地移交即將抵港的溫尼柏營,該營從 11 月 11 日起開始陸續進入防線左翼陣地內,拉吉普營亦於 11 月中進入陣地內熟習環境。兩營均是首次進入陣地之內,他們進入陣地除了為早日熟習環境之外,亦參與了防線整理的工作。

11 月 16 日,加軍抵港。羅遜抵港前已經對戰爭迫近感到焦慮,[13] 抵港翌日他立即與莫德庇就防禦計劃展開磋商,期間他在加拿大陸軍參謀部同意之下,向莫氏建議將加軍擴充成一個完整的加拿大旅。莫德庇立即通知樸芳,後者繼而知會倫敦當局,要求倫敦向加拿大要求第二次增援。倫敦方面立即在 11 月底至 12 月初討論增強香港的防衛,12 月 1 日同意向加拿大提出要求,並於 12 月 3 日決定大幅度增強香港的防空能

力。可惜 12 月 5 日來自越南海防大使館的情報確認日軍即將發動攻勢，增強香港防衛能力已經為時已晚，一切的方案因此被束之高閣。莫德庇亦改為下令所有守軍進入臨戰狀態。

11 月 24 日至 28 日，香港守軍進行「部署演習」（Manning Exercise），是為守軍第一次在各陣地上進行演習。接下來的一星期（12 月 1 日至 12 月 5 日），醉酒灣防線的修整工作仍在進行，尤其是蘇格蘭營負責的左翼。莫德庇原定在部隊休整一星期後，將在 12 月 8 日至 13 日期間舉行「旅級訓練」（Brigade Training），並預計在聖誕節後進行「聯合演習」（Collective Training）。換言之，香港守軍可望在 1942 年 1 月完成備戰。[14]

五、莫德庇改變防禦策略原委

莫德庇在 10 月改變防禦策略一直為後世所批評，此舉不但令蘇格蘭營及拉吉普營需要在陌生的環境下作戰，更間接導致蘇格蘭營在開戰時飽受瘧疾之苦。雖然莫氏在戰後沒有為此作出辯解，但筆者認為莫德庇只是因應當時局勢而作出更動。

從大戰略層面看來，英美兩國當時正在準備於遠東地區以至西太平洋實行共同防禦以反制日本的擴張，作為英國的前哨，莫德庇不可能不積極在香港進行備戰。另一方面，香港早於 1940 年已經完全陷於日本勢力的包圍之內，面對如此嚴峻的局勢，莫氏更沒有鬆懈的理由。

就本土防衛考慮而言，莫德庇雖然可以先等待加軍援軍抵達後才作出調動，但如是者香港守軍需要一直待至 11 月中旬才會開始調動。就當時局勢而言，任由守軍閒置接近一個月更為不智。即使加軍是一支訓練有素的精銳部隊，抵港後仍需要花費一段時日以熟習環境、安排部署、完

善後勤系統及修整陣地。相反，將醉酒灣防線交予兩支駐港已有一段時日、對香港有一定程度了解的正規軍，同時爭取更多時間整理陣地，似為更可取之辦法。

更重要的是，當時莫德庇根本無從得知戰爭將於 12 月 8 日爆發，他在 10 月決定更改策略時日本尚未決定開戰，備戰事實上在日美交涉之下進行。直至 12 月 2 日大本營才決定 12 月 8 日開戰，透過日本支那派遣軍總司令部的傳遞，第 23 軍直至 12 月 3 日才接到開戰的命令。[15] 此時英國政府從泰國首相處得知戰爭已經臨近，12 月 5 日出現在金蘭灣的日軍船隊進一步確認戰爭已迫在眉睫。此時莫德庇未有放鬆，立即下令動員防衛軍戒備。守軍部隊繼而在接下來的兩日內陸續進入陣地，迎戰於 12 月 8 日早上越境的日軍。

由此觀之，由於香港防衛力量可望逐步增強，莫德庇於是作出相應的安排。他充分了解到戰爭正在迫近，因而未有放慢備戰的步伐，甚至在守軍齊集前已開展更改部署，以求早日完成備戰，以防萬一。及至戰爭近在眼前，莫氏立刻召集部隊就位，令香港不至於被日軍全面突襲。

六、莫德庇面對的局限 [16]

莫德庇在 1941 年 10 月開始更改防禦策略，繼而在 11 月中旬開始加緊備戰，可望在 1942 年 1 月初準備就緒。可惜日本在 12 月 8 日發動進攻，最終令守軍在尚未完成準備的情況下，獨力面對不論在戰略上或戰術上均享有壓倒性優勢的日軍，最終功敗垂成。本節擬從戰略及戰術兩個角度，分析莫德庇在制訂防禦策略時所面對的困難。

作為一地區駐軍指揮官，莫德庇在戰略上處於異常被動的狀態。當他

於 1941 年 8 月履新時，香港早已經陷於日軍包圍之內，戰略上處於非常不利的狀態。同一時間，美國漸趨強硬的外交政策卻將日本推向戰爭邊緣。當時日本政府認為，美國實施的石油禁運將會令日軍陷入完全癱瘓的境地，與其坐以待斃，首相東條英機最終將日本帶進戰爭之路，及至「赫爾文書」（Hull Note）的公佈，日本最終捨棄談判之路，發動太平洋戰爭。凡此種種，莫德庇皆無任何發言的權力，他只能夠作為地區指揮官默默因應局勢轉變而作出準備。

由於英國本土局勢問題，英國政府直到 1941 年下半年才稍有餘力顧及遠東形勢。雖然最終促成加軍增援，駐港軍力因而稍獲增強，但始終為時已晚，日本在美國的強硬立場下逐步踏上戰爭之途。守軍最終只能以不足 14,000 名官兵，力抗超過 22,000 名官兵的日軍。在此期間，莫德庇似乎注意到急轉直下的局勢，在 10 月開始利用有限兵力展開備戰，計劃利用醉酒灣防線作更具效力的遲滯防禦，試圖盡可能令香港堅守更長時間，拖延日軍進一步南下。莫氏固然無法預視戰爭會在 12 月 8 日爆發，但以香港守軍可望於 1942 年 1 月初完成備戰看來，莫德庇在備戰上已經盡了最大努力。

從戰術角度看來，莫德庇面對的最大困難莫過於缺乏偵察能力。戰場上本來已充滿不確定性，身為指揮官惟有依靠情報搜集、個人判斷以及制訂對策等方法，來抵消戰爭迷霧帶來的效果。雖然守軍在開戰前夕準確獲知日軍即將發動攻擊，但莫德庇卻缺乏偵察能力以估計敵人之力量。誠如莫德庇在報告中指出，缺乏空中偵察能力令他無從評估日軍的海上實力，他完全高估了日軍第二遣支艦隊的實力，後者實際上只擁有 300 名海軍陸戰隊，但報告中承認他當時認為日軍本是過去的登陸能手，所以他不得不堅持以環形防禦策略來應對日軍的攻勢。雖然後世猛烈評

擊莫德庇的環形防禦策略，但站在當時的境地上，這是合理的做法。

　　莫德庇的另一大困難在於香港守軍完全依賴電話線路通訊，導致對策的實際執行上面對極大的困難。守軍部隊在實戰時經過遇上通訊網絡中斷的問題，尤其是當守軍遭受炮擊時，電話線路經常被炮火切斷。依賴電話線路亦不利於戰場上的調動，每當部隊移動時都會出現長短不一的空白時期，對指揮作戰構成嚴重影響。甫日軍登陸後，駐守北角至筲箕灣一線的拉吉普營各連相繼與營部失去聯絡，東西旅各部隊在日軍登陸數小時後依然未能充分了解戰況。守軍在黃泥涌峽反攻時，每當部隊離開陣地前進後，營部均無法得知部隊的情況，身處前線部隊亦未能及時將戰況傳達，導致守軍未能對被困於峽內的日軍進行有效打擊。

七、結論

　　莫德庇在開戰前夕將香港防禦策略更改成環形防禦，原意只是為了為守軍爭取更多時間作準備，將存放九龍的物資撤走，並防止敵人利用九龍山脊作炮兵觀測甚至放列之用。他本人從未對醉酒灣防線抱有過高期望，他將 6 營正規軍中的 3 營投放進醉酒灣防線內亦只是為了實施更有效的遲滯防禦。

　　莫氏縱然面對諸多戰略性及戰術性的限制，但莫德庇未有放棄，依然積極備戰。與此同時，日本在美國強硬的外交政策下逐漸步向極端，最終決定對英、美開戰，令香港守軍的備戰程序無法順利完成。在開戰的問題上，莫德庇固然沒有選擇權，但從他積極制訂更有效的防禦策略的一點來看，莫德庇已經在如此有限的時間裏，盡力完成最多的工作，日軍卻在香港守軍最脆弱的時候選擇開戰，誠如莫德庇所言，「一切實屬不幸」。

注釋

1 筆者特此鳴謝已故陳安國先生對筆者之厚愛，陳先生生前贈予筆者有關其父陳策將軍的資料對此研究殊有幫助，令筆者對於中英之間在戰前及戰時的合作有更深入之了解。本人亦僅此鳴謝張進林先生指正。

2 篇幅所限，筆者無意在此詳談香港的各個《防衛計劃》，讀者可參照鄺智文博士與筆者合著之《孤獨前哨——太平洋戰爭中的香港戰役》（香港：天地圖書，2013年）。

3 鄺智文、蔡耀倫著：《孤獨前哨——太平洋戰爭中的香港戰役》，頁45-47。

4 "Copy of a Minute dated 7th January, 1941, from the Prime Minister to Major General Ismay," 7/1/1941, COS. (41) 28, CAB 80/25, 2.

5 有關1940至1941年初英國對香港防禦問題的決定，可參閱鄺智文、蔡耀倫著：《孤獨前哨——太平洋戰爭中的香港戰役》，頁68-73。

6 有關香港在開戰前的備戰狀態，可參閱鄺智文、蔡耀倫著：《孤獨前哨——太平洋戰爭中的香港戰役》，頁75-81。

7 "Late GOC Hong Kong to War Office," 21/11/1945, WO 106/2401A, 2.

8 泛指由鷹巢山（Eagle's Nest，或稱尖山）、畢架山（Beacon Hill）、獅子山（Lion Rock）、雞胸山（Unicorn Ridge）、慈雲山（Temple Hill）、大老山（Tate's Cairn）、東山、象山（Middle Hill）及飛鵝山（Kowloon Peak）組成的一系列高地。詳見鄺智文、蔡耀倫合著：《孤獨前哨——太平洋戰爭中的香港戰役》，頁31-37。

9 「香港島における英軍配備要図」，載防衛省防衛研修所戰史室：《香港長沙作戰》，附圖第四。

10 實際東西旅分界線的北端由52號機槍堡（位於北角景明道）開始，將銅鑼灣及大坑劃入西旅之內，與文中所述之界線稍有出入。筆者認為這反映出《配備要圖》應是戰前的產物，實際作戰時因應部隊力量而相應作出過調整。

11 有關英軍反登陸部署的細節，可參見鄺智文、蔡耀倫合著：《孤獨前哨——太平洋戰爭中的香港戰役》，頁227-232。

12 事實上，醉酒灣防線在停工後似乎未被全面荒廢，如今在城門碉堡內仍然可以看見1940年對碉堡地道內裂痕所作的勘察。

13　"Entries in Personal Diary Brigadier J.K. Lawson", 1941, Library and Archives Canada, R1961-0-9.

14　"Copy of the Proceedings of the Court of Enquiry held on 8 May 1942 in P.O.W. Camp in Argyle Street Camp to investigate the circumstance leading to the loss of the Shing Mun Redoubt," CAB 106/166, 15.

15　「總參電第七七四號」，〈発来電綴（写）　其 1　自昭和十六年十月至昭和十六年十二月　大本營 4〉《參謀本部発来電綴（写）　其の 1　昭和十六年十月～十六年十二月》，JACAR，檔號：C12122301300。「大陸命第五百七十二號」，〈參謀本部発電綴昭和十六年（ 2 ）〉《參謀本部発電綴　昭和十六年》，JACAR，檔號：C12122296900。

16　篇幅所限，筆者無意在此詳述香港戰役的細節。詳見鄺智文、蔡耀倫合著：《孤獨前哨 —— 太平洋戰爭中的香港戰役》，頁 157-318。

作者簡介（依文章順序）

陳悅，1978 年生，江蘇靖江人，現居山東威海。海軍史研究會會長、中國甲午戰爭博物院客座研究員、中國船政文化博物館客座研究員。長期致力於中國海軍史、甲午戰爭史的研究，著有《北洋海軍艦船誌》、《清末海軍艦船誌》、《中國近代軍艦圖誌》、《沉沒的甲午》、《甲午海戰》等，主編有《雪甲午恥——中國近代海軍稀見史料叢書》，曾主持和參加 1:1 比例複製北洋海軍「定遠」、「致遠」艦的歷史考證和仿古設計工作。

林啟彥，1947 年生，香港中文大學歷史系文學士、碩士；日本廣島大學東洋史系博士課程修業完結；香港大學歷史系哲學博士。曾長期任教於香港浸會大學歷史系，歷任副教授、教授、博士生導師兼近代史研究中心副主任等職，現為該系兼任教授暨近代史研究中心高級研究員。主要著譯作品有：《步向民主》（1989）、《史學方法》（合著）（1999）、《嚴復思想新論》（合編）（1999）、《王韜與近代世界》（主編）（2000）、《鴉片戰爭的再認識》（編著）（2003）、《有志竟成——孫中山、辛亥革命與近代中國》（主編）（2005）、《教研論學集》（2007）、《近代中國啟蒙思想研究》（2008）、《三十三年之夢》（譯注）（1981，香港三聯書店版；2011，廣西師範大學出版社版）、《中國人留學日本史》（合譯）（1982，香港中文大學版；1983，生活・讀書・新知三聯書店版；2012，北京大學出版社版）等。

李金強，國立臺灣師範大學文學士，香港新亞研究所文學碩士，澳洲國立大學（Australian National University）哲學博士。香港浸會大學歷史系兼任教授，香港海防博物館、孫中山博物館名譽顧問。專著包括《中山先生與港澳》（2012）、《一生難忘——孫中山在香港的求學與革命》（2008）、《聖道東來——近代中國基督教史之研究》（2006）、《自立與關懷——香港浸信教會百年史 1901-2001》（2002）等。

周政緯，香港大學中文學院中國歷史研究碩士、中國海軍史研究會會員。

麥勁生，香港浸會大學歷史學系教授、當代中國研究所所長。香港中文大學歷史系文學士、碩士，德國雷根斯堡大學歷史、政治學博士。曾任教國立臺灣大學歷史系，1994 年加入香港浸會大學至今。教學和研究以史學方法和理論、中西近代思想史、中德文化交流和中國武術史為主。先後出版中西文專書和論文集十一種，發表論文五十餘篇。

區志堅，現任香港樹仁大學歷史學系助理教授、歷史教學研究及支援中心副主任，著作有合編《香港海關百年史》、《北學南移》、《九龍總商會七十五年歷史》、《第二屆二十一世紀華人地區歷史教育論文集》、*The Perspective of the Eastern and Western Culture*、*The Introduction to the People's Republic of China* 等，主要從事近現代中國思想文化史，香港史及歷史教育的教研工作。

趙雨樂，香港中文大學歷史系（甲級榮譽文學士）畢業，中文大學研究院哲學碩士，日本京都大學文學博士，專研東洋史學。現職香港公開大學人文社會科學院教授，講授中國人文學、中國語言及文學、文化及保育旅遊課程。教研興趣為中國中古史、中國近代史、中日關係史、日本研究、香港歷史。近著包括《國家建構與地域關懷：近現代中國知識人的文化視野》、《文才武略：唐宋時期的國家危機與管治精英》、《從宮廷到戰場：中國中古與近世諸考察》、《文化中國的重構：近現代知識分子的思維與活動》、《香港史研究論著選輯》、《香港地區研究史之一：九龍城》等。

沈天羽，曾任海軍軍史館館長，臺南藝術大學博物館學與古物維護研究所碩士，現為成功大學歷史學系博士生，主要研究領域為中國近代軍事史、臺灣史與博物館學等，著有《海軍軍官教育一百四十年 1866 － 1946》。

布琼任，倫敦政經學院助理教授。曾任麥基爾大學博士後研究員（2013 － 2016）、芝加哥大學訪問講師（2013）、劍橋大學伊拉斯謨訪問學者（2011 － 2012）、京都大學訪問學人（2012）。近年的研究興趣環繞海洋史、全球史、犯罪史與物質文化史。新近的論文包括〈海疆與海權的測繪：七省沿海圖研究〉（*Mapping Maritime Power and Control: A Study of the Late Eighteenth Century Qisheng yanhaitu*）[刊載 *Late Imperial China*] 以及〈波濤上的書寫——十八世紀及其前後的中國海洋作家〉（*Writing the Waves: Chinese Maritime Writers in the Long Eighteenth Century*）[刊載 *American Journal of Chinese Studies*]。

侯杰，南開大學城市文化研究院副院長，中國社會史研究中心研究員，歷史學院教授、博士生導師。香港中文大學崇基學院宗教與中國社會研究中心學術委員，香港浸會大學近代史研究中心海外高級研究員，美國洛杉磯基督教與中國研究中心研究員，Gender & History 編委，韓國《中國史研究》編委，臺灣世新大學舍我紀念館協同研究員。曾多次到臺灣、香港、澳門地區，日韓以及歐美各國高校和研究機構擔任客座教授。以中、英、韓文出版《世俗與神聖——中國民眾宗教意識》、《中國民眾意識》、《紫禁城下之盟——天津條約北京條約》、《〈大公報〉歷史人物》等專書二十餘種，論文近百篇，專長於中國近代社會史、性別史、宗教史、城市史、報刊史、民眾意識、民眾宗教意識等。

秦方，現任首都師範大學歷史學院教師，於 2011 年獲得美國明尼蘇達大學哲學博士學位，主要關注方向為中國近現代史，尤其是婦女史和城市史，在 Ming Studies、《近代史研究》、《近代中國婦女史研究》等刊物上發表《晚清女學的視覺呈現——以天津畫報為中心的考察》、《新詞彙、新世界：清末民初"女界"一詞探析》等論文十餘篇，出版《百年家族張伯苓》、《舊中國三教九流》等專書，曾參加美國亞洲史學會年會、世界歷史學會年會。

馬幼垣，廣東番禺人，1940 年生於香港。香港大學文學士，美國耶魯大學博士，執鐸上庠三十六年（美國夏威夷大學、美國史丹福大學、國立臺灣大學、國立清華大學、東海大學、香港大學、嶺南大學），著述宏富，文史兼精，而以古典小說、近代海軍、中西交通為治學核心。

張力，國立政治大學歷史博士，現為中央研究院近代史研究所研究員、國立東華大學榮譽教授。研究領域主要為近代中國外交史、軍事史，出版《國際合作在中國：國際聯盟角色的考察，1919－1946》、《傅秉常日記》（編校）、《金問泗日記》（編校），及〈從「四海」到「一家」：國民政府統一海軍的再嘗試，1937－1948〉等論文約五十篇。

劉芳瑜，臺灣師範大學歷史學系博士候選人，研究領域著重探討軍事、技術及社會的關係。著有《海軍與臺灣沉船打撈事業（1945－1972）》、〈戰後長江航道的疏濬（1945－1949）〉、〈國際組織和廣東牛瘟的防治（1946－1948）〉等論文。

洪紹洋，國立政治大學經濟學博士。曾任日本學術振興會外國人特別研究員（所屬：東京大學社會科學研究所）、國立臺東專科學校通識教育中心專案助理教授、國立陽明大學人文與社會教育中心助理教授。現職為國立陽明大學人文與社會教育中心副教授。主要研究範圍為臺灣經濟史，臺日經濟關係。著有《近代臺灣造船業的技術移轉與學習（1919－1977）》，（臺北：遠流出版社，2011年）。本書日文版：《臺湾造船公司の研究──殖民地工業化と技術移転》（東京：御茶水の書房，2011）本書獲得日本學術振興會公開出版促進費補助，平成二十四年日本產業技術史學會獎勵賞。另，發表有〈臺灣基層金融體制的型構：從臺灣產業組合聯合會到合作金庫（1942－1949）〉，〈戰後初期臺灣對外經濟關係之重整（1945－1950）〉，〈1950年代臺、日經濟關係的重啟與調整〉等論文。

應俊豪，臺灣臺南人，國立政治大學歷史學博士，現為國立臺灣海洋大學海洋文化研究所專任教授、東吳大學歷史系兼任教授、國立政治大學人文中心「中外關係與近現代中國的形塑計劃」兼任研究員。主要研究領域為近代現代中外關係史、北洋外交史、列強在華海軍史與炮艦外交、華洋衝突史等。目前則關注民國時期列強因應處理中國海盜問題的外交與海軍對策。著有《公眾輿論與北洋外交：以巴黎和會山東問題為中心的研究》（國立政治大學歷史系出版，2001）、《丘八爺與洋大人——國門內的北洋外交研究》（國立政治大學歷史系出版，2009）、《外交與炮艦的迷思——1920 年代前期長江上游航行安全問題與列強的因應之道》（臺灣學生書局出版，2010）、《英國與廣東海盜的較量——一九二〇年代英國政府的海盜剿防對策》（臺灣學生書局出版，2015），以及發表學術期刊論文數十篇。

鄺智文，香港中文大學歷史系畢業，英國劍橋大學東亞及中東研究學院博士，現為香港浸會大學歷史系助理教授。研究興趣為近代東亞史以及軍事史，論文可見學術期刊 *Modern Asian Studies*、*Journal of Military History*、《國史館館刊》等，著有《孤獨前哨——太平洋戰爭中的香港戰役》（2013，與蔡耀倫合著）、《老兵不死——香港華籍英兵》（2014）、以及 *Eastern Fortress: A Military History of Hong Kong, 1840-1970*（2014，與蔡耀倫合著）等書。

蔡耀倫，現職為中學歷史科科主任。2006 年於香港浸會大學歷史系畢業。合著有《孤獨前哨——太平洋戰爭中的香港戰役》及 *Eastern Fortress: A Military History of Hong Kong, 1840-1970*。主要研究興趣為第二次世界大戰的香港戰役。